U0160047

湖北工业大学70周年校庆
70ᵀᴴ ANNIVERSARY OF HBUT

PLASTICITY IN REINFORCED CONCRETE

钢筋混凝土塑性理论

[美]陈惠发（Wai-Fah Chen） 著

丁　祥　石峻峰　　余天庆　　译
马　卓　杨坳兰

[美]段　炼（Lian Duan）　　校

华中科技大学出版社
http://www.hustp.com
中国·武汉

图书在版编目(CIP)数据

钢筋混凝土塑性理论/(美)陈惠发著;丁祥等译.—武汉:华中科技大学出版社,2022.4
ISBN 978-7-5680-8109-2

I.①钢…　II.①陈…　②丁…　III.①钢筋混凝土-塑性-研究　IV.①TU528.571

中国版本图书馆 CIP 数据核字(2022)第 063725 号

湖北省版权局著作权合同登记　图字:17-2022-066 号

钢筋混凝土塑性理论	[美]陈惠发(Wai-Fah Chen)	著
Gangjin Hunningtu Suxing Lilun	丁　祥　石峻峰 马　卓　杨坳兰　余天庆	译
	[美]段　炼(Lian Duan)	校

策划编辑:王一洁　　　　　　　　　　责任编辑:陈　骏
责任校对:刘　竣　　　　　　　　　　封面设计:邹贻权　陈　静　张子怡
责任监印:朱　玢
出版发行:华中科技大学出版社(中国·武汉)　电话:(027)81321913
　　　　　武汉市东湖新技术开发区华工科技园　邮编:430223
录　排:华中科技大学惠友文印中心
印　刷:湖北新华印务有限公司
开　本:710mm×1000mm　1/16
印　张:33
字　数:536 千字
版　次:2022 年 4 月第 1 版第 1 次印刷
定　价:198.00 元

中 译 本 序

我的著作《Plasticity in Reinforced Concrete》于 1982 年由 McGraw-Hill 出版社出版，2007 年由 J. Ross 出版社再次出版。我甚为赞赏湖北工业大学余天庆教授及他所带领的杰出团队适时翻译此书，也非常荣幸向中国读者推荐这本书的中文版《钢筋混凝土塑性理论》。

在本书中，我首先将极限分析应用于拉伸性能较弱的材料（如混凝土）的分析和设计中。此后我又借助于当时非常流行的基于计算机的有限元方法，建立了混凝土材料的本构方程，这些本构方程可以有效地应用于钢筋混凝土结构的分析和设计中。本书中文版的面世将有助于中国的学生、研究者，尤其是从事实际工作的工程师们理解如何将严格数学意义上的塑性理论作为一种强大的工具应用到最先进的钢筋混凝土设计中。

近年来，以塑性极限分析这个强有力理论为基础，混凝土研究领域有了长足的进步，尤其是发展出更为简洁快速的计算方式来设计深梁及结构节点。该应用在钢筋混凝土领域中被称为"拉压杆模型"。目前，它已被纳入美国混凝土协会（ACI）的《混凝土建筑设计规范》和美国各州公路和运输工作者协会（AASHTO）《美国公路桥梁设计规范——荷载与抗力系数设计法》。

最后，借此机会，我高兴地向您推荐我的最新著作《Structural Concrete: Strut-and-Tie Models for Unified Design》，该书 2017 年由 CRC 出版社出版，合著者是我昔日的博士研究生，埃及曼苏尔大学的 Salah El-Metwally 教授。欣闻其中文版《钢筋混凝土结构设计：拉压杆模型》由余天庆教授带领的团队翻译完成，近期也将由华中科技大学出版社出版。

陈惠发

美国夏威夷, 檀香山

2021 年 12 月

前　　言

在现有的钢筋混凝土结构分析有限元计算程序中,混凝土的力学性能建模问题一直是结构混凝土工程领域中最艰巨的挑战之一。目前,对短期加载下钢筋混凝土的分析基本上是一维的,一般采用两个参数:混凝土的弹性模量和混凝土的抗压强度。人们通过对大量的双轴加载试验数据进行曲线拟合,建立了多种经验公式。其中较为著名的是由康奈尔大学的 Liu、Nilson 和 Slate 提出的经验公式。由于其形式简单,基于广泛的数据库,建立了关于混凝土弹性模量和各种混凝土强度、应变特性之间的相关性,使等效一维方法极具吸引力。众所周知,该模型主要适用于双轴应力的平面结构,如梁、板和薄壳。

目前,多维分析通常假定混凝土为增量弹性或分段弹性。因此,在整个过程中,必须定义泊松比。然而,在增量 Hooke 定律的框架中,由于可变模量是最大应力的函数,该方法不能准确地描述混凝土材料的三维应力-应变性能。

最近,对于在静态和动态荷载作用下混凝土结构的研究已经基于塑性和弹性原理来建立三维应力-应变关系。尽管学者们近年来在这一领域进行了大量的工作,但尚未建立统一处理混凝土的数学模型及其在钢筋混凝土结构中的应用方法。本书的目的就是介绍钢筋混凝土结构分析中常用的混凝土数学模型的统一处理方法。

本书第 1 章至第 5 章综合评述了以往钢筋混凝土分析实践中常用的混凝土本构方程及破坏准则的实用性和局限性,并提出了改进这些本构关系的理念和建议。在对部分实验数据进行综合讨论后,详细阐述了三种基本模型以及破坏准则:①单轴和等效单轴模型(第 2 章);②线弹性和脆性断裂模型(第 3 章);③非线性弹性和可变模量模型(第 4 章);④混凝土的破坏准则(第 5 章)。

本书第 6 章至第 9 章详细讲解了经典塑性理论在钢筋混凝土领域中的

I

应用。塑性理论在钢筋混凝土中的应用已经发展了大约 15 年,大部分的研究和应用都集中在理想塑性理论上,其中板屈服线分析是最早的应用之一。近年来,研究人员一直试图通过刚塑性分析,确定不同横截面形状的墙和梁在弯曲、剪切和扭转的共同作用下的强度,并建立一个统一的方法。随着混凝土本构模型的发展,以及有限元在钢筋混凝土中应用的推进,建立了加工强化塑性理论。第 6 章至第 9 章综合评述了素混凝土力学性能的塑性模型及其在钢筋混凝土结构中的应用。其中包括:①理想弹塑性和断裂模型(第 6 章);②素混凝土和钢筋混凝土结构极限分析(第 7 章);③弹性-强化-塑性断裂模型(第 8 章);④混凝土和钢筋混凝土结构的有限元分析(第 9 章)。

每一章节都包含应用本章所讨论的本构模型的典型实例,此外还讨论了理论计算值与实验室或现场实测数据之间的相关性。第 9 章则对不同本构模型下的混凝土和钢筋混凝土结构进行了比较性研究。

学习本书的学生应具备理论力学、材料力学、数学和材料性能的基础知识,以及对钢筋混凝土基础力学的理解。工程师及其他专业人员可以通过使用本书来加深对钢筋混凝土结构分析的理解,从而对设计中使用的各种混凝土本构模型的适用范围以及局限性有更清晰的认识(特别是在有限元分析中的应用)。科研人员可在本书中找到可靠的信息来源和参考文献。

此外,基于经典塑性理论的一组三维本构方程为进一步的发展提供了总体框架。尽管本书根据现有的实验数据做了许多工作,但随着实验数据更新,未来还须对其进行修正和改进。本书在此指出了发展和改进的方向。

本书基于一篇发表于国际桥梁和结构工程学会主办的"钢筋混凝土塑性理论学术研讨会"的学术论文《混凝土本构方程》(哥本哈根,1979)整合形成。撰写这篇论文启发了我,我尝试将它转化为更有用的教科书,为结构工程专业的低年级研究生和那些需要将这些数学模型和分析工具应用于工程项目中的结构工程师提供参考。为了科研人员的方便,本书特地列出参考文献以方便其查阅。

本书涉及材料的数学模型和结构的有限元模型,可以作为各类结构工程专业非线性分析课程的教材。基于塑性力学的教学经验,学习这门课的学生们一般具有多方面的经验知识,为此,我尽可能少地设定前提条件。我在本书中已经努力回顾所要求的基本概念,并不强制要求学生具备线弹性理论和有限元方法的背景知识。我的目标是吸引具有足够钢筋混凝土知识及正处于结构非弹性性能初级学习阶段的一年级研究生，以及已经完成结构工程基础课程的执业工程师。

在理海大学和普渡大学的教学生涯中，我对钢筋混凝土结构本构建模以及有限元分析做过大量的研究。本书包含了以技术报告形式首次发表的大量研究成果，这些成果都是根据与此主题相关的各个研究项目的阶段性研究成果而编写的。赞助这项研究的部门包括美国能源部（海洋热能转换项目）、海军营建中心（海军土木工程实验室）、美国国家科学基金会（地震工程项目）和普渡大学（David Ross 基金）。我的很多学生在这些项目中的研究成果使我受益匪浅，在此感谢 A. C. T. Chen、H. Suzuki、Messrs. S. S. Hsieh、E. Mizuno 和 A. F. Saleeb. 博士。Hsieh 和 Saleeb 读完了整本手稿，提出了很多宝贵建议。

本书的创作还深受我曾经参与编写的一篇美国土木工程师协会（ASCE）关于钢筋混凝土结构有限元分析的调查报告的影响。该报告于1977 年 5 月由加利福尼亚大学 A. C. Scordelis 教授发起，康奈尔大学 A. H. Nilson 教授主持。在准备这份专家委员会调查报告的过程中，对本构关系和破坏理论相关章节的信息交流对本书有重大帮助。在此，特别感谢西北大学的 Z. P. Bazant 教授、伊利诺伊大学的 W. C. Schnobrich 教授、堪萨斯大学的 D. Darwin 教授、麻省理工学院的 O. Buyukozturk 教授、斯图加特大学的 K. J. Wiliam 博士。我还要感谢普渡大学的 E. C. Ting 教授和 Darwin 教授，他们阅读了手稿的部分内容并提出了宝贵建议。

最后，衷心地感谢我的妻子 Lily，在这本书的创作期间，她给予了我足够的耐心和理解。同时，我也要感谢我的儿子 Eric、Arnold 和 Brian，我因创作这本书而无法在周末和假期陪伴他们。感谢亲人对我的理解！

陈惠发

符　号　表

等效矢量标记

$$\boldsymbol{V} = [v_i]$$

应力和应变

偏应变张量——e_{ij}

偏应力张量——s_{ij}

主偏应力——s_1, s_2, s_3

工程剪应变——γ

八面体工程剪应变——$\gamma_{\text{oct}} = 2\sqrt{\dfrac{2}{3}J_2'}$

应变张量——ε_{ij}

八面体正应变——$\varepsilon_{\text{oct}} = \dfrac{1}{3}I_1'$

体应变——$\varepsilon_v = I_1'$

主应变,拉应变为正——$\varepsilon_1, \varepsilon_2, \varepsilon_3$

正应力——σ

应力张量——σ_{ij}

平均正应力——$\sigma_{\text{m}} = \sigma_{\text{oct}}$

八面体正应力——$\sigma_{\text{oct}} = \dfrac{1}{3}I_1$

主应力,拉应力为正——$\sigma_1, \sigma_2, \sigma_3$

剪应力——τ

平均剪应力——$\tau_{m} = \sqrt{\dfrac{2}{3}J_2}$

八面体剪应力——$\tau_{oct} = \sqrt{\dfrac{2}{3}J_2}$

不变量

应力张量第一不变量——$I_1 = \overline{I}_1 = \sigma_1 + \sigma_2 + \sigma_3 = \sigma_{ii}$

应变张量第一不变量——$I_1' = \overline{I}_1' = \varepsilon_1 + \varepsilon_2 + \varepsilon_3 = \varepsilon_v$

应力张量第二不变量——$I_2 = \sigma_1\sigma_2 + \sigma_2\sigma_3 + \sigma_3\sigma_1$

应力张量第三不变量——$I_3 = |\sigma_{ij}| = \sigma_1\sigma_2\sigma_3$

$\overline{I}_2 = \dfrac{1}{2}\sigma_{ij}\sigma_{ji} = \dfrac{1}{2}(\sigma_1^2 + \sigma_2^2 + \sigma_3^2) = \dfrac{1}{2}I_1^2 - I_2$

$\overline{I}_3 = \dfrac{1}{3}\sigma_{ij}\sigma_{jk}\sigma_{ki} = \dfrac{1}{3}(\sigma_1^3 + \sigma_2^3 + \sigma_3^3) = \dfrac{1}{3}I_1^3 - I_1 I_2 + I_3$

偏应力张量第二不变量——$J_2 = \dfrac{1}{2}s_{ij}s_{ij} = \dfrac{1}{6}\big[(\sigma_x - \sigma_y)^2 + (\sigma_y - \sigma_z)^2$
$$+ (\sigma_z - \sigma_x)^2\big] + \tau_{xy}^2 + \tau_{yz}^2 + \tau_{zx}^2$$

偏应变张量第二不变量——$J_2' = \dfrac{1}{2}e_{ij}e_{ij} = \dfrac{1}{6}\big[(\varepsilon_x - \varepsilon_y)^2 + (\varepsilon_y - \varepsilon_z)^2$
$$+ (\varepsilon_z - \varepsilon_x)^2\big] + \varepsilon_{xy}^2 + \varepsilon_{yz}^2 + \varepsilon_{zx}^2$$

偏应力张量第三不变量——$J_3 = \dfrac{1}{3}s_{ij}s_{jk}s_{kl} = |s_{ij}| = \dfrac{1}{3}(s_1^3 + s_2^3 + s_3^3)$
$$= s_1 s_2 s_3$$

图 5.2 中定义的相似角 θ——$\cos 3\theta = \dfrac{3\sqrt{3}}{2}\dfrac{J_3}{J_2^{3/2}}$

图 5.1 中定义的偏长度——$r = \sqrt{2J_2}$

图 5.1 中定义的静水长度——$\xi = \dfrac{1}{\sqrt{3}}I_1$

材料参数

弹性模量——E

等双轴抗压强度 $(f'_{bc} > 0)$——f'_{bc}

单轴圆柱体抗压强度 ($f'_c > 0$) —— f'_c

单轴抗拉强度 ($f'_c = m f'_t$) —— f'_t

剪切模量—— $G = E/2(1+v)$

体积模量—— $K = E/3(1-2v)$

纯剪切屈服应力；Drucker-Prager 准则参数—— k

Drucker-Prager 准则参数—— α

泊松比(Poisson 比)—— v

Mohr-Coulomb 准则中的黏聚力—— c

Mohr-Coulomb 准则中的摩擦角—— ϕ

杂项

材料刚度张量—— C_{ijkl}

破坏准则或屈服函数—— $f(\cdot)$

应变能密度—— $W(\varepsilon_{ij})$

笛卡儿坐标—— $x, y, z; x_1, x_2, x_3$

克罗内克符号—— δ_{ij}

余能密度—— $\Omega(\sigma_{ij})$

列向量符号——$\{\quad\}$

行向量符号——$\{\quad\}^T$

矩阵符号——$[\quad]$

行列式符号——$|\quad|$

目　　录

第1章 导　　论

1.1　引　　言

人们对钢筋混凝土结构非线性反应分析研究的大部分课题是根据需求集中于独立的简单结构构件（如梁和柱）的性能。随着对混凝土的荷载-变形行为量化信息的积累和计算能力的增强，非线性分析的范围已经扩展到三轴加载混凝土结构，包括浮船、海洋平台、水下结构、陆基或地下安全壳、预应力混凝土反应堆容器和大坝。虽然大型有限元软件广泛应用在许多应力分析领域，但材料模型的缺乏通常限制了结构分析的进一步发展。对于钢筋混凝土尤其如此，因为人们尚未提出既能充分描述钢筋混凝土材料基本特性又被普遍接受的本构方程。尽管如此，近年来已经提出了多种描述多维应力状态下混凝土的应力-应变和破坏性能的模型。这些模型的优缺点很大程度上取决于它们的应用范围。本书的目的有以下五个方面。

（1）总结关于混凝土和钢筋材料力学性能以及两种材料之间相互作用行为所提出的各种数学模型的最新进展。

（2）严格评估现有混凝土本构关系和破坏准则在钢筋混凝土结构数值分析中的应用。

（3）确定各类本构模型的适用范围、相对优点和局限性，并指出进一步修改和发展的特殊需求。

（4）讨论如何在计算机程序中应用这些本构模型，以及如何有效地将有限元方法应用于不同类型的钢筋混凝土结构的分析。

（5）介绍若干典型数值分析和计算实例，包括使用各种建模方法来分析钢筋混凝土结构（如梁、剪力墙、壳体和反应堆容器）的非线性破坏或循环特性。

1.1.1 钢筋混凝土性能的特征

钢筋混凝土性能的特征阶段可以用典型的荷载-位移关系来说明,如图1.1所示。例如,这种关系可以作为一根梁的试验结果,其钢筋混凝土结构的荷载-变形关系和图1.1类似。这种高度非线性关系大致可以分为三个区间:未开裂的弹性阶段,裂纹扩展阶段和塑性阶段。非线性现象是由两个主要材料效应引起的,即混凝土的开裂和钢筋及受压混凝土的塑性。

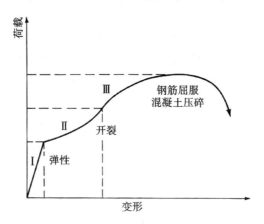

图1.1 钢筋混凝土构件典型的荷载-变形关系

其他非时变非线性现象是由钢筋混凝土各个构成要素的非线性作用引起的,比如钢筋和混凝土之间的黏结滑移,开裂混凝土的骨料咬合(图1.2)和钢筋的销栓作用(图1.3)。时变影响(比如徐变,收缩和温度变化)也会导致非线性反应。

本书关于材料的数学模型和结构的非线性分析只考虑非时变材料非线性现象(开裂和塑性阶段)。

显然,各种模型必须考虑开裂和塑性阶段可能会同时出现的情况。由开裂和塑性阶段引起的材料非线性性能都将在本书各章中进行讨论。

1.1.2 渐进式破坏分析

钢筋混凝土结构在静态和动态条件下的完整渐进式破坏分析需要考虑

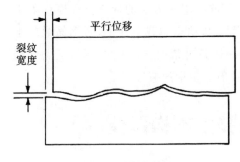

图 1.2 骨料咬合

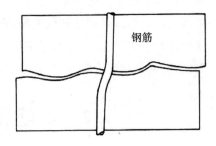

图 1.3 钢筋的销栓作用

输入加载、广义材料性能和分析程序。加载是指钢筋混凝土结构设计和分析时应考虑的具体受力和运动状态,限于篇幅,本书未对此进行讨论。

广义材料性能是指能充分描述钢筋混凝土材料受单调和循环加载时基本特性的多维应力-应变关系。这些本构方程是钢筋混凝土结构分析所需的基本关系。本书阐述了在钢筋混凝土分析和数值方法中运用最为广泛的本构方程。为了讨论钢筋混凝土非线性性能的数学模型,必须检查三个方面:混凝土的性能,钢筋的性能以及钢筋与混凝土之间的黏结滑移现象。

由于钢筋比较细,一般认为其只能传递轴向力。因此,单轴应力-应变关系对于钢筋的一般用途是足够的。然而,对于混凝土来说,则需要了解多轴应力-应变性能。尽管近年来学者提出了很多种模型(Chen 和 Ting,1980)[①],但这还远远不够。后面的章节对这些混凝土的本构方程进行了批判性评述。在本书中,我们的讨论将局限于短期加载,因此忽略徐变效应。尽管在钢筋混凝土结构的分析和设计中,我们不仅需要知道钢筋和混凝土的应力-应变之间的各种关系,而且还需要知道钢筋和混凝土之间的黏结滑移关系,但是本文中仅考虑和评估素混凝土的本构关系。一旦获得了每种材料的应力-应变关系,并假定了黏结-滑移关系,可通过将钢筋放置在混凝土单元的适当位置,建立钢筋混凝土单元复合反应的本构方程。在大多数实际应用中,通常假设理想的黏结,即不考虑钢筋和混凝土之间黏结-滑移现象的机制。

分析步骤指用于求解的数学和数值计算。近年来人们对应用有限元法

---

① 参考文献引用形式参照原版书。全书同。

分析钢筋混凝土问题越来越感兴趣。目前有限元方法的计算机程序仅限于采用线性和非线弹性或塑性模型,在静态和动态加载条件下,对钢筋混凝土结构进行二维分析。由此,需要重新评述各种混凝土本构模型的优点和局限性,特别是它们在钢筋混凝土结构数值分析中的应用。

1.2　钢筋混凝土本构建模

各种应力状态下,描述钢筋混凝土的复杂应力-应变性能的几种方法可以分为四种:①通过使用曲线拟合方法、插值或数学函数表示给定的应力-应变曲线;②线弹性和非线弹性理论;③理想和加工强化塑性理论;④内时塑性理论。二维钢筋混凝土结构比如板和壳的现行分析程序本质上是一维的。常用的方法是对混凝土的双轴应力-应变性能使用等效的单轴的应力-应变关系加以分析。因此,人们通过曲线拟合许多双轴试验数据,建立了用主应力和主应变表达的各种经验应力-应变方程。这个一维方法因其基于广泛的数据库和简易性深受欢迎。多维分析一般通过使混凝土具有可变模量的递增弹性来实现。然而,在增量 Hooke 定律的框架下,将最大应力或者最大应变水平(或者两者兼而有之)作为变量表达的可变模量,不可能准确地描述混凝土材料的三维应力-应变性能。目前,对混凝土本构模型的研究正在朝着基于塑性和弹性原理的三维应力-应变关系发展。下面简要介绍一些用于钢筋混凝土结构数值分析的主要本构模型。

1.2.1　线弹性

线弹性理论尽管存在缺陷,但仍是混凝土在破坏前后最常用的材料模型。线弹性的基本概念将在第 3 章中介绍,为了在随后的章节中进行概括,引入指标记法和求和约定。一般的线弹性断裂模型是由指标形式推导出来的。但是对于编程而言,矩阵通常是最方便的。因此,使用笛卡儿坐标系,以矩阵形式表示特定的线弹性断裂模型,并在随后的推导中遵循在一般公式中使用张量符号而在数值应用中使用矩阵符号的表示方法。

1.2.2　非线弹性

通过假设割线模量形式的非线弹性应力-应变关系可以显著改进线弹性模型。典型模型是近似一个无记忆、与路径无关的可逆过程的超弹性模型。相反,亚弹性模型近似一个存在有限记忆但无显著参考状态的与路径有关的不可逆过程。第 4 章将介绍超弹性和亚弹性的概念。

超弹性断裂模型能相对准确地估算混凝土的比例加载性能,但是无法确定非弹性变形,这种缺点在材料经历卸载时会变得明显。它在某种程度上可以通过引入卸载准则(如塑性变形理论)来纠正。但是这一理论也有明显缺点,没有考虑到荷载历史效应,并可能导致非比例加载情况下的连续性和唯一性问题。尽管这些理论存在缺点,但人们已经提出了一些简化的混凝土超弹性本构模型,并广泛用于钢筋混凝土结构的非线性分析。第 4 章的第一部分评述了这几种典型的模型。

增量应力-应变关系为具有一定记忆但无显著参考状态的材料提供了自然的数学延伸。具有切向材料刚度可变模量的亚弹性模型直接根据应力和应变张量的速率描述瞬时行为。因此,亚弹性模型提供了对有限记忆的一般描述,并将其极限情况简化为超弹性模型。

然而,在构建亚弹性模型的本构关系时遇到了两个固有的困难。首先是复杂的瞬时材料刚度矩阵,即使初始线性行为是各向同性的,在非线性范围内也会变为各向异性。这种各向异性意味着材料在主应力方向的性能不同,并且应力和应变的主轴不同,引起了正应力和剪切应变之间的耦合。这意味着对于一般的三轴应力状态,必须为材料加载路径的每个点定义 21 个材料模量,这对于实际应用来说是不可逾越的障碍。

第二个困难涉及加载和卸载的合理准则。与超弹性模型相同,在多轴应力条件下,剪应力加载可能伴随着一些正应力卸载。因此,需要额外的假设以唯一确定切向材料刚度。尽管存在这些困难,但人们对于混凝土已经提出了几种高度简化的亚弹性本构模型,并且基于这些简易本构模型对各种类型的钢筋混凝土结构进行了大量的有限元研究。第 4 章的第二部分总结了几种典型的亚弹性断裂模型。Chen 和 Saleeb(1981)综合评述了关于一般工程材料的本构模型。

1.2.3 破坏准则

弹性模型必须与定义混凝土材料的破坏准则相结合,该内容将在第 5 章详述。该章有三个目的。①为描述三轴应力状态下初始混凝土破坏情况,开发了具有 1～5 个参数的各种数学模型。②把图 1.4 所示的主应力空间中的破坏面和基于弹性的本构模型相结合,并一起应用于三维钢筋混凝土结构超载和极限荷载的分析,进而有选择地使用有关安全度的概念将破坏面应用于工作应力(容许应力)设计。③将破坏面用于构建初始屈服面(图 1.4),由此构建后续加载面以用于建立基于塑性流动理论或塑性增量理论的混凝土增量应力-应变关系。后续的章节将详细介绍用于混凝土材料的流动理论。

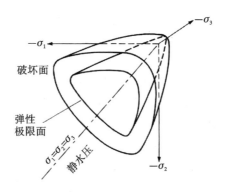

图 1.4   三维应力空间中混凝土的破坏面图示

1.2.4 理想塑性

在三轴压缩的情况下,混凝土在到达其破碎应变之前可以在屈服面或破坏面上像延性材料一样流动。关于应力一旦达到断裂面,混凝土完全破碎的假设就相当粗糙,这却是第一个公认的近似假设。为了考虑混凝土在破碎之前这种有限的塑性流动能力,可以引入一个理想的塑性模型(图 1.5)。

对于理想塑性-脆性断裂模型,全应力-应变关系分为三部分:①屈服前;②塑性流动中;③断裂之后。线弹性应力-应变关系常用于屈服前和断裂之后的区域,这里只需要增加塑性流动中的塑性应力-应变关系。要实现这一

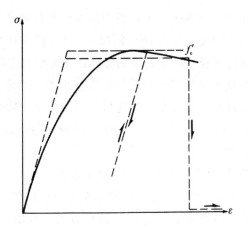

图 1.5　混凝土理想化应力-应变曲线(理想塑性-脆性断裂模型)

点,首先必须确定屈服条件和断裂应变准则。通过确定这些边界条件,可以以增量的形式建立塑性应力-应变关系。

　　根据应力不变量描述的破坏或断裂准则,可以被视为理想塑性屈服面。人们应用 von Mises 准则、扩展的 von Mises 准则(或 Drucker-Prager 准则)和 Coulomb 准则(或修正的 Coulomb 准则),已经取得了相当可观的数值分析成果。除了广泛用于金属塑性的 von Mises 准则,所有发展的混凝土的屈服准则都考虑屈服点应力,研究基于"平均"最大剪应力不变量,此外还与平均正应力有关。更接近实验数据的先进准则详见第 5 章。

　　为了建立塑性范围内的应力-应变关系,通常使用塑性变形率矢量和屈服面的正交性或所谓的流动法则。一般来讲,屈服函数对平均正应力的依赖性和流动法则的概念会导致压力下塑性体积的增加。通常在混凝土和岩石材料中可观察到这种接近破坏时的扩容。

　　学术界对于"流动法则是否应该垂直于当前应力状态下的屈服面"的观点一向充满争议。用于混凝土建模的假定如下:①在达到最大承载能力后,其表现如同理想塑性材料;②把破坏面直接作为应力空间中的固定屈服面;③假设塑性应变增量矢量垂直于当前应力状态下的屈服面,即关联流动法则。人们还提出了各种类型的非关联流动法则,但是由于某些实际原因,关联流动法则主要用于混凝土,这是因为文献中极少报道关于在二维和三维应力状态下塑性应变增量矢量流动方向的实验证据。

第 6 章详细介绍了压缩区基于理想塑性理论和拉伸区基于理想脆性断裂理论的混凝土本构模型。在这两种情况下,均可根据正交性原理的假定确定混凝土材料延性和脆性破坏行为的非弹性变形率的方向。

第 7 章阐述了基于理想塑性理论与极限分析的一般理论的发展。极限理论可便利地用于获得钢筋混凝土结构极限荷载的上下限解。第 7 章介绍了几个计算实例。Chen(1975)介绍了一般极限分析理论在土力学和混凝土力学中的进一步应用。

在循环荷载条件下"典型"混凝土的实验数据目前几乎没有被报道过。随着未来获得更多的实验数据,目前理想塑性模型也有望得到改进,以更好地拟合这些新的循环加载数据。这些改进可分为三种类型:①屈服条件的一般化,包括超出流动应力峰值的应变软化;②对于屈服之前的混凝土,使用 1.2.2 节中描述的非线性关系;③通过引入与屈服面完全不同的塑性势能面的概念,发展一般的塑性混凝土流动法则。这些改进将发展一系列先进的理想弹塑性混凝土模型。

1.2.5　加工强化塑性

发展混凝土本构模型的最后一步是采用塑性应变理论或加工强化塑性理论。假定一个同时考虑理想塑性和应变强化的加载面为屈服面,并且在塑性混凝土断裂之前使用关联流动法则。这种方法可以被认为是所有先前模型的一般形式,同时它严格满足连续介质力学的基本原理,比如解的唯一性和接近中性加载路径的连续性;此外它还可以很好地拟合材料属性数据。该模型如图 1.6 所示,简要讨论如下。

根据这种方法,结构在使用阶段的应力有望处于初始屈服范围,从而将混凝土性能表征为线弹性,并且使微裂纹的形成最小化;进而有望避免疲劳。弹性极限在此被定义为初始屈服面,其类似于破坏面或断裂面,但距断裂面有一定距离。图 1.7 描述了二维主应力空间中这两个极限曲面的轨迹。当应力状态位于初始屈服面内时,假定材料为线性,并且可以应用线弹性本构方程。

当材料受到超过初始屈服面或弹性极限的应力时,会形成一个称为加载面的新的后继屈服面。新形成的屈服面代替了初始屈服面。如果材料

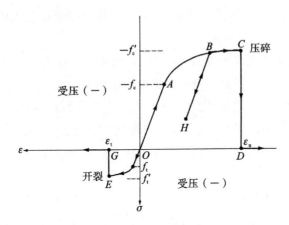

图 1.6　混凝土理想化单轴应力-应变曲线

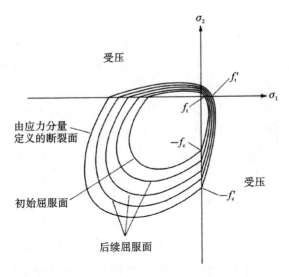

图 1.7　加工强化塑性模型在双轴应力平面中混凝土的加载面

从该后续加载面卸载并重新加载，则在达到此屈服面之前不会发生额外的
不可恢复变形。如果应变继续增加并超过这个屈服面，就会导致进一步的
不连续性和附加的不可恢复的变形。换句话说，在加载历史的每个阶段，在
包含所有可以通过弹性变化达到的应力状态的应力空间内存在一个加载屈
服面，并且超过该屈服面的任何应变伴随着不可恢复的塑性变形。除了弹
性极限之外，假设正交条件或所谓的关联流动法则来控制混凝土屈服后的

应力-应变关系。一旦定义了加载面,就可以导出基于流动法则理论的本构方程。

为了定义屈服混凝土的完全破坏,必须假设一个以应变表述的破碎和开裂面,称为应变-断裂面。与理想塑性屈服面类似,以应力表述的应力-断裂面被定义为加载面的最外端。一旦达到应力-断裂面,混凝土开始在恒定应力下流动。最后,取决于应力状态的性质,当达到应变-断裂面时,可假设混凝土开裂或破碎。此时可以应用之前建立的开裂混凝土的应力-应变关系。

对于混凝土塑性的增量应力-应变关系,可以假设金属塑性增量理论中常用的正交条件仍然适用于塑性混凝土。该正交条件(流动法则)会导出一般的塑性增量应力-应变关系。第 8 章导出了基于后继加载面和关联流动法则的矩阵本构方程,其中对用于混凝土力学的加工强化塑性理论进行了综合论述。第 9 章详细介绍了弹性加工强化-塑性断裂模型在有限元计算机程序中的数值实现。Chen 和 Saleeb(1982)对一般工程材料基于塑性的本构模型进行了全面论述。

经典加工强化或应变强化塑性理论无法处理混凝土的一个重要特征,即包括应力峰值后的应力软化效应的全应力-应变性能。这种矛盾起因于热力学定律排除了同质连续性。观察到的效应在一定程度上可追溯到实验装置,并且取决于试件的尺寸。但是,由于混凝土也是一种高度不均匀材料,因此局部不稳定性可能导致整体强度的降低。同时,增加变形所需要的大量微裂纹吸收了许多能量,且由此维持了材料的稳定性。Rudnicki 和 Rice(1975)以及 Dougill(1976)提出了允许不稳定性和软化效应的塑性理论。Dougill 提出的渐进断裂固体理论采用了 Iliushin 材料稳定性假说,而没采用更严格的 Drucker 稳定性准则(参见第 4 章和第 8 章)。

由于应变软化的问题争议颇大,针对材料退化问题的一种简单处理是假定达到最大值后屈服面收缩。收缩的屈服面对应于 Mohr-Coulomb 屈服面,描述了没有内聚力的摩擦材料特性。Argyris 等(1974)详细地评论了该模型的细节。

从前面的讨论中显而可见,为了恰当地描述混凝土特性,有必要在材料模型中考虑包含应变软化效应在内的许多复杂影响。在发展更加全面的混凝土材料模型方向上,一个重要步骤是基于 Valanis(1971)提出的用来描述金属力学性能的内时塑性理论。下面简要介绍这一理论的发展。

1.2.6　内时塑性理论

如前所述,经典塑性增量流动理论已用于发展混凝土本构方程的基础。从根本上讲,增量流动理论假定存在着一个屈服准则和与其耦合的用来定义后续屈服面的强化法则。因此,弹塑性模型可以被看作是将材料反应划分成几个阶段的不连续材料模型。加载、卸载和重新加载的过程可以被视为在结构分析和设计中不同的步骤,因此分析过程大大简化。然而,真实的材料性能经常是连续的,并且包含许多复杂的交叉影响。实验结果表明,即使在任何变形过程开始时,永久变形通常也会存在。因此,确定屈服应力的精确值通常是困难的。简化的屈服准则和强化法则不能准确描述材料的特性,并且常常忽视一些重要因素。此外,随着数值分析的出现,将复杂的问题划分成几个阶段的必要性就有待商榷,而且这种模型的不连续通常不仅没有简化问题,反而造成数值分析困难和效率低下。

受到关于连续介质力学发展的推动,人们一直致力于开发一种不需要屈服条件和烦琐的强化法则的连续弹塑性模型。在许多发展中,非弹性内时理论深受关注。内时理论起源于 Valanis(1971)关于描述金属力学性能的两篇论文。Valanis 表明,运用虚拟时间尺度和内部时间,采用积分或微分形式的本构方程可成功地描述金属性能,包括应变强化、卸载和重新加载、交叉强化和持续循环应变。该理论不需要屈服和强化的明确定义。Bazant 和他的同事(1976,1977,1978)运用 Valanis 的概念,将这一理论拓展到描述各种条件下的岩石、砂土、素混凝土和钢筋混凝土的性能。他们还表示,新的本构公式可以正确地预测非线性效应、徐变行为和对循环加载的具体反应。虽然该理论的一些基本问题似乎需要进一步研究(Rivlin,1981),但它显然具有实际应用的潜在价值。

内时塑性理论的强大在于内在时间(或内时)的概念。这个概念可以用应变或应力来定义测量承受变形的结构内部材料改变或损伤的程度。因此,对于非黏性材料,基于应变的内时便成为应变轨迹的长度。混凝土的内时模型的表达式基于广泛的一系列函数,这些函数拟合了实验观察到的效果,比如非弹性、非弹性剪胀性、应变软化和强化、滞回性能以及弹性模量的退化、老化和速率的依赖性。然而,应该指出的是,有人对内时理论提出了严厉的批评,尤其是对小幅度应力和应变循环期间的稳定性(Chen 和 Ting,1980;Chen,1980)。尽管如此,该理论最近在钢筋混凝土结构上的应用清楚地表明了该方法的强大,显然迫切需要进一步的研究来改进这一理论。根据连续介质力学原理,必须清楚地了解该理论的局限性(Rivlin,1981),并且尽可能在不降低其精确性的情况下,减少当前内时塑性表达式使用的材料常数的数量。

1.3 钢筋混凝土结构的有限元模型

现代有限元方法计算技术已经用于钢筋混凝土结构的非线性分析(见Ngo 和 Scordelis,1967)。钢筋混凝土具有非常复杂的性能,包括非弹性、开裂以及混凝土和钢筋之间的相互作用等现象。通过如图 1.8 所示的两点加载的简支梁可以说明,用有限元分析可准确地求解复杂的钢筋混凝土问题。

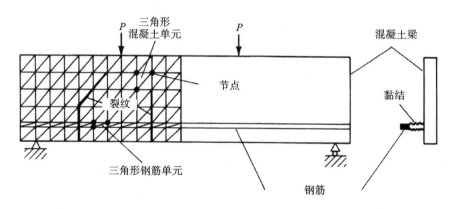

图 1.8　初始分析模型(Ngo 和 Scordelis,1967)

混凝土和钢筋的有限元网格由三角形单元表示,并且使用特殊的连接链将钢筋与混凝土联系起来(Ngo 和 Scordelis,1967)。在加载情况下,混凝土梁会按顺序发生以下事件:①在低荷载下,梁基本上表现为未开裂的弹性构件;②在跨中出现竖向弯曲裂纹,导致应力重分布并因此增加了钢筋应力、黏结应力和一些黏结滑移；③继续加载，这些弯曲裂纹扩展并增加，如果剪力和斜拉力不是关键因素，梁最终会因为纵向受拉钢筋的屈服或受压区混凝土压碎而破坏；④如果剪力和斜拉力非常关键（如图 1-8 所示），由于形成一个明显的斜拉裂纹将出现更加复杂的情况；⑤这种斜拉裂纹通过主纵向钢筋的销栓作用、沿着斜拉裂纹的骨料咬合、垂直箍筋中的应力（如果存在的话）以及裂纹上部未开裂混凝土，提供了垂直剪力的抗力；⑥在斜拉裂纹的基础上纵向钢筋应力突然增加；⑦继续加载，斜拉裂纹向着加载点扩展，导致了销栓剪力的增加；⑧当在组合应力状态下发生剪压破坏时，斜拉裂纹的上端使未开裂的混凝土受压块降至临界点时，可能发生最终破坏。在一些没有箍筋的梁中，由于主筋中存在较大销栓剪力引起沿纵向钢筋的开裂，进而发生破坏。

自 Ngo 和 Scordelis(1967)发表了在如图 1.8 所示的钢筋混凝土梁上运用有限元方法的第一篇论文以来，人们已经使用各种开裂、本构关系、破坏准则、销栓作用、骨料咬合的假设，对依次建立的钢筋混凝土结构的平面应力、平面应变、板弯曲、薄壳、轴对称实体或三维实体系统的非线性系统进行分析。Scordelis(1967)的最新综述论文认真评估了钢筋混凝土结构有限元模型。第 9 章末尾的附加参考文献列出了钢筋混凝土有限元分析的一般论文。

大多数有限元研究认为混凝土受压呈弹塑性，受拉呈弹脆性。人们提出了适用于未开裂混凝土的各种基于弹性和塑性的本构模型。对于开裂混凝土，人们采用了两种不同方法进行建模。最普遍的方法是将裂纹视为连续体水平上的分布裂纹进行处理，即裂纹以连续的方式存在。另一种方案是引入离散裂纹，如 Ngo 和 Scordelis 的初始模型所示，随着裂纹逐渐扩展改变结构构造，逐一追踪这些裂纹。用这种方法，通常不考虑根据断裂力学概念，用裂纹尖端处的应力集中预测裂纹的扩展。第 3 章将进一步讨论开裂建模。

一般来说，假设钢筋和混凝土之间有充分的黏结，意味着变形协调。作为该假设的结果，复合构件的材料刚度是通过叠加各个材料成分（如混凝土和钢筋）的材料刚度所得。在特定的情况下，人们建立了用连接型单元模拟钢筋和混凝土间的黏结滑移的差异移动，如图 1.8 所示。

钢筋材料性能容易在单轴试验中获得。材料特性通常使用经典弹塑性公式来定义。钢筋经常用离散的杆单元或引入等效层结合到计算模型中。钢筋的弯曲刚度通常忽略不计。

在建立混凝土和钢筋相互作用的模型时,已确定了两个重要机制。在第一种类型中,钢筋和混凝土都受到拉伸从而形成大的裂纹。在接触面处的剪力将拉伸应力传递到裂纹间的混凝土中。混凝土附着在钢筋上并体现系统的整体刚度。这种刚度效应通常称为拉伸强化,对于正常工作荷载下的混凝土梁可能相当重要(图 1.8)。它可以通过间接方式来假定混凝土逐渐丧失抗拉强度,可采用特殊弹簧材料模型,或者采用考虑更多因素的相互作用的模型(参见 Bergan 和 Holand,1979 年的综述)。

在钢筋与混凝土之间相互作用的第二个类型中,在第一次拉裂后会产生一个主剪切变形。在这种条件下,钢筋起到了销栓作用(图 1.3)。通过使用开裂混凝土的等效剪切刚度和剪切强度,可将这种销栓效应结合到连续模型中。类似的方法可以应用于骨料咬合效应(图 1.2)。第 3 章将介绍这些效应的有限元模型。

1.4 最 新 文 献

本书无意评述关于钢筋混凝土结构非线性分析的大量文献。Chen 和 Saleeb(1981,1982)综合评述关于一般工程材料,特别是钢筋混凝土材料本构模型的最新进展。

目前有关有限元分析在钢筋混凝土结构中的应用的最新文献和论文在第 9 章末尾的附加参考文献中列出。有关预应力混凝土反应堆容器的研究极大地推动了这一领域的发展。最近在这方面的进展可参阅 1971 年以来定期出版的《反应堆技术结构力学国际会议论文集》。IASS(1978),米兰理工大学(1978)和 IABSE(1979)发表了有关钢筋混凝土结构非线性有限元分析的论文专辑。ASCE 钢筋混凝土结构有限元分析委员会(1981)发表了一个关于混凝土本构建模和有限元分析的大型综述报告。该报告包含了应用实例、大量参考文献和可用的计算机程序。这些论文提供了有关当前最新进展的宝贵信息来源,并有助于确定进一步研究方向以填补现有知识和工程实践中的空白。

1.5 总 结

对钢筋混凝土结构的三维非线性反应分析讨论了三个主题：①钢筋混凝土的本构模型；②钢筋混凝土结构的有限元模型；③关于预应力混凝土和钢筋混凝土非线性变形和极限荷载性能的有限元分析的最新文献。

三轴范围内的非弹性材料的建模仍然限于非常严格的实验条件，例如均匀应力状态和比例单调加载。目前，还没有统一的公式来描述破坏前和破坏后的非线性反应。因此，应该更加重视材料识别以模拟钢筋混凝土在实际工作荷载下的反应。因此，本书的基本目的是介绍目前钢筋混凝土结构中分析中常用的各种混凝土本构模型的统一理论。

研究仅限于破坏前后范围内的可以在连续介质层面上进行描述的材料性能，表征钢筋混凝土的路径关联过程的三维应力-应变关系的发展基于塑性和弹性的原理，没有考虑时变现象和几何非线性，也不考虑在结构或微观结构层面上的断裂现象，即用确定性或统计方法来追踪单个裂纹的扩展。

目前，已经开发了非常复杂的有限元方法用于三维钢筋混凝土结构的空间离散化。此外，各种数值技术在解决一般的非线性问题（特别是钢筋混凝土结构方面）得到了发展。因此，这本书的重点放在本构建模。本构模型按照下列顺序进行介绍：①曲线拟合（第 2 章）；②线弹性和非线弹性（第 3 章和第 4 章）；③破坏和断裂（第 5 章）；④理想和加工强化塑性（第 6 章至第 8 章）；⑤组合本构模型的计算机实现和计算实例（第 9 章）。每章都讨论了如何将特定类型的本构模型有效地应用有限元方法分析不同类型的钢筋混凝土结构。各章介绍的典型例子包括钢筋混凝土结构（如梁、剪力墙、厚板、薄壳、轴对称实体和一般的三维实体）的非线性破坏或循环行为。

参考文献

Argyris, J. H. , G. Faust, J. Szimmat, E. P. Warnke, and K. J. Wiliam(1974)：
Finite Element Analysis of Prestressed Concrete Reactor Vessels,
Nucl. Eng. Des. , vol. 28, pp. 42-75.

ASCE Committee on Concrete and Masonry Structures(1981)：A State-of-the-Art Report on Finite Element Analysis of Reinforced Concrete, Task Committee on Finite Element Analysis of Reinforced Concrete Structures, *ASCE Spec. Publ.*

Bazant, Z. P. (1978): On Endochronic Inelasticity and Incremental Plasticity, *Int. J. Solids Struct.*, vol. 14, no. 9, September, pp. 691-714.

—and A. A. Asghari (1977): Constitutive Law for Nonlinear Creep of Concrete, *J. Eng. Mech. Div. ASCE*, vol. 103, no. EMI, Proc. pap. 12729, February, pp. 113-124.

—and P. Bhat (1976): Endochronic Theory of Inelasticity and Failure of Concrete, *J. Eng. Mech. Div. ASCE*, vol. 102, no. EM4, Proc. pap. 12360, August, pp. 701-722.

Bergan, P. G., and I. Hotand (1979): Nonlinear Finite Element Analysis of Concrete Structures, *Comput, Methods Appl. Mech. Eng.*, vol. 17/18, pp. 443-467.

Chen, W. F. (1975): "Limit Analysis and Soil Plasticity," Elsevier, Amsterdam.

—(1980): Plasticity in Soil Mechanics and Landslides, *J. Eng. Mech. Div. ASCE*, vol. 106, no. EM3, Proc. pap. 15460, June, pp. 443-464.

—and A. F. Saleeb (1981): "Constitutive Equations for Engineering Materials," vol. 1, "Elasticity and Modeling," Wiley, New York.

—and (1982): "Constitutive Equations for Engineering Materials," vol. 2, "Plasticity and Modeling," Wiley, New York.

—and E. C. Ting (1980): Constitutive Models for Concrete Structures, *J. Eng. Mech. Div. ASCE*, vol. 106, no. EMI, Proc. pap. 15177, February, pp. 1-19.

Dougill, J. W. (1976): On Stable Progressively Fracturing Solids, *Z Angew. Math. Phys.*, vol. 27, Fasc. 4, pp. 424-437.

IABSE (1979): *Proc. Int. Assoc. Bridge Structr. Eng. Colloq. Plasticity Reinforced Concr.*, vol. 28, Introductory Report and Final Report, *Lyngby. Copenhagen*, Zurich.

IASS (1978): *Proc. IASS Symp. Nonlin. Behavior Reinforced Concr. Spatial Struct.* , *Darmstadt* , 1978 , Werner , Dusseldorf.

Ngo , D. , and A. C. Scordelis (1967): Finite Element Analysis of Reinforced Concrete Beams , *J. Am. Concr. Inst.* , vol. 64 , pp. 152-163.

Politecnico di Milano (1978): *Proc. Spec. Sent. Anal. Reinforced Concr. Struct* , *by Finite Element Method* , *Milan* , 1978.

Rivlin. R. S. (1981): Some Comments on the Endochronic Theory of Plasticity , *Int. J. Solids Struct.* , vol. 17 , pp. 231-248.

Rudnicki , J. W. , and J. R. Rice (1975): Conditions for the Localization of Deformation in Pressure-Sensitive Dilatant Materials , *J. Mech. Phys. Solids* , vol. 23 , pp. 371-394.

Scordelis , A. C. (1972): Finite Element Analysis of Reinforced Concrete Structures. *Finite Element Method Civ. Eng. Montreal. June* , 1972 , pp. 71-113.

Vaianis , K. C. (1971): A Theory of Viscoplasticity without a Yield Surface , I : General Theory ; II : Application to Mechanical Behavior of Metals , *Arch. Mech.* , vol. 23 , no. 4 , pp. 517-551.

第 2 章 混凝土和钢筋的基本力学性能

2.1 引　言

本章将总结混凝土在单轴、双轴、三轴应力状态下的典型力学性能,以及钢筋的一般应力-应变特征。这些数据对于混凝土和钢筋数学建模的一般发展至关重要,有两个主要作用:①为数学建模中发展材料性能的合理类型提供指南;②为确定数学模型中的各种材料常数提供数据。

目前已经出版了几本关于混凝土性能的教科书(例如 Nevile,1970,1977),但是大多数著作都局限于准静态和一维应力或应变状态。Aoyama 和 Noguchi(1979)评述了当前的进展和知识结构体系。Newman(1966)、Brooks 和 Newman(1968),以及 Shah(1980)广泛深入地评述了高强度混凝土。

下文主要讨论:在短期准静态加载下,一般普通混凝土(正常质量)的力学性能。混凝土的大多数实验研究都与这些条件有关。虽然动态荷载条件对混凝土应力和应变的反应有显著影响,但目前文献中关于混凝土的动力学特性的数据非常少。Nilson(1979)研究了混凝土结构的在冲击荷载下的力学性能。

混凝土中含有大量微裂纹,尤其是在粗骨料和砂浆之间的接触面,甚至在施加任何荷载之前。这种性质决定了混凝土的力学性能。在荷载作用下,这些微裂纹的扩展表现为混凝土在低应力水平下的非线性性能,并导致接近破坏时的体积膨胀。

许多微裂纹是由砂浆中的离析、收缩或热膨胀引起的。由于骨料和砂浆之间刚度上的差异,在荷载作用下可能会产生一些微裂纹。这些刚度差异会导致接触区域的应变大于平均应变数倍。由于骨料-砂浆接触面的抗拉强度明显低于砂浆,因此,它成为复合材料体系中最薄弱的环节。这正是混凝土材料抗拉强度低的主要原因。从前面的讨论我们知道,骨料的大小和质量对混凝土在不同荷载下的力学性能影响显著。本章对素混凝土实验性能的一些关键方面作了简要总结,以便为后续章节的讨论创造条件。

2.2　混凝土的单轴力学性能

2.2.1　单轴抗压试验

应力-应变曲线　混凝土单轴受压的典型应力-应变关系如图 2.1(a)所示。当应力从 0 增加至最大抗压强度 f_c' 的 30% 左右时,应力-应变曲线呈近似线弹性。从这一点开始,直至 $0.75f_c' \sim 0.90f_c'$ 时,曲线的曲率会逐渐增加。此后曲线突然明显弯曲,直至峰值点 f_c'。超过此峰值后,应力-应变曲线有一个下降段,直至混凝土在极限应变 ε_u 时发生压碎破坏。

体积应变 $\varepsilon_v = \varepsilon_1 + \varepsilon_2 + \varepsilon_3$,它和应力之间的关系如图 2.1(b)所示。当应力从 0 增加至 $0.75f_c' \sim 0.90f_c'$ 时,最初的体积变化几乎呈线性增加。当应力达到此点时,体积呈反方向变化,从而导致了当应力接近或处于 f_c' 时的体积膨胀。人们把与体积应变 ε_v 的最小值所对应的应力称为临界应力(Richart 等,1929)。

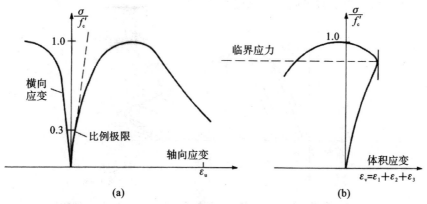

图 2.1　典型的压应力和轴向、横向及体积应变之间的关系

图 2.1 所示的应力-应变曲线的形状与内部微裂纹扩展机理密切相关。在应力小于约 $30\%f_c'$ 的区段,混凝土在加载前已存在的裂纹几乎保持不变。这表明混凝土产生的内能小于形成新的微裂纹所需的能量。约 $30\%f_c'$ 的应力被称为局部裂纹起始点应力,可作为弹性极限(参见 Kotsovos 和 Newman,1977)。

应力在 $30\%f_c' \sim 50\%f_c'$ 之间时,由于裂纹尖端应力集中,界面裂纹开始扩展。直到下一应力阶段,砂浆裂纹仍然可以忽略不计。在这个应力范围内,产生的内能几乎与裂纹形成所要求释放的能量平衡。在此阶段,裂纹扩展是稳定的,即如果施加应力保持不变,裂纹的长度会迅速达到其终值。

应力在 $50\%f_c' \sim 75\%f_c'$ 时,临近骨料表面的一些裂纹开始以砂浆裂纹的形式连接。同时其他的黏结裂纹继续缓慢增长。如果荷载保持不变,裂纹继续以递减速率扩展达到其最终长度。应力在 $75\%f_c'$ 以上时,最大的裂纹达到其临界长度。此时产生的内能大于裂纹形成所要求释放的能量。因此,裂纹扩展速率增加且体系失稳。这是因为即使荷载保持不变,也可能发生彻底破坏。约 $75\%f_c'$ 的应力被称为失稳裂纹扩展起始点,因其对应于最小体积应变,又称为临界应力。

如果我们在 $50\%f_c' \sim 75\%f_c'$ 进行应力卸载,卸载曲线会呈现某些非线性的特征;如果再加载,会形成小特征滞回环,如图 2.2 所示。一般来说,卸载-再加载曲线平行于初始曲线的初始切线。然而,对大于 $75\%f_c'$ 进行应力卸载时,卸载-再加载曲线会呈现明显的非线性特征(图 2.2),并可以看到刚度显著衰减。再加载表明材料刚度性能已急剧改变。

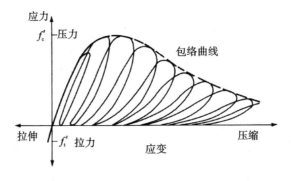

图 2.2　混凝土在单轴加载条件下的反应(Karsan 和 Jirsa,1969)

应力接近 f_c' 时,混凝土的渐进破坏主要由砂浆中的微裂纹所致。这些微裂纹与在临近骨料表面的微裂纹连接而形成微裂纹区域或内部损伤。随着压应变的增加,混凝土材料的损伤持续积累,混凝土进入其应力-应变曲线的下降段,即一个以宏观裂纹出现为特征的区域。

如图 2.3 所示,低、中强和高强混凝土的应力-应变曲线形状相似。高强混凝土线性性能与低强混凝土相比,具有更高的应力水平,但是所有的峰值都接近于应变值 0.002。在应力-应变曲线下降段,与低强混凝土相比,高强混凝土呈更脆性的特征,应力降低的速率更大(Wischers,1978)。

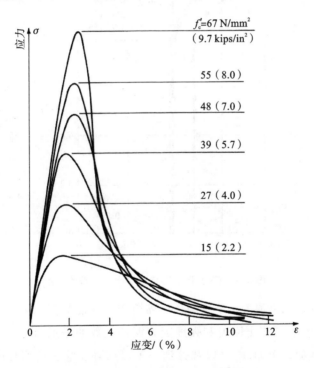

图 2.3　完全压缩应力-应变曲线(Wischers,1978)

弹性模量　如图 2.3 所示,混凝土的初始弹性模量高度依赖于抗压强度。为代替实际的实验数据,初始弹性模量 E_0 可由以下经验公式(American Concrete Institute,1977)合理精确地算出。

$$E_0 = 33w^{1.5} \sqrt{f'_c} \text{ lb/in}^{2①} \qquad (2.1)$$

其中,w 是以 lb/in^{3②} 为单位的混凝土单位重量;f'_c 是混凝土的单轴压缩圆柱体抗压强度,单位为 lb/in^2。

泊松比　单轴压缩荷载下混凝土的泊松比 ν 为 0.15～0.22,代表值是 0.19 或 0.2。在单轴荷载的作用下,当压应力接近 80% f'_c,泊松比 ν 保持不变,在此应力下表观泊松比开始增加(图 2.4)。在失稳压碎阶段,ν 甚至大于 0.5。

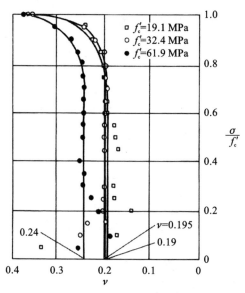

图 2.4　应力-强度比与泊松比 ν 之间的关系

循环性能　素混凝土受到循环压缩荷载的性能如图 2.2 所示。以应力为 0.60 f'_c 为例,混凝土刚度和强度随着循环次数的增加而降低。对于卸载和重新加载的每个循环,可以观察到一个滞回环。这个滞回环的面积会随着每个后继循环而减少,但最终会在疲劳破坏之前增加(Neville,1977;Sinha 等,1964)。

单调加载的应力-应变曲线可作为混凝土在循环荷载下应力峰值的合理

---

①　英制单位,1 lb/in^2 = 6.895 kPa。

②　英制单位,约为 16 kg/m^3。

包络线(Sinha 等,1964)。

循环加载的分析模型　典型的实验滞回曲线(图 2.2)可在理想条件下用直线段代替滞回曲线(图 2.5)。

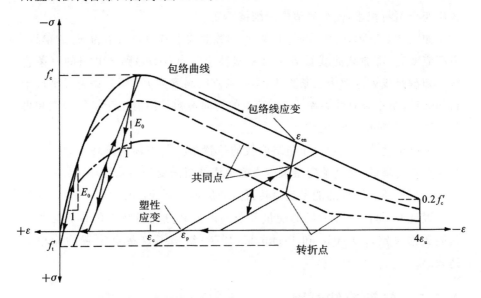

图 2.5　一个循环性能模型(Darwin 和 Pecknold,1974)

滞回环的尺寸和形状是基于 Karsan 和 Jirsa(1969)实验成果,总结如下。

Saenz(1964)提出的方程为

$$\sigma = \frac{E_0 \varepsilon}{1 + [(E_0/E_s) - 2](\varepsilon/\varepsilon_c) + (\varepsilon/\varepsilon_c)^2} \tag{2.2}$$

式(2.2)被用来描述图 2.5 所示的应力-应变曲线上升段,假设下降段是通过(f'_c, ε_c)和$(0.2 f'_c, 4\varepsilon_u)$两点的直线。其中,$E_0$ 是零应力时的切线弹性模量;E_s 为割线弹性模量, $E_s = f'_c/\varepsilon_c$;f'_c 是最大抗压强度;ε_c 是在 f'_c 处对应的应变;ε_u 是压碎应变。

假设在卸载时包络线上的应变 ε_{en} 称为包络线应变;在零应力处保留的残余应变 ε_p 称为塑性应变。两者存在一种经验关系为

$$\frac{\varepsilon_p}{\varepsilon_c} = 0.145 \left(\frac{\varepsilon_{en}}{\varepsilon_c}\right)^2 + 0.13 \left(\frac{\varepsilon_{en}}{\varepsilon_c}\right) \tag{2.3}$$

Karsan 和 Jirsa 指出,应力-应变平面上的一条带①会影响在连续循环荷载作用下的混凝土的退化情况。如果循环荷载在此条带以下,应力-应变曲线会形成一个封闭的滞回环。如果循环荷载位于或高于这条带,附加的永久应变会不断积累,使得峰值应力维持不变。

如图 2.5 所示,低应变时,卸载-再加载曲线沿着一条斜率为 E_0 的单线。更高应变时,再加载曲线被表示为从塑性应变点 $(0,\varepsilon_p)$ 到公共点的一条直线。卸载曲线被近似为三条直线:第一条直线斜率为 E_0;第二条直线平行于再加载线;第三条直线斜率为 0。荷载的转向最初是沿着位于平行卸载和再加载线之间斜率为 E_0 的线。

可以调整公共点相对于包络曲线的位置来控制破坏的循环次数。随着公共点轨迹降低,达到给定最大应力的包络线所需的荷载循环次数减少。

每个循环中消耗的能量是由转折点的位置控制的,如图 2.5 所示。转折点位置越低,每次循环消耗的能量就越高。公共点和转折点的位置必须由实验数据决定。Darwin 和 Pecknold(1974)给出了这些点位置的简单表达式。

2.2.2　单轴拉伸试验

图 2.6 描述了混凝土单轴拉伸应力-应变曲线。所有曲线在相对较高的应力水平下几乎呈线性,曲线的形状与单轴压缩曲线(图 2.3)有许多相似之处(因为微裂纹的作用影响拉伸应力状态)。但是,还存在一些差异,讨论如下。

应力小于约 60% 单轴抗拉强度 f_t' 时,可以忽略新微裂纹的生成。因此,此应力水平将对应于弹性极限;在此应力水平之上,黏结微裂纹就开始扩展。由于单轴拉伸应力状态抑制开裂的能力常常远小于压缩应力状态,可以认为稳定裂纹扩展的间隔相对较短。因此失稳裂纹扩展起始的合理值约为 $75\% f_t'$(Welch,1966;Evans 和 Marathe,1968)。

单轴拉伸裂纹扩展的方向垂直于应力方向。每个新裂纹的形成和扩展都会减少可用的承载面积,由此导致临界裂纹尖端的应力增加。裂纹停滞

---

① 对于目前的模型,这条带可简化为一条单独曲线或共同点轨迹。

的频率下降意味着拉伸破坏是由少量弥合裂纹引起，而不像压缩状态那样由许多裂纹引起。由于裂纹快速扩展，应力-应变曲线的下降段很难由试验测到。非常了不起！Hugh 和 Chapman(1966)记录了 30 倍峰值拉应力应变的轴向应变，如图 2.6 所示。

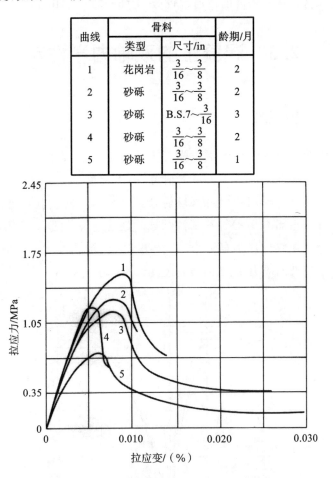

曲线	骨料		龄期/月
	类型	尺寸/in	
1	花岗岩	$\frac{3}{16}\sim\frac{3}{8}$	2
2	砂砾	$\frac{3}{16}\sim\frac{3}{8}$	2
3	砂砾	B.S.7$\sim\frac{3}{16}$	3
4	砂砾	$\frac{3}{16}\sim\frac{3}{8}$	2
5	砂砾	$\frac{3}{16}\sim\frac{3}{8}$	1

图 2.6　拉伸应力-应变曲线(**Hughes 和 Chapman. 1966**)

单轴抗拉强度和抗压强度的比值变化显著，但通常在 0.05～0.1。单轴拉伸的弹性模量比单轴压缩稍高，泊松比稍低。

混凝土的直接抗拉强度难以测量，通常近似取为

$$f'_t = 4\sqrt{f'_c} \ \text{lb/in}^2 \qquad\qquad (2.4)$$

25

通常用断裂模量 f'_r 或圆柱体劈裂强度来近似混凝土的抗拉强度。劈裂模量变化范围大,但常取为

$$f'_r = 7.5 \sqrt{f'_c} \ \text{lb/in}^2 \tag{2.5}$$

圆柱体劈裂抗拉强度的值通常较低,为 $(5\sim6) \sqrt{f'_c} \ \text{lb/in}^2$。

2.3 混凝土的双轴力学性能

2.3.1 双轴试验

早期实验主要集中在混凝土强度方面。近年来,人们对双轴荷载作用下混凝土的力学性能进行了大量的研究,关于混凝土在双轴应力状态下的强度、变形特征以及微裂纹性能,目前已经有相当多的实验数据。Nelissen(1972)和 Tasuji 等(1978)综述了该领域的最新进展。图 2.7~图 2.9 显示了混凝土分别在双轴压缩(图 2.7)、拉-压组合(图 2.8)以及双轴拉伸(图 2.9)状态下典型的应力-应变曲线。由此讨论如下。

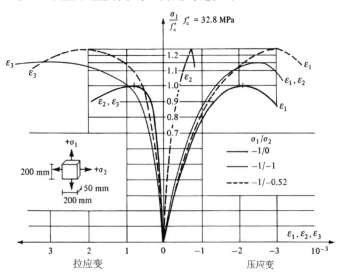

图 2.7 双轴压缩试验下混凝土的应力-应变关系(Kupfer 等,1969)

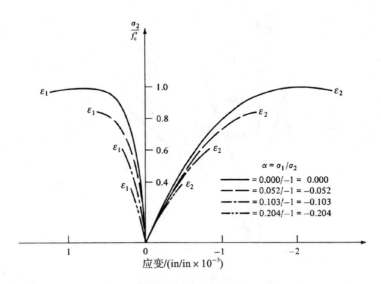

图 2.8　双轴拉伸-压缩试验下的应力-应变曲线(Kupfer 等,1969)

(1) 在双轴压缩状态下,混凝土的最大抗压强度不断增加。当压力比 $\sigma_2/\sigma_1 = 0.5$ 时,混凝土的最大抗压强度增加约 25%;在双轴等值压缩状态 $(\sigma_2/\sigma_1 = 1)$ 下,混凝土的最大抗压强度增加约 16%。在双轴压-拉状态下,抗压强度随着拉应力的增加几乎呈线性减小。而在双轴拉伸状态下,其强度几乎与单轴抗拉强度相同(图 2.10)。

(2) 根据不同的应力状态(压缩或拉伸),单轴和双轴应力状态下混凝土的延性取值不同。在单轴和双轴压缩状态下(图 2.7),混凝土最大压应变的平均值为 0.003,而最大拉应变的平均值为 $0.002\sim0.004$。双轴压缩状态下混凝土的拉伸延性比在单轴压缩状态下大(图 2.7)。在双轴压-拉状态下(图 2.8),随着拉应力的增加,破坏时的主压应变和主拉应变均随着拉应力的增加而减小。在单轴和双轴拉伸状态下(图 2.9),最大主拉应变的平均值为 0.00008。尽管人们在等应变率加载条件下,尚未观测到双轴应力状态下曲线的下降段,Nelissen(1972)却在双轴加载试验中获得了应力-应变曲线下降段。

(3) 当接近破坏点时,混凝土的体积随着压应力的持续增加而变大,如图 2.11 所示。这种称为膨胀的非弹性体积增加通常是由混凝土中主要微裂纹逐渐扩展而造成的。

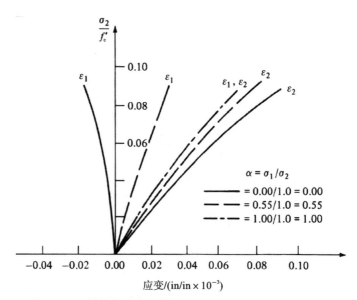

图 2.9　双轴拉伸试验下的应力-应变曲线（Kupfer 等 ,1969）

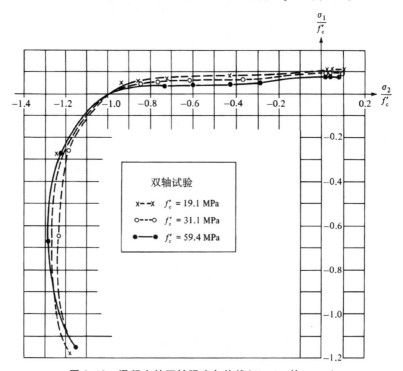

图 2.10　混凝土的双轴强度包络线（Kupfer 等 ,1969）

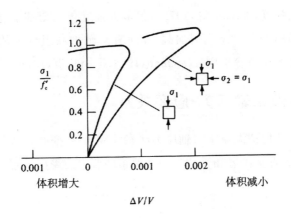

图 2.11　双轴压应力作用下混凝土体积变化的典型应力-应变曲线

（4）发生破坏的原因为与最大拉应力或应变方向垂直的断裂面发生了拉伸劈裂。拉应变对混凝土的破坏准则和破坏机理的影响十分重要。双轴荷载作用下混凝土的破坏模型如图 2.12 所示。

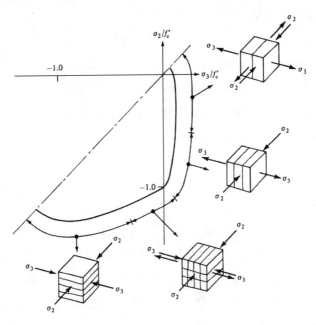

图 2.12　双轴加载作用下混凝土的破坏模式（Nelissen,1972）

（5）尽管某些现象表明,对于轻质混凝土,非比例加载得到的强度低于比例加载得到强度(Taylor 等,1972),但最大强度包络图基本与荷载路径无关(Nelissen,1972)。对于比例加载,在所有双轴加载组合下的混凝土破坏大多都基于最大拉应变准则(Newman,1968;Tasuji 等,1978)。

2.3.2　等效单轴应力-应变关系

广泛使用的模拟混凝土双轴应力状态的应力-应变曲线是基于 Saenz 方程(式(2.2))的直接扩展和受拉为线性关系的假定。受压方程为

$$\sigma = \frac{a\varepsilon}{1+\left[(a\varepsilon_{p}/\sigma_{p})-2\right](\varepsilon/\varepsilon_{p})+(\varepsilon/\varepsilon_{p})^{2}} \tag{2.6}$$

其中,σ,ε 为主应力方向的应力和应变;$\sigma_{p},\varepsilon_{p}$ 为通过实验确定的最大主应力值和对应的应变值;a 为通过实验确定的代表初始切线模量的系数。

式(2.6)表示在峰值应力和相关应变点$(\sigma_{p},\varepsilon_{p})$处具有的水平切线模量。对于单轴压缩应力状态,混凝土的峰值应力和应变点为(f_{c}',ε_{c}),如图2.5所示,单轴初始弹性模量 $E_{0}=a$。

在双轴应力状态下,混凝土的最大应力值 σ_{p} 可以由如图 2.10 所示的双轴强度包络图确定;对于单轴和双轴压缩状态,对应的主方向上的最大压应变为 0.003(图 2.7)。在双轴压拉作用下,随着拉应力的增加,抗压强度 σ_{p} 几乎呈线性降低,对应的压应变 ε_{p} 的减少值可以通过将其值与拉应力的增比值来估算(图 2.8)。需要注意的是,次要方向的 ε_{p} 值将会有所不同。各种双轴极限强度包络图和其对应的主应变和次应变的曲线拟合表达式可以详见参考文献(例如,Tasuji 等,1978;Kupfer 和 Gerstle,1973)。后面将给出 σ_{p} 和 ε_{p} 的典型表达式。

图 2.7 所示的混凝土双轴压缩应力-应变曲线表明,主要受泊松比的影响,初始刚度随着横向压力的增加而增加。因此,在与应力相同的方向上测量的应变包括了来自横向压力的贡献。同理,泊松比对双轴拉伸应力-应变曲线的初始刚度的影响减小(图 2.9)。对于各向同性线弹性材料,双轴应力-应变关系可以表示为

$$\sigma = \frac{E_{0}\varepsilon}{1-\nu\alpha} \tag{2.7}$$

其中，α 为正交方向主应力与主方向应力的比值；E_0 为单轴荷载作用下的初始切线模量；ν 为单轴荷载作用下的泊松比。

作为一种近似，描述混凝土的非线性双轴应力-应变关系的式(2.6)可以采用仅考虑泊松效应的有效初始模量 $E_0/(1-\nu\alpha)$ 作为初始模量，即

$$a = \frac{E_0}{1-\nu\alpha} \tag{2.8}$$

这种双轴应力-应变方程曲线通过了应力和应变的峰值点(σ_p,ε_p)，主要考虑双轴应力作用下微裂纹的约束影响。因此，切线模量（即双轴应力-应变曲线中任意点的斜率 $E_t = \mathrm{d}\sigma/\mathrm{d}\varepsilon$）包括了微裂纹约束影响和泊松效应影响。

将式(2.8)中的常数代入式(2.6)中得出

$$\sigma = \frac{E_0\varepsilon}{(1-\nu\alpha)\left[1 + \left(\dfrac{1}{1-\nu\alpha}\dfrac{E_0}{E_s} - 2\right)\dfrac{\varepsilon}{\varepsilon_p} + \left(\dfrac{\varepsilon}{\varepsilon_p}\right)^2\right]} \tag{2.9}$$

其中，E_s 为峰值应力时的线弹性模量，$E_s = \sigma_p/\varepsilon_p$（图 2.13）。

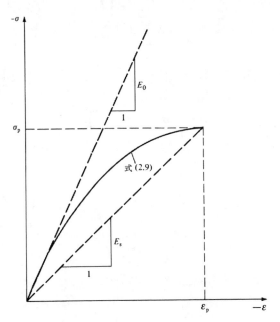

图 2.13　等效单轴应力-应变曲线

双轴荷载作用下最大压应力和应变点(σ_p,ε_p)是主应力比 $\alpha = \sigma_1/\sigma_2$ 和单轴抗压强度 f'_c 以及单轴峰值应力处应变 ε_c 的函数。两个主应力方向上的最大应力值 σ_{1_p} 和 σ_{2_p} 可由修正的 Kupfer 和 Gerstlc(1973)双轴强度包络公式得出。假定混凝土能够承受的最大拉应力是单轴抗拉强度 f'_t。如图 2.10 所示,双轴强度包络图根据应力比 α 描述的应力状态被分为四个区域。假定压应力为负值,而拉应力为正值,并且选择主方向的应力,以使 $\sigma_1 \geqslant \sigma_2$。下面总结与包络图四区域相关最大应力 σ_{1_p},σ_{2_p} 及对应的应变 ε_{1_p},ε_{2_p} 的表达式。

在压-压区域($\sigma_1 =$ 压力,$\sigma_2 =$ 压力,$0 \leqslant \alpha \leqslant 1$)

$$\sigma_{2_p} = \frac{1 + 3.65\alpha}{(1+\alpha)^2} f'_c, \quad \varepsilon_{2_p} = \varepsilon_c\left(3\frac{\sigma_{2_p}}{f'_c} - 2\right) \tag{2.10}$$

在压-拉区域($\sigma_1 =$ 拉力,$\sigma_2 =$ 压力,$-0.17 \leqslant \alpha \leqslant 0$)

$$\left.\begin{array}{l} \sigma_{1_p} = \alpha\sigma_{2_p} \\[2mm] \varepsilon_{1_p} = \varepsilon_c\left[-1.6\left(\dfrac{\sigma_{1_p}}{f'_c}\right)^3 + 2.25\left(\dfrac{\sigma_{1_p}}{f'_c}\right)^2 + 0.35\dfrac{\sigma_{1_p}}{f'_c}\right] \end{array}\right\} \tag{2.11}$$

$$\left.\begin{array}{l} \sigma_{2_p} = \dfrac{1 + 3.28\alpha}{(1+\alpha)^2} f'_c \\[3mm] \varepsilon_{2_p} = \varepsilon_c\left[4.42 - 8.38\dfrac{\sigma_{2_p}}{f'_c} + 7.54\left(\dfrac{\sigma_{2_p}}{f'_c}\right)^2 - 2.58\left(\dfrac{\sigma_{2_p}}{f'_c}\right)^3\right] \end{array}\right\} \tag{2.12}$$

$$\sigma_{1_p} = \alpha\sigma_{2_p}, \quad \varepsilon_{1_p} = \frac{\sigma_{1_p}}{E_0} \tag{2.13}$$

在拉-压区域($\sigma_1 =$ 拉力,$\sigma_2 =$ 压力,$-\infty < \alpha < -0.17$)

$$\sigma_{2_p} \leqslant 0.65 f'_c$$

$$\varepsilon_{2_p} = \varepsilon_c\left[4.42 - 8.38\frac{\sigma_{2_p}}{f'_c} + 7.54\left(\frac{\sigma_{2_p}}{f'_c}\right)^2 - 2.58\left(\frac{\sigma_{2_p}}{f'_c}\right)^3\right] \tag{2.14}$$

$$\sigma_{1_p} = f'_t, \quad \varepsilon_{1_p} = \frac{\sigma_{1_p}}{E_0} \tag{2.15}$$

在拉-拉区域($\sigma_1 =$ 拉力,$\sigma_2 =$ 拉力,$1 < \alpha < \infty$)

$$\sigma_{1_p} = f'_t \geqslant \sigma_{2_p}, \quad \varepsilon_{1_p} = \frac{f'_t}{E_0} \geqslant \varepsilon_{2_p} = \frac{\sigma_{2_p}}{E_0} \tag{2.16}$$

该模型的基本概念是将混凝土的双轴应力-应变性能视为等效的单轴关系(图 2.13)。根据这种方法,每个主应力方向上的应变增量仅由相同方向上的主应力增量来评估;对应的切线刚度是主应力比的函数,它考虑所有的双轴效应。在此,假设泊松比是一个接近 0.2 的常数。实验证据显示,在应力达到约 80％峰值应力前,泊松比是一个相当合理的近似值,但超过此值后,它逐渐偏离(图 2.4)。

该模型的主要优点就是简单明了,所需的数据很容易从混凝土的单轴试验或文献报道的各种混凝土的双轴试验中获得。该模型主要适用于双轴压力作用下的梁、板和薄壳等平面问题。然而,从图 2.11 中可见,双轴压力作用下混凝土的体积在峰值应力附近会突然增加。等效单轴方法无法考虑这种性能。因此,上述模型几乎没有得到三维状态的验证。

2.3.3 八面体应力-应变关系

八面体应力和应变可以定义为

$$\sigma_{oct} = \frac{1}{3}(\sigma_1 + \sigma_2 + \sigma_3)$$

$$\tau_{oct} = \frac{1}{3}\left[(\sigma_1 - \sigma_2)^2 + (\sigma_2 - \sigma_3)^2 + (\sigma_3 - \sigma_1)^2\right]^{1/2} \tag{2.17}$$

$$\varepsilon_{oct} = \frac{1}{3}(\varepsilon_1 + \varepsilon_2 + \varepsilon_3)$$

$$\gamma_{oct} = \frac{2}{3}\left[(\varepsilon_1 - \varepsilon_2)^2 + (\varepsilon_2 - \varepsilon_3)^2 + (\varepsilon_3 - \varepsilon_1)^2\right]^{1/2} \tag{2.18}$$

其中,σ_{oct},τ_{oct} 分别为八面体正应力(平均法向应力或静水压应力)和剪应力(或偏应力);ε_{oct},γ_{oct} 分别为八面体正应变(或体积应变)和剪应变(或偏应变)。

这种表示方法将应力和应变分为体积变化和畸变;与体积变化有关的应力增量 $d\sigma_{oct}$、应变增量 $d\varepsilon_{oct}$ 和切线体积模量 K_t 相关;畸变量 $d\tau_{oct}$、$d\gamma_{oct}$ 和切线剪切模量 G_t 有关。

$$K_t = \frac{d\sigma_{oct}}{3d\varepsilon_{oct}} = \frac{E_t}{3(1 - 2\nu_t)}, \quad G_t = \frac{d\tau_{oct}}{d\gamma_{oct}} = \frac{E_t}{2(1 + \nu_t)} \tag{2.19}$$

其中,K_t、G_t(或 E_t、ν_t)为切线值,可以由体应力(σ_{oct}-ε_{oct})和偏应变(τ_{oct}-γ_{oct})曲线的斜率来确定。根据这个假设,体积模量仅是体应力的函数,而剪切模量仅是偏应力或偏应变的函数。

偏应力-应变的关系 图 2.14 显示了在四种不同应力比 σ_1/σ_2 下由双轴压缩试验得到的平均偏应力-应变曲线（$\tau_{\rm oct}$-$\gamma_{\rm oct}$）。Gerstle(1981)提出了用指数表达式近似这些曲线

$$\tau_{\rm oct} = \tau_{\rm oct_p}\left[1 - \exp\left(\frac{-G_0}{\tau_{\rm oct_p}}\gamma_{\rm oct}\right)\right] \tag{2.20}$$

其中，$\tau_{\rm oct_p}$ 为正八面体的剪切强度；G_0 为初始剪切模量。

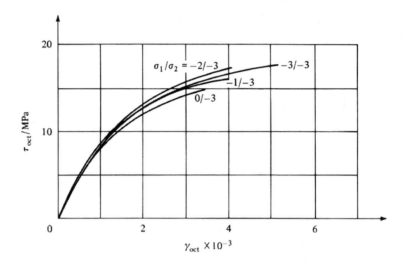

图 2.14 双轴压缩试验下八面体的剪切应力-应变关系

对式(2.20)微分，我们得出了切线剪切模量

$$G_{\rm t} = \frac{{\rm d}\tau_{\rm oct}}{{\rm d}\gamma_{\rm oct}}G_0\exp\left(\frac{-G_0}{\tau_{\rm oct_p}}\gamma_{\rm oct}\right) \tag{2.21}$$

求解式(2.20)和式(2.21)，消除 $\gamma_{\rm oct}$，给出切线剪切模量和应力关系

$$G_{\rm t} = G_0\left(1 - \frac{\tau_{\rm oct}}{\tau_{\rm oct_p}}\right) \tag{2.22}$$

如图 2.15 中的实线所示，式(2.22)表明了指数曲线 $\tau_{\rm oct}$-$\gamma_{\rm oct}$ 导致剪切模量从其初始值 $G_0(\tau_{\rm oct}=0)$ 线性下降到零（破坏时）。

式(2.22)和图 2.15 中的实线表明混凝土没有线性变化的过程。事实上，试验表明其剪切刚度比式(2.22)下降得更慢，如图 2.15 的虚线所示。

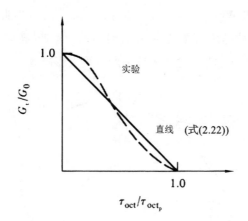

图 2.15　切向剪切模量随八面体剪切应力的变化图(Gerstle,1981)

式(2.22)中的初始剪切模量 G_0 可以通过式(2.19)中的第二个方程的单轴压缩试验获得,该公式可以确定弹性模量 E_0 和泊松比 ν_0。另外,E_0 也可以从 ACI 规范的式(2.1)中获得,ν_0 通常假定为 0.2。

偏量强度 τ_{oct_p} 可以从图 2.10 所示双轴强度包络线中获得。为了从这张图找到 τ_{oct_p},我们设定 $\sigma_3 = 0$,双轴应力比 $\alpha = \sigma_1/\sigma_2$,由此式(2.17)中的第二个公式将降低至双轴状态

$$\tau_{oct_p} = \frac{\sqrt{2}}{3}\sqrt{1-\alpha+\alpha^2}\sigma_{2_p} \qquad (2.23)$$

其中,σ_{2_p} 为对于给定应力比 α 破坏时的主要应力。

不同应力比情况下的强度变化如图 2.10 所示,偏量强度 τ_{oct_p} 可以通过式(2.23)计算得到。应用单轴抗压强度 f_c' 的知识以及合理的强度包络线可以确定任意应力比情况下的偏量强度 τ_{oct_p}。

体积应力-应变关系　双轴压缩应力状态下关于混凝土体积特性的数据差异显著。人们普遍认为,在增加压力的情况下,材料首先会被压缩并且最终由于微裂纹扩展而膨胀(Newman 和 Newman,1969);但是我们并不完全清楚以上现象会发生在什么阶段(Gerstle,1981)。图 2.16(a)和(b)显示了对同一种混凝土进行的两个所谓完全相同的双轴试验系列的结果(Gerstle 等,1978):图 2.16(a)是在慕尼黑工业大学使用刷轴承压板得到的(Linse 和 Aschl,1976),而图 2.16(b)是在柏林的联邦材料实验室使用柔性承压板得

到的(Schickert 和 Winkler,1977)。前者,当 $\tau_{oct} = \tau_{oct_p}$,膨胀发生在即将破坏之前,而后者,这种膨胀开始于应力达到 $70\% \sim 85\%$ 破坏应力时。显而易见,加载和测量细节可能会对观测数据产生重大影响。

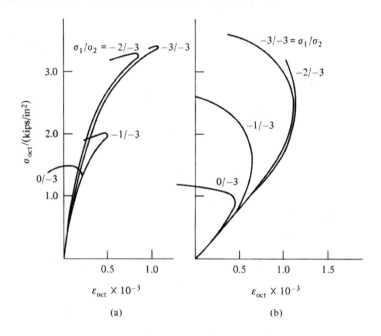

图 2.16 双轴试验中的体积应力-应变曲线

(a)Munich 试验(Linse 和 Aschl,1976);(b)Berlin 试验(Schickert 和 Winkler,1977)

这两个系列的应力-应变曲线对应的模量变化看起来完全不同,如图 2.17 中的虚线所示。可能的线性化在图 2.17(a)中用实线和虚线表示。这里再一次对实际情况与简化模型进行权衡。因为双轴情况下的体积部分不如三轴的显著,并且由于实验数据存在明显的模糊性,所以可合理进行简化。

Gerstle(1981)提出:图 2.17(a)中虚线所示的恒定平均体积模量和实线所示的线变体积模量的近似表达式

$$K_t = C_1 K_0 \qquad (2.24)$$

$$K_t = K_0 \left(1 - C_2 \frac{\sigma_{oct}}{\sigma_{oct_p}}\right) \qquad (2.25)$$

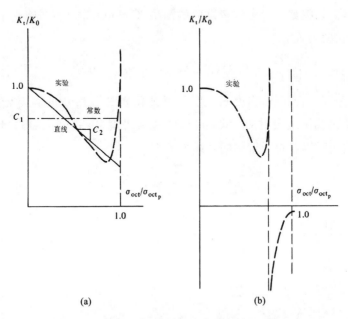

图 2.17　切向体积模量随八面体法向应力的变化图

(a)Munich 试验；(b)Berlin 试验(Gerstle,1981)

其中，K_0 为初始体积模量；C_1，C_2 为实验常数；σ_{oct_p} 为对应于破坏状态的静水压应力。

使用式(2.17)的第一个公式，令 $\sigma_3 = 0$，$\alpha = \sigma_1/\sigma_2$，我们可以得到

$$\sigma_{oct_p} = \frac{1}{3}(1+\alpha)\sigma_{2p} \tag{2.26}$$

图 2.17(b)中体积模量的变化会导致更为复杂的表达式，鉴于相互矛盾的实验数据，没有必要采用这种复杂公式。

因此，我们试图用线性表达式(式(2.25))来表示体积反应，其中根据图 2.16 所示的实验数据，$C_2 = 0.67$，意味着刚度降低到初始值的三分之一。

此外，依据体积模量和由式(2.24)确定的恒定体积模量呈线性的假定，其可行性也引人关注。

通过使用式(2.19)的第一个公式，我们可以从单轴压缩试验中获得初始体积模量 K_0。

割线剪切模量　参考许多试验的结果，Cedolin 等(1977)建立了割线剪切模量 G_s 的公式

$$\frac{G_s}{G_0} = 0.81(2^{-500\gamma_{oct}}) - 0.5\gamma_{oct} + 0.19 \tag{2.27}$$

式(2.27)与混凝土强度 τ_{oct_p} 无关，其变化如图 2.18 中的实线所示。

为了比较切线模量 G_t(式(2.22))和割线模量(式(2.27))，可通过式(2.20)适当运算获得无量纲的割线模量

$$\frac{G_s}{G_0} = \frac{\tau_{oct_p}}{G_0}\frac{1}{\gamma_{oct}}\left[1 - \exp\left(-\frac{G_0}{\tau_{oct_p}}\gamma_{oct}\right)\right] \tag{2.28}$$

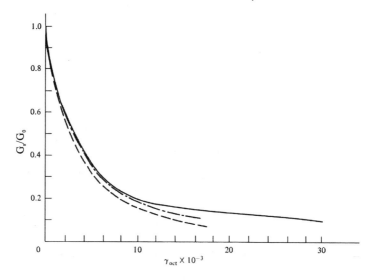

图 2.18　割线剪切模量的变化图

实线—Cedolin(1977)；虚线—Gerstle(1981，式(2.28)，$\tau_{oct_p} = 2.32$ kips/in^2)；

点画线—Gerstle(1981，式(2.28)，$\tau_{oct_p} = 2.55$ kips/in^2)

对于 Gerstle(1978)和 Gerstle(1981)在试验中使用的混凝土，$2G_0 = 2.9 \times 10^3$ kips/in^2(20×10^3 N/mm^2)，偏量强度 τ_{oct_p} 取决于不同的应力比，其取值在 $2.32 \sim 2.55$ kips/in^2（即 $16.0 \sim 37.1$ N/mm^2）之间变化。在式(2.28)中插入这些值，将计算结果用虚线和点划线在图 2.18 绘制，可知，Cedolin 的割线表达式与 Gerstle 切线表达式的主要部分密切吻合。

2.4　混凝土的三轴力学性能

2.4.1　三轴试验

应力-应变性能　图 2.19 显示了 Richart 等(1928)试验得到的典型应力-应变曲线。他们的试验是在中低体积(或约束)压力下进行的。Balmer (1949)在三轴试验中采用了非常高的约束应力值(图 2.20)。正如这些曲线所示,根据约束应力的不同,混凝土表现为准脆性、塑性软化或塑性强化材料。这是因为在较高的约束应力下,混凝土黏结开裂的可能性大大降低,而破坏模式也从劈裂转变为水泥浆破碎。如图 2.19 和图 2.20 所示,轴向强度随着约束应力的增加而增加。尤其是在非常高的约束应力下,人们已经观测到特别高的强度值(图 2.20)。

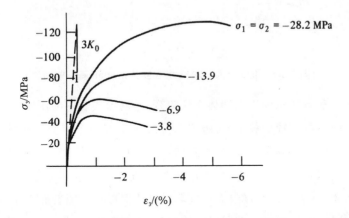

图 2.19　混凝土的三轴压缩试验(K_0 为体积模量)(Richart 等,1928)

与流行观点相反,在静水压压缩荷载下混凝土表现出非线性应力-应变性能(图 2.21)。图 2.21 中的静水压力-体积应变曲线显示加载时的曲线反向弯曲。卸载时,除了在低应力范围内出现类似于单轴循环情况时的尖尾(图 2.2),斜率几乎是个常数且近似等于初始加载时的斜率。Kotsovos 和 Newman(1978)对试验数据的分析表明,当受到恒定静水压应力(或常量 σ_{oct})以及增加的剪应力或偏应力(或 τ_{oct})作用时,混凝土不仅承受八面体剪

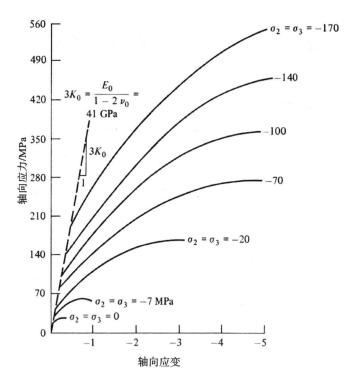

图 2.20　混凝土的三轴应力-应变关系（Balmer，1949）

切应变 γ_{oct}，而且还承受以八面体正压应变 ε_{oct} 的形式表述的压实。

　　破坏面　在三轴加载下，实验表明混凝土具有一个相当一致的破坏面，它是三个主应力的函数。假设各向同性，则弹性极限（稳定裂纹扩展起始点）、失稳裂纹扩展起始点以及破坏极限都可以表示为三维主应力空间的面。图 2.22 显示了弹性极限面和破坏面的几何形状。随着静水压力的增大（沿着 $\sigma_1 = \sigma_2 = \sigma_3$ 轴线），破坏面的偏截面（垂直于轴 $\sigma_1 = \sigma_2 = \sigma_3$ 的平面）成为或大或小的圆，这表明该区域的破坏与第三应力不变量无关。对于较小的静水压力，这些偏截面是非圆外凸形。破坏面可以用三个应力不变量来表示。具有最普遍代表性的破坏面将在第 5 章中详细介绍。在目前已发表的实验研究可知，这种破坏面似乎与荷载路径无关（Gerstle 等，1978；Kotsovos，1979）。

　　可以认为静水压压缩下的断裂路径会在粗骨料颗粒周围形成或多或少

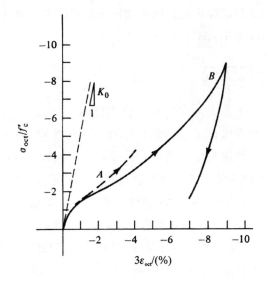

图 2.21　混凝土在静水压压缩作用下的性能($\sigma_1=\sigma_2=\sigma_3$)

A—Palaniswamy(1973)，$f'_c=22$ MPa；B—Green 和 Swanson(1973)，$f'_c=48.5$ MPa

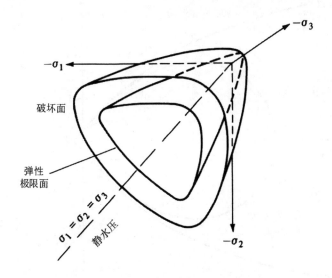

图 2.22　三维应力空间中混凝土的破坏面简图

的闭合面。随着静水压压缩的增加，水泥浆的压实作用会变得越来越明显，但仅仅由这种破坏机理不足以造成材料的完全破坏。一个静水压压缩卸载

41

后再单轴压缩加载的试验表明它的单轴抗压强度已降低到其初始值的 60%（Chinn 和 Zimmerman,1965）。

2.4.2 进一步研究

目前还没有关于混凝土在静水压拉力作用下的试验报告,关于混凝土的大多数三轴试验都考虑了极限破坏。对于本构建模,关于弹性区域以及稳定裂纹扩展区域的信息意义重大。Launay 和 Gachon(1971)给出了有关弹性极限、裂纹形成和最终破坏的信息,如图 2.23 所示。而关于三轴应力状态下的卸载、再加载以及卸载后的塑性或永久应变的信息也同具深意。如图 2.21 所示,对于静水压压缩加载和卸载,卸载曲线的初始部分大致平行于初始切线。但是,随着卸载的继续进行,材料的刚度也逐渐下降。这就给出了在一般三轴应力状态下,混凝土可能会出现刚度退化的一些证据。

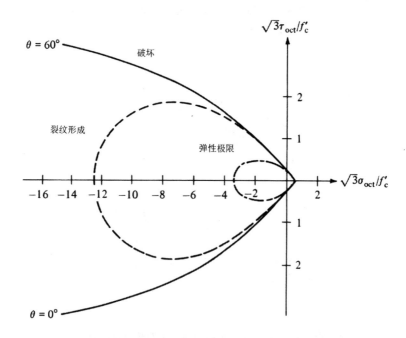

图 2.23 混凝土的三轴压缩试验($\theta = 60°$)和扩展试验($\theta = 0°$)(**Launay 和 Gachon,1971**)

截至 1980 年,混凝土在静态和动态条件下,其在一般类型荷载下的性能仍需深入研究。目前正在研究几个关于有限的前沿课题包括高强混凝土的性能(强度高达 12 kips/in²)(Shah,1980),混凝土在双轴循环荷载下的性能,控制混凝土及其成分性能的微观损伤的特征,以及关于动态裂纹的形成和扩展的研究。上述研究的完成将增加一些重要见解。

2.5　钢筋的应力-应变关系

2.5.1　钢筋的一般特征

一些不同等级钢筋的典型应力-应变曲线如图 2.24 所示。标准屈服强度为 40 kips/in² 的 40 级钢筋为热轧钢筋,其特征包括屈服点(σ_y,ε_y)、屈服平台(σ_y,ε_{st})、峰值应力点(σ_u,ε_u)前以及破坏点(σ_f,ε_f)的应变强化。

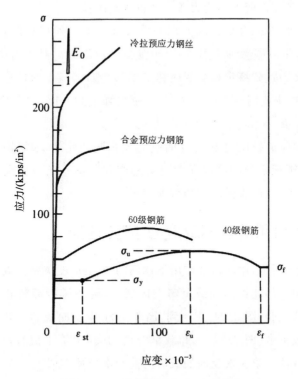

图 2.24　钢筋的典型应力-应变曲线

40 级、50 级或 60 级钢筋的应力-应变曲线通常具有以下一般特征。

(1) 曲线记录了点 $(\sigma_y, \varepsilon_y)$ 的初始线弹性区域。Mirza 和 MacGregor (1979)试验报告表明：平均弹性模量值 $E_0 = 29200$ kips/in^2，变异系数 = 3.3%；对于 40 级和 60 级钢筋，平均屈服应力分别为 $\sigma_y = 48.8$ kips/in^2 和 71 kips/in^2，变异系数分别为 10.7% 和 9.3%。

(2) 曲线记录了屈服平台从 ε_y 到应变强化(即应变为 ε_{st})的整个过程。典型应变强化模量值 E_{st} 为 700 kips/in^2，而典型比值 $\varepsilon_{st}/\varepsilon_y = 12$。当达到弹性极限时，在没有任何应力降低的情况下，伸长应变能达 8~15 倍的弹性极限应变。同时，强度随着材料的应变强化而逐渐增加。

(3) 曲线记录了应变强化区从 ε_{st} 到极限应变 ε_u，直至破坏应变 ε_f 的整个过程。通常可以观察到约 1.55 倍屈服强度的极限强度。随着钢筋强度的增加，其承受非弹性变形的能力或延性也逐渐降低。

对于 75 级钢筋、合金预应力钢筋以及预应力钢丝(通常为冷拉)，如图 2.24 所示，其应力-应变曲线中的特征屈服平台消失。对于这样的材料，屈服点可以定义为达到特定总应变或特定偏移(塑性)应变时的应力。典型预应力钢丝的弹性范围为 $0.8\sigma_u$~$0.9\sigma_u$，屈服强度(由 1% 的总应变定义)为 $0.8\sigma_u$~$0.9\sigma_u$，最小保证破坏应变 ε_f 为 4%。

通常假定钢筋拉压应力-应变曲线完全相同。此外，如果钢筋试件的加载速度过快，则观察到的屈服强度也会相应高一些。已观测到应变变化为每秒增加 0.01 时，屈服强度就会增加 14%。

2.5.2　反向和重复荷载应力-应变性能

如图 2.25 所示，循环荷载作用下钢筋的应力-应变关系受到前期塑性应变的显著影响。热轧钢筋加载至塑性区域内，随后进行卸载和重新加载循环。单调加载试验(图 2.24)观测到，循环应力-应变曲线的显著特征是不存在典型的屈服平台(图 2.24)。卸载呈线性，其斜率等于初始弹性模量。后继续循环的特征与第一次反向加载后的前两次循环类似。

特别注意，加载和反向加载时的新屈服点不均匀升高，其定义了后继应力-应变曲线的线弹性部分，即一个上升的加载屈服点伴随着一个下降的反

向加载屈服点。这就是所谓的 Bauschinger 效应(参见 Chen 和 Saleeb,
1982)。图 2.25 显示了应力-应变曲线中的线性部分在循环过程中几乎
不变。

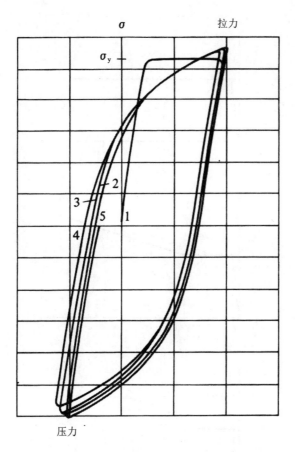

图 2.25　循环加载下的应力-应变曲线(Singh 等,1965)

2.5.3　钢筋的应力-应变模型

由于混凝土结构中的钢筋大多是一维的,因此,通常不需要引入复杂的
钢筋多轴本构关系。

为了简化设计计算,通常需要将钢筋的一维应力-应变曲线理想化。根

据所需的精度，人们使用了三种如图 2.26 所示的理想化模型。对于每一种理想化模型，我们必须通过实验确定对应于屈服点、应变强化点和极限拉伸强度的应力和应变。

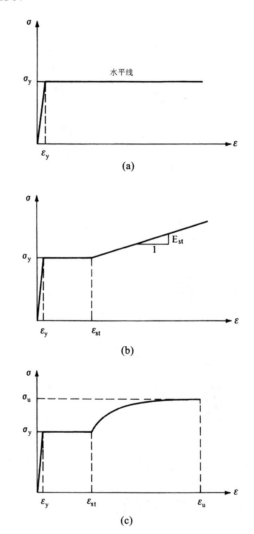

图 2.26　拉伸或压缩状态下钢筋的理想化应力-应变曲线

(a)弹性-理想塑性近似；(b)三线性近似；(c)完整曲线

2.6　总　　结

本章总结了单轴应力状态下钢筋和单轴、双轴和三轴应力状态下混凝土的一些典型实验数据。为这些模型的发展提供必要物理基础的试验主要有两个目的:①指出材料性能的正确类型,以帮助混凝土和钢筋在适当的压力范围内进行数学建模;②为评估后面章节数学模型中的各种材料参数提供数据。

关于混凝土在单轴和双轴应力状态下的强度、变形特性以及微裂纹性能,人们已经掌握了大量的实验数据。目前,只发表了有限的三轴压缩试验($\sigma_3 < \sigma_2 = \sigma_1 < 0$)和三轴拉伸试验($\sigma_3 = \sigma_2 < \sigma_1 < 0$)的数据。从这些关于混凝土在三轴应力和应变状态下的力学性能的试验中,可得出如下主要结论。

(1)单调加载下的单轴应力-应变曲线接近于循环加载下的包络曲线(图 2.2)。

(2)混凝土的双轴抗压强度与单轴抗压强度一样大。但在多数情况下,双轴抗压强度较大(图 2.7 和图 2.10)。

(3)混凝土的双轴抗拉强度至少等于其单轴抗拉强度(图 2.9 和图 2.10)。

(4)在双轴压-拉状态下,随着拉应力的增加,抗压强度近似呈线性减小(图 2.8 和图 2.10)。

(5)在单轴和双轴应力状态下,合理的破坏准则是极限拉应变准则(图 2.12)。极限拉应变的大小随所受的直接拉伸荷载的增加而降低,并随着压缩荷载的增加而增加(图 2.7～图 2.9)。

(6)在相同静水压力的状态下,与三轴压缩试验相比,三轴拉伸试验将产生更低的偏应力或剪切破坏应力(图 2.23)。

(7)混凝土的轴向强度随着静水压力的增加而增加。尤其在很高的约束应力的作用下,其强度值会变得非常大(图 2.20)。

(8)高约束压力下,混凝土所承受的高应力总是伴随着较大变形或延性(轴向变形 0.5%～7%)(图 2.20)。

（9）三轴加载作用下大部分变形是混凝土在应力作用下的压实度造成的（图 2.21），压实度的大小随混凝土质量改变而变化显著（高强度混凝土变化不明显）。

（10）在三轴压缩状态下，混凝土的破坏模式随着侧向应力的不断增加，从劈裂转变为压碎。

（11）在低应力水平，建立一个用应力或应变相关的体积和剪切模量表述的单轴、双轴和三轴应力状态的统一表达式成为可能，但无法建立接近破坏时的统一表达式（图 2.15、图 2.17 和图 2.18）。

（12）临近破坏点时，随着压应力的持续增加，其体积随着压应力的持续增加而逐渐增加（图 2.11、图 2.16 和图 2.16）。

如图 2.1 所示，关于单轴压缩状态下混凝土的试验表明，混凝土的性能在三个不同荷载阶段的特征差异如下：①在第一阶段，其行为几乎是线弹性；②在第二阶段，一大部分非线性变形是不可逆或塑性；③在第三阶段，荷载从极限荷载的 75%～85% 开始，材料内部出现不连续性，应力-应变曲线中失稳应变软化部分逐渐发展，变形增加。

有几种方法可以定义在一般三轴应力条件下各个加载阶段的混凝土的应力-应变性能：①线弹性（第 3 章）；②非线弹性（第 4 章）；③理想塑性（第 6 章）；④加工强化塑性（第 8 章）。我们将系统地介绍这四种本构模型，以便将它们用于各种钢筋混凝土结构的有限元分析。

参考文献

American Concrete Institute Committee 318 (1977)：Building Code Requirements for Reinforced Concrete，ACI 318-77，Detroit.

Aoyama，H.，and H. Noguchi(1979)：Mechanical Properties of Steel and Concrete under Load Cycles Idealizing Seismic Actions，*Proc. 25th IABSE-CEB Symp.*，*Rome*，1979.

Balmer，G. G. (1949)：Shearing Strength of Concrete under High Triaxial Stress-Computationof Mohr's Envelope as a Curve，*Struct. Res. Lab. Rep*. SP-23，Denver，Colo.，October.

Brooks，A. E.，and K. Newman (eds.) (1968)：*Proc. Int. Conf. Struc.*

Coner. ,*London*,1968,Cement and Concrete Association,London.

Cedolin,L. , Y. R. J. Crutzen, and S. Dei Poli, (1977): Triaxial Stress-Strain Relationship for Concrete, *J. Eng. Mech. Div. ASCE*, vol. 103, no. EM3,Proc. pap. 12969,June,pp. 423-439.

Chen W. F. , and A. F. Saleeb (1982): "Constitutive Equations for Engineering Materials,"vol. 2,"Plasticity and Modeling,"Wiley,New York.

Chinn,J. ,and R. M. Zimmerman(1965):Behavior of Plain Concrete under Various High Triaxial Compression Loading Conditions, *Air Force Weapons Lab. Tech. Rep.* WL TR 64-163, Kirtland Air Force Base, Albuquerque,N. Mex.

Darwin,D. , and D. A. W. Pecknold (1974): Inelastic Model for Cyclic Biaxial Loading of Reinforced Concrete,*Univ. Ill. Civ. Eng. Stud.* SRS 409,July.

Evans,R. H. , and M. S. Marathe(1968): Microcracking and Stress-Strain Curves for Concrete in Tension,*Mater. Construct.* ,no. 1,pp. 61-64.

Gerstle,K. H. (1981):Simple Formulation of Biaxial Concrete Behavior,*J. Am. Coner. Inst.* ,vol. 78,no. l,pp. 62-68.

H. Aschl, et al. (1980): Behavior of Concrete under Multi-axial Stress States,*J. Eng. Mech. Div. ASCE*, vol. 106, no. EM-6, December, pp. 1383-1403.

D. H. Linse, et al. (1978):Strength or Concrete under Multi-axial Stress States,*Proc. McHenry Symp. Concr. Struct.* ,*Mexico City*,1976,*Am. Concr. Inst. Publ.* SP 55,pp. 103-131.

Green,S. J. , S. R. Swanson, et al. (1973):Static Constitutive Relations for Concrete, *Air Force Weapons Lab. Tech. Rep.* AFWL-TR-72-244, Kirtland Air Force Base,Albuquerque,N. Mex.

Hughes,B. P. , and G. P. Chapman (1966): The Complete Stress-Strain Curve for Concrete in Direct Tension,*RILEM Bull.* 30,pp. 95-97.

Karsan,P. ,and J. O. Jirsa(1969):Behavior of Concrete under Compressive

Loading, *J. Struct. Div. ASCE.* vol. 95, no. ST12, Proc. pap. 6935, December, pp. 2543-2563.

Kotsovos, M. D. (1979): Effect of Stress Pathon the Behavior of Concrete under Triaxial Stress States, *J. Am. Concr. Inst.*, vol. 7. 6, no. 2, February, pp. 213-223.

Kotsovos, M. D., and J. B. Newman (1977): Behavior of Concrete under Multiaxial Stress, *J. Am. Concr. Inst.*, vol. 74, no. 9, pp. 443-446.

Generalized Stress-Strain Relations for Concrete, *J. Eng. Mech. Div. ASCE*, vol. 104, no. EM4, Proc. pap. 13922, August, pp. 845-856.

Kupfer, H. (1969): Das Verhalten des Betons unter zweiachsiger Beanspruchung, *Techn. Hochsch. Munchen, Lehrstuhl Massivbau Ber.* 18.

K. H. Gerstle. (1973): Behavior of Concrete under Biaxial Stresses, *J. Eng. Mech. Div.*, *ASCE*, vol. 99, no. EM4, August.

H. K. Hilsdorf, and H. Rusch (1969): Behavior of Concrete under Biaxial Stresses, *J. Am. Concr. Inst.*, vol. 66, no. 8, August, pp. 656-666.

Launay, P., and H. Gachon (1971): Strain and Ultimate Strength of Concrete under Triaxial Stress, Pap. H13, *Proc. 1st Int. Conf. Struct. Mech. Reactor Technol.*, *Berlin*, 1971.

Linse, D. H., and H. Aschl (1976): Tests on the Behavior of Concrete under Multiaxial Stresses, *Tech. Univ. Munich Dep. Reinforced Concr. Rep.*, May.

Mirza, S. A., and J. G. MacGregor (1979): Variability of Mechanical Properties of Reinforcing Bars, *J. Struct. Div. ASCE*, vol. 105, no. ST5, May, pp. 921-937.

Nelissen, L. J. M. (1972): Biaxial Testing of Normat Concrete, *Heron* (Delft), vol. 18, no. 1.

Neville, A. M. (1970): "Creep of Concrete: Plain, Reinforced, and Prestressed,"North-Holland, Amsterdam, 1970.

(1977): "Properties of Concrete,"Pitman, London, 1977.

Newman, K. (1966): Concrete Systems, pp. 336-452 in L. Holliday (ed.), "Composite Materials," Elsevier, Amsterdam.

(1968): Criteria for the Behavior of Plain Concrete under Complex States of Stress, *Proc. Conf. Struct. Coner. London, September* 1965, Cement and Concrete Association, London, pp. 255-274.

J. B. Newman (1969): Failure Theories and Design Criteria for Plain Concrete, *Eng. Des. Civ. Eng. Mater.*, pap. 83, Southampton, 1969.

Nilsson, L. (1979): Impact Loading on Concrete Structures, *Chalmers Univ. Technol. Dep. Struct. Mech.*, Goteborg, Sweden, Publ. 79-1.

Palaniswamy, R. G. (1973): Fracture and Stress-Strain Law of Concrete under Triaxial Compressive Stresses, Ph. D. thesis, University of Illinois at Chicago Circle.

Richart, F. E., A. Brandtzaeg, and R. L. Brown (1928): A Study of the Failure of Concrete under Combined Compressive Stresses, *Univ. Ill. Eng. Exp. St. Bull.* 185.

The Failure of Plain and Spirally Reinforced Concrete in Compression, *Univ. Ill. Eng. Exp. St. Bull.* 190, April.

Saenz, L. P. (1964): Discussion of Equation for the Stress-Strain Curve of Concrete by Desayi and Krishman, *J. Am. Concr. Inst.*, vol. 61, September, pp. 1229-1235.

Schickert, G., and H. Winkler (1977): Results of Tests Concerning Strength and Strain of Concrete Subjected to Multiaxial Compressive Stresses, *Ger. Comm Reinforced Conc. Heft* 277, Berlin.

Shah, S. P. (ed.) (1980): High Strength Concrete, *Univ. Ill. Proc. Workshop Chicago* 1979, University of Illinois, Chicago.

Singh, A., K. H. Gerstle, and L. G. Tulin (1965): The Behavior of Reinforcing Steel under Reversed Loading, *Mater. Res. Stand.*, vol. 5, no. 1, January.

Sinha, B. P., K. H. Gerstle, and L. G. Tulin (1964): Stress-Strain Relations for Concrete under Cyclic Loading, *J. Am. Concr. Inst.*, vol. 61, no. 2,

51

February,pp. 195-211.

Tasuji,M. E. ,F. O. Slate,and A. H. Nilson(1978):Stress-Strain Response and Fracture of Concrete in Biaxial Loading, *Proc. Am. Concr. Inst.* , vol. 75,no. 7,July,pp. 306-312.

Taylor,M. A. ,A. K. Jain,and M. R. Ramey(1972):Path Dependent Biaxial Compressive Testing of an All-Lightweight Aggregate Concrete, *J. Am. Concr. Inst.* ,vol. 69,no. 12,December,pp. 758-764.

Welch,G. B. (1966):Tensile Strains in Unreinforced Concrete Beams, *Mag. Concr. Res.* ,vol. 18,no. 54,pp. 9-18.

Wischers,G. (1978):Application of Effects of Compressive Loads on Concrete,*Betontech. Ber.* ,nos. 2 and 3,Duesseldorf.

第3章 线弹性脆性断裂模型

3.1 引 言

混凝土重要的特征之一是其抗拉强度低,在非常低的拉应力下会引起拉伸裂纹。拉伸开裂降低了混凝土的刚度,是钢筋混凝土结构非线性性能的主要原因,像板和壳体,其应力状态主要是双轴拉-压类型。对这些结构,混凝土开裂性能的准确建模无疑最为重要。许多研究人员已经开发和使用了线弹性断裂模型来研究钢筋混凝土梁、板和壳体的非线性反应。

在拉应力区,混凝土弹性脆性断裂性能的突然应变软化特性引起开裂,并进一步导致了局部应力突变。这种裂纹发展和随后的应力重分配对钢筋混凝土结构的基本性能有着重大影响。此外,由于裂纹发展的极端应变软化特点,这种性能对任何非线性求解方法都提出了严格的要求。

本章将混凝土作为线弹性脆性断裂材料,基于线弹性理论建立未开裂和开裂混凝土的本构模型,讨论拉伸裂纹的发展及预估其对混凝土结构性能的影响。在随后的章节里,将依据非线弹塑性理论更加详细地描述混凝土在多轴压缩应力状态下的非线性反应,从而将这些本构模型的使用范围扩展到高压力状态。

本章分为三个主要部分。第一部分介绍文献中讨论应力和应变时常用的指标记法和求和约定(3.2 节)。然后简要总结一些涉及应力和应变转换的重要概念(3.3 节~3.4 节)。虽然这些资料可以在许多标准书籍中找到,但为了方便起见,将以一种直接与本书主要内容相关的形式介绍。

第二部分将混凝土的本构模型分为两个阶段进行推导:未开裂弹性阶段(3.5 节)和裂纹扩展阶段(3.6 节)。通过叠加各个组成材料(即混凝土和钢筋的本构模型)来获得复合材料的本构模型。

第三部分将这些建模方法应用于三个典型例子的分析:海底耐压混凝

土结构的线弹性断裂分析(3.7节);钢筋混凝土梁的非线性有限元分析(3.8节);钢筋混凝土剪力板和剪力墙的非弹性有限元分析(3.9节)。

3.2 指标记法和求和约定

目前文献中讨论应力和应变时,通常使用矢量和张量符号。因此,对于基于弹性和塑性原理的混凝土材料的三维本构模型的发展而言,具备指标记法和求和约定的基本知识至关重要。记法和约定的重要优点是简明扼要,各种公式的推导关系可以用数学术语表达,因此可将大部分注意力集中在物理原理而非大量烦琐的方程上。本节阐述的内容仅涵盖在弹性和非弹性范围内有关应力、应变及其相互关系的应用领域。

3.2.1 坐标系

这里只讨论笛卡儿坐标系。在三维空间中,一个笛卡儿坐标系可表示为一组三个相互垂直的 x,y 和 z 轴。为以后方便起见,坐标轴可命名为 x_1,x_2,x_3 轴,而不是大家较熟悉的 x,y 和 z 表示方法。图 3.1 所示的坐标系假定采用右手记法,其中 x_2,x_3 轴位于平面内,x_1 轴直指向读者。

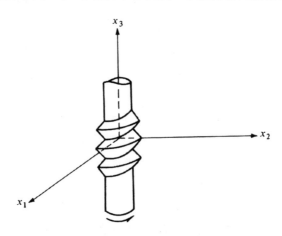

图 3.1 右旋螺杆记法

在这种记法中,坐标轴分别平行于(右手)指向观测者的中指,指向右边的大拇指和垂直向上的食指。坐标轴的方向即为手指的指向。如果我们想象一个右旋螺杆,由 x_1 轴朝 x_2 轴旋转,则会导致螺杆沿 x_3 轴的正方向移动。同样可以轮流采用标记 1,2 和 3 来检验类似螺杆沿正方向移动的情况。如图 3.1 所示的坐标系称为右手坐标系。如果选择用左手,称为左手坐标系。图 3.1 中 x_3 的正方向朝下。注意任何两个具有相同原点的右手坐标系,都可以互相旋转然后重合。这也同样适用于两个左手坐标系,但不适用于一个左手坐标系和一个右手坐标系的情况。本书只采用右手坐标系。

3.2.2　矢量代数

与仅有大小的标量相反,矢量同时具有大小和方向:力是矢量,温度是标量。

一个矢量通常用箭头表示,箭头的方向为矢量的方向,箭头的长度与矢量大小成比例。

图 3.2 中表示沿三个相互垂直轴方向的单位矢量 e_1, e_2, e_3。例如,单位矢量 e_1 为单位长度(从原点开始计算)并沿 x_1 轴,因而必须垂直另外两个坐标轴 x_2, x_3。

对空间中任意一点 P,坐标是 v_1、v_2、v_3,可以表示为矢量 $\boldsymbol{OP}$ 或 $\boldsymbol{V}$。这个矢量 $\boldsymbol{V}$ 可以想象为矢量 $\boldsymbol{V}_1, \boldsymbol{V}_2, \boldsymbol{V}_3$ 的合矢量,因此

$$\boldsymbol{V} = \boldsymbol{V}_1 + \boldsymbol{V}_2 + \boldsymbol{V}_3 \tag{3.1}$$

或根据单位矢量得出

$$\boldsymbol{V} = v_1 \boldsymbol{e}_1 + v_2 \boldsymbol{e}_2 + v_3 \boldsymbol{e}_3 \tag{3.2}$$

其中,v_1、v_2、v_3 为标量值。进一步简化,上式可缩写为

$$\boldsymbol{V} = \begin{bmatrix} v_1 & v_2 & v_3 \end{bmatrix} \tag{3.3}$$

显然在这种形式中标量乘子的排序尤为重要,可以看出矢量 $\boldsymbol{V}$ 的标记形式和笛卡儿坐标系的 P 点的标记形式非常相似。

通常认为,$\boldsymbol{V}_1, \boldsymbol{V}_2, \boldsymbol{V}_3$ 作为 $\boldsymbol{V}$ 的分量,或者反过来,将矢量 $\boldsymbol{V}$ 分解成它的分量。矢量的作用特定点常常可以从上下文中得知,不需要单独规定。图 3.2 中,矢量 $\boldsymbol{V}$ 恰好作用在坐标原点。

若两个矢量 $\boldsymbol{V}$ 和 $\boldsymbol{U}$ 的分量相等,则定义它们是相等的,即相等的条件为

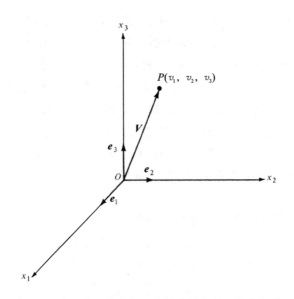

图 3.2　右手笛卡儿坐标系中的位置矢量和单位矢量

x_1, x_2, x_3 为笛卡儿坐标系，O 为初始值

$$v_1 = u_1, \quad v_2 = u_2, \quad v_3 = u_3 \tag{3.4}$$

或更简洁地表示为

$$v_i = u_i, \quad i = 1,2,3 \tag{3.5}$$

一般而言，仅通过书面形式表达等式为

$$v_i = u_i \tag{3.6}$$

由于下标 i 没有规定，式(3.6)对于这个下标所代表的三种可能下标中的任意一个必须成立。

如果矢量 V 乘以一个正标量 α，则结果 αV 定义为一个新的矢量，方向与 V 同向，大小为 V 的 α 倍。如果 α 为负值，则负号表示与矢量的方向相反。

加法和减法　由平行四边形法则得到两个矢量 U 和 V 之和的定义，如图 3.3 所示。显然，矢量的加减可以定义为其分量的加减

$$W = U \pm V = (u_1 \pm v_1)e_1 + (u_2 \pm v_2)e_2 + (u_3 \pm v_3)e_3 \tag{3.7a}$$

根据这些分量，有

$$[w_1 \quad w_2 \quad w_3] = [u_1 \pm v_1 \quad u_2 \pm v_2 \quad u_3 \pm v_3] \tag{3.7b}$$

或采用

$$w_i = u_i + v_i \tag{3.8}$$

标量积　矢量有两种乘法,即标量积(点积或内积)和矢量积(叉积),这是因为前者计算的结果是标量,后者计算的结果是矢量。本书只考虑前者。

矢量 U 和 V 的标量积定义为

$$U \cdot V = |U| \cdot |V| \cos\theta \tag{3.9}$$

其中,$|U|$ 表示矢量 U 的绝对长度;θ 为平面角,也可表示为矢量 U 和 V 两个矢量在包含它们的平面内的夹角,必要时,可平行移动它们中的一个,使得它们具有一个公共起点,如图 3.4 所示。

如果其中一个矢量为单位矢量(单位长度的矢量),则点积为另一个矢量在单位矢量方向上的投影长度。

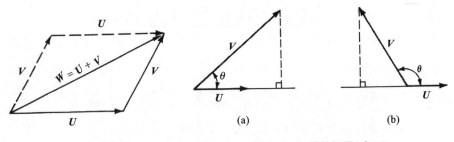

图 3.3　矢量加法

图 3.4　矢量的标量(点)积

(a)θ=锐角;(b)θ=钝角

如 $|U|=1$,$U \cdot V = |V| \cos\theta$ 为在 U 方向上的投影。考虑沿坐标轴方向单位矢量的特殊情况,则可以看出

$$e_1 \cdot e_2 = (1)(1)\cos 90° = 0, \quad e_1 \cdot e_1 = (1)(1)\cos 0° = 1 \tag{3.10}$$

如果 V 表示矢量 V 的绝对长度,可得到

$$V \cdot V = VV\cos 0° = V^2 \tag{3.11}$$

根据这些简单推导,则可以得出几点重要结论。

(1) 两个垂直矢量的点积为零。反之,如果两个矢量点积为零,则两个矢量互相垂直。

(2) 一个矢量长度的平方可由它与自身点积来得到。

(3) 一个矢量在其自身以外方向上的投影可由它与在这个方向上的单位矢量的点积来得到。

注意,任何两个矢量的标量积都可以简单地表示成

$$U \cdot V = (u_1 e_1 + u_2 e_2 + u_3 e_3) \cdot (v_1 e_1 + v_2 e_2 + v_3 e_3)$$

$$= u_1 v_1 + u_2 v_2 + u_3 v_3 = \sum_{i=1}^{3} u_i v_i \qquad (3.12)$$

可以从功率输入的计算中看到点积的一种应用。如果力 F 作用在运动速度为 V 的物体上，则功率可由点积 $F \cdot V$ 求出。

标量场的梯度　假设在空间某区域定义一个标量 ϕ。那么可以得到 ϕ 分别对三个坐标轴 x_1, x_2, x_3 的导数，即

$$G_i = \frac{\partial \phi}{\partial x_i}, \quad i = 1, 2, 3 \qquad (3.13)$$

G_i 作为矢量 G 的分量，称为 ϕ 的梯度；习惯用下式表示它们之间的关系

$$G = \mathbf{grad}\phi = \nabla \phi \qquad (3.14)$$

其中，符号 ∇ 表示为矢量算子，其分量为 $\partial/\partial x_1, \partial/\partial x_2$ 和 $\partial/\partial x_3$。

一般情况下，梯度垂直于标量场 $\phi(x_1, x_2, x_3)$ 的表面，代表的是最陡的梯度。对于标量场 $\phi(x_1, x_2, x_3)$ 相应的矢量 $\nabla\phi$，通常读作"**grad**ϕ"，表示如下

$$\nabla \phi = e_1 \frac{\partial \phi}{\partial x_1} + e_2 \frac{\partial \phi}{\partial x_2} + e_3 \frac{\partial \phi}{\partial x_3} = \begin{bmatrix} \dfrac{\partial \phi}{\partial x_1} & \dfrac{\partial \phi}{\partial x_2} & \dfrac{\partial \phi}{\partial x_3} \end{bmatrix} \qquad (3.15)$$

应强调指出，ϕ 为标量，$\nabla\phi$ 为矢量，其方向垂直于 $\phi(x_1, x_2, x_3) =$ 常数的曲面。这个结论证明如下。

考虑一个曲面 $\phi(x_1, x_2, x_3) = c$，c 为常数。假设矢量 r 为该平面上任一点 $P(x_1, x_2, x_3)$ 的位置矢量，即

$$r = x_1 e_1 + x_2 e_2 + x_3 e_3 \qquad (3.16)$$

那么，$\mathrm{d}r = \mathrm{d}x_1 e_1 + \mathrm{d}x_2 e_2 + \mathrm{d}x_3 e_3$ 位于曲面 $\phi(x_1, x_2, x_3) = c$ 在 P 点的切平面内。而对于常数 ϕ，有

$$\mathrm{d}\phi = 0 = \frac{\partial \phi}{\partial x_1}\mathrm{d}x_1 + \frac{\partial \phi}{\partial x_2}\mathrm{d}x_2 + \frac{\partial \phi}{\partial x_3}\mathrm{d}x_3$$

$$= \begin{bmatrix} \dfrac{\partial \phi}{\partial x_1} & \dfrac{\partial \phi}{\partial x_2} & \dfrac{\partial \phi}{\partial x_3} \end{bmatrix} \begin{bmatrix} \mathrm{d}x_1 & \mathrm{d}x_2 & \mathrm{d}x_3 \end{bmatrix} = \nabla \phi \cdot \mathrm{d}r \qquad (3.17)$$

即 $\nabla\phi \cdot \mathrm{d}r = 0$，这样，$\nabla\phi$ 垂直于 $\mathrm{d}r$，因而垂直于 $\phi =$ 常数的表面。

矢量 $\nabla\phi$ 的长度可由 $\nabla\phi$ 与其自身点积的平方根得到，即

$$| \nabla \phi | = (\nabla \phi \cdot \nabla \phi)^{1/2} = \left(\sum_{i=1}^{3} \frac{\partial \phi}{\partial x_i} \frac{\partial \phi}{\partial x_i} \right)^{1/2} \qquad (3.18)$$

3.2.3 指标记法与求和约定

指标记法 一个矢量 V 可采用不同的方式表示

$$V = \begin{bmatrix} v_1 & v_2 & v_3 \end{bmatrix} = v_1 \boldsymbol{e}_1 + v_2 \boldsymbol{e}_2 + v_3 \boldsymbol{e}_3 \tag{3.19}$$

在三维空间里,矢量有三个分量,采用一般化的指标将它们用一个简单的分量进行缩写是有用的。因此,在指标记法中,v_i 代表矢量 V 的所有分量。这意味着,当 V 写作 v_i 时,指标 i 的值从 1 到 3 变化。

例如,$x_i = 0$ 指矢量 X 的每个分量 x_1, x_2, x_3 均为零,或 X 是零矢量。类似地

$$f(\boldsymbol{X}) = f(x_i) = f(x_j) = f(x_1, x_2, x_3) \tag{3.20}$$

因为指标可以任意挑选,因而 x_i 和 x_j 代表同一个矢量。

求和约定 求和约定是指标记法的补充,并容许在处理求和时进一步简化。采用下面的约定:只要一个下标在同一项中出现两次,就理解为这个下标是从 1 到 3 进行求和。例如,两个矢量 U 和 V 的点积,有

$$U \cdot V = u_1 v_1 + u_2 v_2 + u_3 v_3 = \sum_{i=1}^{3} u_i v_i \tag{3.21}$$

由于求和一般都包含三个分量,所以上述表达式最右边可缩写成 $u_i v_i$。求和约定(首先由 Einstein 提出)要求指标 i 要重复,但不采用求和符号 $\sum$。然而,另一方面,指标自身可以随意选择。因此,$u_i v_i$ 和 $u_k v_k$ 代表同一个求和 $u_1 v_1 + u_2 v_2 + u_3 v_3$。这些重复的下标通常称为哑标,事实上,在下标中采用哪个特别字母并不重要,即 $u_i v_i = u_k v_k$。

需要指出的是,在本书中,$w_i = u_i + v_i$ 代表一个矢量的和,也就是说 w_i 不是任何形式的标量和。明确地讲,下式正确

$$\begin{bmatrix} w_1 & w_2 & w_3 \end{bmatrix} = \begin{bmatrix} u_1 + v_1 & u_2 + v_2 & u_3 + v_3 \end{bmatrix} \tag{3.22}$$

而下式不正确

$$u_i + v_i = u_1 + v_1 + u_2 + v_2 + u_3 + v_3 \tag{3.23}$$

此外,只有在同一项中出现两次标记符号,求和约定才有效,如 $u_i v_{ii}$ 这样的表达式无特别含义。

该约定的有效性在三个联立等式中的应用更为明显。考虑

$$a_{11}x_1 + a_{12}x_2 + a_{13}x_3 = b_1$$
$$a_{21}x_1 + a_{22}x_2 + a_{23}x_3 = b_2 \qquad (3.24)$$
$$a_{31}x_1 + a_{32}x_2 + a_{33}x_3 = b_3$$

作为第一步缩写,可以写成

$$a_{1j}x_j = b_1, \quad a_{2j}x_j = b_2, \quad a_{3j}x_j = b_3 \qquad (3.25)$$

最后可以缩写为

$$a_{ij}x_j = b_i \qquad (3.26)$$

在第一步缩写中,假定指标 j 的值为 1 到 3,从指标重复可知等式左边是求和。如上所述,由于指标字母的选择没有任何限制,所以通常将重复指标作为哑标。第一步得出的三个等式可在最后阶段用自由指标 i 来表示。为了使其一致,必须在等式两边采用同一个指标 i。一个自由指标的存在表明与矢量有关。可见,出现两个自由指标时,表明与张量有关。

根据上面的讨论,联立等式(式(3.24))也可写成

$$a_{rs}x_s = b_r \qquad (3.27)$$

总结上述内容,在表 3.1 列出等效矢量和指标(或分量)表示形式。

表 3.1　等效矢量标记

矢　　量	分　　量	标　　记
$\boldsymbol{V}$	$\begin{bmatrix} v_1 & v_2 & v_3 \end{bmatrix}$	v_i
$\boldsymbol{U}+\boldsymbol{V}$	$\begin{bmatrix} u_1+v_1 & u_2+v_2 & u_3+v_3 \end{bmatrix}$	u_i+v_i
$\nabla\phi$	$\begin{bmatrix} \dfrac{\partial\phi}{\partial x_1} & \dfrac{\partial\phi}{\partial x_2} & \dfrac{\partial\phi}{\partial x_3} \end{bmatrix}$	$\dfrac{\partial\phi}{\partial x_i}$

现在可以将上述有关下标的约定总结为以下三条规则。

规则 1　如果在一个方程或表达式的一项中,一种下标只出现一次,则称之为"自由指标"。这种自由指标在表达式或方程的每一项中必须出现一次。

规则 2　如果在一个方程或表达式的一项中,一种指标正好出现两次,则称为"哑标"。它表示从 1 到 3 进行求和。哑标在其他任何项中可以正好出现两次,也可以不出现。

规则 3　如果在一个方程或表达式的一项中,一种指标出现的次数多于

两次,则是错误的。

3.2.4　δ_{ij} 符号(Kronecker δ)

Kronecker δ[①] 是特殊矩阵,写作 δ_{ij},矩阵为

$$\delta_{ij} = \begin{bmatrix} 1 & 0 & 0 \\ 0 & 1 & 0 \\ 0 & 0 & 1 \end{bmatrix} \tag{3.28}$$

所以,当 $i=j$ 时,δ_{ij} 的分量为 1,当 $i \neq j$ 时,δ_{ij} 的分量为 0,即

$$\delta_{11} = \delta_{22} = \delta_{33} = 1, \quad \delta_{12} = \delta_{21} = \delta_{13} = \delta_{31} = \delta_{23} = \delta_{32} = 0 \tag{3.29}$$

进一步可知,由于 $\delta_{ij} = \delta_{ji}$,所以 δ_{ij} 矩阵是对称的。注意,由求和约定可得到

$$\delta_{jj} = \delta_{11} + \delta_{22} + \delta_{33} = 3 \tag{3.30}$$

Kronecker δ 可作为一个算子以及一个有用的函数来使用。例如,乘积 $\delta_{ij} v_j$。根据求和约定,这将得到矢量的展开式

$$\delta_{i1} v_1 + \delta_{i2} v_2 + \delta_{i3} v_3 = v_i \tag{3.31}$$

将 1,2,3 赋值给 i 时,得到分量分别为 v_1, v_2, v_3。因此

$$\delta_{ij} v_j = v_i \tag{3.32}$$

可见,最终的结果是由于在数值变换(用置换算子 δ_{ij})上用 i 代替 j(或必要时,用 j 代替 i)。将 δ_{ij} 应用于 v_j 只是将 v_j 中的 j 用 i 置换,因此 δ_{ij} 符号通常称为置换算子。

另一个例子,根据求和约定 $\delta_{ij} \delta_{ji}$ 表示一个标量和,应用置换算子的概念,则

$$\delta_{ij} \delta_{ji} = \delta_{11} + \delta_{22} + \delta_{33} = 3 \tag{3.33}$$

同样地　　　　　$$\delta_{ij} a_{ji} = a_{ii} = a_{11} + a_{22} + a_{33} \tag{3.34}$$

应注意,当 $i=j$ 时,点积 $\boldsymbol{e}_i \cdot \boldsymbol{e}_j = 1$;当 $i \neq j$ 时,点积 $\boldsymbol{e}_i \cdot \boldsymbol{e}_j = 0$,正好与 δ_{ij} 的分量一致,因此有

$$\boldsymbol{e}_i \cdot \boldsymbol{e}_j = \delta_{ij} \tag{3.35}$$

---

① 此处 Kronecker δ 为白体,与原版书保持一致。全书同。

3.2.5 坐标的变换

方向余弦表 矢量 $\mathbf{V}$ 的分量值,表示成 v_1, v_2, v_3 或表示成 v_i,与所选择的坐标轴系有关。常常需要重新取参考轴,并计算 $\mathbf{V}$ 在新的坐标系中分量值。

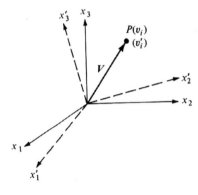

图 3.5 坐标变换

假设 x_i 和 x_i' 是有共同原点(图3.5)的两个笛卡儿右手坐标系,那么矢量 $\mathbf{V}$ 在两个坐标系中的分量分别为 v_i 和 v_i'。由于矢量是同一个,所以其分量的联系必须通过 x_i 和 x_i' 轴正向夹角的余弦。

如果 l_{ij} 表示 $\cos(x_i', x_j)$,即 x_i' 与 x_j 轴夹角的余弦,i 和 j 从 1 到 3 变化,可以表示为

$$v_i' = l_{ij} v_j \qquad (3.36)$$

$$v_i = l_{ji} v_j' \qquad (3.37)$$

这些余弦值可方便地从表 3.2 中查到。必须注意,l_{ij}(矩阵)的元素不对称,即 $l_{ij} \neq l_{ji}$。例如,l_{21} 是 x_i' 轴与 x_2 轴夹角的余弦,而 l_{21} 是 x_i' 轴与 x_1 轴夹角的余弦(见图 3.5)。假定从带撇的坐标系到不带撇的坐标系量测角度。

表 3.2 方向余弦 l_{ij}

轴	轴		
	x_1	x_2	x_3
x_1'	l_{11}	l_{12}	l_{13}
x_2'	l_{21}	l_{22}	l_{23}
x_3'	l_{31}	l_{32}	l_{33}

3.2.6 笛卡儿张量的定义

已经表明在空间中任何点的矢量完全由其三个分量决定。如果已知在

x_i 坐标系中的矢量分量 v_i，那么该矢量在 x_i' 坐标系中的分量可由变换规则 $v_i' = l_{ij}v_j$ 求得。同理，如果 P 点（图 3.5）在不带撇的坐标系中坐标为 x_i，而在带撇的坐标系中的坐标为 x_i'，那么有

$$x_i' = l_{ij}x_j, \quad x_i = l_{ji}x_j' \tag{3.38}$$

并有

$$l_{ij} = \frac{\partial x_i'}{\partial x_j} = \frac{\partial x_j}{\partial x_i'} \tag{3.39}$$

这个变换规则适应任何矢量，无论是像速度或力这样的物理量，还是像从原点出发的半径矢量那样的几何量，或像标量的梯度这样不易想象的量。例如，如果

$$G_i = \frac{\partial \phi}{\partial x_i} \tag{3.40}$$

那么

$$G_i' = \frac{\partial \phi}{\partial x_i'} = \frac{\partial \phi}{\partial x_k}\frac{\partial x_k}{\partial x_i'} = l_{ik}G_k \tag{3.41}$$

在前述的变换规则中，新坐标系中每一个新矢量的分量是原来分量的一个线性组合，这种变换规则很方便且有很多用途。因此将它作为矢量的定义，并代替以前认为矢量是具有大小和方向的量的定义。采用这种矢量新定义的根本原因在于它容易广义化，以便应用于无法由方向和大小来定义的更复杂的物理量中，比如并矢量（有时也称为张量）。

一个并矢量的简单例子为：合并两个矢量 A_i 和 B_i，使其成为由 $C_{ij} = A_iB_j$ 定义的一组 9 个量 C_{ij}，例如 $C_{23} = A_2B_3$。如果要求在所有坐标系中都采用同样的定义，那么在 x_i' 坐标系中

$$C_{ij}' = A_i'B_j' = (l_{is}A_s)(l_{jk}B_k) = l_{is}l_{jk}C_{sk} \tag{3.42}$$

显然，这与矢量变换规则很类似。

虽然不是所有的并矢量都能由两个矢量合并得到，但所有的并矢量都具有相同的变换规则。

首先我们定义一阶张量具有一组三个量（称其为分量），其分量具有这样的特性：如果一阶张量在任意坐标系 x_i 中某一定点上的值为 v_i，则在其他任何坐标系 x_i' 中，在该点的值可由关系式 $v_i' = l_{ij}v_j$ 求出，因此存在一个等价的特性 $v_i = l_{ij}v_j'$，由于所有矢量变换都遵循这一规则，矢量就是一阶张量。不论所采用的坐标如何，一个标量，如温度，在一定点上都有相同的值，所以，标量不受变换的影响，可定义为零阶张量。一个一阶张量有一组 3^1 个分

量,一个零阶张量有一组 3^0 个分量。

现在将该定义推广到高阶张量。一个二阶张量,有一组 3^2 个分量。如果在 x_i 坐标系中,它在某点的值为 a_{ij},那么在其他任何坐标系 x_i' 中,在同一点的值为

$$a'_{ij} = l_{im} l_{jn} a_{mn} \tag{3.43}$$

正如一个矢量完全可由 3 个标量来定义,一个二阶张量完全可由 3 个矢量来定义。表示物体内一点的应力状态的量可构成一个二阶张量。换句话说,一点的应力状态完全可由三个应力矢量来定义。

一个三阶张量有一组 3^3 个分量。如果在 x_i 坐标系中,它在某点的值为 a_{ijk},则在其他任何坐标系 x_i' 中的值 a'_{ijk} 可由下式给出

$$a'_{ijk} = l_{im} l_{jn} l_{kp} a_{mnp} \tag{3.44}$$

张量可以有任意阶。从前面的定义中可以明显地得出一般的变换规则。由于受笛卡儿坐标系的限制,所有这些张量均称为笛卡儿张量。

例如,假设已知在坐标系 x_i 中一个二阶张量的 9 个分量为

$$a_{11} = 1, \quad a_{12} = -1, \quad a_{32} = 2, \text{其余} \ a_{ij} = 0$$

如果一个新的坐标系 x_i',由余弦表(或 l_{ij})(表 3.3)与坐标系 x_i 相关联,则在坐标系 x_i' 中新的分量 a_{ij} 表示如下

$$
\begin{aligned}
a'_{11} &= l_{1k} l_{1r} a_{kr} = l_{11} l_{11} a_{11} + l_{11} l_{12} a_{12} + l_{13} l_{12} a_{32} + 0 \\
&= \frac{1}{2}(1) + \frac{1}{2}(-1) + 0 = 0
\end{aligned} \tag{3.45}
$$

类似地,$a'_{12} = -1, a'_{32} = \sqrt{2}$。

表 3.3　方向余弦 l_{ij}

新轴	旧轴		
	x_1	x_2	x_3
x_1'	$1/\sqrt{2}$	$1/\sqrt{2}$	0
x_2'	$-1/\sqrt{2}$	$1/\sqrt{2}$	0
x_3'	0	0	1

虽然所有的矢量都是张量,但并不是所有的矩阵都必定是张量。工程中的应变分量不能构成张量。换句话说,应变矩阵不能根据上述规则进行

变换。如果物理量不是一个张量中的分量,就不能画出莫尔圆。

因为变换的性质,如果一个张量在其中一个坐标系已知,那么它在所有坐标系中全部已知。特别是,如果所有分量在这个坐标系为零,那么其在所有坐标系的所有分量也为零。这个看似微不足道的论述对最少地进行数学和物理证明很有帮助。在一个物体中,考虑某个力矢量 F_i 引起的应力 σ_{ij}。为了平衡,$\dfrac{\partial \sigma_{ij}}{\partial x_j} = F_i$。现重新写作 $D_i = \dfrac{\partial \sigma_{ij}}{\partial x_j} - F_i = 0$,我们认为 D_i 为零矢量(一阶张量)。根据刚刚所述的概念,坐标轴的变换不改变 D_i 的值。由此得出的结论是,如果一个物体在一个坐标系里保持平衡,则不需要研究其在任何其他坐标系中的平衡状态。

3.2.7　张量的性质

张量的运算与矢量的运算类似。

相等　当它们各自的分量相等,则定义两个张量 **A** 和 **B** 相等。换句话说,相等的条件是

$$a_{ij} = b_{ij} \tag{3.46}$$

相加　同阶张量的和或差是张量,也是同阶张量。通过将这两个张量的相应分量求和来定义合张量。例如,如果两个二阶张量 a_{ij} 和 b_{ij} 相加,结果得到的 9 个分量 c_{ij} 仍为二阶张量,定义为

$$c_{ij} = a_{ij} + b_{ij} \tag{3.47}$$

显然,不同阶的两个张量的和或差不能被定义。

张量方程　如前所述,一个张量方程在一个坐标系中成立,则在所有坐标系中都成立。如在 x_i 坐标系中,两个张量满足 $a_{ij} = b_{ij}$,则在所有坐标系中可定义 $c_{ij} = a_{ij} - b_{ij}$。由上面的推导可知,c_{ij} 是一个张量。同样,若 c_{ij} 在 x_i 坐标系中为零,那么其在所有坐标系中都为零。这一点可以很容易从 c'_{ij} 在所有坐标系中都为 c_{ij} 的线性组合这一事实中看到。

相乘　一个张量 a_{ij} 与一个标量 α 的乘积构成一个同阶的张量 αa_{ij}。

$$b_{ij} = \alpha a_{ij} \tag{3.48}$$

考虑两个张量,a_i 为一阶,b_{ij} 为二阶。因此,可由所谓的张量相乘方法得到新的张量 c_{ijk}。

$$c_{ijk} = a_i b_{jk} \tag{3.49}$$

当然，在其他坐标系中可应用同样的定义规则。可以很容易看出 c_{ijk} 为一个三阶张量。张量相乘构成一个新的张量，其阶数为原阶之和。

缩并 考虑张量 a_{ijk} 由 27 个量组成。如果将两个指标赋给相同的字母，在 a_{ijk} 中将 j 用 k 代替，得到 a_{ikk}，那么只存在三个量，每个量为三个原分量之和。很容易证明该组的三个分量都为一阶张量。

例子 假设 c 和 d 是标量，u_i 和 v_i 为具有三个分量的矢量，a_{ij} 为具有 9 个分量的二阶张量。可以有表 3.4 的如下结果。

表 3.4　例子

张　量	阶　数	标　注
$u_i + v_i$	1	相加
cd	0	相乘
cu_i	1	相乘
$u_i v_j$	2	相乘
$u_i a_{jk}$	3	相乘
$u_i v_i$	0	标（或点）积
$u_i u_i$	0	（长度）^{2}
$a_{ii} = a_{11} + a_{22} + a_{33}$	0	a_{ij} 的第一不变量
$u_r a_{rk}$	1	缩并
$\partial u_i / \partial x_j$	2	微分

3.3　应　力　分　析

本节和下节的内容适用于任何可当作连续介质的物体。

3.3.1　定义应力张量

考虑一个平面区域通过物体内的 P 点（图 3.6），法线 n_i 作为始于 P 点处的单位法线矢量。通常，存在某个矢量力作用于这个平面区域。如果让平面区域的尺寸统一缩小,假设矢量力与平面区域大小之比趋向于一个确定的极限。这个极限称为应力矢量 T_i。T_i 的单位为每单位面积的力。

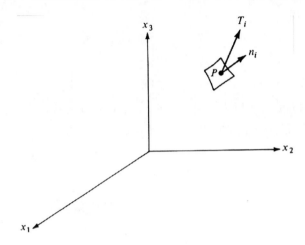

图 3.6　在平面区域上 P 处具有单位法线矢量 n_i 的应力矢量 T_i

如果我们知道与通过 P 的各个截面即各个法线 n_i 相对应的 T_i 的所有值,则完全定义了 P 点处的应力状态。因为在 P 点处有无数次切割,所以将有无穷多的 T_i 值,一般来说这些值彼此是不同的。由此,为了描述在一点的应力状态,需要无穷多的 T_i 值。这些应力矢量通过 Newton 运动或平衡定律互相关联。事实上,一旦应力矢量 $T_i^{(1)}$,$T_i^{(2)}$ 和 $T_i^{(3)}$ 对于其法线分别在坐标轴 x_1,x_2 和 x_3 方向上的三个相互垂直的面单元是已知的,则可以计算任何法线 n_i 的 T_i 值。这就是 Cauchy 公式,其简单的矢量形式为

$$\boldsymbol{T}^{(n)} = \boldsymbol{T}^{(1)} n_1 + \boldsymbol{T}^{(2)} n_2 + \boldsymbol{T}^{(3)} n_3 \tag{3.50}$$

其中,与截面 $\boldsymbol{n} = [n_1 \quad n_2 \quad n_3]$ 相关联的 P 点处的应力矢量 $\boldsymbol{T}^{(n)}$ 表示为垂直于该点处的三个坐标轴的平面区域上的三个应力矢量的线性组合。

因此,三个应力矢量 $\boldsymbol{T}^{(1)}$,$\boldsymbol{T}^{(2)}$ 和 $\boldsymbol{T}^{(3)}$ 完全定义了该点处的应力状态。

每一个与区域相关联的应力矢量都可以被分解为三个坐标轴方向上的分量。

将作用在平面区域单元(P 点处)的第 j 个应力矢量用 σ_{ij} 标注,该平面区域的法线在 x_i 轴的正方向(图 3.7)。例如,与坐标平面区域 x_2 相关联的应力矢量 $\boldsymbol{T}^{(2)}$ 有三个分量:在坐标轴 x_1,x_2 和 x_3 方向上的正应力 σ_{22},剪应力

σ_{21} 和 σ_{23}，可表示成 $T_i^{(2)} = \begin{bmatrix} \sigma_1 & \sigma_2 & \sigma_3 \end{bmatrix}$。

定义三个应力矢量 $T_i^{(1)}$，$T_i^{(2)}$ 和 $T_i^{(3)}$ 的 9 个量，用 σ_{ij} 表示，σ_{ij} 称为应力张量的分量，给出

$$\sigma_{ij} = \begin{bmatrix} \boldsymbol{T}^{(1)} \\ \boldsymbol{T}^{(2)} \\ \boldsymbol{T}^{(3)} \end{bmatrix} = \begin{bmatrix} \sigma_{11} & \sigma_{12} & \sigma_{13} \\ \sigma_{21} & \sigma_{22} & \sigma_{23} \\ \sigma_{31} & \sigma_{32} & \sigma_{33} \end{bmatrix} \tag{3.51}$$

其中，σ_{11}，σ_{22} 和 σ_{33} 是正应力分量；σ_{12}，σ_{21} 等是剪应力分量。

应力张量分量的正方向如图 3.7 所示。

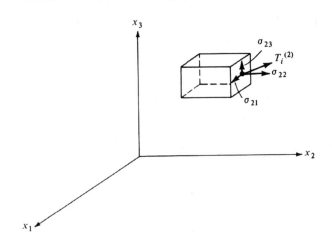

图 3.7 应力张量 σ_{ij} 的典型分量

应力张量 σ_{ij} 的分量可以写成如下工程实践中经常使用的等价标记

$$\sigma_{ij} = \begin{bmatrix} \sigma_{11} & \sigma_{12} & \sigma_{13} \\ \sigma_{21} & \sigma_{22} & \sigma_{23} \\ \sigma_{31} & \sigma_{32} & \sigma_{33} \end{bmatrix} = \begin{bmatrix} \sigma_{xx} & \sigma_{xy} & \sigma_{xz} \\ \sigma_{yx} & \sigma_{yy} & \sigma_{yz} \\ \sigma_{zx} & \sigma_{zy} & \sigma_{zz} \end{bmatrix} = \begin{bmatrix} \sigma_x & \tau_{xy} & \tau_{xz} \\ \tau_{yx} & \sigma_y & \tau_{yz} \\ \tau_{zx} & \tau_{zy} & \sigma_z \end{bmatrix} \tag{3.52}$$

其中，σ 表示一个正应力分量；τ 表示一个剪应力分量，被称为 Karman 标记。

3.3.2 Cauchy 应力公式

将式(3.51)代入式(3.50)，应力矢量分量 $\boldsymbol{T}^{(n)}$ 或简化成 T_i 可写作

$$T_i = \sigma_{ji} n_j \tag{3.53}$$

从考虑物质单元体的力矩平衡出发,可以证明 σ_{ij} 是对称的,即

$$\sigma_{ij} = \sigma_{ji} \tag{3.54}$$

因此,式(3.53)可重新写成

$$T_i = \sigma_{ij}n_j \tag{3.55}$$

所以,如式(3.51)所示,可以从有 9 个基本量的 σ_{ij} 计算出对应任何法线 n_i 的 T_i 值。

形成二阶张量的这 9 个量称为在 P 点的应力张量。从这一事实可以得出两个有用的结论。

(1) 如果已知在 x_i 坐标系中 P 点的应力张量为 σ_{ij},那么它在 x_i' 坐标系中的应力张量就是 σ_{ij}',其中

$$\sigma_{ij}' = l_{im}l_{jn}\sigma_{mn}, \quad \sigma_{ij} = l_{mi}l_{nj}\sigma_{mn}' \tag{3.56}$$

(2) σ_{ii} 是标量,且在所有坐标系中同值。

作用在平面区域单元 P 点处的应力矢量 T_i 可以分解为正应力分量 $\sigma_n n_i$ 和剪应力分量 S_i,如图 3.8 所示。

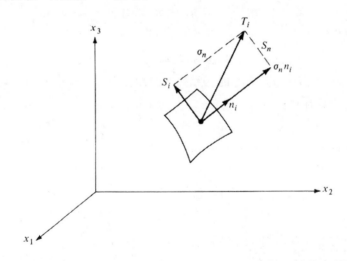

图 3.8　作用于任意平面区域应力矢量 T_i 的正应力分量和剪应力分量

正应力大小 σ_n 为 $T_i n_i$,所以正应力分量可以通过式(3.55)表示为如下应力矢量

$$\sigma_n = T_i n_i = \sigma_{ij}n_i n_j \tag{3.57}$$

剪应力分量可表示为

$$S_n^2 = S_i S_i = T_i T_i - \sigma_n^2 \tag{3.58}$$

将式(3.55)和式(3.57)代入,式(3.58)变成

$$S_n^2 = \sigma_{ij}\sigma_{ik}n_j n_k - (\sigma_{ij}n_i n_j)^2 \tag{3.59}$$

式(3.57)和式(3.59)确定了作用于法线为 n_i 的任意平面上的应力矢量 T_i 的正应力分量和剪应力分量(图3.8)。

矢量 $\sigma_n n_i$ 沿着法线 n_i 的方向,矢量 S_i 位于矢量 T_i 和法线 n_i 所形成的平面内,可写成

$$S_i = T_i - \sigma_n n_i \tag{3.60}$$

3.3.3　应力主轴

式(3.55)给出了材料内的一点 P 处法线为 n_i 的平面单元上的应力。在 P 点处是否存在一个与 T_i 垂直的平面单元,即 $T_i = \sigma n_i$。对于这样一个单元,应该有

$$\sigma_{ij}n_j = \sigma n_i \tag{3.61}$$

可写作

$$(\sigma_{ij} - \sigma\delta_{ij})n_j = 0 \tag{3.62}$$

这是对于 $\begin{bmatrix} n_1 & n_2 & n_3 \end{bmatrix}$ 的三元齐次线性方程组。这组方程仅在其系数行列式为零时有解:

$$| \sigma_{ij} - \sigma\delta_{ij} | = 0 \tag{3.63}$$

展开式(3.63)得到特征方程

$$\sigma^3 - I_1\sigma^2 + I_2\sigma - I_3 = 0 \tag{3.64}$$

其中 I_1 是 σ_{ij} 的对角项之和,为

$$I_1 = \sigma_{ii} = \sigma_{11} + \sigma_{22} + \sigma_{33} \tag{3.65}$$

I_2 是 σ_{ij} 的行列式对角项主要双行斜子式之和,为

$$I_2 = \frac{1}{2}(I_1^2 - \sigma_{ij}\sigma_{ji}) = \begin{vmatrix} \sigma_{22} & \sigma_{23} \\ \sigma_{32} & \sigma_{33} \end{vmatrix} + \begin{vmatrix} \sigma_{11} & \sigma_{13} \\ \sigma_{31} & \sigma_{33} \end{vmatrix} + \begin{vmatrix} \sigma_{11} & \sigma_{12} \\ \sigma_{21} & \sigma_{22} \end{vmatrix} \tag{3.66}$$

I_3 是 σ_{ij} 的行列式,为

$$I_3 = \frac{1}{6}(2\sigma_{ij}\sigma_{jk}\sigma_{ki} - 3I_1\sigma_{ij}\sigma_{ji} + I_1^3) \tag{3.67}$$

$$I_3 = \begin{vmatrix} \sigma_{11} & \sigma_{12} & \sigma_{13} \\ \sigma_{21} & \sigma_{22} & \sigma_{23} \\ \sigma_{31} & \sigma_{32} & \sigma_{33} \end{vmatrix} \tag{3.68}$$

从一个三次方程的根的特性可证明式(3.64)的三个根 σ_1,σ_2 和 σ_3 也必须满足下列条件

$$I_1 = \sigma_1 + \sigma_2 + \sigma_3$$
$$I_2 = \sigma_1\sigma_2 + \sigma_2\sigma_3 + \sigma_3\sigma_1$$
$$I_3 = \sigma_1\sigma_2\sigma_3 \tag{3.69}$$

可以证明式(3.64)的三个 σ 根是实根。如果这些 σ 根不同,则在 P 点存在三个互相正交的方向,垂直于这些方向的平面单元仅承受正应力,这些正应力实际上就是三个 σ 根。这三个方向在 P 点处称为主方向,相应的正应力称为主应力。右手坐标系可以定义为与 P 点的主方向一致,这样的坐标系称为在 P 点处的应力状态的主轴系。如果 σ'_{ij} 表示在主轴系中 P 点的应力状态,那么由于垂直于主方向的平面单元没有剪应力,σ'_{ij} 的所有非对角线项必须为零。如果两个(或三个)σ 根重合,仍然有可能找到至少一个主轴系,但是这组互相垂直的主方向就不唯一了。相应的主应力为式(3.64)的三个实根 σ。

I_1,I_2 和 I_3 显然是应力张量 σ_{ij} 的不变量,即它们的值不会随着坐标系的转动而改变。找到这样不变量的简便方法是运用 σ_{ij} 为张量,任何标量构成的 σ_{ij} 必须是不变量。不变量和其主应力(σ_1,σ_2 和 σ_3)表达式为

$$\overline{I}_1 = \sigma_{ii} = \sigma_1 + \sigma_2 + \sigma_3 = I_1$$
$$\overline{I}_2 = \frac{1}{2}\sigma_{ij}\sigma_{ji} = \frac{1}{2}(\sigma_1^2 + \sigma_2^2 + \sigma_3^2) = \frac{1}{2}I_1^2 - I_2$$
$$\overline{I}_3 = \frac{1}{3}\sigma_{ij}\sigma_{jk}\sigma_{ki} = \frac{1}{3}(\sigma_1^3 + \sigma_2^3 + \sigma_3^3) = \frac{1}{3}I_1^3 - I_1 I_2 + I_3 \tag{3.70}$$

3.3.4　偏应力张量

偏应力张量在弹性和塑性材料的应力-应变关系中都起着很重要的作用。

偏应力张量 s_{ij} 定义为

$$s_{ij} = \sigma_{ij} - \sigma_{\mathrm{m}}\delta_{ij} \qquad (3.71)$$

其中
$$\sigma_{\mathrm{m}} = \frac{1}{3}(\sigma_{11} + \sigma_{22} + \sigma_{33}) = \frac{1}{3}I_1 \qquad (3.72)$$

σ_{m} 表示平均正应力。这个偏应力张量的分量为

$$s_{ij} = \begin{bmatrix} s_{11} & s_{12} & s_{13} \\ s_{21} & s_{22} & s_{23} \\ s_{31} & s_{32} & s_{33} \end{bmatrix} = \begin{bmatrix} \sigma_{11} - \sigma_{\mathrm{m}} & \sigma_{12} & \sigma_{13} \\ \sigma_{21} & \sigma_{22} - \sigma_{\mathrm{m}} & \sigma_{23} \\ \sigma_{31} & \sigma_{32} & \sigma_{33} - \sigma_{\mathrm{m}} \end{bmatrix} \qquad (3.73)$$

对于所有相互垂直的坐标轴,偏应力张量中的平均正应力为零

$$s_{ii} = s_{11} + s_{22} + s_{33} = (\sigma_{11} - \sigma_{\mathrm{m}}) + (\sigma_{22} - \sigma_{\mathrm{m}}) + (\sigma_{33} - \sigma_{\mathrm{m}}) = 0$$
$$(3.74)$$

式(3.74)是纯剪应力状态的充分必要条件。因此,偏张量是纯剪的一种状态。

这意味着对于 x_i 坐标系中一点的应力状态 s_{ij},存在着一个使 $s'_{11} = s'_{22} = s'_{33} = 0$ 的 x'_i 坐标系。可由式(3.71)看出

$$\sigma_{ij} = s_{ij} + \sigma_{\mathrm{m}}\delta_{ij} \qquad (3.75)$$

任何应力状态 σ_{ij} 可以分解为两个应力状态,其中一个表示纯剪状态 s_{ij},另一个表示静水压张拉(或静水压压缩)$\sigma_{\mathrm{m}}\delta_{ij}$。由于偏应力张量为应力张量,因此得到的关于应力张量的一般结论都适用于偏应力张量。

由于在所有方向上减去一个正应力常量不会改变主方向,所以对于偏应力张量的主方向与初始应力张量相同。因此,偏应力张量的主轴与其本身的应力张量的主轴重合。此外,偏应力张量的主值仅从应力张量 σ_1,σ_2 和 σ_3 的主值中减去平均正应力 σ_{m} 得到。通过注意对所有三个主应力增加一个均匀应力大小,只会使莫尔圆沿 σ 轴移动 σ_{m} 的量,这些结论也可以从莫尔圆推导出来。如果原点适当地沿 σ 轴移动 σ_{m} 的量,则应力的莫尔圆和偏应力张量的莫尔圆是相同的。

因此应力和偏应力张量的主轴必须重合,且应力偏量的主值 s_i 与应力的主值 σ_i 有如下关系

$$\begin{bmatrix} s_1 \\ s_2 \\ s_3 \end{bmatrix} = \begin{bmatrix} \sigma_1 \\ \sigma_2 \\ \sigma_3 \end{bmatrix} - \begin{bmatrix} \sigma_{\mathrm{m}} \\ \sigma_{\mathrm{m}} \\ \sigma_{\mathrm{m}} \end{bmatrix} \qquad (3.76)$$

当已知应力张量的主值时,就可以得到偏应力张量的主值,即

$$| s_{ij} - s\delta_{ij} | = 0 \tag{3.77}$$

或者
$$s^3 - J_1 s^2 - J_2 s - J_3 = 0 \tag{3.78}$$

其中
$$J_1 = s_{ii} = s_{11} + s_{22} + s_{33} = s_1 + s_2 + s_3 = 0 \tag{3.79}$$

$$J_2 = \frac{1}{2} s_{ij} s_{ji} = - \begin{vmatrix} s_{22} & s_{23} \\ s_{32} & s_{33} \end{vmatrix} - \begin{vmatrix} s_{11} & s_{13} \\ s_{31} & s_{33} \end{vmatrix} - \begin{vmatrix} s_{11} & s_{12} \\ s_{21} & s_{22} \end{vmatrix} .$$

$$= \frac{1}{2}(s_1^2 + s_2^2 + s_3^2)$$

$$= \frac{1}{6}\big[(\sigma_x - \sigma_y)^2 + (\sigma_y - \sigma_z)^2 + (\sigma_z - \sigma_x)^2\big] + \tau_{xy}^2 + \tau_{yz}^2 + \tau_{zx}^2 \tag{3.80}$$

$$J_3 = \frac{1}{3} s_{ij} s_{jk} s_{ki} = \begin{vmatrix} s_{11} & s_{12} & s_{13} \\ s_{21} & s_{22} & s_{23} \\ s_{31} & s_{32} & s_{33} \end{vmatrix} = \frac{1}{3}(s_1^3 + s_2^3 + s_3^3) = s_1 s_2 s_3 \tag{3.81}$$

模拟应力张量不变量定义的量 J_1, J_2 和 J_3,称为偏应力张量的不变量。从命名来看,这些不变量不受坐标轴转动的影响。单个下标表示主值。第 5 章在讨论基于应力状态不变函数的各向同性材料的破坏准则时,将阐述这些应力不变量的物理和几何意义。

3.3.5　八面体应力和主剪应力

八面体应力　八面体(应力)平面为一个法线与每个应力主轴夹角相等的平面。假设 x_1, x_2 和 x_3 为主轴,则一个八面体平面的法线 n_i 为

$$n_i = \begin{bmatrix} n_1 & n_2 & n_3 \end{bmatrix} = \frac{1}{\sqrt{3}} \begin{bmatrix} 1 & 1 & 1 \end{bmatrix} \tag{3.82}$$

在八面体一个面上的的正应力 σ_{oct} 可由 Cauchy 公式(式(3.57))得到

$$\sigma_{\text{oct}} = \sigma_n = \sigma_{ij} n_i n_j = \sigma_1 n_1^2 + \sigma_2 n_2^2 + \sigma_3 n_3^2 \tag{3.83}$$

或用式(3.82)得到

$$\sigma_{\text{oct}} = \frac{1}{3}(\sigma_1 + \sigma_2 + \sigma_3) = \sigma_{\text{m}} \tag{3.84}$$

在八面体平面上的剪应力 τ_{oct} 可由式(3.59)得到

$$\tau_{\text{oct}}^2 = (\sigma_1 n_1)^2 + (\sigma_2 n_2)^2 + (\sigma_3 n_3)^2 - \sigma_{\text{oct}}^2$$

$$= \frac{1}{3}(\sigma_1^2 + \sigma_2^2 + \sigma_3^2) - \frac{1}{9}(\sigma_1 + \sigma_2 + \sigma_3)^2 \tag{3.85}$$

使用式(3.84)得到

$$\tau_{\text{oct}}^2 = \frac{1}{9}(2\sigma_1^2 + 2\sigma_2^2 + 2\sigma_3^2 - 2\sigma_1\sigma_2 - 2\sigma_2\sigma_3 - 2\sigma_3\sigma_1)$$

$$= \frac{1}{9}\left[(\sigma_1 - \sigma_2)^2 + (\sigma_2 - \sigma_3)^2 + (\sigma_3 - \sigma_1)^2\right] \tag{3.86}$$

从式(3.80)可看出

$$\tau_{\text{oct}} = \left(\frac{2}{3}J_2\right)^{1/2} \tag{3.87}$$

主剪应力 从莫尔圆的构造来看,最大剪应力为任意两个主应力之间最大差值的一半,发生在单位法线与每个对应主轴形成的 45° 的平面单元上,即

$$\tau_1 = \frac{1}{2}\mid \sigma_2 - \sigma_3\mid, \quad \tau_2 = \frac{1}{2}\mid \sigma_1 - \sigma_3\mid, \quad \tau_3 = \frac{1}{2}\mid \sigma_1 - \sigma_2\mid$$
$$\tag{3.88}$$

τ_1, τ_2, τ_3 称为主剪应力,对应三个莫尔圆的半径。因为附加静水压应力状态仅将所有莫尔圆沿 σ 轴移动相同的量,所以它将不会改变主剪应力。对于 $\sigma_1 > \sigma_2 > \sigma_3$,主剪应力的最大数值称为最大剪应力,表示为

$$\tau_{\text{max}} = \frac{1}{2}\mid \sigma_1 - \sigma_3\mid \quad \text{或} \quad \tau_{\text{max}} = \max(\tau_1, \tau_2, \tau_3) \tag{3.89}$$

最大剪应力为最大主应力与最小主应力之间差值的一半,发生在法线平分最大主轴和最小主轴的平面上。可由式(3.80)得到

$$J_2 = \frac{2}{3}\left[\left(\frac{\sigma_1 - \sigma_2}{2}\right)^2 + \left(\frac{\sigma_2 - \sigma_3}{2}\right)^2 + \left(\frac{\sigma_3 - \sigma_1}{2}\right)^2\right]$$

$$= \frac{2}{3}(\tau_1^2 + \tau_2^2 + \tau_3^2) \tag{3.90}$$

由式(3.87)得到

$$\tau_{\text{oct}}^2 = \frac{2}{3}J_2 = \frac{4}{9}(\tau_1^2 + \tau_2^2 + \tau_3^2) \tag{3.91}$$

该式表示了主剪力的均方。τ_{oct} 与 τ_{max} 之比的上限和下限为

$$\frac{\sqrt{2}}{\sqrt{3}} = 0.816 \leqslant \left| \frac{\tau_{\text{oct}}}{\tau_{\text{max}}} \right| \leqslant 0.943 = \frac{2\sqrt{2}}{3} \qquad (3.92)$$

3.4　应 变 分 析

三维应变分析可以完全沿着如上所述的三维的应力分析思路进行。这里没有必要明确写出所有细节,因为用应变分量 ε_{ij} 替换应力分量 σ_{ij},偏应变分量 e_{ij} 替换偏应力分量 s_{ij},除了改变相关术语之外,分析步骤基本相同。本节将简要总结重要的应变性质。

3.4.1　应变张量的定义

在应力的分析中,定义一点的应力是通过在物体一点隔离出截面并取力除以面积的极限(图 3.6)这一过程来完成。然而定义一点的应变是通过在该点绘制线单元,并且取线单元的长度变化除以其原始长度的极限,同时还比较从该点放射的任何两个线单元之间的角度变化。因此,刚体旋转或平移不会引起长度或角度的改变,也就不会产生应变。

一点的应变状态定义为通过此点的线单元长度所有变化的总和除以其原始长度以及由此点放射的任何两线之间夹角所有变化的和。这里,与应力一样,一旦通过该点且平行于一组互相垂直的坐标轴的三条线段上的单位长度和角度改变已知,就能计算出通过此点的物体的任何线段的单位长度的改变和从该点放射的任何两垂直线单元之间角度的改变。

假设该点周围存在很小且均匀的变形,依据几何考虑,即可推导出对应于与应力 Cauchy 公式的上述关系。

用 ε_{11},ε_{22} 和 ε_{33} 表示坐标轴的方向单位长度的变化,用 $\gamma_{12} = \gamma_{21}$,$\gamma_{23} = \gamma_{32}$ 和 $\gamma_{13} = \gamma_{31}$ 表示两个坐标线轴单元的正方向的夹角变化。那么,一点的应变状态可完整地定义为三个正应变 ε 和三个剪切应变 γ 的形式

$$\varepsilon_{ij} = \begin{bmatrix} \varepsilon_{11} & \varepsilon_{12} & \varepsilon_{13} \\ \varepsilon_{21} & \varepsilon_{22} & \varepsilon_{23} \\ \varepsilon_{31} & \varepsilon_{32} & \varepsilon_{33} \end{bmatrix} = \begin{bmatrix} \varepsilon_{11} & \dfrac{\gamma_{12}}{2} & \dfrac{\gamma_{13}}{2} \\ \dfrac{\gamma_{12}}{2} & \varepsilon_{22} & \dfrac{\gamma_{23}}{2} \\ \dfrac{\gamma_{31}}{2} & \dfrac{\gamma_{32}}{2} & \varepsilon_{33} \end{bmatrix} \qquad (3.93)$$

这 9 个量构成的二阶张量称为在 P 点处的无穷小应变张量 ε_{ij}。张量具有对称性

$$\varepsilon_{ij} = \varepsilon_{ji} \tag{3.94}$$

如果在 x_i 坐标系中在 P 点的应变张量是 ε_{ij}，则在 x_i' 坐标系中 ε_{ij}' 为

$$\varepsilon_{ij}' = l_{im}l_{jn}\varepsilon_{mn}, \quad \varepsilon_{ij} = l_{mi}l_{nj}\varepsilon_{mn}' \tag{3.95}$$

注意应力和应变的结果之间有一处重要的不同点：例如，在式（3.93）中 $\varepsilon_{12} = \gamma_{12}/2$ 出现在 γ_{12} 的位置，从工程意义来说可对应 τ_{xy}。剪应变分量 ε_{12}，ε_{23}，ε_{13} 称为张力剪切应变。剪切应变 γ_{12}，γ_{23}，γ_{13} 称为工程剪应变。当在式（3.93）适当地选择应变矩阵的分量（ε_{11}，ε_{12}），矩阵就会有二阶张量的性质，并且表示了坐标变换莫尔圆构造的存在。

3.4.2　Cauchy 应变公式

考虑 P 点处任意方向 n_i 的任何线单元具有任意方向 n_i 的正应变 ε_n 和在方向 n_i 和其垂直方向剪应变 s_i 之间的剪应变 ε_{ns}。直接推导为

$$\varepsilon_n = \varepsilon_{ij}n_i n_j \tag{3.96}$$

和

$$\varepsilon_{ns} = \varepsilon_{ij}n_j s_i \tag{3.97}$$

式（3.96）和式（3.97）是确定 P 点处的任意线单元 n_i 的正应变和剪应变分量所要求的 Cauchy 公式。

3.4.3　主轴应变

与应力相同，总是存在三个互相垂直的线段或方向，这些线段和方向上的剪应变或线段的相对转动为零。要注意的是，由于刚体转动，线段的绝对转动不一定为零。这些方向称为主方向应变。与 P 点处的主方向一致的相应的右手坐标系称为在 P 点处应变状态下的主轴坐标系。

因此，可以推导出下列公式

$$(\varepsilon_{ij} - \varepsilon\delta_{ij})n_j = 0 \tag{3.98}$$

$$|\varepsilon_{ij} - \varepsilon\delta_{ij}| = 0 \tag{3.99}$$

或者

$$\varepsilon^3 - I_1'\varepsilon^2 + I_2'\varepsilon - I_3' = 0 \tag{3.100}$$

行列式的三个根 ε 是与主轴一致的坐标系中应变张量非零分量的值。在式(3.100)中,给出应变不变量 I'_1, I'_2, I'_3

$$I'_1 = \varepsilon_{ii} = \varepsilon_1 + \varepsilon_2 + \varepsilon_3$$

$$I'_2 = \varepsilon_{ij} = \varepsilon_1\varepsilon_2 + \varepsilon_2\varepsilon_3 + \varepsilon_3\varepsilon_1 (对角项主要双行斜子式之和)$$

$$I'_3 = |\varepsilon_{ij}| = \varepsilon_1\varepsilon_2\varepsilon_3 \tag{3.101}$$

其中,$\varepsilon_1, \varepsilon_2, \varepsilon_3$ 是应变张量的主值。如前所述,这些量不依赖于所使用的坐标系。

偏应变张量　如应力张量一样,应变张量可分解为两部分:与体积变化相关的球形部分和与形状变化相关的偏斜部分(畸变)。

$$\varepsilon_{ij} = e_{ij} + \frac{1}{3}\varepsilon_v\delta_{ij} \tag{3.102}$$

$$\varepsilon_v = \varepsilon_{kk} = \varepsilon_{11} + \varepsilon_{22} + \varepsilon_{33} \tag{3.103}$$

其中,e_{ij} 在这里作为偏应变张量,是每单位体积的体积变化,或者称为扩张。因为纯剪变形的必要充分条件为 $\varepsilon_{kk}=0$,因此偏应变张量 e_{ij} 为纯剪状态,并且 e_{ij} 和 ε_{ij} 有相同的主轴。

偏应变张量 e_{ij} 的不变量类似于偏应力张量 s_{ij} 的不变量。这些不变量出现在行列式 $|e_{ij} - e\delta_{ij}| = 0$ 的三次方程中,为

$$e^3 - J'_1 e^2 - J'_2 e - J'_3 = 0 \tag{3.104}$$

其中

$$\left.\begin{array}{l} J'_1 = e_{ii} = e_{11} + e_{22} + e_{33} = e_1 + e_2 + e_3 = 0 \\[2mm] J'_2 = \dfrac{1}{2}e_{ij}e_{ij} \\[2mm] \quad = \dfrac{1}{6}\left[(\varepsilon_x - \varepsilon_y)^2 + (\varepsilon_y - \varepsilon_z)^2 + (\varepsilon_z - \varepsilon_x)^2\right] + \varepsilon_{xy}^2 + \varepsilon_{yz}^2 + \varepsilon_{zx}^2 \\[2mm] \quad = -(e_1 e_2 + e_2 e_3 + e_3 e_1) \\[2mm] J'_3 = \dfrac{1}{3}e_{ij}e_{jk}e_{ki} = |e_{ij}| = \dfrac{1}{3}(e_1^3 + e_2^3 + e_3^3) = e_1 e_2 e_3 \end{array}\right\} \tag{3.105}$$

其中,e_1, e_2 和 e_3 是偏应变张量的主值。

八面体应变和主剪应变　变形前与三个主应变轴 1,2 和 3 有相同倾角的材料纤维称为八面体纤维。相应的八面体正应变为

$$\varepsilon_{oct} = \frac{1}{3}(\varepsilon_1 + \varepsilon_2 + \varepsilon_3) = \frac{1}{3}\varepsilon_v = \frac{1}{3}I'_1 \tag{3.106}$$

八面体工程剪应变为

$$\gamma_{oct} = \frac{2}{3}\big[(\varepsilon_1 - \varepsilon_2)^2 + (\varepsilon_2 - \varepsilon_3)^2 + (\varepsilon_3 - \varepsilon_1)^2\big]^{1/2} = 2\sqrt{\frac{2}{3}J_2'}$$

$$= \frac{2}{3}\big[(\varepsilon_x - \varepsilon_y)^2 + (\varepsilon_y - \varepsilon_z)^2 + (\varepsilon_z - \varepsilon_x)^2 + 6(\varepsilon_{xy}^2 + \varepsilon_{yz}^2 + \varepsilon_{zx}^2)\big]^{1/2}$$

$$(3.107)$$

类似地,主工程剪应变为

$$\gamma_1 = |\varepsilon_2 - \varepsilon_3|, \quad \gamma_2 = |\varepsilon_1 - \varepsilon_3|, \quad \gamma_3 = |\varepsilon_1 - \varepsilon_2| \quad (3.108)$$

最大剪应变为主剪应变的最大值,对于 $\varepsilon_1 > \varepsilon_2 > \varepsilon_3$

$$\gamma_{max} = \max(\gamma_1, \gamma_2, \gamma_3) \quad 或者 \quad \gamma_{max} = |\varepsilon_1 - \varepsilon_3| \quad (3.109)$$

3.5 未开裂混凝土线弹性各向同性应力-应变关系

3.5.1 基本推导

一个弹性模型定义为应力只取决于应变而不取决于应变历史的模型。

$$\sigma_{ij} = C_{ijkl}\varepsilon_{kl} \quad (3.110)$$

其中,C_{ijkl} 是材料常数。

如果式(3.110)为线性,这样的材料就称为线弹性。式(3.110)表示一个初始无应变状态对应一个初始无应力状态,也可以认为是表述一个非线弹性体的一般函数关系的幂级数展开式的第一项(第4章)。对于线弹性物体来说,根据定义,第一项对于实际应用来说已足够精确。式(3.110)简称为广义 Hooke 定律。

因为 σ_{ij} 和 ε_{ij} 为二阶张量,所以 C_{ijkl} 是一个四阶张量。通常该张量有 $3^4 = 81$ 个常数。由于 σ_{ij} 和 ε_{ij} 都是对称的,有下列对称条件

$$C_{ijkl} = C_{jikl} = C_{ijlk} = C_{jilk} \quad (3.111)$$

因此独立常数的最大数目可减至 36 个。

对于弹性材料,可证明弹性常数的 4 个下标可当作 $(ij)(kl)$ 成对地考虑,且各对的顺序可相互交换

$$C_{(ij)(kl)} = C_{(kl)(ij)} \qquad (3.112)$$

因此,线弹性材料所需的独立常数的数目为 21 个。如果已知这 21 个常数,就可知全部的 81 个常数。另外,如果存在一个弹性对称平面,弹性常数数目就减至 13 个。而且,如果存在一个弹性对称平面与前一对称平面正交,弹性常数的数目就减至 9 个。第二个对称平面意味着对第三个正交平面对称(称为正交对称),因此对于线弹性正交材料的独立常数数目为 9 个。

对于横向同性材料,独立常数的数目为 5 个。对于有三维对称的线弹性材料,其性质沿 x, y, z 轴方向都是相同的,将不能辨别 x, y, z 之间的方向。因此只用三个独立常数来描述这种材料的弹性性质。将证明,对于一个弹性性质与方向完全无关的实体,用 2 个独立弹性常数足以描述其完整的性质。

对于各向同性材料,式(3.110)中的弹性常数对各个方向都必须相同。因此,张量 C_{ijkl} 一定是一个各向同性的四阶张量。可以得到各向同性张量 C_{ijkl} 的一般形式为

$$C_{ijkl} = \lambda \delta_{ij} \delta_{kl} + \mu(\delta_{ik}\delta_{jl} + \delta_{il}\delta_{jk}) \qquad (3.113)$$

并且式(3.110)可写作

$$\sigma_{ij} = 2\mu\varepsilon_{ij} + \lambda\varepsilon_{kk}\delta_{ij} \qquad (3.114)$$

因此,对于各向同性线弹性材料,只有 λ 和 μ 两个独立常数,称为 Lame 常数。设 $i=j$,给出用 σ_{kk} 表示 ε_{kk} 的公式

$$\varepsilon_{kk} = \frac{\sigma_{kk}}{3\lambda + 2\mu} \qquad (3.115)$$

如果将结果代入式(3.114),可求解 ε_{ij},给出

$$2\mu\varepsilon_{ij} = \sigma_{ij} - \frac{\lambda\delta_{ij}}{2\mu + 3\lambda}\sigma_{kk} \qquad (3.116)$$

式(3.114)和式(3.116)是线弹性各向同性材料本构关系的一般形式。这些方程的一个重要结果就是对于各向同性材料来说,应力张量和应变张量的主方向是重合的。常数 λ 和 μ 可以从相应的简单应力状态的简单试验求得。下面讲述有关混凝土材料的试验。

静水压压缩试验　如果 $\sigma_{ij} = -\sigma_m\delta_{ij}$,体积模量 K 定义为压力 σ_m 与体积减少部分 $-\varepsilon_{kk}$ 的比值。根据式(3.115)可容易得出下式

$$K = \frac{\sigma_{\mathrm{m}}}{\varepsilon_{kk}} = \lambda + \frac{2}{3}\mu \qquad (3.117)$$

简单压缩试验　如果 $\sigma_{11} = -f_{\mathrm{c}}$ 并且其他的 $\sigma_{ij} = 0$，则可将弹性模量 E 定义为 $\sigma_{11}/\varepsilon_{11}$ 的比值。根据式(3.116)

$$E = \frac{\sigma_{11}}{\varepsilon_{11}} = \frac{\mu(2\mu + 3\lambda)}{\mu + \lambda} \qquad (3.118)$$

在此情况下，泊松比 ν 定义为部分侧向收缩和线性应变的比值

$$\nu = -\frac{\varepsilon_{22}}{\varepsilon_{11}} = -\frac{\varepsilon_{33}}{\varepsilon_{11}} = \frac{\lambda}{2(\lambda + \mu)} \qquad (3.119)$$

纯剪试验　如果仅有 $\tau_{12} = \tau_{21}$ 且不为零，则剪切模量 G 定义为 τ_{12}/γ_{12} 的比值。由式(3.116)

$$G = \mu \qquad (3.120)$$

通过使用这些结果，任何弹性常数 E, ν, K, λ 或 μ 之一能以任何其他两个常量表示。下列等式经常在混凝土材料数学模型中使用。

$$K = \frac{E}{3(1 - 2\nu)}, \quad G = \frac{E}{2(1 + \nu)} \qquad (3.121)$$

或者

$$E = \frac{9KG}{3K + G}, \quad \nu = \frac{3K - 2G}{2(3K + G)} \qquad (3.122)$$

3.5.2　工程推导

在前面提到，式(3.114)式(3.116)的一个重要结论是应力主轴和应变主轴重合。这一现象经常用来推导式(3.116)。在传统的方法中，假设以各向同性材料应力和应变主轴的重合为起始。如果继续假设应力-应变关系为线性，那么叠加原理成立，可根据 E, ν 的定义表明

$$\varepsilon_{11} = \frac{\sigma_{11}}{E} - \nu\left(\frac{\sigma_{22}}{E} + \frac{\sigma_{33}}{E}\right) \qquad (3.123)$$

$\varepsilon_{22}, \varepsilon_{33}$ 与之类似。另外，有

$$2\varepsilon_{12} = \gamma_{12} = \frac{\tau_{12}}{G} = \frac{2(1 + \nu)}{E}\tau_{12} \qquad (3.124)$$

$\varepsilon_{23}, \varepsilon_{13}$ 与之类似。以 σ_{ij} 表示的应力-应变关系 ε_{ij}，反之亦然，可以用紧凑的形式来表示

$$\varepsilon_{ij} = \frac{1+\nu}{E}\sigma_{ij} - \frac{\nu}{E}\sigma_{kk}\delta_{ij} \tag{3.125}$$

$$\sigma_{ij} = \frac{E}{1+\nu}\varepsilon_{ij} + \frac{\nu E}{(1+\nu)(1-2\nu)}\varepsilon_{kk}\delta_{ij} \tag{3.126}$$

与式(3.116)和式(3.114)是类似的。

在均值和偏量之间我们可以找到一个简洁且符合逻辑的分离形式,上述等式的下标可以很清晰地表示出来。例如,用 $s_{ij} + \sigma_{kk}\delta_{ij}/3$ 代替 σ_{ij} 和用 $e_{ij} + \varepsilon_{kk}\delta_{ij}/3$ 代替 ε_{ij},代入式(3.125),可得

$$s_{ij} = \frac{E}{1+\nu}e_{ij} = 2Ge_{ij} \tag{3.127}$$

$$\sigma_{m} = \frac{1}{3}\sigma_{kk} = K\varepsilon_{kk} = K\varepsilon_{v} \tag{3.128}$$

畸变 e_{ij} 是由应力偏量 s_{ij} 引起,体积改变量 ε_v 由平均正应力 σ_m 引起。每个值都是独立的。

用 K 和 G 表示的应力-应变关系可以通过式(3.127)和式(3.128)相加得到

$$\varepsilon_{ij} = \frac{\sigma_{kk}}{9k}\delta_{ij} + \frac{1}{2G}s_{ij} \tag{3.129}$$

$$\sigma_{ij} = K\varepsilon_{kk}\delta_{ij} + 2Ge_{ij} \tag{3.130}$$

3.5.3　弹性未开裂混凝土的材料刚度矩阵

无穷小材料单元的应力-应变关系可以写成矩阵形式

$$\{\sigma\} = \boldsymbol{D}\{\varepsilon\} \tag{3.131}$$

其中,$\{\sigma\}$ 是应力矢量,$\{\varepsilon\}$ 是应变矢量,给出

$$\{\sigma\} = \begin{bmatrix} \sigma_x \\ \sigma_y \\ \sigma_z \\ \tau_{xy} \\ \tau_{yz} \\ \tau_{zx} \end{bmatrix}, \quad \{\varepsilon\} = \begin{bmatrix} \varepsilon_x \\ \varepsilon_y \\ \varepsilon_z \\ \gamma_{xy} \\ \gamma_{yz} \\ \gamma_{zx} \end{bmatrix} \tag{3.132}$$

$\boldsymbol{D}$ 是由 ν 和 E 表示的弹性材料刚度矩阵,为

$$D = \frac{E}{(1+\nu)(1-2\nu)}\begin{bmatrix} 1-\nu & \nu & \nu & 0 & 0 & 0 \\ \nu & 1-\nu & \nu & 0 & 0 & 0 \\ \nu & \nu & 1-\nu & 0 & 0 & 0 \\ 0 & 0 & 0 & \frac{1-2\nu}{2} & 0 & 0 \\ 0 & 0 & 0 & 0 & \frac{1-2\nu}{2} & 0 \\ 0 & 0 & 0 & 0 & 0 & \frac{1-2\nu}{2} \end{bmatrix}$$

$$(3.133)$$

或用 K 和 G 表示为

$$D = \begin{bmatrix} K+\frac{4}{3}G & K-\frac{2}{3}G & K-\frac{2}{3}G & 0 & 0 & 0 \\ K-\frac{2}{3}G & K+\frac{4}{3}G & K-\frac{2}{3}G & 0 & 0 & 0 \\ K-\frac{2}{3}G & K-\frac{2}{3}G & K+\frac{4}{3}G & 0 & 0 & 0 \\ 0 & 0 & 0 & G & 0 & 0 \\ 0 & 0 & 0 & 0 & G & 0 \\ 0 & 0 & 0 & 0 & 0 & G \end{bmatrix} \quad (3.134)$$

在平面应力条件的特殊情况下,应力-应变关系(式(3.131))简化为

$$\begin{bmatrix} \sigma_x \\ \sigma_y \\ \tau_{xy} \end{bmatrix} = \frac{E}{1-\nu^2}\begin{bmatrix} 1 & \nu & 0 \\ \nu & 1 & 0 \\ 0 & 0 & \frac{1-\nu}{2} \end{bmatrix}\begin{bmatrix} \varepsilon_x \\ \varepsilon_y \\ \gamma_{xy} \end{bmatrix} \quad (3.135)$$

在平面应变条件下,应力-应变关系(式(3.131))简化为

$$\begin{bmatrix} \sigma_x \\ \sigma_y \\ \tau_{xy} \end{bmatrix} = \frac{E}{(1+\nu)(1-2\nu)}\begin{bmatrix} 1 & \nu & 0 \\ \nu & 1 & 0 \\ 0 & 0 & \frac{1-\nu}{2} \end{bmatrix}\begin{bmatrix} \varepsilon_x \\ \varepsilon_y \\ \gamma_{xy} \end{bmatrix} \quad (3.136)$$

至于轴对称情况中 $\gamma_{z\theta} = \gamma_{\theta r} = \tau_{z\theta} = \tau_{\theta r} = 0$,应力-应变矩阵关系通常表示为

$$\begin{bmatrix} \sigma_r \\ \sigma_z \\ \sigma_\theta \\ \tau_{rz} \end{bmatrix} = \frac{E}{(1+\nu)(1-2\nu)} \begin{bmatrix} 1-\nu & \nu & \nu & 0 \\ \nu & 1-\nu & \nu & 0 \\ \nu & \nu & 1-\nu & 0 \\ 0 & 0 & 0 & \dfrac{1-2\nu}{2} \end{bmatrix} \begin{bmatrix} \varepsilon_r \\ \varepsilon_z \\ \varepsilon_\theta \\ \gamma_{zr} \end{bmatrix}$$

$$(3.137)$$

尽管线弹性理论的缺点显而易见,但它仍然是在混凝土材料中最普遍使用的应力-应变关系理论。利用函数关系(式(3.110)),压缩状态的混凝土线的线弹性模型可以大为改进。这些非线弹性模型将会在第4章进行讨论。当然,弹性模型必须与材料的破坏准则相结合。这将在第5章进行详述。弹性公式对于混凝土承受比例荷载时是相当准确的,但是它们不能识别非弹性变形,这种缺点在材料受到卸载时变得明显。在第8章塑性变形理论中,通过引入对非线弹性模型的卸载准则,这种情况在某种程度上可以得到修正。虽然变形理论有无法考虑加载历史影响的明显不足,但它是解决大型混凝土问题的有效替代方法。为恰当地描述混凝土的压缩性能,有必要在材料模型中包括非弹性变形等因素,许多研究人员越来越多地使用增量塑性理论来模拟未开裂混凝土(例如,见 Chen 和 Ting,1980)。在第6章和第8章将详述通过拉断准则考虑拉伸区域开裂的更精确的塑性模型。

3.6　开裂混凝土线弹性横向同性应力-应变关系

3.6.1　混凝土的开裂

混凝土的拉伸破坏以裂纹逐渐增长为特征,这些裂纹连接在一起最终使结构的较大部分分离。通常假设:裂纹的形成是一个脆性的过程,在这些裂纹形成后拉力加载方向的强度突然降为零(图3.96);但如后所述,当钢筋连接混凝土裂纹时,强度机理变得更加复杂,并且可以安全地利用裂纹之间混凝土的承载能力。

开裂混凝土材料一般是由线弹性断裂关系建模。通常采用两个断裂准则,最大主应力准则和最大主应变准则。当主应力或应变超过其极限值时,假定裂纹出现在垂直于抵抗主应力或应变方向的平面上,并且在所有后续加载中,裂纹方向都是固定的(图 3.9)。

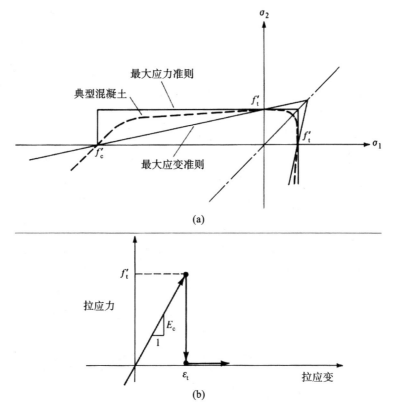

图 3.9　开裂混凝土

(a)拉伸区域的双轴断裂准则;(b)拉应力-应变断裂关系

　　遗憾的是,导致裂纹大致向垂直于主拉应力或应变方向发展的拉应力或应变的大小不是一个准确定义的量。试验结果有很大的分散现象。许多研究人员普遍使用的双轴拉裂准则是基于 Kupter 等(1969)试验结果的强度准则。与图 3.9(a)中的两个断裂准则相比可看出,控制双轴拉伸值几乎与应力比无关,且等于单轴值 f'_t。该单轴值为 $0.085f'_c \sim 0.11f'_c$(f'_c 为圆柱体抗压强度)。圆柱体强度越高,引起开裂所需的相对拉应力越低(以抗压强度的百分比计算)。在钢筋存在的情况下,预测应力的大小和方向变得更加不确定。然而,在许多实际应用中,人们将素混凝土准则推广到钢筋混凝土。

需要注意的是,通过直接拉伸试验获得的单轴值 f_c' 通常略小于圆柱劈裂试验的结果,因此也小于梁抗弯试验的结果,该试验建立了断裂模量 f_r。该强度的数值由 ACI 318-77 明确规定为

$$f_r = 7.5 \sqrt{f_c'} \qquad (3.138)$$

其中,f_c' 的单位为 $\mathrm{lb/in^2}$。试验观测到其值变化范围为 $7 \sqrt{f_c'} \sim 13 \sqrt{f_c'}$。圆柱劈裂试验的结果为断裂模量试验结果的 $50\% \sim 75\%$。

一旦裂纹形成,通常假设裂纹不能承受垂直于它的拉应力,并且该方向的材料刚度降低到可忽略的程度。然而,平行于裂纹的材料仍然能够根据平行于裂纹的单轴或双轴条件承受应力。随着荷载的增加,当在该方向超出极限时,在垂直于初始裂纹的方向进一步产生裂纹。

虽然裂纹可能在垂直方向张开,但是当受到平行相对运动时,相对的裂纹面可能出现互锁。这取决于裂纹表面的纹理以及可以保持裂纹表面不分离的约束力。正常强度的混凝土,表面是粗糙的。此外,如果钢筋或相邻的未开裂混凝土材料沿着开裂表面能提供某种约束以保持分裂面不相互移动,则粗糙面通过骨料咬合就有传递某种剪力的能力。这种现象起着重要作用,例如,钢筋混凝土梁在剪力传递中,当斜裂纹产生时,梁中的开裂混凝土仍然可通过骨料咬合作用承受总剪力的 $40\% \sim 60\%$。但是,对于高强度混凝土来说,浆料的强度可以接近于骨料的强度。因此裂纹表面变得更加光滑,裂纹不再沿着骨料周围扩展,而是直接穿过骨料。高强混凝土的开裂性能或许有显著变化。

3.6.2　开裂模型

在混凝土结构的有限元分析中,对于开裂模型已运用了三个不同的方法:①模糊开裂模型;②离散开裂模型;③断裂力学模型。

从三种类型中选择特定的开裂模型取决于分析的目的。一般来说,如果需要整体的荷载-挠度性能,而不考虑完全真实的裂纹模式和局部应力,则模糊开裂模型可能是最佳选择。如果研究的兴趣是局部性能,那么适合使

用离散开裂模型。对于需用断裂力学作为一个有效工具的特殊问题,可能需要专门的断裂模型。对于大多数结构工程应用而言,通常使用模糊开裂模型,本节主要针对这类模型展开讨论。

模糊开裂模型 在这种方法中,假设开裂混凝土为一个连续体,也就是说裂纹以连续的方式被模糊。假定在第一次开裂后混凝土变成正交异性或横向同性,其中一个材料主轴沿裂纹方向。这样设想时,材料在拉力方向上逐渐减弱或突然下降。另外,由于骨料咬合保持的剪切强度可以通过保持正剪切模量来考虑,这种剪切能力也意味着二次开裂不一定出现在垂直于第一次出现裂纹的方向。

在模糊开裂模型中,裂纹不是离散的,而是意味着有无限多的平行裂纹横穿该有限元(图 3.10)。对于未开裂各向同性混凝土,上一节已推导出了增量本构矩阵。裂纹产生后,开裂混凝土变成了正交异性材料,必须推导出新的增量关系。这是通过修正切线材料刚度或切线弹性矩阵 $\boldsymbol{D}$ 来完成的。

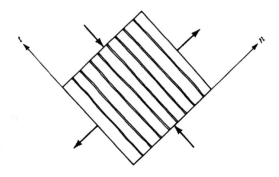

图 3.10 单条裂纹的理想化

例如,在断裂方向(图 3.10 的 n 和 t 轴),平面应力的应力-应变关系会变成

$$\begin{bmatrix} \Delta\sigma_n \\ \Delta\sigma_t \\ \Delta\tau \end{bmatrix} = \boldsymbol{D}_t \begin{bmatrix} \Delta\varepsilon_n \\ \Delta\varepsilon_t \\ \Delta\gamma \end{bmatrix} \tag{3.139}$$

其中,切线刚度矩阵为

$$\boldsymbol{D}_t = \begin{bmatrix} 0 & 0 & 0 \\ 0 & E & 0 \\ 0 & 0 & \beta G \end{bmatrix} \tag{3.140}$$

侧向应变为

$$\Delta\epsilon_z = -\frac{\nu}{E}\Delta\sigma_t \tag{3.141}$$

在式(3.140)中,混凝土弹性模量 E 在垂直于裂纹的方向(n 轴)上减小为零。进一步假设用一个降低的剪切模量 βG 来考虑裂纹平面的骨料咬合。β 值是一个预先选择的常数,使 $0\leqslant\beta\leqslant1$。如果有必要的数据,选用更合理的 β 表达式极其容易。在进一步加载时,裂纹可能会闭合,使得压缩荷载可以通过裂纹传递。但是,现在沿着压缩混凝土的闭合裂纹有一个弱面,并且产生了由 $0\leqslant\beta\leqslant1$ 中较高值的骨料咬合引起的抗剪力。在许多应用中,假设裂纹打开时 β 值为零,裂纹闭合时 β 值为 1。这表明对于开口裂纹没有骨料咬合,对于闭合裂纹则会愈合。一般假设当裂纹上的直接应变变为压缩应变时,裂纹闭合。

本节后面,将推导类似于式(3.139)～式(3.141)的平面应变和轴对称的关系。对于刚度计算,有必要使用应力张量和应变张量转换规则,将矩阵 $\boldsymbol{D}_t$ 转换为整体坐标

$$\boldsymbol{D}_t = \boldsymbol{T}^{\mathrm{T}}\boldsymbol{D}_t\boldsymbol{T} \tag{3.142}$$

其中,$\boldsymbol{T}$ 是一个将整体方向和裂纹方向相关的转换矩阵。$\boldsymbol{T}^{\mathrm{T}}$ 是 $\boldsymbol{T}$ 的转置矩阵。公式的细节后面会给出。

离散开裂模型　对于连续性模糊开裂模型的另一种选择是引入离散裂纹(Ngo 和 Scordelis,1967)。通常是通过断开相邻单元节点处的位移来完成的,如图 3.11 所示。这种方法的缺点是无法预测裂纹的位置和方向。因此,很难避免由预选有限元网格带来的几何限制。这种限制在某种程度上可以通过重新定义单元节点来调整。

遗憾的是,该方法极度复杂且耗时(Ngo,1975)。进一步说,在有限元力学中,使用更高阶单元已经成为趋势。这些单元,尤其是等参数单元,会产生低精度的角应力定义,从而不能很好地融合与离散裂纹概念相关的边缘开裂。随着这些模型中裂纹发生变化,节点的重新定义破坏了结构刚度矩

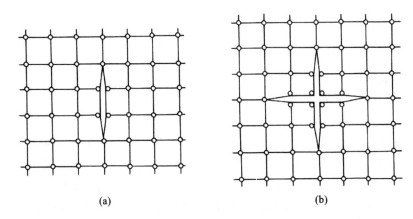

(a)   (b)

图 3.11　使用两个或四个相同点的节点分离

(a)单方向上的开裂;(b)两个方向上的开裂

阵中的窄带宽度,并大大增加了求解所需的计算量。由于这些困难和局限,在一般结构应用中,很少有人使用离散开裂模型。

对于涉及少数主裂纹的问题,比如钢筋混凝土梁的斜拉裂纹,离散裂纹模型提供了一个更现实的表示方式,即裂纹表示了应变不连续性。而且,在离散裂纹表示法中,当裂纹滑动时,通过使用穿过裂纹和控制其性能的特殊连接单元,可以模拟骨料的咬合。当裂纹张开时,减少这些连接的刚度,从而减少了大裂纹的咬合力。

断裂力学模型　断裂力学理论已经成功地用来解决金属、陶瓷和岩石相关的各种类型的裂纹问题,并且已推广到钢筋混凝土结构有限元分析中。如果人们接受混凝土是缺口敏感材料这一事实,那么基于抗拉强度的开裂准则或许极不保守,而使用断裂力学理论将为混凝土开裂提供更合理的模型。然而,在目前的发展状况下,断裂力学在钢筋混凝土中的实际适用性仍存疑问,还有很多工作要做(Kesler 等,1972)。目前,一些研究人员正在非常积极地对这一领域进行研究(例如 Hillemier 和 Hilsdorf,1977;Bazant 和 Cedolin,1979)。

3.6.3　混凝土和钢筋的相互作用

习惯上使用叠加原理把混凝土和钢筋看作是对整体刚度和强度分别做

出贡献的两个组成部分。通常假设混凝土与钢筋之间,至少在单元边界节点处,是完全运动连续的。两种材料的性能极不平等:钢筋的弹性模量比混凝土的弹性模量高出一个数量级,与混凝土不同,钢筋的应力-应变关系在受拉和受压状态是对称的。这种材料不协调性导致了黏结破坏,钢筋滑移,以及局部变形和开裂(RILEM,1957)。

　　钢筋与混凝土间几个相互作用的重要机理如图 3.12 所示。在图 3.12(a)的情况下,当混凝土固定原位,拉动钢筋,钢筋就会发生滑移。在承受大剪力的结构中(如梁的支承处或者单个钢筋的锚固区),当存在高度变形梯度时,就会发生这种情况。用离散或分布式的弹簧模拟沿钢筋面的接触力(Ngo 和 Scordelis,1967)可以相对容易地模拟拔出效应。根据拔出效应的实验发现,这种弹簧必须具有非线性特征。

　　混凝土和钢筋都受到了拉力,以致形成大裂纹。图 3.12 显示的是两条主裂纹之间的混凝土。裂纹张开和钢筋和混凝土之间黏结破坏以及相对移动同时发生。接触面上的剪力将拉应力传递给裂纹间的混凝土。混凝土裹住钢筋且贡献于体系的总体刚度。这种刚度效应(常称为拉伸强化)对于一般工作荷载下的混凝土梁来说是相当重要的。因为图 3.12(b)对应于均匀拉伸(或弯曲),不存在拔出效应,图 3.12(a)所示的模型在此无效。但是,通过假设混凝土受拉强度逐渐损失以间接的方式考虑这种强化效应。这一首先由 Scanlon(1971)提出的拉伸强化效应已表示为混凝土应力-应变曲线的下降段,如图 3.13 所示。Bergan 和 Holand(1979)讨论了更多相互作用的模型。

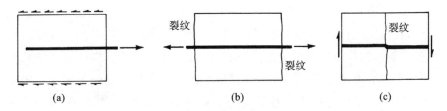

(a)　　　　　　　　　　　　(b)　　　　　　　　　　　　(c)

图 3.12　混凝土和钢筋的相互作用

(a)拔出效应;(b)拉伸强化效应;(c)销栓效应

　　表示强化效应的另一种方法是增加钢筋的刚度和应力。对应于钢筋中相同应变的附加应力,代表了钢筋和裂纹之间的混凝土共同承受的整个拉

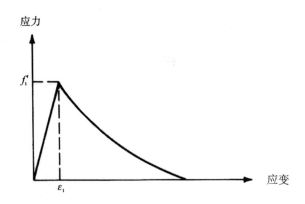

图 3.13　考虑开裂后拉伸强化的逐渐增强

力。为了方便起见,这个附加应力集中在钢筋同样水平的同一方向。

在图 3.12(c)中,在拉伸裂纹出现后有一主要剪切变形。在此情形下,钢筋像销栓一样承受集中剪力正如前面建议的骨料咬合效应一样,对于开裂混凝土,通过使用等效剪切刚度和剪切强度,可以将销栓效应结合在连续模型中。

3.6.4　断裂混凝土的应力-应变模型

在这一节,将使用适当的物理模型,即压碎型和开裂型(Chen 和 Suzuki,1980)模拟断裂混凝土运动,推导一个断裂混凝土本构模型。

压碎指的是在压应力状态下材料完全破碎和解体。在压碎后,当前的应力突然减小为零,并且假设混凝土完全失去抵抗进一步变形的能力。术语"开裂"指的是在拉应力状态下,穿过裂纹表面的材料局部破坏。假设无数条平行裂纹发生在垂直于抵抗主拉应力或拉应变的方向。一旦裂纹形成,横穿裂纹的拉应力就会突然降至零,并且垂直于裂纹方向的材料抵抗进一步变形的能力减至零。还可假设材料根据平行于裂纹处的单轴或双轴条件承受应力。稍后将描述当推导断裂混凝土矩阵本构关系时,现有裂纹的进一步张开和闭合的条件。拉应力状态(包括拉-压状态)和多轴压应力状态可以以下面的方式定义。

定义　可以证明(8.8 节),当应力状态满足以下条件

$$\sqrt{J_2} \leqslant -\frac{1}{\sqrt{3}} I_1, \quad I_1 \leqslant 0 \qquad (3.143)$$

应力状态为压缩,则假设发生压碎断裂。否则,就假设为拉伸,并发生裂纹断裂。在式(3.143)中,$I_1 = \sigma_{ii}$ 是第一应力不变量,相应的平均正应力由式(3.72)给出,$J_2 = s_{ij}s_{ji}/2$ 是偏应力张量的第二不变量,由式(3.80)给出。

增量应力-应变关系　在此使用图 3.14 所示的断裂模型来推导断裂混凝土的增量应力-应变关系。线段 0—1 和 2—3 的斜率分别表示断裂发生之前和之后的材料刚度。释放的总应力用应力张量 $\{\sigma_0\}$ 表示(图 3.14 的线段 1—2)。释放的应力被重新分配到整个结构的临近材料中。假设在突然断裂时,应力间断地从零变到确定的大小。断裂之后,增量应力-应变关系可以通过熟知的关系式表示为

$$\{d\sigma\} = \boldsymbol{D}_c\{d\varepsilon\} \qquad (3.144)$$

在这个过程中,断裂材料总体应力的变化$\{\Delta\sigma\}$,可正式写成

$$\{\Delta\sigma\} = \{d\sigma\} - \{\sigma_0\} = \boldsymbol{D}_c\{d\varepsilon\} - \{\sigma_0\} \qquad (3.145)$$

其中,$\boldsymbol{D}_c$ 是断裂之后(裂纹或压碎)的材料刚度矩阵;$\{\sigma_0\}$ 是发生断裂时释放的应力矢量。

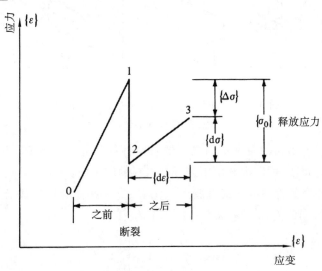

图 3.14　断裂混凝土的应力-应变模型

压碎断裂型　假设某点在压碎的瞬间,所有应力刚好在压碎之前被完全释放,此后假设混凝土完全失去以抵抗任何进一步变形的能力。这意味着图 3.14 的应力点 2 降至零,线段 2—3 的斜率为零,也就是式(3.145)中 $D_c = 0$,$\{\sigma_0\}$ 为某点在刚好压碎之前的应力矢量。

开裂断裂型　如果由应力断裂准则或应变断裂准则控制,假设裂纹分别在垂直于最大主拉应力方向或者垂直于最大主拉应变方向的表面(或轴对称问题的表面)形成。为了避免问题的复杂性,进一步引入了对裂纹形成的限制条件。对平面问题,假设裂纹只在垂直于 xy 平面的平面中形成;对轴对称问题(图 3.15(a)),假设裂纹只在轴对称平面中形成。

进一步假设裂纹形成的瞬间只释放垂直于裂纹平面的正应力和平行于裂纹方向的剪应力,而其他应力保持不变(图 3.15(b))。由此开裂材料的应力状态分别降低为以下几种情况:①对于平面应力问题,平行于开裂方向的单轴应力状态;②对于平面应变问题,开裂方向和 z 方向的双轴应力状态;③对于轴对称问题,开裂方向和圆周 θ 方向的双轴应力状态。

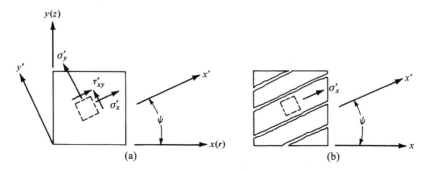

图 3.15　开裂混凝土中裂纹和应力分布的模式

(a)应力分布之前;(b)裂纹形成之后

假设两个相邻的裂纹平面之间的材料性能质是线弹性的,并且在 $x'y'$ 平面为横向同性,可以推导出下列开裂材料的增量应力-应变关系。

平面应力条件下的开裂混凝土　σ'_y 和 τ'_{xy} 必须在裂纹形成后消失,释放的应力(图 3.15)在 $x'y'$ 坐标系可以表示为

$$\begin{bmatrix} \sigma'_x \\ \sigma'_y \\ \tau'_{xy} \end{bmatrix} - \begin{bmatrix} \sigma'_x \\ 0 \\ 0 \end{bmatrix} \tag{3.146}$$

采用应力张量 σ'_{ij} 的莫尔圆构造或坐标转换原则(式(3.56)),在球坐标系中,式(3.146)有如下形式。

$$\begin{bmatrix} \sigma_x \\ \sigma_y \\ \tau_{xy} \end{bmatrix} - \begin{bmatrix} \cos^2\psi \\ \sin^2\psi \\ \sin\psi\cos\psi \end{bmatrix} \sigma'_x = \begin{bmatrix} \sigma_x \\ \sigma_y \\ \tau_{xy} \end{bmatrix} - \{b(\psi)\}\sigma'_x \qquad (3.147)$$

σ'_x 在球坐标系中使用 Cauchy 公式(式(3.57)),可表示为

$$\sigma'_x = \begin{bmatrix} \cos^2\psi & \sin^2\psi & 2\sin\psi\cos\psi \end{bmatrix} \begin{bmatrix} \sigma_x \\ \sigma_y \\ \tau_{xy} \end{bmatrix} = \{b'(\psi)\}^{\mathrm{T}} \begin{bmatrix} \sigma_x \\ \sigma_y \\ \tau_{xy} \end{bmatrix} \qquad (3.148)$$

因此,xy 坐标系的释放应力为

$$(\boldsymbol{I} - \{b(\psi)\}\{b'(\psi)^{\mathrm{T}}\}) \begin{bmatrix} \sigma_x \\ \sigma_y \\ \tau_{xy} \end{bmatrix} \qquad (3.149)$$

其中,$\boldsymbol{I} = \delta_{ij}$ 是 Kronecker 算子,其在 3.2.4 节中有定义。

因为两个相邻裂纹平面之间的材料受到了沿着 x' 轴(图 3.15)方向的单轴荷载,开裂混凝土的增量应力-应变关系为

$$\mathrm{d}\sigma'_x = E\mathrm{d}\varepsilon'_x = E\{b(\psi)\}^{\mathrm{T}} \begin{bmatrix} \mathrm{d}\varepsilon_x \\ \mathrm{d}\varepsilon_y \\ \mathrm{d}\gamma_{xy} \end{bmatrix} \qquad (3.150)$$

在 xy 坐标系变为

$$\begin{bmatrix} \mathrm{d}\sigma_x \\ \mathrm{d}\sigma_y \\ \mathrm{d}\sigma_z \end{bmatrix} = \{b(\psi)\}\mathrm{d}\sigma'_x = E\{b(\psi)\}\{b(\psi)\}^{\mathrm{T}} \begin{bmatrix} \mathrm{d}\varepsilon_x \\ \mathrm{d}\varepsilon_y \\ \mathrm{d}\gamma_{xy} \end{bmatrix} \qquad (3.151)$$

因此,对于平面应力问题,在裂纹形成后应力的总变化为

$$\begin{bmatrix} \Delta\sigma_x \\ \Delta\sigma_y \\ \Delta\tau_{xy} \end{bmatrix} = (E\{b(\psi)\}\{b(\psi)\}^{\mathrm{T}}) \begin{bmatrix} \mathrm{d}\varepsilon_x \\ \mathrm{d}\varepsilon_y \\ \mathrm{d}\gamma_{xy} \end{bmatrix} - (\boldsymbol{I} - \{b(\psi)\}\{b'(\psi)\}^{\mathrm{T}}) \begin{bmatrix} \sigma_x \\ \sigma_y \\ \tau_{xy} \end{bmatrix}$$

$$(3.152)$$

其中,σ_x,σ_y 和 τ_{xy} 是裂纹在一点刚好形成之前的瞬时应力分量

$$\{b(\psi)\} = \begin{bmatrix} \cos^2\psi \\ \sin^2\psi \\ \sin\psi\cos\psi \end{bmatrix}, \quad \{b'(\psi)\} = \begin{bmatrix} \cos^2\psi \\ \sin^2\psi \\ 2\sin\psi\cos\psi \end{bmatrix}, \quad \boldsymbol{I} = \begin{bmatrix} 1 & 0 & 0 \\ 0 & 1 & 0 \\ 0 & 0 & 1 \end{bmatrix}$$

$$(3.153)$$

其中，ψ 是裂纹方向和 x 轴之间的角度，如图 3.15 所示。

平面应变条件下的开裂混凝土 释放应力的表达式同平面应力问题中的表达式一样。

在裂纹形成之后，应力状态在这种情况下简化为在 $x'z'$ 平面的一个双轴应力状态（图 3.15）。那么开裂混凝土的增量应力-应变关系可写为

$$\mathrm{d}\varepsilon_x' = \frac{\mathrm{d}\sigma_x'}{E} - \frac{\nu\mathrm{d}\sigma_z}{E}, \quad \mathrm{d}\varepsilon_z = 0 = -\frac{\nu\mathrm{d}\sigma_x'}{E} + \frac{\mathrm{d}\sigma_z}{E} \quad (3.154)$$

消掉 $\mathrm{d}\sigma_z$，整个方程变成

$$\mathrm{d}\sigma_x' = \frac{E}{1-\nu^2}\mathrm{d}\varepsilon_x' \quad (3.155)$$

对于平面应变问题，裂纹形成后的应力的总变化为

$$\begin{bmatrix} \Delta\sigma_x \\ \Delta\sigma_y \\ \Delta\tau_{xy} \end{bmatrix} = \left(\frac{E}{1-\nu^2}\{b(\psi)\}\{b(\psi)\}^{\mathrm{T}}\right)\begin{bmatrix} \mathrm{d}\varepsilon_x \\ \mathrm{d}\varepsilon_y \\ \mathrm{d}\gamma_{xy} \end{bmatrix} - (\boldsymbol{I} - \{b(\psi)\}\{b'(\psi)\}^{\mathrm{T}})\begin{bmatrix} \sigma_x \\ \sigma_y \\ \tau_{xy} \end{bmatrix}$$

$$(3.156)$$

$$\mathrm{d}\sigma_z = \nu(\mathrm{d}\sigma_x + \mathrm{d}\sigma_y)$$

式（3.156）和式（3.152）是相同的，除了用 $E/(1-\nu^2)$ 替代式（3.152）中的 E。

轴对称条件下的开裂混凝土 假设裂纹是以轴对称的方式形成，释放应力的表达式与平面问题的表达式一样，则释放应力可表示为

$$\begin{bmatrix} \boldsymbol{I} - \{b(\psi)\}\{b'(\psi)\}^{\mathrm{T}} & \vdots & 0 \\ \cdots\cdots\cdots\cdots & \vdots & \cdots \\ 0 & \vdots & 0 \end{bmatrix}\begin{bmatrix} \sigma_r \\ \sigma_z \\ \tau_{rz} \\ \sigma_\theta \end{bmatrix} \quad (3.157)$$

在裂纹形成后，应力状态简化为沿着 x' 和 θ 方向的一个双轴应力状态（图 3.15）。因此，有

$$\begin{bmatrix} \mathrm{d}\sigma'_x \\ \mathrm{d}\sigma_\theta \end{bmatrix} = \frac{E}{1-\nu^2} \begin{bmatrix} 1 & \nu \\ \nu & 1 \end{bmatrix} \begin{bmatrix} \mathrm{d}\varepsilon'_x \\ \mathrm{d}\varepsilon_\theta \end{bmatrix} \tag{3.158}$$

在整体坐标系中,得到下列关系式

$$\begin{bmatrix} \mathrm{d}\sigma_r \\ \mathrm{d}\sigma_r \\ \mathrm{d}\tau_{rz} \end{bmatrix} = \{b(\psi)\}\mathrm{d}\sigma'_x = \frac{E}{1-\nu^2}\{b(\psi)\}(\mathrm{d}\varepsilon'_x + \nu\mathrm{d}\varepsilon_\theta) \tag{3.159}$$

$$= \frac{E}{1-\nu^2}\{b(\psi)\}\left\{ \{b(\psi)\}^{\mathrm{T}} \begin{bmatrix} \mathrm{d}\varepsilon_r \\ \mathrm{d}\varepsilon_r \\ \mathrm{d}\gamma_{rz} \end{bmatrix} + \nu\mathrm{d}\varepsilon_\theta \right\}$$

$$\mathrm{d}\sigma_\theta = \frac{E}{1-\nu^2}(\nu\mathrm{d}\varepsilon'_x + \mathrm{d}\varepsilon_\theta) = \frac{E}{1-\nu^2}\left\{ \nu\{b(\psi)\}^{\mathrm{T}} \begin{bmatrix} \mathrm{d}\varepsilon_r \\ \mathrm{d}\varepsilon_z \\ \mathrm{d}\gamma_{rz} \end{bmatrix} + \mathrm{d}\varepsilon_\theta \right\} \tag{3.160}$$

对于轴对称问题在裂纹形成后,上述关系式可导出应力总变化的表达式

$$\begin{bmatrix} \Delta\sigma_r \\ \Delta\sigma_z \\ \Delta\tau_{rz} \\ \Delta\sigma_\theta \end{bmatrix} = \frac{E}{1-\nu^2}\left[\begin{array}{c:c} \{b(\psi)\}\{b(\psi)\}^{\mathrm{T}} & \nu\{b(\psi)\} \\ \hdashline \nu\{b(\psi)\}^{\mathrm{T}} & 1 \end{array} \right] \begin{bmatrix} \mathrm{d}\varepsilon_r \\ \mathrm{d}\varepsilon_z \\ \mathrm{d}\gamma_{rz} \\ \mathrm{d}\varepsilon_\theta \end{bmatrix} \tag{3.161}$$

$$- \left[\begin{array}{c:c} \boldsymbol{I} - \{b(\psi)\}\{b'(\psi)\}^{\mathrm{T}} & 0 \\ \hdashline 0 & 0 \end{array} \right] \begin{bmatrix} \sigma_r \\ \sigma_z \\ \tau_{rz} \\ \sigma_\theta \end{bmatrix}$$

开裂混凝土进一步破裂或压碎　在初始裂纹形成之后,结构通常在没有整体垮塌时继续变形。因此裂纹闭合和张开,以及裂纹继续形成都可能发生。图 3.16 描述了整个加载历史中混凝土有可能经历的一些结果。下面的分析将考虑这些开裂材料中附加的转换特征。

次裂纹的形成　对于开裂混凝土,应力状态分别减至平面应力问题(只是 σ'_x)的单轴应力状态,或平面应变问题(σ'_x 和 σ_z)双轴应力状态,以及轴对称问题(σ'_x 和 σ_θ)的双轴应力状态(图 3.15)。一旦减少的应力状态满足双断裂

准则,假设发生了进一步的断裂(压碎或裂纹),并且允许在垂直于第一条裂纹的方向形成新裂纹。第一条裂纹和新裂纹分别称为主裂纹和次裂纹(图 3.16)。

裂纹的张开或闭合 如果横穿现有裂纹的正应变大于裂纹刚好形成之前的应变,那么就假设裂纹是张开的;否则,就是闭合的。横穿裂纹的正应变可用下式计算

$$\left\{ b \left(\psi + \frac{\pi}{2} \right) \right\}^{\mathrm{T}} \begin{bmatrix} \varepsilon_x \\ \varepsilon_y \\ \gamma_{xy} \end{bmatrix} \qquad (3.162)$$

新一组裂纹的形成 如果在开裂混凝土中所有裂纹都闭合了,就假设未开裂混凝土是线弹性的。对于这样的材料,断裂条件下的双准则直接可以应用。混凝土有可能压碎或形成如图 3.16 所示的新一组裂纹,并且假设应力-应变关系与之前相同。

断裂混凝土增量应力-应变关系可总结如下。

(1)对于具有多于一组裂纹张开的压碎混凝土或裂纹混凝土,假设进一步加载时材料刚度为零,而且在刚好断裂之前的当前应力状态完全被释放。

(2)只有一组裂纹张开的开裂混凝土,可由式(3.152)、式(3.156)和式(3.161)给出其应力-应变关系。

(3)对于所有裂纹为闭合的开裂混凝土,假设混凝土完全恢复其性能,其性能与线弹性材料相似。

一般评论 在第 9 章中,将介绍将本章的现有模型和第 8 章的塑性模型结合起来的有限元计算步骤,并给出了使用不同破坏和断裂后(拉断、脆性和延性性能,双断裂准则)材料模型的有限元数值例子。在这些例子中,理想化的非线性断裂特征如下。

(1)对于弹性混凝土或开裂混凝土,运用线弹性理论(第 3 章)。

(2)对于屈服未开裂混凝土,运用塑性加工强化理论(第 8 章)。

(3)对于处于峰值应力的混凝土,就应力和应变而言,运用应力和应变表述的双重断裂准则(第 5 章)。

(4)对于断裂混凝土,在断裂时要考虑应力的突然释放(第 9 章)。

(5)对于开裂混凝土,追踪拉伸裂纹的张开和闭合,并且考虑它们的软

未开裂

第一主裂纹形成

压碎

主裂纹张开，第二主裂纹形成

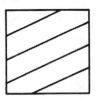

所有裂纹闭合

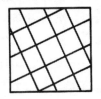

第一主裂纹闭合，第二主裂纹形成

图 3.16　在开裂混凝土中现有裂纹的张开和闭合，以及新裂纹的形成

化和定向性能。

第 9 章给出劈裂圆柱问题的有限元数值解（Chen 和 Suzuki，1980），由此发现由断裂材料构成的结构的性能和强度与有较大延性材料构成的结构显著不同。同后者比较，认为前者结构的强度减小了。这主要由于在它们断裂时，断裂单元中应力的突然释放。

我们将应用线弹性断裂建模技术分析三个种典型例子：抗压混凝土壳体的线弹性断裂分析（3.7 节），钢筋混凝土梁（3.8 节）和钢筋混凝土肋板的弹塑性断裂分析（3.9 节）。

3.7　海底抗压混凝土结构的线弹性断裂分析

Haynes（1976）将位于加利福尼亚 Hueneme 港的海军建设营中心土木工程实验室十余年的科研实验结果总结为海底抗压混凝土结构设计指南。该指南主要是为了设计抵抗静水压力荷载的球形和圆柱形混凝土结构，以保证其安全而不发生内爆破坏。因为这些设计准则的发展实质上基于与实验数据结合的线弹性断裂分析，设计方法具有准经验背景。该方法将在本节进行描述。第 9 章将介绍具有高级本构模型的混凝土有限元方法在压力容器非线性分析中的应用，概述用于钢筋混凝土材料的塑性和脆断裂模型的数值方法和用于处理内衬、预应力钢缆、钢筋等部件的有限元，并讨论薄壳体问题的改进方案。期望人们继续研究改进现有设计指南，使用更精细的本构模型来更新 Haynes（1976）编写的设计指南。

简言之，一个结构问题在每个瞬时的解必须满足：

（1）平衡方程；

（2）应变和位移的协调性或几何条件；

（3）应力-应变关系；

（4）边界条件。

然而，不是所有的问题都需要同时考虑平衡、协调、应力-应变关系。静定结构是明显的例子，其求解无须考虑变形。另外，在弹性范围或完全塑性或破坏条件下的一些球形或轴对称结构具有这种解耦特性。下面简要总结混凝土球形和圆柱形结构承受均匀流体静水压力荷载引起的内爆破坏的解答。

3.7.1　厚壁球体

将混凝土球体的材料理想化为弹性和完全脆性,假设增加外部压力 p 直到球体恰好达到垮塌状态。直到此时球体为线弹性,内部和外部的半径 a 和 b 都离它们的初始值不远。一旦达到垮塌状态,将不能承受附加压力。球体在这个状态下会爆炸,相应的压力称为内爆压力。

解耦方法　使用厚壁球体内爆时的平均壁应力 σ_{im} 来求解。从一个半球壳体的简单静力学平衡,可以得到

$$p\pi b^2 = \sigma_{im}(\pi b^2 - \pi a^2) \tag{3.163}$$

将壁厚 $t = b - a$ 和外直径 $OD(D_o = 2b)$ 代入式(3.163),则在内爆状态下的平均壁应力表示为

$$\sigma_{im} = \frac{p_{im}}{1 - (1 - 2t/D_o)^2} \tag{3.164}$$

其中,σ_{im} 为内爆状态下的壁应力,$\mathrm{lb/in^2}$ 或 MPa;

p_{im} 为内爆压力,$\mathrm{lb/in^2}$ 或 MPa;

t/D_o 为壁厚和外直径的比值。

从内爆试验结果的比较来看(图 3.17),球体在内爆应力 σ_{im} 时所承受的壁应力明显大于混凝土单轴抗压强度 f_c'。因为试验观察在内爆前裂纹的发展引起沿壁厚的应力重分配,故采用平均壁应力。σ_{im} 和 f_c' 之间的差别由强度增加系数 k 来计算

$$\sigma_{im} = kf_c' \tag{3.165}$$

图 3.18 表明 k 是 t/D_o 比值的函数。当 t/D_o 增长时,k 作为指数函数增长。因为当壁变得更厚时,壁的应力状态就接近于等三轴压缩的应力状态。在极限情况下,当 $t/D_o = 0.50$ 时,表示的是混凝土实球体,多轴应力状态就是等三轴压缩状态,k 为相当大的数(10 或 100;它的实际值未知但不是无限大)。图 3.18 的拟合曲线表示为

$$k = 1.22 + 0.014\mathrm{e}^{13.5t/D_o} \tag{3.166}$$

为预测厚壁球体的内爆,通过将式(3.165)代入式(3.164)中得到设计公式

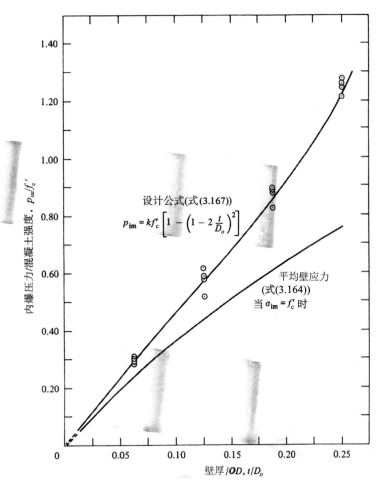

图 3.17　厚壁球体的内爆(Haynes,1976)

从外径 16 in 的球体得到的数据;从 6~11 kips/in²(41~76 MPa)范围的名义 f'_c

$$p_{im} = kf'_c\left[1 - \left(1 - 2\frac{t}{D_o}\right)^2\right] \qquad (3.167)$$

其中,k 为强度增加系数,见式(3.166)。图 3.17 中所示的式(3.167)曲线可以作为设计图表。

在内爆之前,壁厚平面出现裂纹已经从应变计读数中观察到,以 t/D_o 比值为 0.188 和 0.25 的爆裂球体的碎片为证。认为平面裂纹是从内壁开始,此处应力最高并且材料处于双轴加载状态,而不是像所有其他位置,受三轴

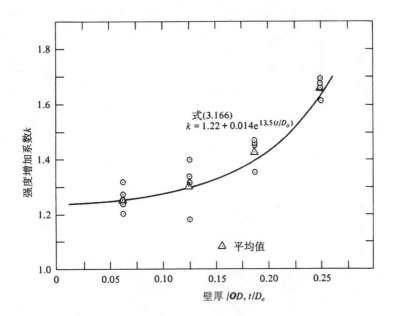

图 3.18　球体结构中混凝土强度的增加(Haynes,1976)

(从外径 16 in(406 mm)的球体得到的数据)

加载的约束,由于 Poisson 效应引起的径向拉应变导致开裂。

关于平面内开裂初始的压力,只有有限的数据可用(图 3.19)。式(3.164)中当 $\sigma_{im} = f_c'$ 时,平均壁应力表达式是该数据的下界曲线。

Lame 方法(耦合) 对于外部压力下线弹性、均匀各向同性厚壁球体的应力,我们必须同时考虑平衡条件、协调性、应力-应变关系及边界条件。在通常表示为 r 和 θ 的球坐标系中,有

(1) 应力的平衡方程

$$\frac{\mathrm{d}(\sigma_r r^2)}{\mathrm{d}r} = 2\sigma_\theta r \tag{3.168}$$

(2) 应变的协调性

$$\varepsilon_r = \frac{\mathrm{d}(r\varepsilon_\theta)}{\mathrm{d}r} \tag{3.169}$$

该式适用于从 a 到 b 的所有 r 值。

101

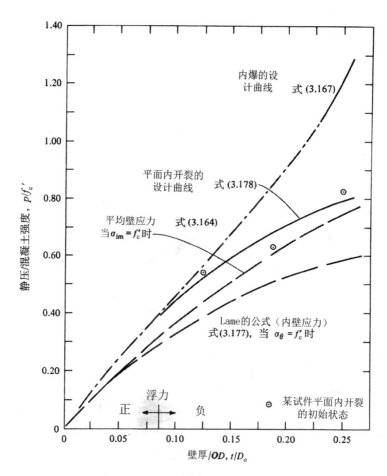

图 3.19 厚壁负浮力球面内开裂与其他应力的关系（Haynes，1976）

（从外径 16 in(406 mm)的球体得到的数据；名义 $f'_c = 11$ kips/in^2）

（3）线弹性应力-应变关系

$$\varepsilon_\theta = \frac{\sigma_\theta}{E} - \nu\frac{\sigma_\theta}{E} - \nu\frac{\sigma_r}{E} \qquad \varepsilon_r = \frac{\sigma_r}{E} - \nu\frac{\sigma_\theta}{E} - \nu\frac{\sigma_\theta}{E} \qquad (3.170)$$

将应力-应变关系（式(3.170)）代入协调方程（式(3.169)）给出

$$\sigma_r - 2\nu\sigma_\theta = \frac{\mathrm{d}}{\mathrm{d}r}\big[(1-\nu)r\sigma_\theta - \nu r\sigma_r\big] \qquad (3.171)$$

平衡方程（式(3.168)）仅用于减少 σ_r 的式(3.171)，有

$$2\sigma_r = \frac{\mathrm{d}^2}{\mathrm{d}r^2}\sigma_r r^2 \tag{3.172}$$

这是简单二阶常微分方程,一般解为

$$\sigma_r = A + \frac{B}{r^3} \tag{3.173}$$

其中,A 和 B 为由 σ_r 的边界条件确定的任意常数

$$\sigma_r = \begin{cases} 0, & r = a \\ -p, & r = b \end{cases} \tag{3.174}$$

因此
$$A = \frac{-pb^3}{b^3 - a^3}, \quad B = \frac{pa^3 b^3}{b^3 - a^3} \tag{3.175}$$

从式(3.168)可知

$$\sigma_\theta = A - \frac{B}{2r^3} \tag{3.176}$$

运用式(3.175)和式(3.176),内壁的应力 σ_θ 可用 Lame 公式计算

$$p = -\frac{2}{3}\sigma_\theta\left(1 - \frac{a^3}{b^3}\right) \tag{3.177}$$

如果在式(3.177)中使用 $t = b - a$,$D_o = 2b$,$\sigma_\theta = k f'_c$,预测平面裂纹发生的 Lame 表达式就修正为

$$p_{\mathrm{pl}} = 0.90 f'_c\left[1 - \left(1 - 2\frac{t}{D_o}\right)^3\right], \quad \frac{t}{D_o} \geqslant 0.10 \tag{3.178}$$

其中,p_{pl} 是平面内开裂时的压力,单位为 $\mathrm{lb/in^2}$ 或 MPa,$k=1.35$。图3.19所示的平面内开裂的数据由式(3.178)预测,比平均壁应力公式(式(3.164))更为准确。

平面内裂纹似乎起始于球体圆周线节点,且向远扩展。这类裂纹也发生在钢筋层位置。虽然数据有限,但是平面内裂纹发生且必须在厚壁(负浮力球形)结构的设计中予以考虑。

3.7.2　薄壁球体

球体弹性屈曲的临界压力一般可表达为

$$p_{\mathrm{cr}} = CE\left(\frac{t}{R}\right)^2 \eta \tag{3.179}$$

其中,C 为系数;E 为初始弹性切向模量,$\mathrm{lb/in^2}$ 或 MPa;R 为平均半径,ft 或

m；η 为塑性降低系数。

因为没有薄壁球体的试验数据，过去的文献已经讨论了一个球体屈曲的保守表达式。Buchert(1973)应用了该公式

$$p_{\mathrm{im}} = 0.18E\left(\frac{t}{R}\right)^2 \eta \qquad (3.180)$$

塑性降低系数 η 与已知的圆柱结构相比，有着不同且未知的关系。对于球体来说，η 取 0.70。当 t/D_o 小于 0.013 时，$t/D_o = t/2R$ 是一个很好的近似公式。使用 $E = 667f_c'$ 的关系式(3.7.3 节对中等长度的圆柱体予以解释)，内爆设计公式变为

$$p_{\mathrm{im}} = 336f_c'\left(\frac{t}{D_o}\right)^2, \quad \frac{t}{D_o} < 0.013 \qquad (3.181)$$

图 3.20 所示式(3.181)的曲线可以作为一个设计图表。

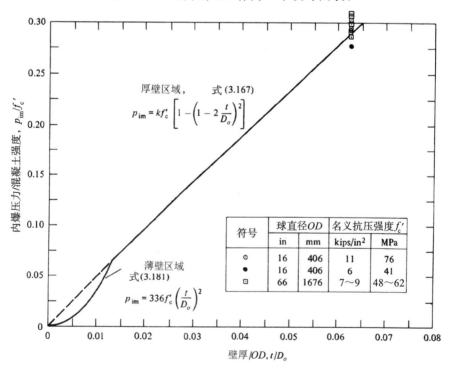

图 3.20 薄壁和厚壁球体的内爆(Haynes,1976)

($t/D_o < 0.062$ 的试件没有实验数据)

3.7.3　厚壁圆筒

如果把圆柱的轴线作为 z 轴,则平衡公式表示为

$$\frac{\mathrm{d}\sigma_r}{\mathrm{d}r} + \frac{\sigma_r - \sigma_\theta}{r} = 0 \tag{3.182}$$

应变和位移的协调性为

$$\varepsilon_r = \frac{\mathrm{d}u}{\mathrm{d}r}, \quad \varepsilon_\theta = \frac{u}{r} \tag{3.183}$$

或者

$$\varepsilon_r = \frac{\mathrm{d}}{\mathrm{d}r}(r\varepsilon_\theta) \tag{3.184}$$

应力-应变关系为

$$\sigma_r = \frac{E}{1 - \nu^2}(\varepsilon_r + \nu\varepsilon_\theta), \quad \sigma_\theta = \frac{E}{1 - \nu^2}(\varepsilon_\theta + \nu\varepsilon_r) \tag{3.185}$$

将式(3.183)代入式(3.185),之后将得到的公式代入式(3.182),可以得到

$$\frac{\mathrm{d}^2 u}{\mathrm{d}r^2} + \frac{1}{r}\frac{\mathrm{d}u}{\mathrm{d}r} - \frac{u}{r^2} = 0 \tag{3.186}$$

该方程的通解为

$$u = Ar + \frac{B}{r} \tag{3.187}$$

常量 A 和 B 是由圆柱内表面和外表面决定的,此处的压力,也就是正应力 σ_r 已知。将式(3.187)代入式(3.183)和式(3.185)中,可以得到

$$\sigma_\theta = -\frac{pb^2}{b^2 - a^2}\left(1 + \frac{a^2}{r^2}\right), \quad \sigma_r = -\frac{pb^2}{b^2 - a^2}\left(1 - \frac{a^2}{r^2}\right) \tag{3.188}$$

当 σ_r 和 σ_θ 都为压应力时,那么 σ_θ 总是比 σ_r 大。最大压应力发生在圆柱内表面为

$$p = -\frac{1}{2}\sigma_\theta\left(1 - \frac{a^2}{b^2}\right) \tag{3.189}$$

此外注意,随着圆柱半径 b/a 的比值的增加,最大压应力趋近于作用于圆柱的外部压力的值的两倍,为 $-2p$。

将 $t = b - a, D_o = 2b, \sigma_\theta = -f'_c$ 代入式(3.189),可以得到

$$p_{\mathrm{im}} = 2f'_c\frac{t}{D_o}\left(1 - \frac{t}{D_o}\right) \tag{3.190}$$

105

图 3.21 比较了式(3.190)与许多实验数据的 p_{im}/f'_c 和 t/D_o 之间无量纲关系。为了分析起见,薄壁和厚壁圆筒的分界点选择在 $t/D_o=0.063$ 处。

从图 3.21 可见,当 $t/D_o \geqslant 0.063$ 时,在 p_{im}/f'_c 和 t/D_o 之间存在线性关系。

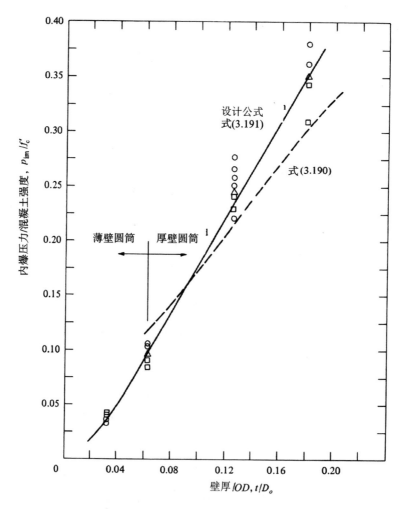

图 3.21 从圆筒试件所示的数据作为内爆强度和 t/D_o 比值之间的无量纲关系(Haynes,1976)

$D_o=16$ in(406 mm),$L=64$ in(1.6 m);端部封闭是与圆筒相同壁厚的半球体;□—$f'_c \approx$ 6 kips/in²(41 MPa),○—$f'_c \approx 10$ kips/in²(69 MPa),△—样本的平均值

下列经验公式预测了长厚壁圆筒的内爆

$$p_{\mathrm{im}} = f'_{\mathrm{c}}\left(2.17\,\frac{t}{D_o} - 0.04\right) \qquad (3.191)$$

为了考虑试件长度比 L/D_o 对内爆压力的影响，设计图表法采用图
3.22。

$$p_{\mathrm{im}} = Cf'_{\mathrm{c}} \qquad (3.192)$$

其中，C 为在图 3.22 中对于所有端部封闭类型都有效的常数。

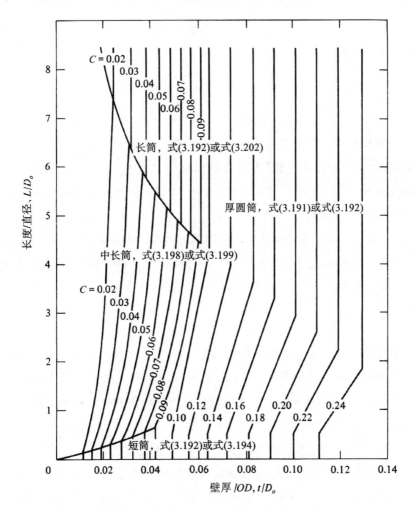

图 3.22　在静水压荷载下混凝土圆筒结构的设计曲线（Haynes,1976）

3.7.4 薄壁圆筒

短圆筒 短薄壁圆筒借助端部封闭影响而防止屈曲。当环向圆筒壁应力等于混凝土的极限强度(因为由于圆筒壁的多轴荷载使材料强度增加,所以假定为 $1.1f_c'$),材料破坏将会导致内爆。Lame 解用来预测内爆压力。该表达式为

$$p_{im} = 4.0\sigma_{im} \frac{t/R}{(2+t/R)^2} \tag{3.193}$$

并且当 $\sigma_{im} = 1.1f_c'$ 时,有

$$p_{im} = 4.4f_c' \frac{t/R}{(2+t/R)^2} \tag{3.194}$$

其中,R 为平均半径。在这种情况下可采用图 3.22 和式(3.192)表示。

中等长圆筒 对于中长薄壁圆筒,端部封闭通过限制径向位移和端部转动,会影响圆筒壳体性能,从而延迟失稳。一般认为 Donnell 的解是金属圆筒在静水压荷载下的有效方法(Gerard,1962),且已被应用在混凝土圆柱中(Bradshaw,1963)。

Donnell 解假设圆筒具有由正弦波描述的轴向变形和环向变形,并且圆筒的端部有简单的支承,即在切向和径向没有位移,但是有自由轴向位移。对于混凝土圆柱,Donnell 解(Gerard,1962)可表达为

$$\sigma_{im} = \frac{0.855E}{(1-\nu^2)^{3/4}} \left(\frac{t}{R}\right)^{3/2} \frac{R}{L}\eta \tag{3.195}$$

塑性降低系数 η 考虑弹性屈曲分析中的非弹性材料性能。虽然 η 的表达式的发展是基于理论考虑,但是这些表达式不能应用于混凝土结构。图 3.23 所示的是在内爆 σ_{im}/f_c' 情况下混凝土壁中应力和 η 的经验关系。塑性降低系数是实验内爆壁应力与由 Donnell 解(式(3.195))计算内爆壁应的比值。η 曲线是由应用图 3.21 中的拟合曲线得到 t/D_o 为 $0.02\sim0.06$。

塑性降低系数是弹性模量的函数。试件的平均 E/f_c' 比值如图 3.23 所示。出于设计目的,选择 $E/f_c' = 667$ 时的一个保守 η 曲线。该值是从关系式(Popovics,1970)中得到的

$$E = \frac{2f_c'}{\varepsilon_u} \qquad\qquad (3.196)$$

其中,ε_u 假定为 0.003 in/in(0.003 mm/mm)。

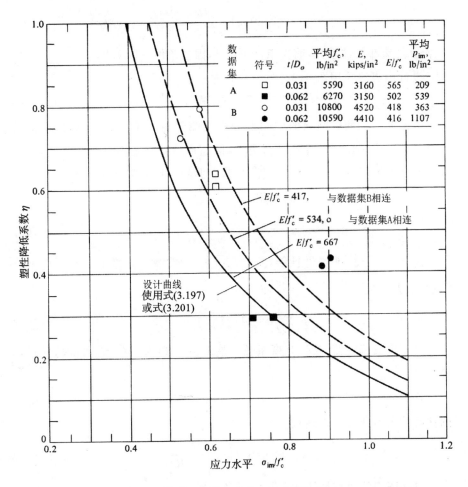

图 3.23　在内爆下塑性降低系数和应力水平之间的关系(Haynes,1976)

式(3.195)代入 $E = 667f_c'$ 和 $\nu = 0.18$,式(3.195)可简化为

$$\frac{\sigma_{im}}{f_c'} = 583 \left(\frac{t}{R} \right)^{3/2} \frac{R}{L} \eta \qquad\qquad (3.197)$$

将 Donnell 公式(式(3.197))代入 Lame 公式(式(3.193))可得到预测中长圆筒的内爆压力的表达式。必须考虑各种圆筒端部条件的影响,端部条件系数 β 取决于施加在圆筒壁的端部条件约束。内爆表达式如下

$$p_{im} = 2330\beta\eta f'_c \frac{(t/R)^{5/2}R/L}{(2 + t/R)^2} \qquad (3.198)$$

其中,β 是端部条件系数,简支条件下取 1,固接条件下取 1.2。

设计图表法采用图 3.22,该表达式为

$$p_{im} = C\beta f'_c \qquad (3.199)$$

长圆筒 长薄壁圆筒的中间部分不受端部封闭条件的影响,即圆筒的长度不影响内爆压力。在这种情况下,椭圆形形状将是内爆时的几何形状,其中屈曲的数量为两个(对于中长圆筒,屈曲的数量为两个或更多)。

对于长圆筒,Bresse 公式适用

$$\sigma_{im} = \frac{E}{4(1 - \nu^2)}\left(\frac{t}{R}\right)^2 \qquad (3.200)$$

由于混凝土的非弹性性能,式(3.200)应当考虑 η。将 $E = 667f'_c$、$\nu = 0.18$ 和 η 代入式(3.200),结果为

$$\frac{\sigma_{im}}{f'_c} = 172\left(\frac{t}{R}\right)^2\eta \qquad (3.201)$$

对于中长圆柱筒,塑性降低系数 η 是由图 3.23 和式(3.201)的迭代过程确定。

将 Bresse 公式(式(3.201))代入 Lame 公式(式(3.193))可得到预测长圆柱筒的内爆压力的表达式

$$p_{im} = 686\eta f'_c \frac{(t/R)^3}{(2 + t/R)^2} \qquad (3.202)$$

设计图表法再次使用图 3.22 和式(3.192)。

理论和实验数据的比较 预测薄壁圆筒内爆方程如图 3.24 所示。图中给出试件在短期荷载下的实际内爆压力。很显然,实验数据相当有限。

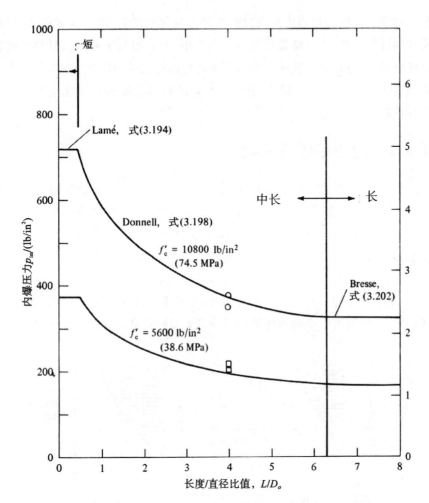

图 3.24　将设计方法与 $t/D_o = 0.031$ 试件的实验数据相比较（Haynes,1976）

$t = 0.5$ in(12.7 mm)，$R = 7.75$ in(196.9 mm)，$L = 64$ in(1.6 m)；○—$f_c' = 10.8$ kips/in²(74.5 MPa)，□—$f_c' = 5.6$ kips/in²(38.6 MPa)

3.8　梁的线弹性断裂分析

有关文献已经介绍了许多钢筋混凝土梁的例子。梁可以划分为浅梁和深梁。对于浅梁，可以根据梁破坏的形态"弯曲"或"剪斜拉"进行进一步细分。前者的性能可以很容易通过简单的分析模型预测,但是后者的性能,像深梁的性能一样,不可能简单预测。本节中,将介绍基于混凝土材料的线弹性断裂模型,分析若干浅梁弯曲破坏和剪切斜拉破坏的数值结果。第 4 章将介绍若干深梁的分析结果,其中弹性断裂模型用于描述受压区混凝土的非线性性能。

3.8.1 弯曲破坏的浅梁

对于弯曲破坏的浅梁,最简单的有限元模型是由将梁沿纵向划分为总高度与梁的高度相等的一系列分段单元(梁单元)。然后将每个单元截面细分到若干混凝土层和钢筋层(图 3.25)。使用平截面保持平截面和每层都处于单轴应力条件下的假定,有限元分析按通常方式进行,更新为每个荷载增量或迭代的每层中的材料性能、应力和应变状态、裂纹等。在这种理想化条件下,梁中只出现垂直裂纹。尽管如此,对于垂直裂纹起主要作用的弯曲破坏的梁,该模型可以准确预测梁的反应直到极限荷载。

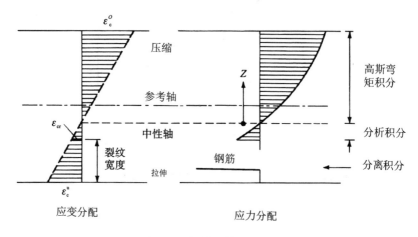

图 3.25 梁单元的特殊积分

Bergan 和 Holand(1979)提供了非常出色的经验,运用了一种特别适用于混凝土梁开裂过程的积分方法。在这种方法中,数值积分仅对梁的受压区进行(图 3.25),积分从当前的中性轴开始至由最外纤维应变(由 ε_c^o 和 ε_c^u 给出)。在研究各种刚度项的被积函数时,可以看到典型项取决于应力的变化,应力矩或应力二次矩。高斯弯矩积分(Abramowitz 和 Stegun,1970)因此特别适合解决这个问题,通常在受压区的三个点积分就能提供足够的准确性。

由于线弹性假设适用于未开裂的受拉区,简单的分析公式可以用来计算该部分的贡献。这个公式的主要优点在于仅用少数积分点就能非常准确地考虑开裂过程。该方法解决了迭代过程中的积分点在开裂和未开裂之间振荡而导致收敛差的常见问题,以一个圆滑的方式考虑了裂纹的扩展。

下面将简要总结由 Bergan 和 Holand(1979)所预测的 Lenschow(1966)实验分析结果。

Lenchow 试验了单向等弯矩加载的平板。图 3.26 中的实线是多次试验平均的弯矩-曲率关系。点画线表示两个线性极限情况,对应于有限和零开裂强度。

首先使用上述梁单元分析平板。采用在端部具有三个自由度且在单元轴线中点处具有一个附加轴向自由度的梁单元。当应变超过 $\varepsilon_{cr} = 0.0001$ 时,裂纹间的混凝土的拉应力等于零,并且假定混凝土和钢筋位移之间完全协调。该模型忽略了裂纹间混凝土的强化效应,因此最接近于未黏结的情况。采用图 3.25 所示的特殊方法进行积分,其结果为图 3.26 中标记为"未黏结"的虚线。该分析适当地描述了未开裂和高度开裂状态,但却不能描述两者之间的平稳过渡。

通过对单元添加附加自由度,Bergan 和 Holand(1979)改善了梁单元。如该文所述,该方法要求定义一个黏结-滑移准则。测试了几个黏结应力-滑移准则。一个合理的假设是最大的黏结应力为 2.5 MPa,随着相对位移(滑移)从 0.015 ~ 0.05 mm 的增加,最大黏结应力逐渐降低到 0.01 MPa。Aldstedt(1975)描述了细节。其结果由如图 3.26 的虚线双点画线所示。该方法也为过渡区域提供了一个相当合理的估计。

Kulicki 和 Kostem(1972)提出了更简单的方法,通过一个修正的混凝土受拉应力-应变关系(如图 3.27 的虚线所示),以积分方式考虑裂纹间黏结和混凝土拉应力的影响。图 3.27 中实线表示前一个混凝土模型在拉应变 ε_{cr} 时其抗拉强度的突然损失。修正的应力-应变曲线(虚线)可以说明在拉应变 ε'_{cr} 小于 ε_{cr} 时,钢筋混凝土开始出现微裂纹。从此,黏结应力渐渐下降,直到

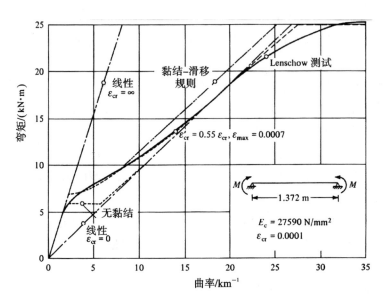

图 3.26　混凝土平板的弯矩-曲率关系（Bergan 和 Holand，1979）

在应变 $\varepsilon_{\max}$ 时可以忽略。其在图中表现为是抗拉刚度连续损失。该研究和一系列相似模型建议采用式（3.203），可以得到理想结果（Halvorsen，1976）。

$$\varepsilon'_{cr} = 0.55\varepsilon_{cr}, \quad \varepsilon_{\max} = 0.0007 \tag{3.203}$$

ε_{cr} 的合理值为 0.0001。该模型给出的虚线如图 3.26 所示，可以看到该模型非常精确地描述了整个弯矩-曲率关系。

Halvorsen（1976）的研究进一步表明在假定的钢筋混凝土受拉区引进更多的参数不会明显改进分析结果，比如，用曲线代替图 3.27 的直虚线。

为了求证参数 $\varepsilon_{\max}$ 和 ε'_{cr} 是否具有一般有效性，分析了 Haugland 和 Hofsöy（1976）试验的简支梁。

结果如图 3.28 所示。试验曲线被记作"FCB 试验"。若没有混凝土的弹性模量和开裂应变，可由公式预估。

弹性模量　　　　　　$E_c = 5000\sqrt{f'_{ck}} = 常数$

抗拉强度　　　　　　$f'_{ct} = 0.26\sqrt{f'_{ck}}$ 　　　　　　（3.204）

混凝土的立方体强度记为 $f'_{ck} = 45$ MPa，并且钢筋的弹性模量和屈服应力为 $E_s = 217400$ MPa 和 $f_y = 393.3$ MPa。在分析中，假定钢筋为理想弹塑性。

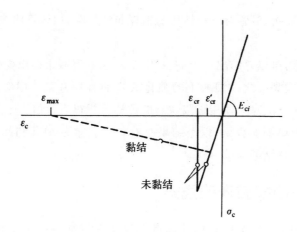

图 3.27 混凝土在拉伸状态下假定的应力-应变关系图（Bergan 和 Holand,1979）

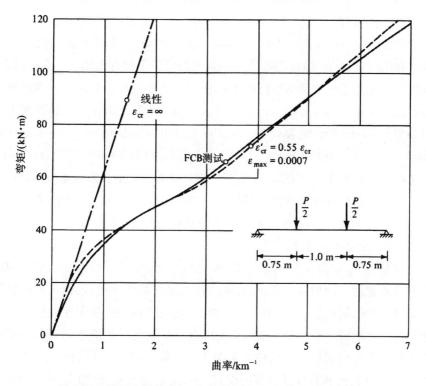

图 3.28 混凝土梁的弯矩-曲率关系（Bergan 和 Holand,1979）

图 3.28 表明,尽管对材料性质的估算非常粗略,但计算曲线和实验曲线吻合很好。

由上结果,可以总结出一个如图 3.27 所示的混凝土简单受拉应力-应变曲线,作为考虑裂纹之间混凝土的强化效应的合理基础。中等开裂状态的恰当描述使该方法对于使用极限状态的位移分析很有价值。

对于接近单调加载梁,以上结果是有效的。重复加载和卸载要求高级的模型以考虑黏结的连续退化。

3.8.2 剪斜拉破坏的浅梁

下面将用平面应力问题阐述离散裂纹法在钢筋混凝土结构中的应用。本节的例子描述了用有限元方法研究当斜拉裂纹沿着一条理想化的预定裂纹路径扩展时(图 3.29),浅梁中力和应力分配的主要改变。如图 3.29(a)所示的是由 Bresler 和 Scordelis(1964)所试验的钢筋混凝土简支梁。自从 Ngo 和 Scordelis 在 1967 年发表第一篇钢筋混凝土梁有限元分析文献以来,该问题已经几乎成为测试不同有限元公式的经典例子。下面的大多数讨论基于由 Scordelis 等(比如 Scordelis 等,1974)早期发表的关于钢筋混凝土梁斜拉裂纹的线弹性断裂研究。Valliappan 和 Doolan(1972),Colville 和 Abbasi(1974),Nam 和 Salmon(1974),Cedolin 和 Dei Poli(1977)等(见第 9 章末所列的附加参考文献)已经发表了钢筋混凝土梁的有限元非线性分析。

线弹性断裂分析的有限元网格布局如图 3.29(b)所示。梁的尺寸由图 3.29(a)给出。该梁的剪跨与有效高度之比相对较低,如图 3.29 所示的预定裂纹一样,发生斜拉破坏。

在分析中,梁细分为混凝土、钢筋、黏结单元,如图 3.30 所示。假定钢筋沿横截面宽度方向均匀分布,那么通过修正钢筋的弹性模量,钢筋被转换为与梁同宽度的钢筋层(图 3.30(a))。然后,通过平面应力有限元能够分析一个单位宽度的梁。由两个约束线应变三角形组成的四边形单元可以表示混凝土和主要纵向钢筋。一维杆单元用于垂直箍筋(图 3.30(c))。用具有 H 和 V 两个自由度和合理的弹簧刚度 K_h 和 K_v 的连杆单元(图 3.30(b))来模拟黏结应力滑移(图 3.30(a)),骨料咬合,裂纹的张开或闭合(图 3.30(d))。连杆单元没有物理上的尺寸,因此用来联系位于相同物理位置的两个分离

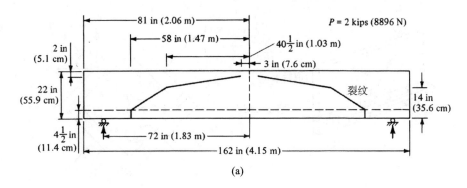

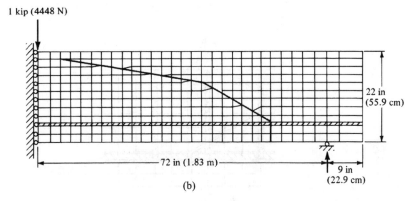

图 3.29　梁预定裂纹的线性分析

(a)一条对称理想化斜裂纹,梁宽为 9 in(22.86 cm);(b)有限元网格布局

节点。在裂纹上传递销栓剪力时(图 3.30(e)),主要纵向钢筋与混凝土在有效销栓长度上断开,这代表在此距离上假定黏结破坏。很明显,尽管缺乏确定许多应力-应变和力-变形精确值的实验数据;但是,通过参数分析可以研究这些值与变异的重要性。

Ngo 和 Scordelis(1967)较详细地讨论了梁的分析建模以及用于有限元分析的所有线弹性常数。直到有足够的试验数据能精确定义有关混凝土在组合应力状态下的应力-应变、黏结应力滑移、骨料咬合以及有效销栓长度的非线性关系前,与非线性分析相比,梁的线性分析会节省巨大的计算成本。

使用有限元法研究混凝土梁的优点之一是可从一个单独计算机分析中产生广泛的信息。我们列出一些从梁分析中获得的结果。该问题的详细结果可以参考 Scrodelis 等(1974)和 Ngo 及 Scordelis(1967)的原文:

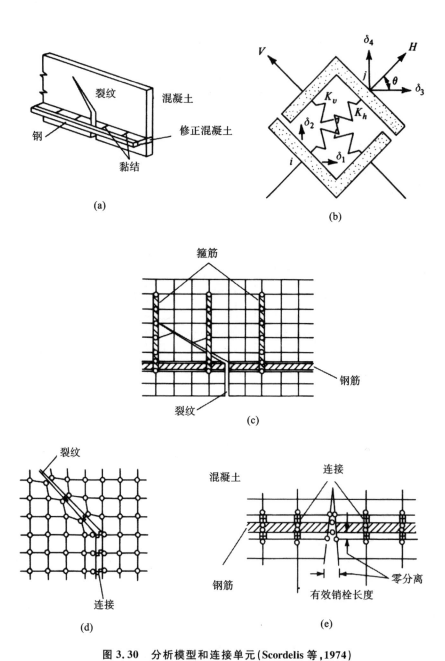

图 3.30 分析模型和连接单元(Scordelis 等,1974)

(a)分析模型;(b)连杆单元;(c)钢筋表示;(d)裂纹和骨料咬合;(e)有效销栓长度

①混凝土的纵向正应力分布；

②混凝土的剪应力分布；

③纵向钢筋的拉力；

④纵向钢筋的横向剪力；

⑤销栓拉力和销栓剪力；

⑥黏结连接单元的力；

⑦箍筋的力；

⑧主拉应力。

从以上讨论中可得到结论：钢筋混凝土梁的有限元分析方法提供了一个强大且相对经济的研究工具。虽然，上面的讨论局限于具有一个斜裂纹的人工模型的线弹性分析，但是它已经证明了关于渐进斜拉开裂下钢筋混凝土梁性能的分析模型的一些重要特征。

可以发展基于线弹性断裂理想化的合理分析模型来精确模拟主斜裂纹的扩展并获得在各种裂纹阶段的应力状态信息。选择有关试验以证明发展的计算模型的有效性。一旦验证了计算模型的有效性，那么可以快速对参数变化的影响进行详细的分析研究，并且可以评估其对结构反应的重要性。

3.9　钢筋混凝土剪力板的非弹性分析

Cervenka 和 Gerstle(1971,1972)是第一个对 Cervenka(1970)的实验剪切板进行有限元研究的人。自此以来，许多其他研究人员已经研究了受到单调加载或平面循环荷载（见第 9 章末所列的附加参考文献）的剪力板和剪力墙。分析中已采用了各种混凝土有限元模型和应力-应变关系。本节将讨论单调加载过程中如图 3.32 所示的剪力板性能。Cervenka 和 Gerstle(1971,1972)已经通过实验和分析研究了这个问题。

3.9.1　材料刚度公式

复合单元的材料刚度通过材料的各组成材料，混凝土和钢筋的材料刚度的叠加而获得。为了该推导的目的，让我们假设一个受平面应力作用的钢筋混凝土剪力板，如图 3.31 所示。

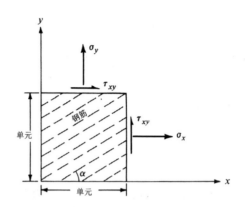

图 3.31　钢筋混凝土剪力板单元中的总应力 $\{\sigma\}$

该单元的侧面尺寸和厚度等于 1 个单位。该单元的应力-应变关系可以写为

$$\{\sigma\} = \boldsymbol{D}\{\varepsilon\} \tag{3.205}$$

其中,总应力矢量 $\{\sigma\}$ 和总应变矢量 $\{\varepsilon\}$ 为

$$\{\sigma\} = \begin{bmatrix} \sigma_x \\ \sigma_y \\ \tau_{xy} \end{bmatrix}, \quad \{\varepsilon\} = \begin{bmatrix} \varepsilon_x \\ \varepsilon_y \\ \gamma_{xy} \end{bmatrix} \tag{3.206}$$

$$\{\sigma\} = \{\sigma\}_c + \sum_1^n \{\sigma\}_i \tag{3.207}$$

其中,$\{\sigma\}_c$ 是混凝土应力矢量;$\{\sigma\}_i$ 为第 i 个方向的钢筋应力矢量。应力 $\{\sigma\}$,$\{\sigma\}_c$ 和 $\{\sigma\}_i$ 作用于剪力板的复合横截面的单位区域。需要注意的是,总应力 $\{\sigma\}$ 不代表真实的总应力,而是作用于复合单元的内力。

这些应力可表示为

$$\{\sigma\}_c = \boldsymbol{D}_c\{\varepsilon\} \tag{3.208}$$

$$\{\sigma\}_i = \boldsymbol{D}_i\{\varepsilon\} \tag{3.209}$$

其中,$\boldsymbol{D}_c$ 和 $\boldsymbol{D}_i$ 是混凝土和钢筋材料各自的刚度矩阵。将式(3.208)和式(3.209)代入式(3.207),并比较式(3.205)和式(3.207),通过下列各个组成材料刚度矩阵的叠加,可以形成复合材料的刚度矩阵:

$$\boldsymbol{D} = \boldsymbol{D}_c + \sum_1^n \boldsymbol{D}_i \tag{3.210}$$

其中,n 为钢筋方向的数目;$\boldsymbol{D}$ 为复合材料刚度矩阵。对于所有复合材料,应变是相同的,而总应力矢量为各个组成材料应力矢量之和。

组成材料的刚度矩阵必须反映假定材料性能的所有阶段,称为混凝土和钢筋的弹性和塑性阶段,以及混凝土的未开裂和开裂阶段。所有这些情况的矩阵在下面列出。第 6 章会给出 von Mises 材料塑性应力-应变矩阵的详细推导。

弹性未开裂混凝土　式(3.135)给出关于一个线弹性各向同性材料矩阵 $\boldsymbol{D}_c$。

塑性未开裂混凝土　式(6.36)给出了对应于 von Mises 屈服准则和相关的流动规则的弹塑性刚度矩阵 $\boldsymbol{D}_{ep}$。该刚度矩阵将增量应力 $\{d\sigma\}_c$ 和增量应变 $\{d\varepsilon\}$ 由下式连接起来

$$\{d\sigma\}_c = \boldsymbol{D}_{ep}\{d\varepsilon\} \tag{3.211}$$

其中,弹塑性矩阵 $\boldsymbol{D}_{ep}$ 为

$$\boldsymbol{D}_{ep} = \boldsymbol{D}(\boldsymbol{I} - \{g\}\{g\}^{\mathrm{T}}\boldsymbol{D}(\{g\}^{\mathrm{T}}\boldsymbol{D}\{g\})^{-1}) \tag{3.212}$$

其中,$\boldsymbol{D}$ 为式(3.135)给出的弹性矩阵,以及

$$\{g\}^{T} = \left(\frac{1}{\sigma_0}\right)_c \left[\sigma_x - \frac{1}{2}\sigma_y \quad \sigma_y - \frac{1}{2}\sigma_x \quad 3\tau_{xy}\right]_c \tag{3.213}$$

其中,σ_0 为混凝土单轴压缩屈服应力,$\sigma_0 = f'_c$。对于未开裂混凝土的塑性阶段,混凝土材料刚度矩阵 $\boldsymbol{D}_c = \boldsymbol{D}_{ep}$ 取决于当前混凝土应力 $\{\sigma\}_c$,但是对于足够小的荷载增量,刚度矩阵为常数。

弹性开裂混凝土　由式(3.152)的第一项得到矩阵 $\boldsymbol{D}_c$,或者

$$\boldsymbol{D}_c = E_c\{b(\psi)\}\{b(\psi)\}^{\mathrm{T}} \tag{3.214}$$

其中,$\{b(\psi)\}$ 由式(3.153)定义,并且角度 ψ 表明裂纹的方向,如图 3.15 所示。

塑性开裂混凝土　应变的增量在塑性阶段不产生任何附加应力。认为瞬时模量 $E_c = 0$ 或 $\boldsymbol{D}_c = 0$。

弹性钢筋　钢筋受到单轴应力。与 x 轴倾斜某角度为 α 的第 i 个钢筋的材料刚度推导与开裂混凝土的情况非常相似(图 3.31)。刚度矩阵 $\boldsymbol{D}_i$ 通过将式中的 ψ 和 E_c 分别由 α 和 p_iE_s 进行简易替换,其中 p_i 为钢筋比,E_s 为钢筋的弹性模量,或者

$$\boldsymbol{D}_i = p_iE_s\{b(\alpha)\}\{b(\alpha)\}^{\mathrm{T}} \tag{3.215}$$

除了式(3.212)中混凝土二维塑性,所有列出的组成材料刚度矩阵对于有限荷载增量都是有效的,但是在有限元的应用中(第 9 章),相对大的荷载增量也可以在式(3.212)中运用。

3.9.2 单调加载下的短剪力板

通过材料刚度矩阵,Cervenka 和 Gerstle(1972)已将由材料刚度矩阵表示的应力-应变关系结合到钢筋混凝土剪力板的有限元分析中。基于材料刚度的分析包括了裂纹和塑性的非线性影响。在分析中,假设混凝土在开裂或屈服前为线弹性各向同性材料。最大正应力准则运用于受拉破坏,并且 von Mises 强度准则用于受压破坏。当最大主拉应力大于混凝土的抗拉能力 f'_t 时,开裂将会沿着一个垂直主应力方向的平面发生。当受压混凝土达到 von Mises 准则时,将会发生塑性流动,直至达到极限应变 ε_{cu}。当混凝土达到此应变时,假定混凝土会压碎,对于所有主压应变的绝对值等于或大于单轴压缩压碎应变 ε_{cu} 的任何混凝土单元,材料矩阵 $\boldsymbol{D}_c$ 设为零。假定钢筋的应力-应变关系为理想弹塑性。

剪力板试件 W-2 的尺寸、荷载、钢筋布置和加载方法如图 3.32 所示。由于对称,可以考虑试件的每一半都与受到单个横向荷载的剪力墙类似。在目前的分析中,常应变三角有限单元用来模拟作为复合材料的混凝土和钢筋。用于分析的材料性质为

混凝土

$$f'_c = 3880 \text{ lb/in}^2 = 26.8 \text{ MPa}$$
$$f'_t = 529 \text{ lb/in}^2 = 3.6 \text{ MPa}$$
$$E_c = 2.9 \times 10^6 \text{ lb/in}^2 = 2.0 \times 10^4 \text{ MPa}$$

钢筋

$$f_y = 51200 \text{ lb/in}^2 = 353 \text{ MPa}$$
$$E_s = 27.3 \times 10^6 \text{ lb/in}^2 = 1.9 \times 10^5 \text{ MPa}$$

虽然现有分析中没有考虑开裂区域混凝土的黏结,骨料咬合或拉伸强化,但是,如图 3.33 的荷载-挠度曲线以及图 3.34 在极限荷载时的裂纹模式所示,实验结果和分析结果相当吻合。该分析很好地预测了包含钢筋受拉

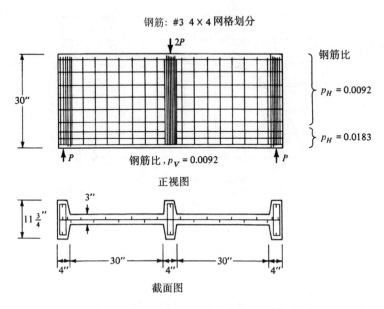

图 3.32   由 Cervenka(1970)试验的剪力板 W-2 的尺寸,钢筋和加载

初始屈服,然后混凝土受压呈塑性的破坏机理。Cervenka(1970)和其他研究人员也报道了在单调和循环荷载下的若干剪力板的试验结果。第 4 章将介绍一个受到循环荷载的剪切板例子。

这个实验被许多其他有限元分析研究者广泛采用。例如,Franklin(1970)对同样的试件进行计算机分析。分析中使用了 Franklin 的计算机程序,由两个约束的线应变三角形构成的四边形单元用于混凝土,一维杆单元用于钢筋。相同的应力-应变关系用于混凝土和钢筋,而略与 von Mises 准则不同但比它好的一个破坏准则用于双轴应力的混凝土。受拉裂纹以相同的方式考虑,但是当混凝土压应力达到 f'_c 值没有后继塑性时,假定混凝土已受压破坏。这种分析同时精确地预测了实验荷载-挠度曲线(图 3.33)和裂纹模式(图 3.34)。值得注意的是其他研究人员对上述两种模型进行了各种改进后,得到的结果与 Cervenka(1970)和 Franklin(1970)的结果基本相同。因此可以得出这样的结论:与 3.8 节中所讨论的主钢筋集中在一条线上并且由主裂纹主导反应性能的梁相比,在对钢筋相当均匀分布在整个剪力墙板

123

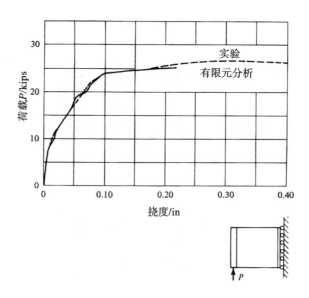

图 3.33　剪力板的分析和试验荷载-挠度曲线

的分析中,可忽略混凝土的塑性、黏结的影响,销栓剪力、骨料咬合和裂纹区混凝土的拉伸强化。因此,线弹性断裂分析对于复合材料或许是合理的,并足以模拟在单调荷载下剪力板的实际反应。

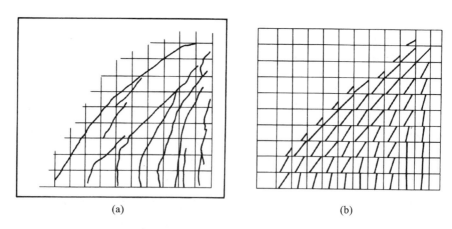

(a)　　　　　　　　　　　　　(b)

图 3.34　剪力板在 $P=25.5$ kips 处的裂纹模式分析

(a)试验;(b)挠度＝0.35 in

3.10　总　　结

钢筋混凝土材料具有非常复杂的性能,包括混凝土开裂,钢筋和受压混凝土的塑性,以及混凝土和钢筋之间的相互影响等现象。除了混凝土塑性和计算机程序的数值方法外,材料建模和计算程序的所有阶段必须考虑钢筋混凝土的特殊性质。

本章所考虑的钢筋混凝土的非线性来源大致可以分为三个阶段:未开裂的弹性阶段;裂纹发展阶段;钢筋和混凝土之间的相互作用阶段,即黏结滑移和钢筋的销栓作用,或者在裂纹之间混凝土的骨料咬合。不考虑由时间效应如徐变、收缩和加载速率引起的非线性。随后的章节将讨论由多轴压缩应力状态下混凝土塑性引起的非线性。

本章分为三个主要部分:①应力、应变和指标记法的基本概念;②未开裂和开裂混凝土的基本公式;③计算案例。

因为后续章节频繁使用指标记法、应力分析、应变分析。为了帮助对此不熟悉的读者,本章 3.1 节～3.4 节总结了一些本章和后续章节的主要论述所需要的重要概念,包括指标记法、应力和应变的转换。

3.5 节总结了线弹性的基本应力-应变关系。尽管线弹性理论有显而易见的缺点,但它仍是常用于未开裂混凝土和开裂混凝土的材料定律。第 4 章介绍用各种广义非线弹性来显著改进线弹性模型。当然,弹性模型也可以与材料"破坏"准则相结合(第 5 章)。弹性公式对于比例加载的混凝土来说非常精确,但它们不能识别塑性变形,这种缺点在材料经历卸载时变得明显。在塑性流动理论中引进卸载准则,在某种程度上能修正这个缺点(第 6 章和第 8 章)。

3.6 节介绍了开裂混凝土的建模技术。在混凝土结构的有限元分析中,两个差异较大的方法已经用于裂纹的建模中。习惯方法是假定开裂混凝土仍然是一个连续体,即裂纹以连续的方式被模糊。假定在第一次开裂发生后,混凝土变成正交异性(或更精确地说,横向同性),其中一个材料轴沿着裂纹方向。这样的公式很容易在拉力方向上逐渐减小强度(拉伸强化)。而且,由于骨料咬合和钢筋的销栓作用引起的剪切强度储备可以用解释正剪切模量。大多数混凝土的计算模型都已经运用了连续裂纹模型。

连续裂纹模型的替代方案是引入离散裂纹。这通常是通过断开相邻元素的位移参数来完成的。这种方法有一个显著困难是事先不知道裂纹的位置和方向。因此通过预选有限元网格施加的几何约束几乎不可避免。一般来说,这样的方法复杂且耗时,但是对于一些主裂纹的问题,即钢筋混凝土梁的斜拉裂纹(3.8.2节),与模糊连续模型相比,离散模型能够更真实地表示这些裂纹。对于钢筋均匀分布在整个结构上的问题,如剪力墙板(3.9.2节),连续裂纹模型计算非常有效,同时也能很好地模拟这些结构的实际性能。

3.7节~3.9节介绍了几个实际混凝土结构的解,并与实验数据进行了比较。这些应用已经证明:简单线弹性脆性断裂模型能很好地预测一些实际钢筋混凝土结构的性能和强度。这些解可以是封闭解,即抗压混凝土容器(3.7节);或者通过增量有限元程序得到,即钢筋混凝土梁(3.8节)和剪力板(3.9节)。

参考文献

Abramowitz, M., and I. A. Stegun (1970): "Handbook of Mathematical Functions" Dover. New York.

Aldstedt, E. (1975): Nonlinear Analysis of Reinforced Concrete Frames, Ph. D. dissertation, *Norw. Inst. Technol.*, *Div. Struct. Mech.*, *Trondheim Rep.* 75-1.

American Concrete Institute (1977); ACI Standard 318-77, Building Code Requirements for Rein-forced Concrete, Detroit.

Bazant, Z. P., and L. Cedolin (1979): Blunt Crack Band Propagation in Finite Element Analysis, *J. Eng. Mech. Div. ASCE*, vol. 105, no. EM 2, Proc. pap. 14529, April, pp. 297-315.

Bergan, P. G., and I. Holand (1979): Nonlinear Finite Element Analysis of Concrete Structures, *Comput. Methods Appl. Mech. Eng.*, vol. 17/18, pp. 443-467.

Bradshaw, R. R. (1963): Some Aspects of Concrete Shell Buckling, J. *Am.*

Concr. Inst. ,vol. 60,no. 3,March,pp. 313-327.

Bresler,B. , and A. C, Scordelis (1964): Shear Strength of Reinforced Concrete Beams,*Univ. Calif. Berkeley. Inst. Eng. Res. Ser. II Rep.* 64-2,December.

Buchert,K. P. (1973):"Buckling of Shells and Shell-like Structures,"K. P. Buchert and Associates,Columbia,Mo.

Cedolin,L. ,and S. Dei Poli(1977):Finite Element Studies of Shear Critical Reinforced Concrete Beams, *J. Eng. Mech. Div. ASCE*, vol. 103, no. EM 3,June,pp. 395-410.

Cervcnka,V. (1970):Inelastic Finite Element Analysis of Reinforced Concrete Panels,Ph. D. dissertation,University of Colorado,Department of Civil Engineering,Boulder.

—and K. H. Gerstle (1971): Inelastic Analysis of Reinforced Concrete Panels:Theory,*Publ. Int. Assoc. Bridge Struc. Eng.* , vol. 31- II , pp. 31-45.

—and (1972): Inelastic Analysis of Reinforced Concrete Panels: Experimental Verification and Applications,*Publ. Int. Assoc. Bridge. Struct. Eng.* ,vol. 32- II ,pp. 25-39.

Chen,W. F. , and H. Suzuki (1980): Constitutive Models for Concrete, *Comput. Struct.* ,vol. 12,pp. 23-32.

—and E. C. Ting(1980):Constitutive Models for Concrete Structures,*J. Eng. Mech. Div. ASCE*,vol. 106,no. EM K Proc. pap. 15177,February, pp. 1-19.

Colville,J. ,and J. Abbasi(1974);Plane Stress Reinforced Concrete Finite Elements, *J. Struct. Div. ASCE*, vol. 100, no. ST 5, May, pp. 1067-1083.

Franklin,H. A. (1970):Nonlinear Analysis of Reinforced Concrete Frames and Panels,Ph. D. dissertation,*Univ. Calif. Berkeley Dep. Civ. Eng. Rep.* SESM 70-5,March.

Gerard,G. (1962):"Introduction to Structural Stability Theory,"McGraw-

Hill,New York,pp. 129-131.

Halvorsen,H. F. (1976): Analysis of Crack Formation in Concrete,M. S. thesis, Norwegian Institute of Technology, Division of Structural Mechanics,Trondheim.

Haugland,O. , and A. Hofsöy (1976): Fatigue of Reinforced Concrete, *Delrapport* 1 *FCB Rep*. 76-10,Trondheim.

Haynes, H. H. (1976): "Handbook for Design of Undersea, Pressure-Resistant Concrete Structures,"Naval Construction Battalion Center, Civil Engineering Laboratory,Port Hueneme,Calif.

Hillemier,B. , and H. K. Hilsdorf (1977): Fracture Mechanics Studies of Concrete Compounds,*Cement Conr. Res.* ,vol. 7,pp. 523-536.

Kesler,C. E. , D. J. Naus, and J. L. Lott (1972): Fracture Mechanics: Its Applicability to Concrete,*Jpn. Soc. Mater. Sci. Proc.* 1971 *Int. Conf. Mech. Behavior Mater.* ,vol. 4,pp. 113-124.

Kulicki, J. H. , and C. N. Kostem (1972): The Inelastic Analysis of Reinforced and Prestressed Concrete Beams,*Lehigh Univ. Fritz Eng. Lab. Rep.* 378 B. 1,Bethlehem,Pa.

Kupfer,H. , H. K. Hilsdorf, and H. Rusch (1969): Behavior of Concrete under Biaxial Stresses,*J. Am. Concr. Inst.* vol. 66,no. 8,August,pp. 356-666.

Lenschow, R. (1966): A Yield Criterion for Reinforced Concrete under Biaxial Moments and Forces,Ph. D. dissertation. University of Illinois, Urbana.

Nam,C. H. ,and C. G. Salmon(1974):Finite Element Analysis of Concrete Beams, *J. Struct. Div. ASCE*, vol. 100, no. ST 12, December, pp. 2419-2432.

Ngo,D. (1975): A Network-Topological Approach to the Finite Element Analysis of Progressive Crack Growth in Concrete Members, Ph. D. thesis,University of California,Berkeley.

—and A. C. Scordelis (1967): Finite Element Analysis of Reinforced

Concrete Beams, *J. Am. Concr. Inst.* vol. 64, no. 3, March, pp. 152-163.

Popovics, S. (1970): A Review of Stress-Strain Relationships for Concrete, *J. Am. Concr. Inst.*, vol. 67, no. 3, March, pp. 243-248.

RILEM (1957): *Symp. Bond Crack Form. Reinforced Concr.*, *Stockholm*, 1957.

Scanlon, A. (1971): Time Dependent Deflections of Reinforced Concrete Slabs, Ph. D. thesis, University of Alberta, Edmonton.

Scordelis, A. C., D. Ngo, and H. A. Franklin(1974): Finite Element Study of Reinforced Concrete Beams with Diagonal Tension Cracks, *Proc*, *Symp. Shear Reinforced Concr. Am. Inst. Concr. Publ.* SP-42.

Valliappan, S., and T. F. Doolan(1972): Nonlinear Analysis of Reinforced Concrete, *J. Struct. Div. ASCE.* vol. 98, no. ST 4, April, pp. 885-897.

第4章　非线弹性断裂模型

4.1　引　　言

　　第 3 章已经证明了混凝土线弹性断裂公式可精确应用于某些钢筋混凝土结构(比如承受比例加载且混凝土受拉破坏主导结构非线性反应的梁和剪力墙)。考虑结构非线性主要来源于多轴压应力状态下混凝土的非线性反应,假设混凝土应力-应变关系的非线弹性性能,可以显著改进线弹性模型。本章将建立混凝土在压缩状态下的各种非线弹性本构关系。考虑到现有的实验数据,只有一部分特殊的非线弹性模型能够描述实际工程中混凝土的特性。但是,随着大量混凝土荷载-变形性能信息的积累以及计算能力的提高,可以预期未来将出现基于弹塑性理论的混凝土的新广义三维应力-应变关系。本章将描述基于理论力学的混凝土一般非线弹性公式的建立。后续章节将会详细讨论基于塑性理论的混凝土本构模型的系统发展。复杂的结构分析领域,特别是在钢筋混凝土结构中,这些公式变得越来越重要。弹性理论和塑性理论提供了材料识别和特征的基本指南和技术。

　　对于典型混凝土受压应力-应变性能,实验表明混凝土的非线性变形基本上为非弹性,因为卸载后只有一部分应变能从总变形中恢复。因此,混凝土材料的应力-应变性能可分为可恢复的弹性部分和不可恢复的塑性部分,可尝试单独处理这两部分:在弹性理论框架内处理可恢复性能;塑性理论解决不可恢复性能。这样的划分对于循环加载和卸载特别有益。但是,对于单调比例加载问题,基于混凝土弹性理论的模型提供了较简便的方法。下面将概述最普通的基于弹性理论的混凝土模型和可能的广义化概述。将会简要评述基于弹性理论的应力-应变关系建模的三个一般方法。之后将会介绍 Cauchy 弹性模型(4.2 节),Green 超弹性模型(4.3 节～4.4 节)和亚弹性模型(4.5 节～4.7 节)的完整发展历程,并讨论它们在典型钢筋混凝土结构中的应用。

4.1.1　非线弹性应力-应变关系的分类

下面总结目前常用的基于弹性理论本构建模技巧的三种类型。对其理论发展细节有兴趣的读者,可参考文献,比如 Chen 和 Saleeb(1981),Eringen(1962)。

Cauchy 型　当前的应力状态仅取决于当前的变形状态,即应力是应变的函数。这种材料本构关系的数学表述为

$$\sigma_{ij} = F_{ij}(\varepsilon_{kl}) \tag{4.1}$$

其中,F_{ij} 是材料的弹性反应函数;σ_{ij} 和 ε_{kl} 分别是应力和应变张量的分量。式(4.1)所描述的弹性性能在应力仅由当前应变状态决定的意义上,都是可逆且路径独立的,反之亦然。达到当前应力或应变状态,与应力和应变历史毫无关系。4.1.2 节将阐述 Cauchy 弹性材料在某种加载-卸载循环下可能产生能量。但它违反了热力学定律,故这样的性能不被人们接受。由此自然引导形成了第二种类型,Green 超弹性型。混凝土和岩土的许多共同本构模型都基于 Cauchy 公式。例如,基于对各向同性线弹性关系的简单修正,即从应力或应变状态的标量函数中所得到的其中两个弹性常数(4.2 节)(弹性模量 E,泊松比 ν 或者剪切模量 G,体积模量 K),人们已经建立了不同的各向同性非线弹性应力-应变关系。

超弹性(Green)型　该类型基于应变能密度函数 W(或余能密度函数 Ω)存在的假设,所以

$$\sigma_{ij} = \frac{\partial W}{\partial \varepsilon_{ij}} \tag{4.2}$$

$$\varepsilon_{ij} = \frac{\partial \Omega}{\partial \sigma_{ij}} \tag{4.3}$$

$$W = \int_0^{\varepsilon_{ij}} \sigma_{ij}\, d\varepsilon_{ij} \tag{4.4}$$

$$\Omega = \int_0^{\sigma_{ij}} \varepsilon_{ij}\, d\sigma_{ij} \tag{4.5}$$

其中,W,Ω 分别为当前应力和应变张量分量的函数。这样确保了在荷载循环过程中没有能量生成,并且满足热力学定律。

对于初始各向同性弹性材料,W 或 Ω 分别用任何三个应力张量 ε_{ij} 或应变张量 σ_{ij} 的独立不变量表示。一般来说,如果 Ω 用三个应力不变量表示,那么

$$\overline{I_1} = \sigma_{kk}, \quad \overline{I_2} = \frac{1}{2}\sigma_{km}\sigma_{km}, \quad \overline{I_3} = \frac{1}{3}\sigma_{km}\sigma_{kn}\sigma_{mn} \tag{4.6}$$

之后式(4.3)满足本构定律

$$\varepsilon_{ij} = \frac{\partial \Omega}{\partial \overline{I_1}}\frac{\partial \overline{I_1}}{\partial \sigma_{ij}} + \frac{\partial \Omega}{\partial \overline{I_2}}\frac{\partial \overline{I_2}}{\partial \sigma_{ij}} + \frac{\partial \Omega}{\partial \overline{I_3}}\frac{\partial \overline{I_3}}{\partial \sigma_{ij}} = \phi_1\delta_{ij} + \phi_2\sigma_{ij} + \phi_3\sigma_{im}\sigma_{jm} \tag{4.7}$$

其中,把材料响应函数 ϕ_i 定义为

$$\phi_i = \phi_i(\overline{I_j}) = \frac{\partial \Omega}{\partial \overline{I_i}} \tag{4.8}$$

如 4.3 节所示,通过三个公式联系这些函数

$$\frac{\partial \phi_i}{\partial \overline{I_j}} = \frac{\partial \phi_j}{\partial \overline{I_i}} \tag{4.9}$$

在式(4.7)中 δ_{ij} 是 Kronecker 函数($\delta_{11}=1$,$\delta_{12}=0$ 等)。

式(4.6)中的三个独立应力不变量可以任意选择。比如,可以使用偏应力张量 $s_{ij} = \sigma_{ij} - \frac{1}{3}\sigma_{kk}\delta_{ij}$ 的不变量 $J_1 = s_{kk}$,$J_2 = \frac{1}{2}s_{ij}s_{ij}$,$J_3 = \frac{1}{3}s_{ij}s_{ik}s_{jk}$ 或混合不变量如 $\overline{I_1}$,J_2 和 J_3。这里选择的特殊优点在于用简便的方式分离了函数 ϕ_i。基于用三个不变量表示函数 Ω 的多项展开式,能够建立不同的本构模型。特别是,Evans 和 Pister(1966)使用式(4.7)推导了一个广义三阶应力应变关系,并且在 Ω 中保留了应力从二阶到四阶的项。Ko 和 Masson(1976)使用该法则,描述了模型的拟合程序,并且将模型运用于描述 Ottawa 沙子的性能。基于 Evans 和 Pister 加载准则概念,4.4 将讨论三阶超弹性模型的完整推导,以描述混凝土材料的非线性不可恢复性能。

增量(亚弹性)型 这类公式用于描述其应力状态取决于当前应变状态和达到此状态的应力路径的一类材料的力学性能。一般来说,时间无关的材料的增量本构关系为

$$\dot{\sigma}_{ij} = F_{ij}(\dot{\varepsilon}_{kl}, \sigma_{mn}) \tag{4.10}$$

该式提供了时间同质,即公式所有项的时间同阶,因此能够消除时间。在式(4.10)中 σ_{mn} 和 $\dot{\varepsilon}_{kl}$ 分别是应力增量张量和应变增量张量,F_{ij} 是张量函

数。式(4.10)具有相当的一般性。为了简便起见,人们常采用一般关系的特例,即应变增量取决于单状态变量的材料反应模量 C_{ijkl} 与应力增量线性相关

$$\dot{\sigma}_{ij} = C_{ijkl}(\sigma_{mn})\dot{\varepsilon}_{kl} \quad 或 \quad \dot{\sigma}_{ij} = C_{ijkl}(\varepsilon_{mn})\dot{\varepsilon}_{kl} \quad (4.11)$$

其中,C_{ijkl} 是应力张量或应变张量分量的函数。由式(4.11)所描述的性能是无穷小(或增量)和可恢复的。这就是 Truesdell(1955)运用术语"亚弹性"表述后缀弹性来描述本构关系(式(4.11))的理由。根据张量函数 C_{ijkl} 对应力张量 σ_{mn} 或应变张量 ε_{mn} 的依赖程度,得到了不同类型的本构模型。例如,在一级(或一阶)本构模型中,式(4.11)中的张量函数是其参数的线性函数。零级(或零阶)的亚弹性材料等同于各向异性弹性 Cauchy 材料。对于各向同性材料,式(4.11)中张量反应函数在整体坐标轴的转换下进一步受限于成为形式不变量。

最近,建立了一种特殊弹性材料的增量应力-应变关系,假设在式(4.11)中的反应张量取决于应力或应变不变量,而非应力(或应变)张量本身。而且,在这些之后的模型,材料反应函数的不同形式应用于初始加载和后续卸载和重新加载,即甚至是在增量加载下,模型一般是不可恢复的。这些模型称为可变模量模型(Nelson 和 Bardon,1971),而且它们已经广泛用于研究土壤在地震中的性能(Nelson 和 Baladi,1977)。4.7 节将详细介绍建立混凝土正交异性可变模量模型的完整过程。

4.1.2　范例

例 4.1　在二维主平面(σ_1,σ_2,ε_1 和 ε_2),描述 Cauchy 线弹性材料性能的应力-应变关系为

$$\varepsilon_1 = a_{11}\sigma_1 + a_{12}\sigma_2, \quad \varepsilon_2 = a_{21}\sigma_1 + a_{22}\sigma_2 \quad (4.12)$$

其中,a_{11},a_{12},a_{21} 和 a_{22} 为材料常数,并且 $a_{12} \neq a_{21}$。考虑不同的应力路径 1 和 2,如图 4.1(a)所示。路径 1 是通过首先改变 σ_1 再改变 σ_2 的方式从(0,0)到(σ_1^*,σ_2^*)。另一方面,路径 2 也是从(0,0)到(σ_1^*,σ_2^*),但是通过首先改变 σ_2 再改变 σ_1 的方式。计算两条路径 1 和 2 的 Ω,并找出如图 4.1(b)所示完整循环的 Ω。

沿着路径 1,Ω 表达式(4.5)可写作

$$\Omega^{(1)} = \int_{(0,0)}^{(\sigma_1^*,0)} (\varepsilon_1 \mathrm{d}\sigma_1 + \varepsilon_2 \mathrm{d}\sigma_2) + \int_{(\sigma_1^*,0)}^{(\sigma_1^*,\sigma_2^*)} (\varepsilon_1 \mathrm{d}\sigma_1 + \varepsilon_2 \mathrm{d}\sigma_2) \qquad (4.13)$$

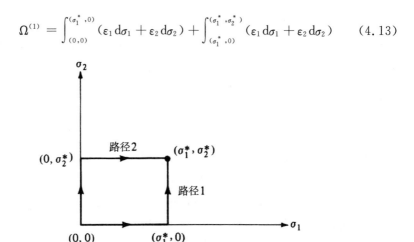

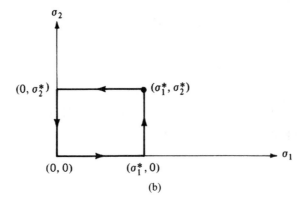

图 4.1   二维主应力空间的多条路径

(a)达到最终状态(σ_1^*,σ_2^*)的两条不同路径；(b)加载-卸载应力循环

用式(4.12)代替 ε_1 和 ε_2，注意到在第一个和第二个被积函数中 $\mathrm{d}\sigma_2 = 0$ 和 $\mathrm{d}\sigma_1 = 0$，得到

$$\Omega^{(1)} = \int_0^{\sigma_1^*} a_{11}\sigma_1 \mathrm{d}\sigma_1 + \int_0^{\sigma_2^*} (a_{21}\sigma_1^* + a_{22}\sigma_2) \mathrm{d}\sigma_2 \qquad (4.14)$$

运算所示积分得到

$$\Omega^{(1)} = \frac{1}{2} a_{11}\sigma_1^{*2} + a_{21}\sigma_1^*\sigma_2^* + \frac{1}{2} a_{22}\sigma_2^{*2} \qquad (4.15)$$

相似地，对于路径 2

$$\Omega^{(2)} = \frac{1}{2} a_{11} \sigma_1^{*\,2} + a_{12} \sigma_1^* \sigma_2^* + \frac{1}{2} a_{22} \sigma_2^{*\,2} \qquad (4.16)$$

因为 $a_{12} \neq a_{21}$，所以余能密度 $\Omega^{(1)} \neq \Omega^{(2)}$。因此，$\Omega$ 不是唯一的而是取决于加载路径。只有当 $a_{12} = a_{21}$ 时，$\Omega^{(1)}$，$\Omega^{(2)}$ 的表达式才是相同的。$a_{12} = a_{21}$ 使弹性系数矩阵式(4.12)成为对称矩阵。之后会证明弹性系数矩阵的对称条件与施加在 Green 弹性材料的约束条件式(4.2)和式(4.3)相似。

对于图 4.1(b)中的应力循环，Ω 为

$$\Omega = \oint (\varepsilon_1 \mathrm{d}\sigma_1 + \varepsilon_2 \mathrm{d}\sigma_2) \qquad (4.17)$$

将积分延长至整个周期，该式可写作

$$\Omega = \int_{(0,0)}^{(\sigma_1^*,\sigma_2^*)} (\varepsilon_1 \mathrm{d}\sigma_1 + \varepsilon_2 \mathrm{d}\sigma_2) + \int_{(\sigma_1^*,\sigma_2^*)}^{(0,0)} (\varepsilon_1 \mathrm{d}\sigma_1 + \varepsilon_2 \mathrm{d}\sigma_2) \qquad (4.18)$$

$$\underbrace{}_{\text{沿着路径1}} \qquad \underbrace{}_{\text{沿着路径2}}$$

第一部分为与式(4.15)$\Omega^{(1)}$ 相同的表达式。第二部分为带负号的 $\Omega^{(2)}$ 表达式(4.16)。因此，完整循环下 Ω 的净值为

$$\Omega = \Omega^{(1)} - \Omega^{(2)} = (a_{21} - a_{12}) \sigma_1^* \sigma_2^* \qquad (4.19)$$

取决于 a_{12}，a_{21} 的值，净余能可能是正或负(注意 $\varepsilon_{ij} \mathrm{d}\sigma_{ij}$ 在 Ω 的定义时可看作为应力增量 $\mathrm{d}\sigma_{ij}$ 在应变 ε_{ij} 上完成的功，并且这个功视为能量储存在物体内)。因此，在完整的应力循环的变形过程中，通过应力-应变关系式(4.12)描述的材料模型可以消耗或产生能量；后者违反了热力学定律。对于一个对称的弹性系数矩阵($a_{12} = a_{21}$)，完整循环下 Ω 的净值是零，确保完成卸载后补偿能量的完全恢复。对于各向同性线弹性材料，矩阵 $\boldsymbol{D}$(式(3.131))是对称的，因此 Ω 在这种情况下与路径无关。

4.2　通过修正线弹性模型得到的各向同性非线弹性应力-应变关系

4.2.1　基本概念

第 3 章讨论的线弹性应力-应变关系是各向同性且可逆的。显然，把这

些关系的弹性常数替换为应力不变量或应变不变量的标量函数的简单拓展也会有各向同性和可逆性的性质。例如,与应力状态有关的标量函数可能包含三个主应力 σ_1,σ_2 和 σ_3 或者等价的三个独立不变量 I_1,J_2 和 J_3(第 3章)。因此,不同的标量函数,比如与应力不变量相关的 $F(I_1,J_2,J_3)$ 或者与应变不变量相关的 $F(I_1',J_2',J_3')$,都可用来描述各种非线弹性本构模型。当标量函数取常数时,这些模型每一个的非线性应力-应变关系将会简化为线性形式。

作为第一个例子,考虑用不变量 I_1,J_2 和 J_3 的标量函数 $F(I_1,J_2,J_3)$ 替换式(3.125)中的弹性模量 E 的倒数来修正线弹性公式,由此得到

$$\varepsilon_{ij} = (1+\nu)F(I_1,J_2,J_3)\sigma_{ij} - \nu F(I_1,J_2,J_3)\sigma_{kk}\delta_{ij} \qquad (4.20)$$

泊松比 ν 也能用应力不变量的函数替换。

式(4.20)是各向同性线弹性材料的非线性应力-应变关系,当 $F(I_1,J_2,J_3)$ 是常数$(1/E)$时,该材料简化为线性。因为应变的状态只取决于当前应力状态而与加载历程无关,它们表示弹性(可逆性)性能。

当然,在平均反应和材料的偏反应或剪切反应之间,完全像线弹性材料一样,存在一种清晰逻辑关系。式(3.127)和式(3.128)可写作

$$\varepsilon_{kk} = (1-2\nu)F(I_1,J_2,J_3)\sigma_{kk}, \quad e_{ij} = (1+\nu)F(I_1,J_2,J_3)s_{ij}$$
$$(4.21)$$

其中,模量 K 和 G 用式(3.121)中的 E 和 ν 表示,并且 E 的倒数用标量函数 $F(I_1,J_2,J_3)$ 替换。然而,不像线弹性关系,式(4.21)表明不变量 $I_1 = \sigma_{kk}$,$J_2 = \dfrac{1}{2}s_{ij}s_{ij}$,$J_3 = \dfrac{1}{3}s_{ij}s_{jk}s_{ki}$ 的标量函数 F 的大小的变化使两个反应相互作用。这意味着体积变化 ε_{kk} 将不会仅仅取决于 σ_{kk}。同样,畸变或剪切变形 e_{ij} 不仅取决于应力偏量向或剪切应力 s_{ij},还通过标量函数 $F(I_1,J_2,J_3)$ 的变化互相依赖和作用。

例 4.2 一个初始不受力和没有应变的材料单元受到组合加载历史在 (σ,τ) 空间产生了下列连续的直线路径;单位是 kips/in^2(拉力 σ,剪力 τ)(见图 4.2(a))。

路径 1:(0,0)到(0,10)。

路径 2:(0,10)到(30,10)。

路径 3:(30,10)到(30,-10)。

路径 4:(30,-10)到(0,0)。

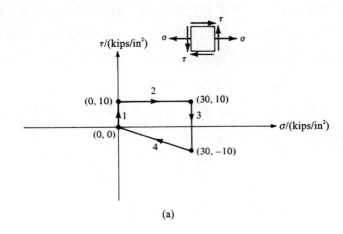

(a)

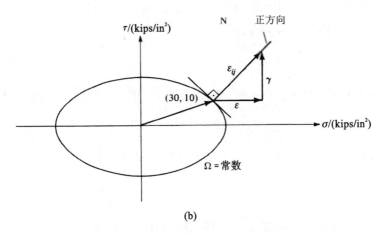

(b)

图 4.2 非线弹性材料在 (σ,τ) 空间中的常余能密度曲线

(a)加载路径;(b)路径 2 的末端处

假设材料呈简单 J_2 指数型不可压缩非线弹性,即在式(4.20)和式(4.21)中,标量函数 F 具有 $F(J_2) = bJ_2^{\frac{m}{2}}$ 的形式,其中,b 和 m 是材料常数,材料在简单拉伸下的应力-应变关系假设为

$$10^3 \varepsilon = \left(\frac{\sigma}{10} \right)^3 \tag{4.22}$$

其中,σ 单位为 kips/in²。依据如上数据,进行如下操作:①计算在路径 2 末端处的轴向应变 ε 和剪应变 γ;②找出在路径 3 末端处的正应变和剪应变的所有分量;③在 (σ, τ) 空间中画出通过路径 2 末端,即 $(30, 10)$ 的常余能密度 Ω 曲线。

解 将所给 $F(J_2)$ 表达式和 $\nu = \frac{1}{2}$(对于不可压缩材料)代入式(4.21),可以得到如下非线弹性应力-应变关系

$$\varepsilon_{ij} = e_{ij} = \frac{3}{2} F(J_2) s_{ij} = \frac{3}{2} b J_2^m s_{ij} \tag{4.23}$$

在简单拉伸状态下($J_2 = \frac{1}{3}\sigma^2$),公式可以简写为

$$\varepsilon = \left(\frac{1}{3} \right)^m b \sigma^{2m+1} \tag{4.24}$$

该式和式(4.22)的应力-应变关系比较,取 $m=1$ 和 $b=3 \times 10^{-6}$。因此式(4.23)可写作

$$\varepsilon_{ij} = e_{ij} = \frac{9}{2} \times 10^{-6} J_2 s_{ij} \tag{4.25}$$

①用当前值 $\sigma = 30$ kips/in² 和 $\tau = 10$ kips/in² 计算路径 2 末端的 J_2 为

$$J_2 = \frac{1}{3}\sigma^2 + \tau^2 = 400$$

由式(4.25)($s_{11} = 20, s_{12} = 10$)中得到应变分量 ε 和 γ

$$\varepsilon = \varepsilon_{11} = \left(\frac{9}{2} \times 10^{-6} \right)(400)(20) = 36 \times 10^{-3}$$

$$\gamma = 2\varepsilon_{12} = (2)\left(\frac{9}{2} \times 10^{-6} \right)(400)(10) = 36 \times 10^{-3}$$

②在路径 3 末端,$\sigma = 30$ kips/in² 和 $\tau = -10$ kips/in²,并且 $J_2 = 400$。因此,式(4.25)给出

$$\varepsilon_{ij} = 1.8 \times 10^{-3} s_{ij}$$

用 s_{ij} 代替在以上路径 3 末端的值,可以用于找到路径 3 末端的应变张量 ε_{ij}。结果为

$$\varepsilon_{ij} = (1.8 \times 10^{-3}) \begin{bmatrix} 20 & -10 & 0 \\ -10 & -10 & 0 \\ 0 & 0 & -10 \end{bmatrix} = \begin{bmatrix} 36 & -18 & 0 \\ -18 & -18 & 0 \\ 0 & 0 & -18 \end{bmatrix} \times 10^{-3}$$

③将式(4.23)中的 ε_{ij} 代入式(4.5) Ω 的表达式中,可以得到

$$\Omega = \int_0^{\sigma_{ij}} \frac{3}{2} b J_2^m s_{ij} \, \mathrm{d}\sigma_{ij} = \int_0^{\sigma_{ij}} \frac{3}{2} b J_2^m s_{ij} \left(\mathrm{d}s_{ij} + \frac{\mathrm{d}\sigma_{kk}}{3} \delta_{ij} \right)$$

或者因为 $s_{ij} \, \mathrm{d}s_{ij} = \mathrm{d}J_2, s_{ii} = 0$,所以

$$\Omega = \int_0^{J_2} \frac{3}{2} b J_2^m \, \mathrm{d}J_2 = \frac{3b}{2(m+1)} J_2^{m+1}$$

在 (σ, τ) 空间中,该表达式有

$$\Omega = \frac{3b}{2(m+1)} \left(\frac{\sigma^2}{3} + \tau^2 \right)^{m+1}$$

因为 $m=1$ 和 $b=3 \times 10^{-6}$,可以得到

$$\Omega = \left(\frac{9}{4} \times 10^{-6} \right) \left(\frac{\sigma^2}{3} + \tau^2 \right)^2$$

常数余能 Ω 曲线经过应力点 $(30, 10)$,可由下式描述

$$\left(\frac{\sigma^2}{3} + \tau^2 \right)^2 = c \tag{4.26}$$

其中,在 $(30, 10)$ 常数 $c = 160000$。因此,式(4.26)表示了在 (σ, τ) 空间中椭圆的公式,如图 4.2(b)所示。

如果在相应的应变空间(图 4.2(b))中绘制出路径 2 末端,即 $\sigma_{ij} = (\sigma, \tau)$ $= (30, 10)$ 处的应变矢量 $\varepsilon_{ij} = (\varepsilon, \gamma) = (36 \times 10^{-3}, 36 \times 10^{-3})$,在图上很容易可看出 ε_{ij} 矢量垂直于在应力点处常数 $\Omega = 160000$ 曲面。这就是所谓的正交关系。在给定 σ_{ij} 处,每个应力坐标轴的每个方向上的分量与相应应变分量成比例,垂直于常数 Ω 表面表示 ε_{ij} 对应于 σ_{ij}。正交性适用于超弹性反应,无论材料是线性或非线性,还是各向同性或各向异性。它对应力与应变关系的可能形式提供了非常强且重要的限制。4.3 节将讨论超弹性建模的细节和其他限制和含义。

4.2.2　割线体积模量和剪切模量公式

该类公式中,弹性体积模量和剪切模量被作为应力张量不变量或应变

张量不变量的标量函数。由此,式(3.127)和式(3.128)可写作

$$\sigma_{\mathrm{m}} = K_{\mathrm{s}}\varepsilon_{kk} \tag{4.27}$$

$$s_{ij} = 2G_{\mathrm{s}}e_{ij} \tag{4.28}$$

其中,$\sigma_{\mathrm{m}} = \sigma_{kk}/3$ 为平均正应力;K_{s} 和 G_{s} 分别称为割线体积模量和割线剪切模量。E_{s} 和 ν_{s} 可从第 3 章给出的标准关系式 K_{s} 和 G_{s} 中得到

$$K_{\mathrm{s}} = \frac{\sigma_{\mathrm{oct}}}{3\varepsilon_{\mathrm{oct}}} = \frac{E_{\mathrm{s}}}{3(1-2\nu_{\mathrm{s}})}, \quad G_{\mathrm{s}} = \frac{\tau_{\mathrm{oct}}}{\gamma_{\mathrm{oct}}} = \frac{E_{\mathrm{s}}}{2(1+\nu_{\mathrm{s}})} \tag{4.29}$$

其中,下标 oct 标记为应力和应变的八面体分量。它们与应力和应变不变量 I_1,J_2 和 I_1',J_2' 成正比用主应力或主应变表达如下(第 3 章)

$$\left.\begin{aligned}
\sigma_{\mathrm{oct}} &= \frac{1}{3}I_1 = \frac{1}{3}(\sigma_1 + \sigma_2 + \sigma_3) = \sigma_{\mathrm{m}} \\
\varepsilon_{\mathrm{oct}} &= \frac{1}{3}I_1' = \frac{1}{3}(\varepsilon_1 + \varepsilon_2 + \varepsilon_3) = \frac{1}{3}\varepsilon_{kk} \\
\tau_{\mathrm{oct}} &= \left(\frac{2}{3}J_2\right)^{1/2} = \frac{1}{3}\left[(\sigma_1-\sigma_2)^2 + (\sigma_2-\sigma_3)^2 + (\sigma_3-\sigma_1)^2\right]^{1/2} \\
\gamma_{\mathrm{oct}} &= \left(\frac{8}{3}J_2'\right)^{1/2} = \frac{2}{3}\left[(\varepsilon_1-\varepsilon_2)^2 + (\varepsilon_2-\varepsilon_3)^2 + (\varepsilon_3-\varepsilon_1)^2\right]^{1/2}
\end{aligned}\right\} \tag{4.30}$$

叠加材料反应公式(式(4.27)和式(4.28)),得到了广义 Hooke 定律

$$\sigma_{ij} = 2G_{\mathrm{s}}e_{ij} + K_{\mathrm{s}}\varepsilon_{kk}\delta_{ij} \tag{4.31}$$

或 $$\sigma_{ij} = 2G_{\mathrm{s}}\varepsilon_{ij} + (3K_{\mathrm{s}} - 2G_{\mathrm{s}})\varepsilon_{\mathrm{oct}}\delta_{ij} \tag{4.32}$$

其对应的是第 3 章所给的未开裂混凝土应力-应变关系的标准公式。

由应力不变量或应变不变量表述的标量函数 K_{s} 和 G_{s} 的发展主要是依据于双轴实验数据。随后,本节的后半部分将讨论对这类函数施加的进一步限制。这些限制将确保应变能量和余能密度的路径无关特征。

最近,基于式(4.27)和式(4.28)的不同应力-应变模型已经广泛用于混凝土和粒状材料的非线性有限元分析中。特别是对于混凝土材料。许多研究人员建议了应力和应变的八面体分量($\sigma_{\mathrm{oct}},\tau_{\mathrm{oct}},\varepsilon_{\mathrm{oct}},\gamma_{\mathrm{oct}}$)提供了一系列便利的不变量,由此可建立了非线性各向同性弹性应力-应变关系式(4.32)(例如,Kupfer 和 Gerstle,1973;Cedolin 等,1977)。在下面的例子中,式(4.32)的应力-应变关系分别由以 $\varepsilon_{\mathrm{oct}}$ 和 γ_{oct} 表达的标量函数 K_{s} 和 G_{s} 来确定,如图 4.3 所示。

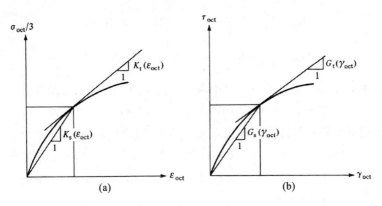

图 4.3 八面体应力-应变关系

(a)八面体正应力-应变关系;(b)八面体剪应力-应变关系

例 4.3 混凝土材料单元的性能被理想化为式(4.27)和式(4.28)所描述的各向同性非线弹性材料模型。基于试验结果,割线体积模量和剪切模量的近似表达式为

$$K_{\mathrm{s}}(\varepsilon_{\mathrm{oct}}) = K_0\big[a(b)^{\varepsilon_{\mathrm{oct}}/c} + d\big], \quad G_{\mathrm{s}}(\gamma_{\mathrm{oct}}) = G_0\big[m(q)^{-\gamma_{\mathrm{oct}}/r} - n\gamma_{\mathrm{oct}} + t\big] \tag{4.33}$$

其中,材料常数取

$$a=0.85, \quad b=2.5, \quad c=0.0014, \quad d=0.15$$
$$m=0.81, \quad q=2.0, \quad r=0.002, \quad n=2.0, \quad t=0.19$$

其中,K_0,G_0 是初始体积模量和剪切模量,可从 $E_0 = 5.30 \times 10^6$ lb/in² ,$\nu_0 = 0.15$ 的初始值计算出。前面的 $K_{\mathrm{s}}(\varepsilon_{\mathrm{oct}})$ 的表达式(4.33)适用于混凝土主要裂纹发生前的阶段。因此,现有弹性模型中不考虑超出 5×10^{-6}(膨胀)的体应变 ε_{kk}。材料单元在三轴应力状态下进行测试。得到的应变状态为

$$\varepsilon_{ij} = 10^{-4} \times \begin{bmatrix} -30 & 0 & 0 \\ 0 & -18 & 0 \\ 0 & 0 & -12 \end{bmatrix} \tag{4.34}$$

由此,为找到给定应变状态下 W 和 Ω 值,需要:①确定对应于给定应变状态的应力状态 σ_{ij};②推导由式(4.33)材料常数表达的应变能密度 W 表达式。

解 ①使用式(4.29)计算初始体积模量和剪切模量

$$K_0 = \frac{E_0}{3(1 - 2\nu_0)} = 2.524 \times 10^6 \text{ lb/in}^2$$

$$G_0 = \frac{E}{2(1 + \nu_0)} = 2.304 \times 10^6 \text{ lb/in}^2$$

运用式(4.30)得到式(4.34)中应变状态 ε_{oct} 和 γ_{oct} 的值。结果为

$$\varepsilon_{oct} = -20 \times 10^{-4}, \quad \gamma_{oct} = 14.97 \times 10^{-4}$$

当把所给的材料常数一起代入式(4.33),割线模量的结果为

$$K_s = (2.524 \times 10^6)[0.85(2.5)^{-1.429} + 0.15] = 0.96 \times 10^6 \text{ lb/in}^2$$

$$G_s = (2.304 \times 10^6)[0.81(2)^{-0.749} - 2(14.97 \times 10^{-4}) + 0.19]$$

$$= 1.54 \times 10^6$$

将 K_s, G_s 的适当值和应变分量代入式(4.32),得到

$$\sigma_{ij} = \begin{bmatrix} -8840 & 0 & 0 \\ 0 & -5144 & 0 \\ 0 & 0 & -3296 \end{bmatrix} \text{ lb/in}^2 \tag{4.35}$$

② 当用式(4.31)替换 σ_{ij},并将 $d\varepsilon_{ij} = de_{ij} + (d\varepsilon_{kk}/3)\delta_{ij}$ 代入式(4.4),可以将 W 写作

$$W = \int_0^{\varepsilon_{ij}} (2G_s e_{ij} + K_s \varepsilon_{kk} \delta_{ij}) \left(de_{ij} + \frac{d\varepsilon_{kk}}{3} \delta_{ij} \right) \tag{4.36}$$

或

$$W = \int_0^{J_2'} 2G_s dJ_2' + \int_0^{I_1'} K_s I_1' dI_1' \tag{4.37}$$

其中,使用了由 $dJ_2' = e_{ij} de_{ij}$,$d\varepsilon_{kk} = dI_1$,$e_{ii} = de_{ii} = 0$,$\delta_{ii} = 3$ 组成的关系式。

由于 $I_1' = 3\varepsilon_{oct}$ 和 $J_2' = \frac{3}{8}\gamma_{oct}^2$,可以写成这样的形式

$$W = \int_0^{\gamma_{oct}} \frac{3}{2} G_s \gamma_{oct} d\gamma_{oct} + \int_0^{\varepsilon_{oct}} 9K_s \varepsilon_{oct} d\varepsilon_{oct} \tag{4.38}$$

可以看出,这些积分与路径无关,因为 G_s 只是 γ_{oct} 的函数,而 K_s 仅为 ε_{oct} 的函数,W 的值仅取决于 γ_{oct} 和 ε_{oct} 的当前值。将式(4.33)的 G_s 和 K_s 代入以上关于 W 的公式,进行定积分运算,可证明

$$W = \frac{3}{2} G_0 \left[\frac{-mr}{\ln q} \left(\gamma_{oct} + \frac{r}{\ln q} \right) q^{-\gamma_{oct}/r} + m \left(\frac{r}{\ln q} \right)^2 - \frac{1}{3} n \gamma_{oct}^3 + \frac{1}{2} t \gamma_{oct}^2 \right]$$

$$+ 9K_0 \left[\frac{ac}{\ln b} \left(\varepsilon_{oct} - \frac{c}{\ln b} \right) b^{\varepsilon_{oct}/c} + a \left(\frac{c}{\ln b} \right)^2 + \frac{1}{2} d\varepsilon_{oct}^2 \right]$$

$$\tag{4.39}$$

把 $\varepsilon_{\text{oct}} = -20 \times 10^{-4}, \gamma_{\text{oct}} = 14.97 \times 10^{-4}$ 和所给材料常数,最终得到

$$W = 26.89 \text{ lb} \cdot \text{in/in}^3$$

因为

$$\sigma_{ij}\varepsilon_{ij} = (-8840)(-30 \times 10^{-4}) + (-5144)(-18 \times 10^{-4})$$
$$+ (-3296)(-12 \times 10^{-4}) = 39.73 \text{ lb} \cdot \text{in/in}^3$$

因此,根据定义有

$$\Omega = \sigma_{ij}\varepsilon_{ij} - W = 12.84 \text{ lb} \cdot \text{in/in}^3$$

4.2.3　施加于体积模量和剪切模量函数形式上的限制

原则上说,应力不变量或应变不变量的任何标量函数都可用于上述讨论的各向同性非线弹性模量 K_s 和 G_s。显然,在该基础上推导的本构模型是 Cauchy 弹性;即应变状态由当前应力状态唯一确定,反之亦然。例如,对于给定的应力状态 σ_{ij},$F(I_1, J_2, J_3)$ 的值和由此得到的式(4.20)中应变分量 ε_{ij} 是唯一确定的,且与加载路径无关。然而,这不意味着根据这些应力-应变关系所计算出的 W 和 Ω 也与路径无关。为了确保 W 和 Ω 的路径无关特征,必须对所选择的标量函数施加特殊限制。这将保证它们总可以满足热力学定律,且在任意加载-卸载循环中不产生能量。

考虑式(4.31)的应力-应变关系。令 K_s 和 G_s 为应变不变量 I_1', J_2', J_3' 的一般函数 $K_s(I_1', J_2', J_3')$ 和 $G_s(I_1', J_2', J_3')$。这种情况下 W 的表达式为

$$W = \int_0^{\varepsilon_{ij}} \sigma_{ij}\,\mathrm{d}\varepsilon_{ij} = \int_0^{J_2'} 2G_s(I_1', J_2', J_3')\mathrm{d}J_2' + \int_0^{I_1'} \frac{1}{2}K_s(I_1', J_2', J_3')\mathrm{d}(I_1')^2 \tag{4.40}$$

其中, $\mathrm{d}(I_1')^2 = 2I_1'\mathrm{d}I_1'$。

类似地,如果 K_s 和 G_s 作为应力不变量 I_1, J_2, J_3 的函数,那么 Ω 可由下式表示

$$\Omega = \int_0^{\sigma_{ij}} \varepsilon_{ij}\,\mathrm{d}\sigma_{ij} = \int_0^{J_2} \frac{\mathrm{d}J_2}{2G_s(I_1, J_2, J_3)} + \int_0^{I_1} \frac{\mathrm{d}(I_1)^2}{18K_s(I_1, J_2, J_3)} \tag{4.41}$$

可以看出,为了使 W 与路径无关,式(4.40)的积分必须仅与 I_1', J_2' 的当前值相关。因此,体积模量 K_s 和剪切模量 G_s 必须表示为

$$K_s = K_s(I_1'), \quad G_s = G_s(J_2') \tag{4.42}$$

但 I'_1，J'_2 分别与 ε_{oct} 和 γ_{oct} 有关，所以式（4.42）可用另一种形式表示

$$K_s = K_s(\varepsilon_{oct}), \quad G_s = G_s(\gamma_{oct}) \tag{4.43}$$

类似地，为满足式（4.41）的路径无关要求，将 K_s 和 G_s 限制为如下形式

$$K_s = K_s(I_1), \quad G_s = G_s(J_2) \tag{4.44}$$

或者，由八面体应力分量表达

$$K_s = K_s(\sigma_{oct}), \quad G_s = G_s(\tau_{oct}) \tag{4.45}$$

而且，K_s 和 G_s 必须为是正值。因此，对于 K_s 和 G_s，式（4.40）和式（4.41）的积分也是正值（因为 I_1^2，J_2 是正值）。这就确认了 W 和 Ω 总是正定的。这将在后续章节进一步讨论。

现在可以看出，当用例 4.2 中的标量函数 $F(J_2)$ 替换弹性模量 E 的倒数时，选择 $\nu = 1/2$（不可压缩性）的原因是要和基于 Ω 上述的路径无关的要求保持一致，否则下述表达式的第二个积分就与路径有关。如果 ν 不等于 $1/2$，那么 Ω 将以下列形式表示

$$\Omega = \int_0^{J_2}(1+\nu)F(J_2)\mathrm{d}J_2 + \int_0^{I_1}\frac{1-2\nu}{6}F(J_2)\mathrm{d}(I_1)^2 \tag{4.46}$$

4.2.4　基于割线模量的增量应力应变关系

各种特殊类别的增量本构关系已经广泛用于不同材料，如混凝土、土壤和岩石的实际非线性反应建模中。通常，用两种不同的方法建立这些模型。在第一种方法中，增量形式根据先前章节所描述的非线弹性本构关系推导。基于该方法，不同的增量模型已经建立并用于混凝土性能的建模。下面将根据割线弹性模量 $K_s(\varepsilon_{oct})$ 和 $G_s(\gamma_{oct})$ 推导非线弹性本构模型，式（4.27）和式（4.28）的增量表达式。在第二种方法中，单独建立某一种特殊类别的超弹性模型的增量关系，其中假设式（4.11）的材料反应张量 C_{ijkl} 取决于不变量，但不取决于应力（或应变）张量本身。4.5 节将详细讨论。

为了方便讨论，符号 $\mathrm{d}\sigma_{ij}$ 或 $\dot{\sigma}_{ij}$ 和 $\mathrm{d}\varepsilon_{ij}$ 或 $\dot{\varepsilon}_{ij}$ 将可交换使用，分别代表应力增量张量和应变增量张量。这只是为了方便起见，而与时间的导数完全无关。

考虑式（4.27）和式（4.28）的非线性本构关系，假设 K_s 和 G_s 分别为 ε_{oct} 和 γ_{oct} 的函数，即

$$K_s = K_s(\varepsilon_{oct}) \tag{4.47}$$

$$G_s = G_s(\gamma_{oct}) \tag{4.48}$$

从式(4.29)中可得

$$\tau_{oct} = G_s\gamma_{oct} \tag{4.49}$$

$$\sigma_{oct} = 3K_s\varepsilon_{oct} \tag{4.50}$$

对式(4.49)和式(4.50)进行微分得到增量公式

$$\dot{\tau}_{oct} = \left(G_s + \gamma_{oct}\frac{dG_s}{d\gamma_{oct}}\right)\dot{\gamma}_{oct} \tag{4.51}$$

$$\dot{\sigma}_{oct} = 3\left(K_s + \varepsilon_{oct}\frac{dK_s}{d\varepsilon_{oct}}\right)\dot{\varepsilon}_{oct} \tag{4.52}$$

这些公式可重新写为

$$\dot{\tau}_{oct} = G_t\dot{\gamma}_{oct} \tag{4.53}$$

$$\dot{\sigma}_{oct} = 3K_t\dot{\varepsilon}_{oct} \tag{4.54}$$

其中,切线体积模量 K_t 和切线剪切模量 G_t 定义为

$$K_t = K_s + \varepsilon_{oct}\frac{dK_s}{d\varepsilon_{oct}} \tag{4.55}$$

$$G_t = G_s + \gamma_{oct}\frac{dG_s}{d\gamma_{oct}} \tag{4.56}$$

实际上,割线模量和切线模量 K_s,G_s,K_t 和 G_t 的近似封闭解(图 4.3)常常可作为 ε_{oct} 和 γ_{oct} 的函数。现在的问题是用以下形式将这些模量与材料切线刚度矩阵 $\boldsymbol{C}$ 联系起来

$$\{d\sigma\} = \boldsymbol{C}\{d\varepsilon\} \tag{4.57}$$

下面将推导该式。

应力增量张量 $\dot{\sigma}_{ij}$ 可分解为偏量部分 $\dot{s}_{ij}$ 和静水压部分 $\dot{\sigma}_{oct}\delta_{ij}$,即

$$\dot{\sigma}_{ij} = \dot{s}_{ij} + \dot{\sigma}_{oct}\delta_{ij} \tag{4.58}$$

将式(4.54) $\dot{\sigma}_{oct} = 3K_t\dot{\varepsilon}_{oct}$ 代入可得

$$\dot{\sigma}_{ij} = \dot{s}_{ij} + 3K_t\dot{\varepsilon}_{oct}\delta_{ij} \tag{4.59}$$

若写作 $\dot{\varepsilon}_{oct} = \frac{1}{3}\dot{\varepsilon}_{kk} = \frac{1}{3}\delta_{kl}\dot{\varepsilon}_{kl}$,式(4.54)中 $\dot{\sigma}_{oct}$ 为

$$\dot{\sigma}_{oct} = \frac{1}{3}\dot{\sigma}_{kk} = 3K_t\left(\frac{1}{3}\delta_{kl}\dot{\varepsilon}_{kl}\right) \tag{4.60}$$

或者

$$\dot{\sigma}_{oct} = K_t\delta_{kl}\dot{\varepsilon}_{kl} \tag{4.61}$$

145

式(4.28)中的 $\dot{s}_{ij}$ 联系式(4.48)得到

$$\dot{s}_{ij} = 2\left(e_{ij}\frac{\mathrm{d}G_{\mathrm{s}}}{\mathrm{d}\gamma_{\mathrm{oct}}}\dot{\gamma}_{\mathrm{oct}} + G_{\mathrm{s}}\dot{e}_{ij}\right) \qquad (4.62)$$

从式(4.56)解出 $\mathrm{d}G_{\mathrm{s}}/\mathrm{d}\gamma_{\mathrm{oct}}$，有

$$\frac{\mathrm{d}G_{\mathrm{s}}}{\mathrm{d}\gamma_{\mathrm{oct}}} = \frac{G_{\mathrm{t}} - G_{\mathrm{s}}}{\gamma_{\mathrm{oct}}} \qquad (4.63)$$

对关系式 $\gamma_{\mathrm{oct}}^2 = \dfrac{4}{3}e_{rs}e_{rs}$ 进行微分，得到

$$\dot{\gamma}_{\mathrm{oct}} = \frac{4}{3}\frac{e_{rs}}{\gamma_{\mathrm{oct}}}\dot{e}_{rs} \qquad (4.64)$$

将式(4.63)和式(4.64)代入式(4.62)，乘以系数 $\dot{e}_{rs}$，结果为

$$\dot{s}_{ij} = 2\left(G_{\mathrm{s}}\delta_{ir}\delta_{js} + \frac{4}{3}\frac{G_{\mathrm{t}} - G_{\mathrm{s}}}{\gamma_{\mathrm{oct}}^2}e_{ij}e_{rs}\right)\dot{e}_{rs} \qquad (4.65)$$

为了应用完全应变增量张量表达式(4.65)，$\dot{e}_{rs}$ 可写为

$$\dot{e}_{rs} = \dot{\varepsilon}_{rs} - \frac{1}{3}\dot{\varepsilon}_{mn}\delta_{rs} \qquad (4.66)$$

式(4.66)可重新写为

$$\dot{e}_{rs} = \left(\delta_{rk}\delta_{sl} - \frac{1}{3}\delta_{rs}\delta_{kl}\right)\dot{\varepsilon}_{kl} \qquad (4.67)$$

将式(4.67)代入式(4.65)，注意 $e_{kk} = 0$，则得到

$$\dot{s}_{ij} = 2\left(G_{\mathrm{s}}\delta_{ik}\delta_{jl} - \frac{G_{\mathrm{s}}}{3}\delta_{ij}\delta_{kl} + \eta e_{ij}e_{kl}\right)\dot{\varepsilon}_{kl} \qquad (4.68)$$

其中，为了简化起见，将 η 定义为

$$\eta = \frac{4}{3}\frac{G_{\mathrm{t}} - G_{\mathrm{s}}}{\gamma_{\mathrm{oct}}^2} \qquad (4.69)$$

将式(4.61)和式(4.68)代入式(4.58)，得到所需的增量应力-应变关系(Murray,1979)为

$$\dot{\sigma}_{ij} = 2\left[\left(\frac{K_{\mathrm{t}}}{2} - \frac{G_{\mathrm{s}}}{3}\right)\delta_{ij}\delta_{kl} + G_{\mathrm{s}}\delta_{ik}\delta_{jl} + \eta e_{ij}e_{kl}\right]\dot{\varepsilon}_{kl} \qquad (4.70)$$

上式可以写为矩阵形式(式(4.57))，其中

$$\{\dot{\sigma}\} = \begin{bmatrix} \dot{\sigma}_x \\ \dot{\sigma}_y \\ \dot{\sigma}_z \\ \dot{\tau}_{xy} \\ \dot{\tau}_{yz} \\ \dot{\tau}_{zx} \end{bmatrix}, \quad \{\dot{\varepsilon}\} = \begin{bmatrix} \dot{\varepsilon}_x \\ \dot{\varepsilon}_y \\ \dot{\varepsilon}_z \\ \dot{\gamma}_{xy} \\ \dot{\gamma}_{yz} \\ \dot{\gamma}_{zx} \end{bmatrix} \tag{4.71}$$

切线材料刚度矩阵 $\boldsymbol{C}$ 可表达为

$$\boldsymbol{C} = \boldsymbol{A} + \boldsymbol{B} \tag{4.72}$$

其中,$\boldsymbol{A}$,$\boldsymbol{B}$ 为

$$\boldsymbol{A} = \begin{bmatrix} \alpha & \beta & \beta & 0 & 0 & 0 \\ \beta & \alpha & \beta & 0 & 0 & 0 \\ \beta & \beta & \alpha & 0 & 0 & 0 \\ 0 & 0 & 0 & G_s & 0 & 0 \\ 0 & 0 & 0 & 0 & G_s & 0 \\ 0 & 0 & 0 & 0 & 0 & G_s \end{bmatrix} \tag{4.73}$$

$$\boldsymbol{B} = 2\eta\{e\}\{e\}^{\mathrm{T}} \tag{4.74}$$

其中

$$\alpha = \left(K_t + \frac{4}{3}G_s\right) \tag{4.75}$$

$$\beta = \left(K_t - \frac{2}{3}G_s\right) \tag{4.76}$$

$\{e\}^T$ 为偏应变矢量 $\{e\}$ 的转置矩阵,即

$$\{e\} = \begin{bmatrix} e_x \\ e_y \\ e_z \\ e_{xy} \\ e_{yz} \\ e_{zx} \end{bmatrix} \tag{4.77}$$

$$\{e\}^T = \begin{bmatrix} e_x & e_y & e_z & e_{xy} & e_{yz} & e_{zx} \end{bmatrix}$$

　　要注意的是,对于各向同性线弹性材料,$K = K_t, G = G_s$,式(4.73)中的 $\boldsymbol{A}$ 和式(3.134)中的 $\boldsymbol{D}$ 有相同的形式。通过式(4.69)定义的变量 η 取决

147

于 $G_t - G_s$，矩阵 $\boldsymbol{B}$ 包含偏应变的乘积。式(4.74)的偏应变 $\{e\}\{e\}^{\mathrm{T}}$ 的二阶值是由 η 值抵消的，其中，η 在式(4.69)的分母中包含二阶 γ_{oct}^2；商不一定小。因此，通过比较矩阵 $\boldsymbol{B}$ 的因式 $8(G_t - G_s)/3$ 与矩阵 $\boldsymbol{A}$ 的因数 G_s，可以评估 $\boldsymbol{A}$ 和 $\boldsymbol{B}$ 中各项的相对大小。

例 4.4 对于例 4.3(式(4.33))所描述的混凝土材料单元，在加载过程中的特定瞬间，应变和应力的状态分别由式(4.34)和式(4.35)给出。使用式(4.70)~式(4.77)的增量关系式，预测对应于应变增量为

$$\dot{\varepsilon}_{ij} = 10^{-6} \begin{bmatrix} -90 & 30 & 0 \\ 30 & -50 & 0 \\ 0 & 0 & -40 \end{bmatrix} \tag{4.78}$$

试讨论应力增量分量 $\dot{\sigma}_{ij}$。

解 使用式(4.33)的 $K_s(\varepsilon_{\mathrm{oct}})$ 和 $G_s(\gamma_{\mathrm{oct}})$ 的表达式，由式(4.55)和式(4.56)得到

$$\left. \begin{aligned} K_t(\varepsilon_{\mathrm{oct}}) &= K_0 \left[a\left(1 + \frac{\varepsilon_{\mathrm{oct}}}{c}\ln b\right) b^{\varepsilon_{\mathrm{oct}}/c} + d \right] \\ G_t(\gamma_{\mathrm{oct}}) &= G_0 \left[m\left(1 - \frac{\gamma_{\mathrm{oct}}}{r}\ln q\right) q^{-\gamma_{\mathrm{oct}}/r} - 2n\gamma_{\mathrm{oct}} + t \right] \end{aligned} \right\} \tag{4.79}$$

其中，$K_0, G_0, a, b, \cdots, t$ 等参数由例 4.3 的式(4.33)给出。

之后，对应于由式(4.34)的 ε_{ij} 给出的"当前"应变状态(4.34)，$\varepsilon_{\mathrm{oct}} = -20 \times 10^{-4}$，$\gamma_{\mathrm{oct}} = 14.97 \times 10^{-4}$，切线模量是由式(4.79)计算得出。结果为

$$K_t = 0.202 \times 10^6 \text{ lb/in}^2, \quad G_t = 0.958 \times 10^6 \text{ lb/in}^2$$

之前算出的 K_s 和 G_s 的值为

$$K_s = 0.96 \times 10^6 \text{ lb/in}^2, \quad G_s = 1.54 \times 10^6 \text{ lb/in}^2$$

式(4.77)偏应变矢量分量 $\{e\}$ 是由式(4.34)的 ε_{ij} 值计算得到

$$\{e\} = 10^{-4} \times \begin{bmatrix} -10 \\ 2 \\ 8 \\ 0 \\ 0 \\ 0 \end{bmatrix}$$

148

将以上值代入式(4.69),式(4.75)和式(4.76)得到

$$\alpha=2.255\times10^{6}\ \text{lb/in}^{2},\quad \beta=-0.825\times10^{6}\ \text{lb/in}^{2}$$

$$\eta=-34.63\times10^{10}\ \text{lb/in}^{2}$$

由此,代入式(4.73)和式(4.74)得到式(4.72)中的矩阵 $\boldsymbol{A}$ 和 $\boldsymbol{B}$ 的值为

$$\boldsymbol{A}=(2.225\times10^{6})\begin{bmatrix} 1 & -0.366 & -0.366 & 0 & 0 & 0 \\ -0.366 & 1 & -0.366 & 0 & 0 & 0 \\ -0.366 & -0.366 & 1 & 0 & 0 & 0 \\ 0 & 0 & 0 & 0.683 & 0 & 0 \\ 0 & 0 & 0 & 0 & 0.683 & 0 \\ 0 & 0 & 0 & 0 & 0 & 0.683 \end{bmatrix}$$

$$\boldsymbol{B}=(-0.693\times10^{6})\begin{bmatrix} 1.00 & -0.20 & -0.80 & 0 & 0 & 0 \\ -0.20 & 0.04 & 0.16 & 0 & 0 & 0 \\ -0.80 & 0.16 & 0.64 & 0 & 0 & 0 \\ 0 & 0 & 0 & 0 & 0 & 0 \\ 0 & 0 & 0 & 0 & 0 & 0 \\ 0 & 0 & 0 & 0 & 0 & 0 \end{bmatrix}$$

显然,矩阵 $\boldsymbol{B}$ 的元素和矩阵 $\boldsymbol{A}$ 的元素大小同阶。由此可见,如果仅使用类似于线弹性模型(无论 α 和 β 是由式(4.75)和式(4.76)分别估算,或者由同一公式用 G_{t} 代替)的矩阵 $\boldsymbol{A}$,那么结果就会有较大错误。

应力增量 $\{\dot\sigma\}$ 计算如下。

$$\{\dot\sigma\}=(\boldsymbol{A}+\boldsymbol{B})\{\dot\varepsilon\}$$

$$=\begin{bmatrix} 1.562 & -0.686 & -0.271 & 0 & 0 & 0 \\ -0.686 & 2.227 & -0.936 & 0 & 0 & 0 \\ -0.271 & -0.936 & 1.811 & 0 & 0 & 0 \\ 0 & 0 & 0 & 1.540 & 0 & 0 \\ 0 & 0 & 0 & 0 & 1.540 & 0 \\ 0 & 0 & 0 & 0 & 0 & 1.540 \end{bmatrix}$$

$$\times \begin{bmatrix} -90 \\ -50 \\ -40 \\ 60 \\ 0 \\ 0 \end{bmatrix} = \begin{bmatrix} -95.44 \\ -12.17 \\ -1.25 \\ 92.40 \\ 0 \\ 0 \end{bmatrix} \text{lb/in}^2$$

因此,"更新的"最终应力张量为

$$\sigma_{ij} = \begin{bmatrix} -8935.44 & 92.40 & 0 \\ 92.40 & -5156.17 & 0 \\ 0 & 0 & -3297.25 \end{bmatrix} \text{lb/in}^2$$

与之对应的应变张量为

$$\varepsilon_{ij} = 10^{-4} \times \begin{bmatrix} -30.9 & 0.30 & 0 \\ 0.30 & -18.50 & 0 \\ 0 & 0 & -12.40 \end{bmatrix}$$

这些最终值用于更新刚度矩阵 C 以求下一个增量解。

从上述讨论和结果,对于基于线弹性关系式的简单修正得到各向同性非线弹性应力-应变模型,可以得到如下结论。

结论 1 一般来说,对于初始各向同性材料,虽然具有变割线模量的非线弹性应力-应变关系在形式上与各向同性线性模型类似,但这不是真实的增量关系。换句话说,式(4.57)的刚度矩阵 C 不受具有相同于含两个材料常数的式(4.73)中各向同性形式的限制;$C = A + B$ 中的所有元素一般都是非零且与应变相关。由此,当初始各向同性材料遭到破坏时,总会得到一般各向异性增量刚度矩阵。该各向异性称为应力或应变引起的各向异性。仅当主应力轴的主应变轴重合,并作为坐标轴,在加载过程中不转动时,矩阵 C 会和矩阵 A 在形式上相似。在这种情况下,例如,式(4.70)中的 e_{ij} 的主轴会与 $\dot{\sigma}_{ij}$ 和 $\dot{\varepsilon}_{ij}$ 的主轴重合。显然,这是一种非常特殊的情况,不能保证出现在一般实际问题分析中。的确,由应力引起的各向异性是真实材料,如混凝土和地质材料性能建模的一种理想特征。

结论 2 增量关系(式(4.70))一般包含了偏量性能和静水压性能的互相交叉影响,比如由(偏量)剪应力增量导致的体积应变增量,反之亦然。这

些影响对于描述非弹性膨胀或压缩起主导作用的混凝土和粒状材料的性能
至关重要。

结论 3 由式(4.70)可见,应力和应变增量的主轴一般不重合,除非矩
阵 C 永远和 A 一样具有各向同性的形式。但是,后者缺乏试验支持。应变
增量的主轴更可能是当前应力的主轴方向,尤其是接近破坏时。这主要是
因为材料单元中先前应力历史引起的缺陷的方向。

4.3 超弹性模型的一般公式

4.1.1 节已经回顾了用三种基于弹性的本构建模技巧用来描述三轴条
件下混凝土非线性变形性能。这三种技巧可分为两种基本方法,以割线公
式表述的有限材料特征和以切线应力-应变关系表示的增量模型。第一类有
限本构模型受限于路径无关,满足热力学定律的可逆过程。该类模型是超
弹性公式。本节将回顾超弹性概念,然后在 4.4 节将此概念推广为三阶本构
模型的构造以描述混凝土类材料的非线性不可逆性能。这种拓展的公式称
为塑性变形理论。4.5 节～4.7 节将介绍对应于第二类微分或增量模型中
最重要的超弹性公式。

4.3.1 弹性固体中的应变能和余能

考虑一个体积为 V,封闭该体积的表面面积为 A 的弹性体。这个弹性
体受到体力 F_i 和外表面力 T_i。假设 σ_{ij} 为所给定体力和表面力平衡所产生
的应力。最终的位移和应变分别由 u_i 和 ε_{ij} 表示。当然,u_i 和 ε_{ij} 的满足几何
(协调性)条件和规定的位移边界条件。对于弹性材料来说,应力 σ_{ij} 仅由当
前应变 ε_{ij} 决定,一般形式为

$$\sigma_{ij} = \sigma_{ij}(\varepsilon_{kl}) \qquad (4.80)$$

现在考虑弹性体从平衡状态受到一组无限小协调虚位移 δu_i 或虚位移
变化率 $\dot{u}_i$。与 δu_i 和 $\dot{u}_i$ 相协调的对应的应变由 $\delta\varepsilon_{ij}$ 或 ε_{ij} 表示(符号 δ 或点定
义为某种小变化,增量或变化率)。应变 $\delta\varepsilon_{ij}$ 和位移 δu_i 满足相同的几何条件
和规定的位移边界条件,例如 $\delta u_i=0$,其中 u_i 已知。平衡方程组 F_i,T_i 和 σ_{ij}

和以变化率表达的协调虚位移方程组如下（Chen 和 Saleeb，1981），为

$$\int_A T_i \delta u_i \, \mathrm{d}A + \int_V F_i \delta u_i \, \mathrm{d}V = \int_V \sigma_{ij} \, \delta \varepsilon_{ij} \, \mathrm{d}V \qquad (4.81)$$

如果 δu_i 和 $\delta \varepsilon_{ij}$ 是弹性体的位移和应变的实际变化率，那么式（4.81）的左边表示此刻正在对弹性体做机械功率。机械功转化为机械应变能量储存在在弹性体内，并有下列形式

$$\int_V \delta W \, \mathrm{d}V = \int_V \sigma_{ij} \, \delta \varepsilon_{ij} \, \mathrm{d}V \qquad (4.82)$$

其中，W 是每单位体积的应变或应变能密度；δW 是应变能密度的增长率。这个关系必须满足任意的体积积分，所以

$$\delta W = \sigma_{ij} \, \delta \varepsilon_{ij} \qquad (4.83)$$

因为通过定义，应变能量密度 W 只是应变 ε_{ij} 的函数，该能量密度的增长率也可以微分形式表示

$$\delta W = \frac{\partial W}{\partial \varepsilon_{ij}} \delta \varepsilon_{ij} \qquad (4.84)$$

可由式（4.83）和式（4.84）得出

$$\sigma_{ij} = \frac{\partial W}{\partial \varepsilon_{ij}} \qquad (4.85)$$

式（4.85）为从能量考虑的角度建立的弹性体应力-应变定律的一般形式。该关系式与式（4.2）的 Green 弹性材料完全一样。式（4.85）也称为 Green 弹性本构方程。

另外，考虑弹性体中的应力 σ_{ij} 受到与体力变化率 δF_i 或 $\dot{F}_i$ 和在 A 上所规定的表面力变化率 δT_i 或 $\dot{T}_i$ 相平衡的无限小应力变化 $\delta \sigma_{ij}$ 或增量 $\dot{\sigma}_{ij}$ 时的一组平衡率。当该组平衡率作用于一组协调位移 $\dot{u}_i$ 和 ε_{ij} 时，得到虚功方程

$$\int_A \delta T_i u_i \, \mathrm{d}A + \int_V \delta F_i u_i \, \mathrm{d}V = \int_V \delta \sigma_{ij} \varepsilon_{ij} \, \mathrm{d}V \qquad (4.86)$$

δT_i 和 δF_i 在 $\dot{u}_i$ 上所进行的虚功变化率等于弹性体的内能的增长率，可写作

$$\int_V \delta \Omega \, \mathrm{d}V = \int_V \delta \sigma_{ij} \varepsilon_{ij} \, \mathrm{d}V \qquad (4.87)$$

该关系式必须满足任意体积积分，所以

$$\delta \Omega = \varepsilon_{ij} \, \delta \sigma_{ij} \qquad (4.88)$$

函数 Ω 称为余能密度(或每单位体积的余能)。因为函数 Ω 定义为只是应力的函数,该能量的增长率可写为

$$\delta\Omega = \frac{\partial\Omega}{\partial\sigma_{ij}}\delta\sigma_{ij} \tag{4.89}$$

从式(4.88)和式(4.89),可以推导出

$$\varepsilon_{ij} = \frac{\partial\Omega}{\partial\sigma_{ij}} \tag{4.90}$$

该式为本构方程(式(4.85))的逆形式。

用不同方法可以得到 Ω 的相同结果。假设存在这样的余能密度函数 Ω,有

$$W + \Omega = \sigma_{ij}\varepsilon_{ij} \tag{4.91}$$

对 σ_{mn} 微分,得到

$$\frac{\partial W}{\partial\sigma_{mn}} + \frac{\partial\Omega}{\partial\sigma_{mn}} = \sigma_{ij}\frac{\partial\varepsilon_{ij}}{\partial\sigma_{mn}} + \varepsilon_{ij}\frac{\partial\sigma_{ij}}{\partial\sigma_{mn}} \tag{4.92}$$

因为 W 为应变的函数,则有

$$\frac{\partial W}{\partial\sigma_{mn}} = \frac{\partial W}{\partial\varepsilon_{ij}}\frac{\partial\varepsilon_{ij}}{\partial\sigma_{mn}} \tag{4.93}$$

将式(4.92)和式(4.93)整合的结果为

$$\frac{\partial\Omega}{\partial\sigma_{mn}} = \varepsilon_{ij}\frac{\partial\sigma_{ij}}{\partial\sigma_{mn}} + \left(\sigma_{ij} - \frac{\partial W}{\partial\varepsilon_{ij}}\right)\frac{\partial\varepsilon_{ij}}{\partial\sigma_{mn}} \tag{4.94}$$

由式(4.85)看到,式(4.94)右侧第二项为零,式(4.94)变为

$$\frac{\partial\Omega}{\partial\sigma_{mn}} = \varepsilon_{ij}\frac{\partial\sigma_{ij}}{\partial\sigma_{mn}} = \varepsilon_{ij}\delta_{im}\delta_{jn} \tag{4.95}$$

由 $\varepsilon_{ij}\delta_{im}\delta_{jn} = \varepsilon_{mn}$ 可得

$$\varepsilon_{mn} = \frac{\partial\Omega}{\partial\sigma_{mn}}$$

与式(4.90)相同。

在这里值得提及的是,在许多基于热力学第一定律和第二定律的弹性力学教科书中,对于等温和绝热过程中的函数 W 和 Ω 存有争议。这些讨论可得到上述相同结论。

在简单拉伸(单轴应力状态)状态下,唯一非零应力分量为 $\sigma_x = \sigma$,其对应的应变分量为 $\varepsilon_x = \varepsilon$。对于任何应变 ε_{11} 或应力 σ_{11},$W(\varepsilon_{11})$ 和 $\Omega(\sigma_{11})$ 为

$$W(\varepsilon_{11}) = \int_0^{\varepsilon_{11}} \sigma_{11}\, \mathrm{d}\varepsilon_{11} \tag{4.96}$$

$$\Omega(\sigma_{11}) = \int_0^{\sigma_{11}} \varepsilon_{11}\, \mathrm{d}\sigma_{11} \tag{4.97}$$

因此，$W(\varepsilon_{11})$ 是在单轴应力-应变曲线下直到所给应变 ε_{11} 所包含的面积，而 $\Omega(\sigma_{11})$ 是曲线和应力轴之间的面积。非线性和线弹性单轴受拉应力-应变曲线分别如图 4.4(a)、(b) 所示。在线弹性材料中(图 4.4(b))，因为代表 W 和 Ω 的两个面积都为三角形，且每个都为 $\frac{1}{2}\sigma_{11}\varepsilon_{11}$，二者面积相等。显然在非线弹性材料中(图 4.4(a))代表 W 和 Ω 的两个面积不相等。

在一般的三维情况下，式(4.96)式(4.97)取下列形式

$$W(\varepsilon_{ij}) = \int_0^{\varepsilon_{ij}} \sigma_{ij}\, \mathrm{d}\varepsilon_{ij} \tag{4.98}$$

$$\Omega(\sigma_{ij}) = \int_0^{\sigma_{ij}} \varepsilon_{ij}\, \mathrm{d}\sigma_{ij} \tag{4.99}$$

其中，$W(\varepsilon_{ij})$ 和 $\Omega(\sigma_{ij})$ 分别为应变 ε_{ij} 和应力 σ_{ij} 的函数。

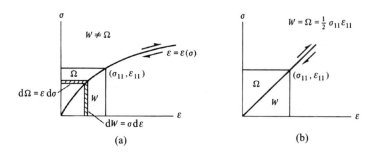

图 4.4　应变能密度 W 和余能密度 Ω

(a)非线性材料；(b)线弹性材料

例 4.5　一个非线弹性材料的单轴应力-应变关系可由下面单项幂函数表达

$$\varepsilon = b\sigma^n \tag{4.100}$$

其中，n 是常数。我们将证明 W 和 Ω 之比为常数。

将式(4.100)的 ε 代入 W 和 Ω 的表达式，可以得到

$$W = \int_0^{\sigma} \sigma(nb\sigma^{n-1})\mathrm{d}\sigma = \int_0^{\sigma} nb\sigma^n \mathrm{d}\sigma = \frac{n}{n+1}b\sigma^{n+1} = \frac{n}{n+1}\sigma\varepsilon \tag{4.101}$$

$$\Omega = \int_0^\sigma b\sigma^n \mathrm{d}\sigma = \frac{1}{n+1}b\sigma^{n+1} = \frac{\sigma\varepsilon}{n+1} \qquad (4.102)$$

因此
$$\frac{W}{\Omega} = n \qquad (4.103)$$

即在该情况下 W/Ω 的比值是常数。

4.3.2　Green 各向异性、正交异性和横向同性线弹性应力-应变关系

应变能密度 W 或余能密度函数 Ω 可分别表示为应变分量 ε_{ij} 或应力分量 σ_{ij} 的幂级数展开式。然后,使用式(4.85)或式(4.90)的关系,就可建立线性、准线性和非线弹性材料的各种本构关系。下面概述各向异性材料的线弹性本构关系的 Green 公式。4.3.3 节将介绍各向同性材料的非线弹性应力-应变关系。

将函数 W 以多项式展开并保留至二阶项得到
$$W = c_0 + \alpha_{ij}\varepsilon_{ij} + \beta_{ijkl}\varepsilon_{ij}\varepsilon_{kl} \qquad (4.104)$$
其中,c_0、α_{ij} 和 β_{ijkl} 为常数。用式(4.85)可以将应力表示为
$$\sigma_{ij} = \alpha_{ij} + (\beta_{ijkl} + \beta_{klij})\varepsilon_{kl} \qquad (4.105)$$

最后,令 $\alpha_{ij}=0$,即假设初始无应变状态对应于初始无应力状态,取
$$C_{ijkl} = (\beta_{ijkl} + \beta_{klij}) \qquad (4.106)$$
显然
$$C_{ijkl} = C_{klij} \qquad (4.107)$$
由此可以写出线弹性应力-应变关系的一般形式如下
$$\sigma_{ij} = C_{ijkl}\varepsilon_{kl} \qquad (4.108)$$

而且,因为 W 可以从任意水平测出,可以假设 $c_0=0$。因此,$c_0=\alpha_{ij}=0$,意味着对于 W 的参考状态是应力和应变均为零。由此可确定 $\beta_{ijkl}=\beta_{klij}$,代入式(4.108),则式(4.104)简化为
$$W = \frac{1}{2}C_{ijkl}\varepsilon_{ij}\varepsilon_{kl} = \frac{1}{2}\sigma_{ij}\varepsilon_{ij} \qquad (4.109)$$

当然,对于线性材料,式(4.108)在形式上与式(3.110)相同。然而,在推导两个方程中,即式(4.107)中,存在一个重要的差异。对于弹性材料,该方程要求成对下标 (ij) 和 (kl) 的顺序可以互换

$$C_{(ij)(kl)} = C_{(kl)(ij)} \tag{4.110}$$

因此,在这种限制下,式(3.110)的 36 个弹性常数现在减少为 21 个。这意味着,C_{ijkl} 中最多 21 个常数可以在数值上彼此不同。如果材料是对称的,这 21 个独立常数将会进一步减少。下面将给出各向异性、正交异性和横向同性弹性材料的线性应力-应变关系的矩阵形式。

各向异性材料(21 个常数) 式(4.108)的一般形式用 21 个常数的矩阵形式可写为

$$
\begin{bmatrix} \sigma_x \\ \sigma_y \\ \sigma_z \\ \tau_{xy} \\ \tau_{yz} \\ \tau_{zx} \end{bmatrix}
=
\begin{bmatrix}
c_{11} & c_{12} & c_{13} & c_{14} & c_{15} & c_{16} \\
 & c_{22} & c_{23} & c_{24} & c_{25} & c_{26} \\
 & & c_{33} & c_{34} & c_{35} & c_{36} \\
 & & & c_{44} & c_{45} & c_{46} \\
 & \text{对称} & & & c_{55} & c_{56} \\
 & & & & & c_{66}
\end{bmatrix}
\begin{bmatrix} \varepsilon_x \\ \varepsilon_y \\ \varepsilon_z \\ \gamma_{xy} \\ \gamma_{yz} \\ \gamma_{zx} \end{bmatrix}
\tag{4.111}
$$

正交异性材料(9 个常量) 正交异性材料具有对三个互相垂直轴的材料弹性对称性。当坐标轴 x, y, z 分别垂直于三个材料对称面,并要求绕这些轴旋转 $180°$ 时弹性性能不变,式(4.111)中的常数之间可以找到某种关系。此时坐标轴 x, y, z 称为材料的主方向(轴)。一般可证明,考虑到式(4.111)材料的弹性对称性,将使材料常数的数量减至 9 个。因此,参考材料的主轴(x, y, z),正交异性弹性材料的线性应力-应变关系可用至多有 9 个独立弹性常数的矩阵形式写为

$$
\begin{bmatrix} \sigma_x \\ \sigma_y \\ \sigma_z \\ \tau_{xy} \\ \tau_{yz} \\ \tau_{zx} \end{bmatrix}
=
\begin{bmatrix}
c_{11} & c_{12} & c_{13} & 0 & 0 & 0 \\
 & c_{22} & c_{23} & 0 & 0 & 0 \\
 & & c_{33} & 0 & 0 & 0 \\
 & & & c_{44} & 0 & 0 \\
 & \text{对称} & & & c_{55} & 0 \\
 & & & & & c_{66}
\end{bmatrix}
\begin{bmatrix} \varepsilon_x \\ \varepsilon_y \\ \varepsilon_z \\ \gamma_{xy} \\ \gamma_{yz} \\ \gamma_{zx} \end{bmatrix}
\tag{4.112}
$$

使用弹性模数的工程定义,式(4.112)可以写为另一种形式

$$
\begin{bmatrix} \varepsilon_x \\ \varepsilon_y \\ \varepsilon_z \\ \gamma_{xy} \\ \gamma_{yz} \\ \gamma_{zx} \end{bmatrix} = \begin{bmatrix} \dfrac{1}{E_x} & -\dfrac{\nu_{yx}}{E_y} & -\dfrac{\nu_{zx}}{E_z} & 0 & 0 & 0 \\[2mm] -\dfrac{\nu_{xy}}{E_x} & \dfrac{1}{E_y} & -\dfrac{\nu_{zy}}{E_z} & 0 & 0 & 0 \\[2mm] -\dfrac{\nu_{xz}}{E_x} & -\dfrac{\nu_{yz}}{E_y} & \dfrac{1}{E_z} & 0 & 0 & 0 \\[2mm] 0 & 0 & 0 & \dfrac{1}{G_{xy}} & 0 & 0 \\[2mm] 0 & 0 & 0 & 0 & \dfrac{1}{G_{yz}} & 0 \\[2mm] 0 & 0 & 0 & 0 & 0 & \dfrac{1}{G_{zx}} \end{bmatrix} = \begin{bmatrix} \sigma_x \\ \sigma_y \\ \sigma_z \\ \tau_{xy} \\ \tau_{yz} \\ \tau_{zx} \end{bmatrix} \tag{4.113}
$$

其中，E_x, E_y, E_z 分别为沿 x, y, z 轴方向的弹性模量；G_{xy}, G_{yz}, G_{zx} 分别为平行于坐标轴 xy, yz, zx 平面的剪切模量，例如，剪切模量 G_{xy} 可定义为剪应力 τ_{xy} 与其引起的剪应变 γ_{xy} 之比；$\nu_{ij}(i, j = x, y, z)$ 为泊松比，表征为由 i 方向上的拉应力引起的 j 方向上的压应变，例如，由于在 x 方向上的拉应力，ν_{xy} 表征由 x 方向的拉应力产生 y 方向的压应变。

因为弹性材料的对称要求，有

$$
E_x \nu_{yx} = E_y \nu_{xy}, \quad E_y \nu_{zy} = E_z \nu_{yz}, \quad E_z \nu_{xz} = E_x \nu_{zx} \tag{4.114}
$$

式(4.113)包含了 12 个弹性模数，但是由于式(4.114)的对称要求，其中只有 9 个是独立的。

横向同性材料(5 个常量)　在这种情况下，材料表现出关于其中一个坐标轴的旋转弹性对称性。令 z 轴成为弹性对称轴。各向同性的平面为如图 4.5 所示的 xy 平面。

将式(4.112)或式(4.113)满足对于任何关于 z 轴的旋转变换的额外要求简单地施加于正交各向异性材料，可以容易地得到横向同性对称条件。这个附加的材料对称性将独立弹性常数的数量从 9 减至 5。下述矩阵公式总结了最后结果(有 5 个弹性常数)

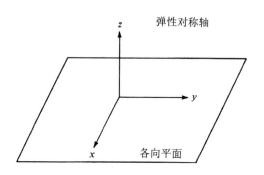

图 4.5　横向同性材料的坐标轴

$$
\begin{bmatrix} \sigma_x \\ \sigma_y \\ \sigma_z \\ \tau_{xy} \\ \tau_{yz} \\ \tau_{zx} \end{bmatrix} = \begin{bmatrix} c_{11} & c_{12} & c_{13} & 0 & 0 & 0 \\ & c_{11} & c_{13} & 0 & 0 & 0 \\ & & c_{33} & 0 & 0 & 0 \\ & & & 2(c_{11}-c_{12}) & 0 & 0 \\ & \text{对称} & & & c_{44} & 0 \\ & & & & & c_{44} \end{bmatrix} \begin{bmatrix} \varepsilon_x \\ \varepsilon_y \\ \varepsilon_z \\ \gamma_{xy} \\ \gamma_{yz} \\ \gamma_{zx} \end{bmatrix} \quad (4.115)
$$

使用工程弹性模量,可将式(4.115)写为

$$
\begin{bmatrix} \varepsilon_x \\ \varepsilon_y \\ \varepsilon_z \\ \gamma_{xy} \\ \gamma_{yz} \\ \gamma_{zx} \end{bmatrix} = \begin{bmatrix} \dfrac{1}{E} & -\dfrac{\nu}{E} & -\dfrac{\nu'}{E'} & 0 & 0 & 0 \\[2mm] -\dfrac{\nu}{E} & \dfrac{1}{E} & -\dfrac{\nu'}{E'} & 0 & 0 & 0 \\[2mm] -\dfrac{\nu'}{E'} & -\dfrac{\nu'}{E'} & \dfrac{1}{E'} & 0 & 0 & 0 \\[2mm] 0 & 0 & 0 & \dfrac{1}{G} & 0 & 0 \\[2mm] 0 & 0 & 0 & 0 & \dfrac{1}{G'} & 0 \\[2mm] 0 & 0 & 0 & 0 & 0 & \dfrac{1}{G'} \end{bmatrix} \begin{bmatrix} \sigma_x \\ \sigma_y \\ \sigma_z \\ \tau_{xy} \\ \tau_{yz} \\ \tau_{zx} \end{bmatrix} \quad (4.116)
$$

其中,E,E' 分别为各向同性平面及其垂直平面的弹性模量;$G=E/2(1+\nu)$ 为各向同性平面的剪切模量;G' 为垂直于各向同性平面的剪切模量;ν 为泊松比,表征由相同平面的拉应力引起的各向同性平面上的横向应变减小;ν' 为泊松比,表征由垂直于各向同性平面的拉应力引起的各向同性平面上的

横向应变的减小。

注意,所选择的独立常数为 E, E', ν, ν', G',而 $G = E/2(1+\nu)$ 不是独立的。

对于各向同性线弹性材料($\nu' = \nu, E' = E$ 和 $G' = G$),式(4.116)简化为只有两个弹性常数的形式(与式(3.133)相同)。因此可得到结论:线性各向同性材料是弹性的,线性各向同性材料的本构关系的 Green 公式和 Cauchy 公式完全相同。

4.3.3　Green 各向同性非线弹性应力-应变关系

在上一节中,线弹性模型的本构关系被用于表示非线性材料性能。在这里,我们将基于对假设的弹性函数 W 或 Ω 级数进行更高阶应力或应变分量(或其不变量)的级数展开来建立非线弹性本构关系。下述讨论只考虑各向同性材料。

对于各向同性弹性材料,式(4.85)的应变能密度 W 可以用应变张量 ε_{ij} 的任意三个独立的不变量来表示。

定义如下的三个不变量 $\bar{I}'_1, \bar{I}'_2$ 和 $\bar{I}'_3$,W 写为

$$W = W(\bar{I}'_1, \bar{I}'_2, \bar{I}'_3) \tag{4.117}$$

其中,不变量 $\bar{I}'_1, \bar{I}'_2$ 和 $\bar{I}'_3$ 为

$$\bar{I}'_1 = \varepsilon_{kk}, \quad \bar{I}'_2 = \frac{1}{2}\varepsilon_{km}\varepsilon_{km}, \quad \bar{I}'_3 = \frac{1}{3}\varepsilon_{km}\varepsilon_{kn}\varepsilon_{mn} \tag{4.118}$$

之后,从式(4.85)中得到

$$\sigma_{ij} = \frac{\partial W}{\partial \bar{I}'_1}\frac{\partial \bar{I}'_1}{\partial \varepsilon_{ij}} + \frac{\partial W}{\partial \bar{I}'_2}\frac{\partial \bar{I}'_2}{\partial \varepsilon_{ij}} + \frac{\partial W}{\partial \bar{I}'_3}\frac{\partial \bar{I}'_3}{\partial \varepsilon_{ij}} \tag{4.119}$$

用式(4.118)代替 $\bar{I}'_1, \bar{I}'_2$ 和 $\bar{I}'_3$,并进行微分可得到

$$\sigma_{ij} = \phi_1\partial_{ij} + \phi_2\varepsilon_{ij} + \phi_3\varepsilon_{ik}\varepsilon_{jk} \tag{4.120}$$

其中

$$\phi_i = \phi_i(\bar{I}'_j) = \frac{\partial W}{\partial \bar{I}'_i} \tag{4.121}$$

从式(4.121)中可知,函数 ϕ_i(材料应变函数)与三个方程有关(通过对式(4.121)进行微分)

$$\frac{\partial \phi_i}{\partial \overline{I}'_j} = \frac{\partial \phi_j}{\partial \overline{I}'_i} \tag{4.122}$$

应该注意的是,式(4.117)和式(4.118)中的三个独立应变不变量的选择是任意的。反之,可以采用不变量 I'_1,I'_2 和 I'_3(式(3.101))或偏应变张量 e_{ij} 的不变量 J'_1,J'_2 和 J'_3(式(3.105)),甚至 I'_1,J'_2 和 J'_3 这样的混合不变量。此优点在于用简便的方法分离函数 ϕ_i。

作为一个典型本构方程式的例子,考虑 W 为不变量 $\overline{I}'_1$,$\overline{I}'_2$ 和 $\overline{I}'_3$ 的多项式展开。如果在式(4.104)中,保留 W 中从二阶到四阶的应变项,则可将 $W(\overline{I}'_1,\overline{I}'_2,\overline{I}'_3)$ 表示为

$$W = (c_1\overline{I}'^2_1 + c_2\overline{I}'_2) + (c_3\overline{I}'^3_1 + c_4\overline{I}'_1\overline{I}'_2 + c_5\overline{I}'_3) \\ + (c_6\overline{I}'^4_1 + c_7\overline{I}'^2_1\overline{I}'_2 + c_8\overline{I}'_1\overline{I}'_3 + c_9\overline{I}'^2_2) \tag{4.123}$$

其中,c_1,c_2,$\cdots$,c_9 是常数。

由此,式(4.121)给出

$$\left. \begin{aligned} \phi_1 &= (2c_1\overline{I}'_1 + 3c_3\overline{I}'^2_1 + c_4\overline{I}'_2 + 4c_6\overline{I}'^3_1 + 2c_7\overline{I}'_1\overline{I}'_2 + c_8\overline{I}'_3) \\ \phi_2 &= (c_2 + c_4\overline{I}'_1 + c_7\overline{I}'^2_1 + 2c_9\overline{I}'_2) \\ \phi_3 &= (c_5 + c_8\overline{I}'_1) \end{aligned} \right\} \tag{4.124}$$

将这些函数代入式(4.120),可以得到三次应力-应变关系。唯一留下的问题是从试验结果来确定 c_1,c_2,$\cdots$,c_9 这 9 个常数。

没有理由要求所有材料应变函数中都包括规定的阶数。因此,为简单起见,在某些情况下,将 W 展开为两个甚至一个应变不变量的函数具有优势,而且不需要为规定的阶数保留这些不变量所有可能组合。

采用相似的过程,通过由式(4.6)表示的应力不变量 $\overline{I}_1$,$\overline{I}_2$ 和 $\overline{I}_3$ 展开函数 Ω,可以式(4.90)得到不同本构关系。由此,如果我们选择这些应力不变量,则本构法则为

$$\varepsilon_{ij} = \alpha_1\delta_{ij} + \alpha_2\sigma_{ij} + \alpha_3\sigma_{ik}\sigma_{jk} \tag{4.125}$$

其中

$$\alpha_i = \alpha_i(\overline{I}_j) = \frac{\partial\Omega}{\partial\overline{I}_i} \tag{4.126}$$

下面三个关系式给出了对材料应力函数 α_i 的限制

$$\frac{\partial \alpha_i}{\partial \bar{I}_j} = \frac{\partial \alpha_j}{\partial \bar{I}_i} \tag{4.127}$$

需要强调的是,式(4.120)和式(4.125)所描述的模型性能,与线弹性模型一样,是可逆且与路径无关,因为其应变状态(或应力)仅由当前应力(或应变)状态确定,而与加载历史无关。

例 4.6 一初始无压力和无应变的材料单元在(σ,τ)空间(拉力 σ,剪力 τ)(图 4.6)受到径向直线路径从$(0,0)$到$(30,10)$kips/in^2 的组合加载历史。假设材料单元是基于如下函数 Ω 的非线弹性材料

$$\Omega(I_1,J_2) = aJ_2 + bI_1J_2 \tag{4.128}$$

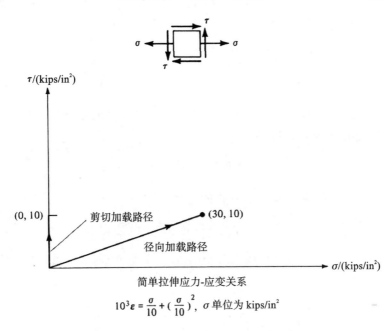

图 4.6 非线弹性材料在(σ,τ)应力空间的加载路径

其中,a,b 是常数;I_1,J_2 是应力张量的不变量(第 3 章)。材料简单受拉应力-应变关系为

$$10^3\varepsilon = \frac{\sigma}{10} + \left(\frac{\sigma}{10}\right)^2 \tag{4.129}$$

其中,σ 单位为 kips/in^2。根据所给资料:①确定式(4.128)中的常数 a,b;②求出所给应力路径末端的所有正应变和剪应变分量;③考虑一条从$(0,0)$

到 $(0,10)\mathrm{kips/in^2}$ 的剪应力路径，xy 平面与应变分量 σ 和 τ 平面重合，计算最终剪应变分量 γ_{xy}，并求在这种情况下体积变化值 ε_{kk}。

解 ①从式(4.128)所给出的表达式 Ω，有

$$\frac{\partial \Omega}{\partial I_1} = bJ_2, \quad \frac{\partial \Omega}{\partial J_2} = a + bI_1$$

由于 $I_1 = \sigma_{kk}$ 且 $J_2 = \frac{1}{2}s_{mn}s_{mn}$，有

$$\frac{\partial I_1}{\partial \sigma_{ij}} = \delta_{ij}, \quad \frac{\partial J_2}{\partial \sigma_{ij}} = s_{mn}\frac{\partial s_{mn}}{\partial \sigma_{ij}} = s_{mn}\frac{\partial \left(\sigma_{mn} - \frac{1}{3}\sigma_{kk}\delta_{mn}\right)}{\partial \sigma_{ij}} \quad (4.130)$$

或者

$$\frac{\partial J_2}{\partial \sigma_{ij}} = s_{mn}\left(\delta_{im}\delta_{jn} - \frac{1}{3}\delta_{mn}\delta_{ij}\right) = s_{ij} - \frac{1}{3}\delta_{ij}s_{mn} = s_{ij} \quad (4.131)$$

又 $s_{mn}=0$。因此，本构方程可写为

$$\varepsilon_{ij} = \frac{\partial \Omega}{\partial \sigma_{ij}} = (bJ_2)\delta_{ij} + (a + bI_1)s_{ij} \quad (4.132)$$

在简单的拉伸状态下，$\sigma_{11}=\sigma$，且其他所有应力分量均为零。由此，从第3章所描述的关系式，得到

$$I_1 = \sigma, \quad J_2 = \frac{1}{3}\sigma^2, \quad s_{11} = \frac{2}{3}\sigma$$

式(4.132)的应力-应变关系式简化为

$$\varepsilon = \frac{2a}{3}\sigma + b\sigma^2$$

比较这个方程与式(4.129)所给的应力-应变关系式，可以得出常数 a，b。结果为

$$a = \frac{3}{2} \times 10^{-4}, \quad b = 1 \times 10^{-5}$$

②将上述 a，b 值代入式(4.132)，变为

$$\varepsilon_{ij} = (1 \times 10^{-5})J_2\delta_{ij} + \left(\frac{3}{2} \times 10^{-4} + 10^{-5}I_1\right)s_{ij} \quad (4.133)$$

径向路径的末端的 I_1 和 J_2 值可由最终值 $\sigma = 30\ \mathrm{kips/in^2}$ 和 $\tau = 10\ \mathrm{kips/in^2}$ 计算得到

$$I_1 = 30\ \mathrm{kips/in^2}, \quad J_2 = \frac{1}{6}\left[(30)^2 + (30)^2\right] + (10)^2 = 400$$

由此,将这些值代入式(4.133)得到

$$\varepsilon_{ij} = (40 \times 10^{-4})\delta_{ij} + (4.5 \times 10^{-4})s_{ij}$$

该式可用于计算应变分量 ε_{ij}。给出结果为

$$\varepsilon_{ij} = \begin{bmatrix} 130 & 45 & 0 \\ 45 & -5 & 0 \\ 0 & 0 & -5 \end{bmatrix} \times 10^{-4}$$

③对于从 $(0,0)$ 到 $(0,10)$ kips/in^2 的剪力加载路径 I_1 和 J_2 的值为

$$I_1 = 0, \quad J_2 = 100$$

因此,本构关系式(4.133)变为

$$\varepsilon_{ij} = 10^{-3}\delta_{ij} + 1.5 \times 10^{-4}s_{ij}$$

且

$$\gamma_{xy} = 2\varepsilon_{xy} = 2\varepsilon_{12} = 2(1.5 \times 10^{-4})(10) = 3 \times 10^{-3}$$

$$\varepsilon_{kk} = 10^{-3}\delta_{kk} + 1.5 \times 10^{-4}s_{kk}$$

因为 $s_{kk}=0$,在剪力路径末端 $(\delta_{kk}=3)$ 的最终膨胀值 ε_{kk} 为

$$\varepsilon_{kk} = 3 \times 10^{-3}$$

要注意的是,与线弹性材料不同,如该例所述,由式(4.132)所描述的非线弹性模型在简单剪应力(也称为膨胀或膨胀性)下会产生体积增长。这个现象在混凝土和岩土建模中是非常重要的。

4.3.4　应力-应变关系唯一可逆的条件

图 4.7 中的单轴状态的 σ 和 ε 曲线象征着应力和应变的关系。图 4.7 (a)~(c)中,应力 σ 仅由应变 ε 的唯一确定,反之亦然。这里,一个额外加载 $\dot{\sigma}$ 或 d$\sigma>0$,会产生额外应变 $\dot{\varepsilon}$ 或 d$\varepsilon>0$,以及乘积 $\dot{\sigma}\dot{\varepsilon}>0$。额外的应力 $\dot{\sigma}$ 做正功,如图 4.7 中的阴影三角形所示。这种材料称为稳定性材料。

图 4.7(d)中变形曲线有一个下降段,应变随着应力减少而增加。虽然应力 σ 是由应变值 ε 唯一决定的,但逆向推导未必成立。在下降段,额外的应力做负功,也就是 $\dot{\sigma}\dot{\varepsilon}<0$。这种材料称为不稳定性材料。

图 4.7(e)中应变随着应力增加而减少,所以应力 σ 不是由应变值唯一决定的,就再次得到 $\dot{\sigma}\dot{\varepsilon}<0$。在力学概念上,这种情况与热力学定律相矛盾,因为它允许有用功的自由提取。这些简单例子证明,稳定性材料与弹性模型唯一可逆的应力-应变关系之间存在一种紧密关系。

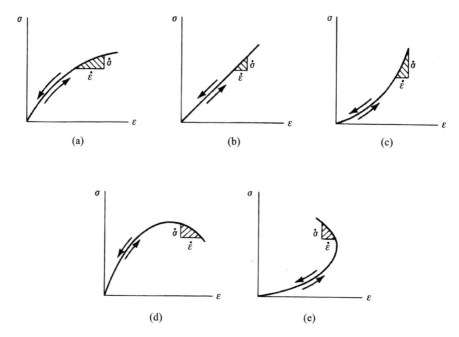

图 4.7 弹性材料的稳定和不稳定应力-应变曲线

(a),(b),(c)为稳定材料,$\dot{\sigma}\dot{\varepsilon}>0,\dot{\varepsilon}>0,\dot{\sigma}>0$;

(d),(e)为不稳定材料,$\dot{\sigma}\dot{\varepsilon}<0$;(d)$\dot{\varepsilon}>0,\dot{\sigma}<0$;(e)$\dot{\varepsilon}<0,\dot{\sigma}>0$

　　一般来说,由任意假设函数 Ω 推导的应力-应变关系将由应力分量唯一确定应变,但是这不意味着总能得到唯一可逆的本构关系(由应变分量唯一确定应力)。

　　相同的论点也可应用于基于假设函数 W 的本构关系。尽管应力由应变唯一确定,但是反过来未必如此。为了满足这些唯一解的要求,必须对假设的 W 和 Ω 施加进一步限制。Drucker 的稳定材料假说概括了图 4.7 所示的理念,并对 W 和 Ω 的形式提出了合适的附加限制(Drucker,1951)。

　　Drucker 稳定性假说　考虑如图 4.8(a)所示的材料体积为 V,表面积为 A,所施加的面力和体力分别记为 T_i 和 F_i,引起的相应位移、应力和应变分别为 u_i,σ_{ij} 和 ε_{ij}。体力、应力、位移和应变的现存体系同时满足平衡和协调(几何)条件(图 4.8(a))。现在考虑一个外力系(完全不同于引起现有应力 σ_{ij} 和应变 ε_{ij} 状态的力系),这个外力系作用为附加面力和体力,即 $\dot{T}_i$ 和 $\dot{F}_i$,

由此对物体引起一组附加应力 $\dot{\sigma}_{ij}$、应变 $\dot{\varepsilon}_{ij}$ 和位移 $\dot{u}_i$,如图 4.8(b)所示。
Drucker 稳定性假说内容如下。

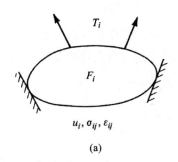

(a)

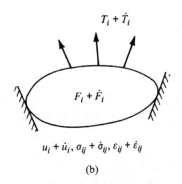

(b)

图 4.8 外力系和 Drucker 稳定性假说

(a)现存体系;(b)现存体系和外力系

假说 1 外力系在其作用期间,对所产生的位移变化上所做的功为正。

假说 2 外力系作用在其加载和卸载循环,对所产生的位移变化上所做的净功为非负。

要强调的是,这里所提到的功仅是附加力系 $\dot{T}_i$ 和 $\dot{F}_i$ 在其产生的位移 $\dot{u}_i$ 变化上的功,不是全部力在 $\dot{u}_i$ 上做的功。这两个稳定性要求的数学表述为

$$\int \dot{T}_i \dot{u}_i \mathrm{d}A + \int_V \dot{F}_i \dot{u}_i \mathrm{d}V > 0 \tag{4.134}$$

$$\oint_A \dot{T}_i \dot{u}_i \mathrm{d}A + \oint_V \dot{F}_i \dot{u}_i \mathrm{d}V \geqslant 0 \tag{4.135}$$

其中,$\oint$ 表示在附加外力系加载和卸载循环过程中的积分。

假说 1,式(4.134)称为小稳定性;假说 2,式(4.135)称为循环稳定性。注意的是,这些稳定性要求比仅要求全部力做的功为非负的热力学定律更严格。

将虚功原理应用于一组附加的平衡力系 $\dot{F}_i$, $\dot{T}_i$, $\dot{\sigma}_{ij}$ 和一组协调位移 $\dot{u}_i$, $\dot{\varepsilon}_{ij}$,式(4.134)和式(4.135)的稳定性条件简化为下列不等式(V 为任意体积)

小范围稳定性 $\qquad \int_V \dot{\sigma}_{ij}\dot{\varepsilon}_{ij}\,\mathrm{d}V > 0 \quad$ 或 $\quad \dot{\sigma}_{ij}\dot{\varepsilon}_{ij} > 0$ $\hfill$ (4.136)

循环稳定性 $\qquad\qquad\qquad \oint_V \dot{\sigma}_{ij}\dot{\varepsilon}_{ij}\,\mathrm{d}V \geqslant 0$ $\hfill$ (4.137)

其中,$\oint$ 是在附加应力组 $\dot{\sigma}_{ij}$ 一个加载和卸载循环上的积分。

假说 2 会保证 W 和 Ω 的存在,假说 1 保证了对于任何基于假设函数 W(或 Ω)的弹性本构模型来说,总是可以找到一个唯一可逆的本构关系。而且,W 和 Ω 的存在,对于稳定弹性材料来说,意味着本构关系必须是 Green(或者超弹性)类型。在这样的情况下,它自动得到假说 2,且仅必须满足第一稳定性条件(式(4.136))。如下所述,第一个条件对弹性材料性能施加了附加限制。这可通过再次考虑图 4.7 象征的单轴应力-应变曲线来说明。图 4.7(a)、(b)、(c)为满足式(4.136)的稳定性弹性材料。图 4.7(d)、(e)所示的材料性能是违反了稳定性条件的不稳定性材料。因此不考虑图 4.7(d)、(e)所示的材料类型。一些在真实材料中通常观测到的现象因此受到影响。例如,混凝土和一些饱和土壤表现的应变软化特征满足图 4.7(d)所示下降的应力-应变曲线。这样的现象不能由满足 Drucker 稳定性要求的本构关系来建模。

根据稳定材料的概念,有用的净能量不可能从材料和作用在其上的力系在一次附加力和位移的加载和卸载循环中获得。而且,如果仅发生了不可恢复的变形(第 6 章和第 8 章),就必须输入能量。对于弹性材料来说,所有变形都是可恢复的,并且稳定性要求外部作用在这一个循环中所做的功为零,即对弹性材料来说,不等式的积分(式(4.137))永远为零。可以证明,它分别为应变能和余能函数 W 和 Ω 的存在提供了一个充要条件。例如,我们将弹性材料体内的现存应力和应变状态分别表示为 σ_{ij}^* 和 ε_{ij}^*。考虑到外力系对现有应力状态施加一组附加应力 $\Delta\sigma_{ij}$。现在假设外力系释放所有附

加应力 $\Delta\sigma_{ij}$，因此应力状态返回到 σ_{ij}^*。对于弹性体，应变状态也会返回到
ε_{ij}^*。在这样一个 $\Delta\sigma_{ij}$ 的增加和撤销的循环中，假说 2 要求

$$\int (\sigma_{ij} - \sigma_{ij}^*) \mathrm{d}\varepsilon_{ij} = 0 \tag{4.138}$$

选择初始现存状态为无应力和无应变现有状态（$\sigma_{ij}^* = 0$），有

$$\oint \sigma_{ij} \, \mathrm{d}\varepsilon_{ij} = 0 \tag{4.139}$$

由此推导出考虑弹性应变能密度 W 仅为应变的函数

$$W(\varepsilon_{ij}) = \int_0^{\varepsilon_{ij}} \sigma_{ij} \, \mathrm{d}\varepsilon_{ij} \tag{4.140}$$

$$\sigma_{ij} = \frac{\partial W}{\partial \varepsilon_{ij}} \tag{4.141}$$

这就是 4.3.1 节推导得到的关系式。同样可以证明，第二个稳定性假说导出弹性余能密度 Ω 的存在，且仅为应力的函数。

应力-应变关系唯一可逆的条件 如前所述，对于弹性材料，第二个稳定性假说意味着本构关系总是式（4.85）和式（4.90）描述的 Green 型（超弹性）。而且，这些关系还必须满足第一个稳定性要求，不等式（4.136）。这就在本构关系的一般形式上添加了附加条件。考虑式（4.85）的本构关系。通过微分应变增量 $\dot{\varepsilon}_{ij}$ 可以表示应力增量分量 $\dot{\sigma}_{ij}$，即

$$\dot{\sigma}_{ij} = \frac{\partial \sigma_{ij}}{\partial \varepsilon_{kl}} \dot{\varepsilon}_{kl} = \frac{\partial^2 W}{\partial \varepsilon_{ij} \partial \varepsilon_{kl}} \dot{\varepsilon}_{kl} \tag{4.142}$$

注意式（4.85）适用于超弹性材料。

将式（4.142）的 $\dot{\sigma}_{ij}$ 代入稳定性条件（式（4.136）），得到

$$\frac{\partial^2 W}{\partial \varepsilon_{ij} \partial \varepsilon_{kl}} \dot{\varepsilon}_{ij} \dot{\varepsilon}_{kl} > 0 \tag{4.143}$$

也就是，对于分量 $\dot{\sigma}_{ij}$ 的任意值，二次形式 $(\partial^2 W / \partial \varepsilon_{ij} \partial \varepsilon_{kl}) \dot{\varepsilon}_{ij} \dot{\varepsilon}_{kl}$ 是正定的。不等式（4.143）可重写为另一种简便的形式

$$H_{ijkl} \dot{\varepsilon}_{ij} \dot{\varepsilon}_{kl} > 0 \tag{4.144}$$

其中

$$H_{ijkl} = \frac{\partial^2 W}{\partial \varepsilon_{ij} \partial \varepsilon_{kl}} \tag{4.145}$$

从式（4.145）很容易看出，张量 H_{ijkl} 满足对称条件（ε_{ij} 具有对称性）

$$H_{ijkl} = H_{jikl} = H_{ijlk} = H_{jilk} = H_{klij} \tag{4.146}$$

因此，H_{ijkl} 只有 21 个独立单元。在数学上，$H_{ijkl} = \partial^2 W / \partial \varepsilon_{ij} \partial \varepsilon_{kl}$ 分量的矩阵称为函数 W 的 Hessian 矩阵。当 ε_{ij} 采用由式(3.132)定义的具有 6 个分量的矢量形式表示时，W 的 Hessian 矩阵的单元写为

$$
\boldsymbol{H} =
\begin{bmatrix}
\dfrac{\partial^2 W}{\partial \varepsilon_x^2} & \dfrac{\partial^2 W}{\partial \varepsilon_x \partial \varepsilon_y} & \dfrac{\partial^2 W}{\partial \varepsilon_x \partial \varepsilon_z} & \dfrac{\partial^2 W}{\partial \varepsilon_x \partial \gamma_{xy}} & \dfrac{\partial^2 W}{\partial \varepsilon_x \partial \gamma_{yz}} & \dfrac{\partial^2 W}{\partial \varepsilon_x \partial \gamma_{zx}} \\[2mm]
 & \dfrac{\partial^2 W}{\partial \varepsilon_y^2} & \dfrac{\partial^2 W}{\partial \varepsilon_y \partial \varepsilon_z} & \dfrac{\partial^2 W}{\partial \varepsilon_y \partial \gamma_{xy}} & \dfrac{\partial^2 W}{\partial \varepsilon_y \partial \gamma_{yz}} & \dfrac{\partial^2 W}{\partial \varepsilon_y \partial \gamma_{zx}} \\[2mm]
 & & \dfrac{\partial^2 W}{\partial \varepsilon_z^2} & \dfrac{\partial^2 W}{\partial \varepsilon_z \partial \gamma_{xy}} & \dfrac{\partial^2 W}{\partial \varepsilon_z \partial \gamma_{yz}} & \dfrac{\partial^2 W}{\partial \varepsilon_z \partial \gamma_{zx}} \\[2mm]
 & \text{对称} & & \dfrac{\partial^2 W}{\partial \gamma_{xy}^2} & \dfrac{\partial^2 W}{\partial \gamma_{xy} \partial \gamma_{yz}} & \dfrac{\partial^2 W}{\partial \gamma_{xy} \partial \gamma_{zx}} \\[2mm]
 & & & & \dfrac{\partial^2 W}{\partial \gamma_{yz}^2} & \dfrac{\partial^2 W}{\partial \gamma_{yz} \partial \gamma_{zx}} \\[2mm]
 & & & & & \dfrac{\partial^2 W}{\partial \gamma_{zx}^2}
\end{bmatrix}
\tag{4.147}
$$

并且式(4.144)要求 $\boldsymbol{H}$ 是正定的。

另外，式(4.136)可用 Ω 和 σ_{ij} 表示。因此，运用式(4.90)并按照上述类似过程，最终得到

$$
H'_{ijkl} \dot{\sigma}_{ij} \dot{\sigma}_{kl} > 0
\tag{4.148}
$$

其中

$$
H'_{ijkl} = \frac{\partial^2 \Omega}{\partial \sigma_{ij} \partial \sigma_{kl}}
\tag{4.149}
$$

Ω 的 Hessian 矩阵单元和 W 的式(4.147)形式完全相同，Ω, σ, τ 分别替换 W, ε, γ。

对稳定弹性固体的可能应力-应变关系施加的限制 现总结由 Drucker 材料稳定性假说施加的限制和它们的可能影响。参见 Chen 和 Saleeb (1981)的详细讨论。

限制 1 弹性本构关系总是 Green(超弹性)型。而且，总是存在唯一可逆的本构关系，也就是，对于任何基于假设函数 W 的本构关系 $\sigma_{ij} = F(\varepsilon_{ij})$，总是可以得到一个唯一可逆关系 $\varepsilon_{ij} = F'(\sigma_{ij})$。唯一可逆存在的条件是 W 的 Hessian 行列式为非零，即 Hessian 矩阵为正定。

限制 2 应变能函数 W 和 Ω 存在且总为正定。这直接分别来自它们的

Hessian 矩阵 $\boldsymbol{H}$ 和 $\boldsymbol{H}'$ 的正定性特征,且符合热力学定律的要求。

　　限制 3　在应变和应力空间中,分别对应于 W 和 Ω 的常数函数的表面是外凸的。其数学证明如下。考虑在九维应力空间(图 4.9)两个不同的应力矢量 σ_{ij}^a 和 σ_{ij}^b。通过 Taylor 级数(忽略高阶项)展开可以近似 $\Omega(\sigma_{ij}^b) - \Omega(\sigma_{ij}^a)$ 的差值

$$\Omega(\sigma_{ij}^b) - \Omega(\sigma_{ij}^a) = \left(\frac{\partial \Omega}{\partial \sigma_{ij}}\right)_{\sigma_{ij}^a} \Delta\sigma_{ij} + \frac{1}{2}\left[H'_{ijkl}\right]_{\sigma_{ij}^a} \Delta\sigma_{ij}\,\Delta\sigma_{kl} \qquad (4.150)$$

其中
$$\Delta\sigma_{ij} = (\sigma_{ij}^b - \sigma_{ij}^a)$$

$\left[H'_{ijkl}\right]_{\sigma_{ij}^a}$ 为在 σ_{ij}^a 处计算的 Ω 的 Hessian 矩阵。

　　参照式(4.148),式(4.150)右侧第二项是正定的。由此,可以写为

$$\Omega(\sigma_{ij}^b) - \Omega(\sigma_{ij}^a) > \left(\frac{\partial \Omega}{\partial \sigma_{ij}}\right)_{\sigma_{ij}^a} (\sigma_{ij}^b - \sigma_{ij}^a) \qquad (4.151)$$

该式为 $\Omega(\sigma_{ij})$ 严格外凸性的条件。相似地,可以证明 $W(\varepsilon_{ij})$ 的外凸性。第 8 章中将详细讨论屈服函数 f 的外凸性以及基于稳定性假说的图形证明。这里可以直接应用几何方法证明 W 和 Ω 的外凸性。考虑任何现有应力和应变状态 σ_{ij}^a 和 ε_{ij}^a 和其相应的表面 $\Omega(\sigma_{ij}^a) =$ 常数。假设这个表面是非凸面的,如图 4.9 所示,然后通过沿着位于表面之外的直线路径对 σ_{ij}^a 添加一组应力 $\Delta\sigma_{ij}$,总可能达到在相同表面 $\Omega(\sigma_{ij}^a) =$ 常数上的应力状态 σ_{ij}^b。一个稳定材料的稳定性定义要求所施加的一组应力在其产生的应变上所做的净功为正值,也就是

$$\int_{\sigma_{ij}^a}^{\sigma_{ij}^b} (\varepsilon_{ij} - \varepsilon_{ij}^a)\,\mathrm{d}\sigma_{ij} > 0$$

该式可重写为

$$\int_0^{\sigma_{ij}^b} \varepsilon_{ij}\,\mathrm{d}\sigma_{ij} - \int_0^{\sigma_{ij}^a} \varepsilon_{ij}\,\mathrm{d}\sigma_{ij} - \varepsilon_{ij}^a\,\Delta\sigma_{ij} > 0 \qquad (4.152a)$$

因为两个应力状态 σ_{ij}^a 和 σ_{ij}^b 位于常数 Ω 的同一表面上,前两项 $\Omega(\sigma_{ij}^b) - \Omega(\sigma_{ij}^a) = 0$。因此,不等式(4.152a)可简化为

$$\varepsilon_{ij}^a\,\Delta\sigma_{ij} < 0 \qquad (4.152b)$$

即两个矢量 ε_{ij}^a(垂直于 σ_{ij}^a 处的表面 $\Omega =$ 常数)和 $\Delta\sigma_{ij}$ 之间的夹角对所有的 σ_{ij}^b 和 $\Delta\sigma_{ij}$ 必须是钝角。但是,如果表面是假设的非凸面(凹面),则总是可以找到一个与矢量 ε_{ij}^a 形成锐角的矢量 $\Delta\sigma_{ij}$(例如图 4.9 中的 $\Delta\sigma_{ij}$,$\theta < 90°$),在

这种情况下 $\varepsilon_{ij}^a \Delta\sigma_{ij} > 0$，违反了不等式(4.152b)。因此，表面必须是外凸面。

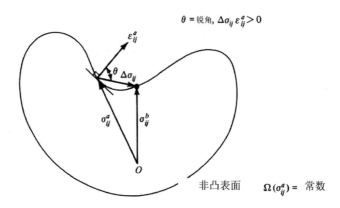

图 4.9　Ω＝常数的非凸表面的正交性和稳定性假说相矛盾

限制 4　弹性应变矢量 ε_{ij} 必须垂直于表面 Ω＝常数。式(4.90)是正交条件(第 3 章)，即在所给点 σ_{ij}，表面 Ω 的外法线在"每个应力坐标轴方向上的分量都和相应的应变分量成比例"代表相应于 σ_{ij} 的矢量 ε_{ij}。在图 4.10中，在九维应力空间中象征性地描述了表面 Ω＝常数。在该空间中用一点表示应力 σ_{ij} 的状态。在应力空间中(ε_{11} 作为 σ_{11} 方向上的分量等)，将与应力 σ_{ij} 相应的应变分量 ε_{ij} 作为原点在应力 σ_{ij} 点的一个自由矢量进行绘制。该自由矢量总是在相应的应力点 σ_{ij} 处垂直于表面 Ω＝常数。

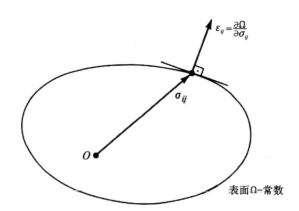

图 4.10　ε_{ij} 在一般九维应力空间对表面 Ω＝常数的正交性

正交性对应力和应变之间关系的可能形式上提供了一个非常严格且重要的限制。假设余能密度仅是 J_2 的函数,即 $\Omega = \Omega(J_2)$。然后,基于正交条件,有

$$\varepsilon_{ij} = \frac{\partial \Omega}{\partial \sigma_{ij}} = \frac{\partial \Omega}{\partial J_2} \frac{\partial J_2}{\partial \sigma_{ij}} = F(J_2) s_{ij}$$

该式表示了在这样的情况下体积应变为零。因此,当本构关系(式(4.20))和仅为 J_2 的函数 F 一起使用时,必须选择 $\nu = 1/2$(不可压缩性)以满足正交条件。

4.4 三阶超弹性本构模型公式

下面将首先讨论三阶超弹性(Green)本构模型公式。基于这个模型,将建立一个增量应力-应变关系显式表达式,然后引入加载准则并推广到反向加载范围,改进该超弹性模型。这称为塑性变形理论公式,只要不发生卸载,该公式就和超弹性公式完全相同。本节描述的模型可用于涉及三维应力和应变分量的钢筋混凝土结构的非线性应力分析。

4.4.1 通用表达式

对于一种初始各向同性材料,如果用应力分量的四阶多项式表示余能函数 $\Omega(\overline{I}_1, \overline{I}_2, \overline{I}_3)$,可以写为(Evans 和 Pister,1966;Ko 和 Masso,1976;Saleeb 和 Chen,1980)

$$\begin{aligned}
\Omega(\overline{I}_1, \overline{I}_2, \overline{I}_3) = {} & A_0 + A_1 \overline{I}_1 + \frac{1}{2} B_1 \overline{I}_1^2 + \frac{1}{3} B_2 \overline{I}_1^3 + B_3 \overline{I}_1 \overline{I}_2 + B_4 \overline{I}_2 + B_5 \overline{I}_3 \\
& + \frac{1}{4} B_6 \overline{I}_1^4 + B_7 \overline{I}_1^2 \overline{I}_2 + \frac{1}{2} B_8 \overline{I}_2^2 + B_9 \overline{I}_1 \overline{I}_3
\end{aligned}$$

$$(4.153)$$

其中,式(4.6)定义了应力不变量 $\overline{I}_1, \overline{I}_2, \overline{I}_3$;$A_0, A_1$ 和 $B_1 \sim B_9$ 是材料常数。为了后续推导便利,将在式(4.153)中代入系数的数值。之后,运用式(4.90)的正交条件,本构关系可写为

$$\varepsilon_{ij} = A_1 \delta_{ij} + (B_1 \bar{I}_1 + B_2 \bar{I}_1^2 + B_3 \bar{I}_2 + B_6 \bar{I}_1^3 + 2B_7 \bar{I}_1 \bar{I}_2 + B_9 \bar{I}_3) \delta_{ij}$$
$$+ (B_3 \bar{I}_1 + B_4 + B_7 \bar{I}_1^2 + B_8 \bar{I}_2) \sigma_{ij} + (B_5 + B_9 \bar{I}_1) \sigma_{im} \sigma_{jm}$$

$$(4.154)$$

假设初始无应力状态对应于初始无应变状态,那么常数 A_1 为零,由式 (4.154) 得到

$$\varepsilon_{ij} = \phi_1 \delta_{ij} + \phi_2 \sigma_{ij} + \phi_3 \sigma_{im} \sigma_{jm} \qquad (4.155)$$

其中,材料反应函数 ϕ_i 为

$$\phi_1 = B_1 \bar{I}_1 + B_2 \bar{I}_1^2 + B_3 \bar{I}_2 + B_6 \bar{I}_1^3 + 2B_7 \bar{I}_1 \bar{I}_2 + B_9 \bar{I}_3$$
$$\phi_2 = B_3 \bar{I}_1 + B_4 + B_7 \bar{I}_1^2 + B_8 \bar{I}_2 \qquad (4.156)$$
$$\phi_3 = B_5 + B_9 \bar{I}_1$$

显然,这些公式之间的关系满足式(4.9)。式(4.155)和式(4.156)为一般三阶超弹性(Green)应力-应变关系。为了完成模型表达式,仅需由试验结果确定 $B_1 \sim B_9$ 这 9 个材料常数。Saleeb 和 Chen(1980)进行了详细推导。Evans 和 Pister(1966)推导了三阶本构关系式(式(4.155))的一般形式。Ko 和 Masson(1976)最先将该模型应用于土壤并提出了确定 $B_1 \sim B_9$ 这 9 个材料常数的方法。

4.4.2 应力-应变关系的增量形式

本节推导一般非线性本构关系的增量形式。另外,也推导与主应力和主应变增量有关的材料柔度矩阵。

对式(4.155)微分,应变增量张量 $\dot{\varepsilon}_{ij}$ 可写为

$$\dot{\varepsilon}_{ij} = \left[\frac{\partial \phi_1}{\partial \sigma_{kl}} \delta_{ij} + \phi_2 \frac{\partial \sigma_{ij}}{\partial \sigma_{kl}} + \sigma_{ij} \frac{\partial \phi_2}{\partial \sigma_{kl}} + \phi_3 \frac{\partial (\sigma_{im} \sigma_{jm})}{\partial \sigma_{kl}} + \sigma_{im} \sigma_{jm} \frac{\partial \phi_3}{\partial \sigma_{kl}} \right] \dot{\sigma}_{kl}$$

$$(4.157)$$

其中,$\dot{\sigma}_{kl}$ 是应力增量张量,式(4.156)给出了函数 ϕ_i。对 ϕ_i 表达式求偏导,结果为

$$\frac{\partial \phi_1}{\partial \sigma_{kl}} = (B_1 + 2B_2 \bar{I}_1 + 3B_6 \bar{I}_1^2 + 2B_7 \bar{I}_2) \delta_{kl} + (B_3 + 2B_7 \bar{I}_1) \sigma_{kl} + B_9 \sigma_{kn} \sigma_{ln}$$

$$\frac{\partial \phi_2}{\partial \sigma_{kl}} = (B_3 + 2B_7 \bar{I}_1) \delta_{kl} + B_8 \sigma_{kl} \qquad (4.158)$$

$$\frac{\partial \phi_3}{\partial \sigma_{kl}} = B_9 \delta_{kl}, \quad \frac{\partial \sigma_{ij}}{\partial \sigma_{kl}} = \delta_{ik}\delta_{jl}, \quad \frac{\partial \sigma_{im}\sigma_{jm}}{\partial \sigma_{kl}} = \sigma_{ij}\delta_{jk} + \sigma_{ji}\delta_{ik}$$

将式(4.157)和式(4.158)结合,最终得到

$$\dot{\varepsilon}_{ij} = \left[\frac{\partial \phi_1}{\partial \sigma_{kl}}\delta_{ij} + \phi_2\delta_{ik}\delta_{jl} + \sigma_{ij}\frac{\partial \phi_2}{\partial \sigma_{kl}} + \phi_3(\sigma_{il}\sigma_{jk} + \sigma_{jl}\sigma_{ik}) + \sigma_{im}\sigma_{jm}\frac{\partial \phi_3}{\partial \sigma_{kl}}\right]\dot{\sigma}_{kl}$$

$$(4.159)$$

该公式表示了三阶超弹性本构模型的一般增量形式。也可以用矩阵形式写为

$$\{\dot{\varepsilon}\} = \boldsymbol{C}\{\dot{\sigma}\} \quad (4.160)$$

其中,$\{\dot{\varepsilon}\}$和$\{\dot{\sigma}\}$分别为应变和应力增量矢量;$\boldsymbol{C}$ 为取决应力 σ_{ij} 的当前状态和材料常数 B_i 的对称切线材料柔度矩阵。从式(4.160)的一般形式可以推导至特殊情况(如平面应力、平面应变和轴对称)。例如,有关主应力和主应变的矩阵公式为

$$\begin{bmatrix} \dot{\varepsilon}_1 \\ \dot{\varepsilon}_2 \\ \dot{\varepsilon}_3 \end{bmatrix} = \begin{bmatrix} C_{11} & C_{12} & C_{13} \\ C_{21} & C_{22} & C_{23} \\ C_{31} & C_{32} & C_{33} \end{bmatrix} \begin{bmatrix} \dot{\sigma}_1 \\ \dot{\sigma}_2 \\ \dot{\sigma}_3 \end{bmatrix} \quad (4.161)$$

其中,矩阵 $\boldsymbol{C}$ 的元素为

$$C_{11} = [(B_1 + B_4) + (2B_2 + B_3)\overline{I}_1 + (3B_6 + B_7)\overline{I}_1^2 + (2B_7 + B_8)\overline{I}_2] + [2(B_3 + B_5) + 2(2B_7 + B_9)\overline{I}_1]\sigma_1 + (B_8 + 2B_9)\sigma_1^2$$

$$C_{22} = [(B_1 + B_4) + (2B_2 + B_3)\overline{I}_1 + (3B_6 + B_7)\overline{I}_1^2 + (2B_7 + B_8)\overline{I}_2] + [2(B_3 + B_5) + 2(2B_7 + B_9)\overline{I}_1]\sigma_2 + (B_8 + 2B_9)\sigma_2^2$$

$$C_{33} = [(B_1 + B_4) + (2B_2 + B_3)\overline{I}_1 + (3B_6 + B_7)\overline{I}_1^2 + (2B_7 + B_8)\overline{I}_2] + [2(B_3 + B_5) + 2(2B_7 + B_9)\overline{I}_1]\sigma_3 + (B_8 + 2B_9)\sigma_3^2$$

$$C_{12} = C_{21} = (B_1 + 2B_2\overline{I}_1 + 3B_6\overline{I}_1^2 + 2B_7\overline{I}_2) + (B_3 + 2B_7\overline{I}_1)(\sigma_1 + \sigma_2) + B_8\sigma_1\sigma_2 + B_9(\sigma_1^2 + \sigma_2^2)$$

$$C_{13} = C_{31} = (B_1 + 2B_2\overline{I}_1 + 3B_6\overline{I}_1^2 + 2B_7\overline{I}_2) + (B_3 + 2B_7\overline{I}_1)(\sigma_1 + \sigma_3) + B_8\sigma_1\sigma_3 + B_9(\sigma_1^2 + \sigma_3^2)$$

$$C_{23} = C_{32} = (B_1 + 2B_2\overline{I}_1 + 3B_6\overline{I}_1^2 + 2B_7\overline{I}_2) + (B_3 + 2B_7\overline{I}_1)(\sigma_2 + \sigma_3) + B_8\sigma_2\sigma_3 + B_9(\sigma_2^2 + \sigma_3^2)$$

$$(4.162)$$

先前的公式仅在应力和应变的主轴重合且材料元素变形而不旋转时有效。在这种情况下,应变和应力增量的主轴也重合了。通常应力和应变增量的主轴不重合,剪应力增量除了产生剪应变外还产生体积应变,并且偏分量和静水压分量的反应总是耦合。在对扩张或压缩以及应力引起的颗粒材料各向异性的现象建模时,偏量和静水压反应之间的这些互相作用和交叉影响非常重要。而且,从式(4.155)和式(4.159)可知,中间主应力 σ_2 的影响与偏平面中的应力路径的方向有关,由所含的第三个应力变量 $\bar{I}_3$ 来考虑。实验结果已经证明了这些现象的重要性,期望在数学模型中考虑它们的影响。

这就是大多数基于弹性的模型不能正确描述卸载时材料性能的限制的原因。这些模型的基本目的是用在单调递增荷载情况。因为在基于弹性理论的模型中,没有显式加载准则,加载和卸载的定义也没有清晰的意义。由此,下面将介绍超弹性模型的加载函数。

4.4.3 卸载-再加载准则

在简单试验情况中,观察应力-应变曲线(图 4.11)可以很容易想象出卸载和再加载的情况。然而,对于完全一般的情况,明确定义的卸载准则和任何坐标系相同,即需要不变量。这里使用了一个简单卸载和再加载条件,这个加载条件以余能函数 Ω 来表示。余能函数 Ω 是一个相对于坐标变换的不变量。条件 $\dot{\Omega} < 0$ 表示卸载,其中 $\dot{\Omega} = \varepsilon_{ij} \, d\sigma_{ij}$ 是 Ω 的增量变化。条件 $\dot{\Omega} > 0$ 表示加载。$\dot{\Omega} > 0$ 和 $\Omega < \Omega_{max}$ 条件定义再加载,其中 Ω_{max} 为 Ω 在材料点的先前的最大值。这些一般条件的数学表述如下。

$$
\left.
\begin{aligned}
\text{加载} \qquad & \Omega = \Omega_{max}, \dot{\Omega} > 0 \\
\text{卸载} \qquad & \Omega = \Omega_{max}, \dot{\Omega} < 0 \\
\text{再加载} \qquad & \Omega < \Omega_{max}, \dot{\Omega} > 0
\end{aligned}
\right\}
\tag{4.163}
$$

对于卸载或再加载情况可以使用初始切线模量(图 4.11)。而对于加载则使用式(4.159)或式(4.160)。

可以使用式(4.155)用应力来计算 $\dot{\Omega}$

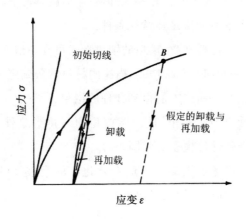

图 4.11　加载和卸载的近似表示

$$\dot{\Omega} = \frac{\partial \Omega}{\partial \sigma_{ij}} \dot{\sigma}_{ij} = \phi_1 \dot{\bar{I}}_1 + \phi_2 \dot{\bar{I}}_2 + \phi_3 \dot{\bar{I}}_3 \tag{4.164}$$

其中,使用了增量不变量 $\dot{\bar{I}}_1, \dot{\bar{I}}_2, \dot{\bar{I}}_3$ 的关系

$$\dot{\bar{I}}_1 = \dot{\sigma}_{kk}, \quad \dot{\bar{I}}_2 = \sigma_{ij}\dot{\sigma}_{ij}, \quad \dot{\bar{I}}_3 = \sigma_{im}\sigma_{jm}\dot{\sigma}_{ij} \tag{4.165}$$

像对大多数塑性变形理论一样,对上述加载和卸载定义的唯一反对意见是在中性加载条件下 $\dot{\Omega}=0$ 遇到的歧义,在此条件下可以任意地分配加载或卸载模量。在中性加载条件下,无限小的应力变化可以引起有限的应变改变,违背了连续条件,这从物理角度是不能接受的。但是,除了严格的多维加载条件,许多实际结构涉及中等加载条件时,通常加载路径不会发生在中性荷载附近。

4.4.4　一般评述

现有的本构关系可以模拟许多混凝土性能,比如非线性、应力路径关联性、膨胀、应力引起的各向异性、约束(或静水压)应力的影响,第三应力不变量的影响,应力和应变不变量张量的主轴不重合,尤其是接近破坏时。但是,现有公式仅适用于初始各向同性材料。

将现有公式应用于单调递增荷载条件时,它满足所有严格的数学要求,比如唯一性,稳定性和连续性。在一般卸载-再加载条件下,现有加载和卸载准则在中性荷载附近不能满足连续性条件。

一旦确定了9个材料常数,模型的增量形式可在一般有限单元分析程序中实施。但是,Saleeb 和 Chen(1980)描述的材料常数确定方法不方便应用,需要许多次拟合三次方曲线方能得到合理的结果。

在破坏前的低应力水平下,使用该模型通常得到最佳结果。这就是频繁使用大多数基于弹性的模型的范围。

现有的公式不能考虑混凝土在应变软化区的后破坏性能,因为它表示增加应变对应于增加应力(加工强化型)。

4.5 基于修正线弹性模型的增量应力-应变关系

在前几节,介绍了割线公式形式的有限材料特征。这些公式是基于超弹性理论和弹塑性变形理论。在本章后续将介绍基于亚弹性理论和以切线应力-应变关系表述的微分或增量公式。本节将简要回顾基于线弹性模型简单修正的三个典型亚弹性公式。这些简单本构模型已经广泛用于许多钢筋混凝土结构研究的有限元研究中。4.6 节将给出各向同性亚弹性模型的一般公式。最后 4.7 节会推导混凝土三维亚弹性应力-应变关系。

4.5.1 具有一个可变模量 $E(t)$ 的各向同性模型

用最简单的方法将各向同性线弹性增量本构模型中的弹性模量 E 替换为可变切线模量 $E(t)$,得到

$$\dot{\sigma}_{ij} = \frac{E(t)}{1+\nu}\dot{\varepsilon}_{ij} + \frac{\nu E(t)}{(1+\nu)(1-2\nu)}\dot{\varepsilon}_{kk}\delta_{ij} \tag{4.166}$$

在这个公式中,泊松比 ν 假设为常数,根据试验证据,直至混凝土极限强度的 75%,这都是相当合理的近似值,但是在此点之后它逐渐偏离。因此,所有的非线性可由变化弹性模量 $E(t)$ 来考虑。采用第 8 章介绍的应变强化

176

塑性中的有效应力-应变概念模拟法,通过一个等效标量函数比如 J_2 或 τ_{oct},可以从单轴应力-应变曲线中得到在多轴压应力状态下,应力-应变关系任何点的 $E(t)$ 切线值。显然,该方法无法获得由横向压应力引起的刚度增加,但在双轴情况下误差不大。使用双轴或三轴试验的 $E(t)$ 切线值,可以减少这种误差。

对于平面应力,增量应力-应变关系式(4.166)有如下形式

$$\begin{bmatrix} \dot{\sigma}_x \\ \dot{\sigma}_y \\ \dot{\tau}_{xy} \end{bmatrix} = \frac{E(t)}{1-\nu^2} \begin{bmatrix} 1 & \nu & 0 \\ \nu & 1 & 0 \\ 0 & 0 & \dfrac{1-\nu}{2} \end{bmatrix} \begin{bmatrix} \dot{\varepsilon}_x \\ \dot{\varepsilon}_y \\ \dot{\gamma}_{xy} \end{bmatrix} \tag{4.167}$$

其中,ν 是常量;$\gamma_{xy} = 2\varepsilon_{xy}$ 是工程剪应变。

Popovics(1970)介绍了混凝土的单轴应力-应变曲线拟合的综合报告,已经形成了三类公式:双曲线;抛物线;指数关系和进一步一般化。所有这些公式都仅涵盖有限的材料性能。尽管人们对该模型在各向同性模型在主方向上具有相同模量并且在剪切和静水压反应之间无耦合存在争议,但一个广义双曲线模型已经成功地应用在有限元求解非线性土力学问题中(Duncan 和 Chang,1970)。

现有的模型的主要优点是简单,且数据易于从混凝土的单轴试验中得到。

具有可变弹性模量 $E(t)$ 的另一种模型是在每个主方向去评估仅由相同方向的主应力引起的应变,然后根据所给单轴应力-应变曲线计算应力和材料常数。这种方法基于以下的实验结论:各种应力比的双轴应力-应变曲线之间的差异不大(第 2 章)。因此该模型主要应用于平面问题,比如梁,板和薄壳,之中的应力主要是双轴应力。但是,从实验数据中即可看出静水压力显著影响了三维条件下的混凝土性能。

当任何主方向上的应变值达到规定的单轴曲线的极限时,后一种模型意味着材料发生破坏。尽管过于简单,但是在双轴应力条件是不无道理的。

4.5.2　一个具有两个可变模量，$K(t)$ 和 $G(t)$ 的各向同性模型

在一个较复杂的方法中，非线性变形模型运用可变切线体积模量 $K(t)$ 和剪切模量 $G(t)$ 的各向同性公式。在这种情况下，应力和应变分量分解为如下的静水压和偏应力分量

$$\dot{\sigma}_{ij} = \dot{s}_{ij} + \frac{1}{3}\dot{\sigma}_{kk}\delta_{ij} = \dot{s}_{ij} + \dot{\sigma}_m\delta_{ij}, \quad \dot{\varepsilon}_{ij} = \dot{e}_{ij} + \frac{1}{3}\dot{\varepsilon}_{kk}\delta_{ij} \qquad (4.168)$$

对于线性各向同性性能，静水压反应从偏量性能解耦，得到如下增量应力-应变关系

$$\dot{\sigma}_m = K(t)\dot{\varepsilon}_{kk}, \quad \dot{s}_{ij} = 2G(t)\dot{e}_{ij} \qquad (4.169)$$

其中，体积变化 $\dot{\varepsilon}_{kk}$ 是由平均正应力变化 $\dot{\sigma}_m = \dot{\sigma}_{kk}/3$ 所引起的，畸形变化 $\dot{e}_{ij}$ 是由应力偏量改变 $\dot{s}_{ij}$ 所引起的。每个值都相互独立。$K(t)$ 和 $G(t)$ 表示切线体积和剪切模数，定义为

$$K(t) = \frac{\dot{\sigma}_{oct}}{3\dot{\varepsilon}_{oct}} = \frac{E(t)}{3[1-2\nu(t)]}, \quad G(t) = \frac{\dot{\tau}_{oct}}{\dot{\gamma}_{oct}} = \frac{E(t)}{2[1+\nu(t)]}$$

$$(4.170)$$

其中，下标 oct 表示八面体分量，这些分量与应力不变量 I_1 和 J_2 和应变不变量 I_1' 和 J_2' 成比例，如式(4.30)所给出。

Kupfer 等(1969，1973)进行了详细的研究，根据混凝土试件的双轴荷载试验数据发展了可变体积和剪切模量。得到了下列关于切线剪切和体积模数的无量纲表达式。

$$\frac{G(t)}{G(t_0)} = \frac{[1-a(\tau_{oct}/f_c')^m]^2}{1+(m-1)a(\tau_{oct}/f_c')^m} \qquad (4.171)$$

$$\frac{K(t)}{K(t_0)} = \frac{G(t)/G(t_0)}{\exp[-(c\gamma_{oct})^p][1-p(c\gamma_{oct})^p]} \qquad (4.172)$$

初始模数 $G(t_0)$，$K(t_0)$ 和参数 a,m,c 和 p 主要取决于单轴压缩强度 f_c'。对于 $f_c' = 324 \ \text{kgf/cm}^2$，Kupfer 和 Gerstle(1973)建议如下。

$$\left.\begin{array}{l} \dfrac{G(t_0)}{f'_c} = 425, \quad a = 3.5, \quad m = 2.4 \\[4mm] \dfrac{K(t_0)}{f'_c} = 556, \quad c = 210, \quad p = 2.2 \end{array}\right\} \tag{4.173}$$

这些可变模量代入增量本构关系式(4.169),得到

$$\dot{\sigma}_{ij} = 2G(t)\dot{\varepsilon}_{ij} + [3K(t) - 2G(t)]\dot{\varepsilon}_{\text{oct}}\delta_{ij} \tag{4.174}$$

对于平面应力条件,得到下列关系

$$\begin{bmatrix} \dot{\sigma}_x \\ \dot{\sigma}_y \\ \dot{\tau}_{xy} \end{bmatrix} = \begin{bmatrix} E^*(t) & \nu^*(t) & 0 \\ \nu^*(t) & E^*(t) & 0 \\ 0 & 0 & G(t) \end{bmatrix} \begin{bmatrix} \dot{\varepsilon}_x \\ \dot{\varepsilon}_y \\ \dot{\gamma}_{xy} \end{bmatrix} \tag{4.175}$$

其中,切线模数定义为

$$\left.\begin{array}{l} E^*(t) = 4G(t)\dfrac{3K(t)+G(t)}{3K(t)+4G(t)} \\[4mm] \nu^*(t) = 2G(t)\dfrac{3K(t)-2G(t)}{3K(t)+4G(t)} \end{array}\right\} \tag{4.176}$$

例 4.7　深梁　这个例子表现的是将现有材料模型应用于 Ramakrishnan 和 Anathanarayana(1968)试验的深梁。

考虑这里有两根梁,一根深 15 in,另一根深为 30 in,且都受到两点荷载。两种情况下都使用 12 个抛物线单元,钢筋近似为位于梁底部的杆单元。忽略在荷载和支座处的局部钢筋。30 in 深梁的尺寸和有限元网格如图4.12 所示。Phillips 和 Zienkiewicz(1976)详细介绍了该例子的有限元解。

在材料建模中,最大拉应变准则用于开裂的情况,开裂之后,采用由式 (3.140)所给出的骨料咬合常数 $\beta = 0.5$。对于受压区混凝土,假设体积模量 $K(t)$ 为常数,并且假设切线剪切模量 $G(t)$ 为 J_2 的函数,如图 4.13 所示。在这里采用八边体剪应力和正应力的线性形式作为受压区混凝土破坏准则

$$\tau_{\text{oct}} = c + n\sigma_{\text{oct}} \tag{4.177}$$

其中,n 和 c 是由实验数据得到。在破坏后,$G(t)$ 和 $K(t)$ 的值同时减至为相对小的值,并且峰值或破坏应力状态随着应力增加保持不变以允许发生局部应力重分配。

荷载-挠度曲线如图 4.12(b)所示。显然分析与实验结果非常吻合,特

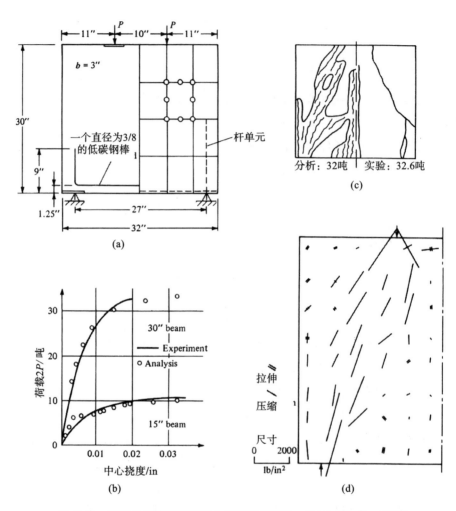

图 4.12　在两点加载下深梁的分析结果(Phillips 和 Zienkiewicz,1976)

(a)30 in 深梁详图和有限元网格;(b)荷载-位移曲线;

(c)接近破坏时的开裂模式;(d)32 吨荷载时,30 in 深梁的主应力

别是很好地预测了两根梁相对强度。图 4.12(c)表示 30 in 深梁临近破坏时的开裂状态。虽然沿着梁跨中也产生了稳定的弯曲裂纹,但梁的破坏起始于从加载点到支座处的斜裂纹。这与实验观察得到的现象一致。图 4.12(d)绘制了 32 吨荷载时的梁的主应力,其中能清楚地看到拱的影响。

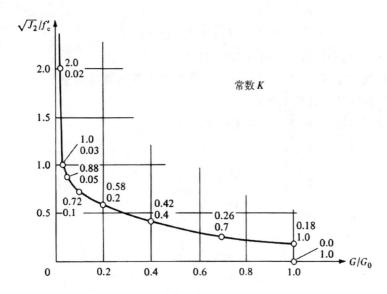

图 4.13　$G(t)$ 作为 J_2 的函数的变化（**Phillips** 和 **Zienkeiwicz,1976**）

4.5.3　双轴正交异性模型

在一个更复杂的方法中,非线性变形模型是基于相同的双轴压缩试验数据得到的正交异性模型。此时两个随其当前主应力方向上的应力和应变状态而变化的弹性切线模量 $E_1(t)$ 和 $E_2(t)$ 被用来确定沿着正交异性主轴的混凝土性能。这里将介绍 Liu 等（1972b）提出的该类模型典型代表。4.7 节将详细讨论该模型的进一步一般化以模拟在循环和单调荷载以及二维和三维状态下的混凝土性能。

现在的主要困难是对剪切性能的适当定义。假设,由于应力引起主正应力和剪应变之间的各向异性没有耦合现象,那么这个问题简化为等效剪切模量的公式,此简化没有试验数据的支持。对于平面应力条件,得到下列增量应力-应变关系。

$$
\begin{bmatrix} \dot{\sigma}_x \\ \dot{\sigma}_y \\ \dot{\tau}_{xy} \end{bmatrix} = \begin{bmatrix} \lambda \dfrac{E_1(t)}{E_2(t)} & \lambda\nu_1 & 0 \\ & \lambda & 0 \\ \text{symmetric} & & \dfrac{E_1(t)E_2(t)}{E_1(t)+E_2(t)+2\nu_1 E_2(t)} \end{bmatrix} \begin{bmatrix} \dot{\varepsilon}_x \\ \dot{\varepsilon}_y \\ \dot{\gamma}_{xy} \end{bmatrix} \quad (4.178)
$$

181

$$\lambda = \frac{E_1(t)}{E_1(t)/E_2(t) - \nu_1^2} \tag{4.179}$$

其中，ν_1 为与主压应力方向有关的泊松比。

切线刚度矩阵(式(4.178))中出现在右下角的剪切模量的倒数现在相对于坐标轴的旋转是不变的。

式(4.178)用更熟悉的形式可重新写为

$$\begin{bmatrix} \dot{\sigma}_x \\ \dot{\sigma}_y \\ \dot{\tau}_{xy} \end{bmatrix} = \begin{bmatrix} E_1^*(t) & \nu^*(t) & 0 \\ \nu^*(t) & E_2^*(t) & 0 \\ 0 & 0 & G^*(t) \end{bmatrix} \begin{bmatrix} \dot{\varepsilon}_x \\ \dot{\varepsilon}_y \\ \dot{\gamma}_{xy} \end{bmatrix} \tag{4.180}$$

其中切线模量定义为

$$E_1^*(t) = \frac{E_1(t)}{1 - \nu_1^2 [E_2(t)/E_1(t)]}, \quad E_2^*(t) = \frac{E_2(t)}{1 - \nu_1^2 [E_2(t)/E_1(t)]}$$

$$G^*(t) = \frac{E_1(t)E_2(t)}{E_1(t) + E_2(t) + 2\nu_1 E_2(t)}, \quad \nu^*(t) = \nu_1 E_2^*(t) \tag{4.181}$$

4.7 节中将介绍确定完全表征该模型的应力相关性能 E_1, E_2, ν_1，并推导现有模型的一般化。将下标 1 和 2 的循环置换得到沿着正交异性的主轴模量(Liu 等, 1972b)

$$E_1(t) = \frac{E(t_0)[1 - (\varepsilon_1/\varepsilon_p)^2]}{\left\{ 1 + \left[\frac{1}{1 - (\sigma_2/\sigma_1)\nu} \frac{E(t_0)\varepsilon_p}{\sigma_p} - 2 \right] \frac{\varepsilon_1}{\varepsilon_p} + \left(\frac{\varepsilon_1}{\varepsilon_p} \right)^2 \right\}^2} \tag{4.182}$$

其中，ε_p 和 σ_p 分别为双轴压缩状态下峰值应变和应力。

对式(4.182)的反对观点是要求主应力轴与应变主轴重合，而这种情况在一般荷载下不适用于混凝土。因此，这种复杂的正交异性模型不应该应用于像非比例荷载路径或循环荷载的情况，因为这与用于发展此类模型的双轴试验设置基本不同。

4.6 各向同性亚弹性模型的一般公式

如 4.1.1 节所述，增量(亚弹性)本构模型适用于描述这一类材料的力学性能。这一类材料的特征为"应力状态取决于当前应变状态和达到此状态的应力路径"。一般来说，这些材料的本构模型为

$$\dot{\sigma}_{ij} = F_{ij}(\dot{\varepsilon}_{kl}, \sigma_{mn}) \qquad (4.183)$$

该方程用另两个张量的分量,即应变率(增量)$\dot{\varepsilon}_{kl}$ 和当前应力张量 σ_{mn} 来表示应力率(增量)张量 $\dot{\sigma}_{ij}$ 的分量。

对于各向同性材料,在整个坐标轴的变换下,张量反应函数 $F_{ij}(\sigma_{mn}, \dot{\varepsilon}_{kl})$ 在整个坐标轴的变换下必须是形式不变量。即在坐标轴的任何转换 $x'_i = l_{ij}x_j$ 下,根据转换应力 σ'_{ab} 和应变分量 $\dot{\varepsilon}'_{cd}$ 确定的函数 F_{pq} 必须与由原始应力 σ_{mn} 和应变分量 $\dot{\varepsilon}'_{kl}$ 确定的函数 F_{ij} 相同,即

$$F_{pq}(\sigma'_{ab}, \dot{\varepsilon}'_{cd}) = l_{pi}l_{qj}F_{ij}(\sigma_{mn}, \dot{\varepsilon}'_{kl}) \qquad (4.184)$$

其中,$l_{ij} = \cos(x'_i, x_j)$ 是由旋转坐标轴(带撇的) x'_i 对原始坐标轴 x_i 方向余弦组成的变换张量,$\sigma'_{ab} = l_{am}l_{bn}\sigma_{mn}$ 和 $\dot{\varepsilon}'_{cd} = l_{ck}l_{dl}\dot{\varepsilon}_{kl}$ 分别为旋转坐标系 x'_i 中的应力率和应变率张量的分量。可以证明满足式(4.184)各向同性条件的最一般本构关系表达式(4.183)可表示为

$$\begin{aligned}
\dot{\sigma}_{ij} = {} & \alpha_0\delta_{ij} + \alpha_1\dot{\varepsilon}_{ij} + \alpha_2\dot{\varepsilon}_{ik}\dot{\varepsilon}_{kj} + \alpha_3\sigma_{ij} + \alpha_4\sigma_{ik}\sigma_{kj} + \alpha_5(\dot{\varepsilon}_{ik}\sigma_{kj} + \sigma_{ik}\dot{\varepsilon}_{kj}) \\
& + \alpha_6(\dot{\varepsilon}_{ik}\dot{\varepsilon}_{kn}\sigma_{mj} + \sigma_{ik}\dot{\varepsilon}_{kn}\dot{\varepsilon}_{mj}) + \alpha_7(\dot{\varepsilon}_{ik}\sigma_{kn}\sigma_{mj} + \sigma_{ik}\sigma_{kn}\dot{\varepsilon}_{mj}) \\
& + \alpha_8(\dot{\varepsilon}_{ik}\dot{\varepsilon}_{kn}\sigma_{mn}\sigma_{nj} + \sigma_{ik}\sigma_{kn}\dot{\varepsilon}_{mn}\dot{\varepsilon}_{nj})
\end{aligned}$$

$$(4.185)$$

其中,材料反应系数 $\alpha_0, \alpha_1, \cdots, \alpha_8$ 为有关 $\dot{\varepsilon}_{kl}$ 和 σ_{mn} 的独立不变量和下述 4 个联合不变量的多项式函数。

$$\begin{aligned}
Q_1 &= \dot{\varepsilon}_{pq}\sigma_{qp}, & Q_2 &= \dot{\varepsilon}_{pq}\sigma_{qr}\sigma_{rp} \\
Q_3 &= \dot{\varepsilon}_{pq}\dot{\varepsilon}_{qr}\sigma_{rp}, & Q_4 &= \dot{\varepsilon}_{pq}\dot{\varepsilon}_{qr}\sigma_{rs}\sigma_{sp}
\end{aligned} \qquad (4.186)$$

根据 Cayley-Hamilton 定理,任意二阶张量 T_{ij} 的所有正整数次幂都可表示为 δ_{ij},T_{ij} 和 T_{ik},T_{kj} 的线性组合,这些组合系数是 T_{ij} 三个不变量的函数。因此,在式(4.185)中,无须考虑应力张量 σ_{kl} 和应变率张量 $\dot{\varepsilon}_{mn}$ 的三阶或所有更高阶次幂。

对于与时间无关的材料来说,必须从本构关系中去除时间效应。由此,式(4.185)必须成为时间同质。通过去除所有包含 $\dot{\varepsilon}_{mn}$ 的第二阶和更高幂的项来完成。相应地,式(4.185)中的反应系数 $\alpha_2, \alpha_6, \alpha_8$ 必须为零;$\alpha_1, \alpha_5, \alpha_7$ 必须于 $\dot{\varepsilon}_{mn}$ 无关且仅为 σ_{kl} 的函数;$\alpha_0, \alpha_3, \alpha_4$ 在 $\dot{\varepsilon}_{mn}$ 中必须是一阶。对式(4.185)中对反应系数施加这些限制后,得到

$$\dot{\sigma}_{ij} = \alpha_0 \delta_{ij} + \alpha_1 \dot{\varepsilon}_{ij} + \alpha_3 \sigma_{ij} + \alpha_4 \sigma_{ik} \sigma_{kj}$$
$$+ \alpha_5 (\dot{\varepsilon}_{ik} \sigma_{kj} + \sigma_{ik} \dot{\varepsilon}_{kj}) + \alpha_7 (\dot{\varepsilon}_{ik} \sigma_{km} \sigma_{mj} + \sigma_{ik} \sigma_{km} \dot{\varepsilon}_{mj}) \tag{4.187}$$

其中,反应系数 α_0,α_3,α_4 可写为

$$\left. \begin{array}{l} \alpha_0 = \beta_0 \dot{\varepsilon}_{mn} + \beta_1 Q_1 + \beta_2 Q_2 \\ \alpha_3 = \beta_3 \dot{\varepsilon}_{mn} + \beta_4 Q_1 + \beta_5 Q_2 \\ \alpha_4 = \beta_6 \dot{\varepsilon}_{mn} + \beta_7 Q_1 + \beta_8 Q_2 \end{array} \right\} \tag{4.188}$$

类似于 α_1,α_5,α_7 系数,反应系数 β_0,β_1,$\cdots$,β_8 与 $\dot{\varepsilon}_{mn}$ 无关且仅为应力不变量的函数。故将式(4.188)代入式(4.187)得到

$$\dot{\sigma}_{ij} = (\beta_0 \dot{\varepsilon}_{mn} + \beta_1 Q_1 + \beta_2 Q_2) \delta_{ij} + \alpha_1 \dot{\varepsilon}_{ij} + (\beta_3 \dot{\varepsilon}_{mn} + \beta_4 Q_1 + \beta_5 Q_2) \sigma_{ij}$$
$$+ (\beta_6 \dot{\varepsilon}_{mn} + \beta_7 Q_1 + \beta_8 Q_2) \sigma_{ik} \sigma_{kj} + \alpha_5 (\dot{\varepsilon}_{ik} \sigma_{kj} + \sigma_{ik} \dot{\varepsilon}_{kj})$$
$$+ \alpha_7 (\dot{\varepsilon}_{ik} \sigma_{km} \sigma_{mj} + \sigma_{ik} \sigma_{km} \dot{\varepsilon}_{mj})$$

$$\tag{4.189}$$

因为式(4.189)每项都包含一个时间导数,即时间同质,方程两边都乘以 $\mathrm{d}t$,得到

$$\mathrm{d}\sigma_{ij} = (\beta_0 \mathrm{d}\varepsilon_{mn} + \beta_1 \mathrm{d}\varepsilon_{pq} \sigma_{qp} + \beta_2 \mathrm{d}\varepsilon_{pq} \sigma_{qr} \sigma_{rp}) \delta_{ij}$$
$$+ (\beta_3 \mathrm{d}\varepsilon_{mn} + \beta_4 \varepsilon_{pq} \sigma_{pq} + \beta_5 \mathrm{d}\varepsilon_{pq} \sigma_{qr} \sigma_{rp}) \sigma_{ij}$$
$$+ (\beta_6 \mathrm{d}\varepsilon_{mn} + \beta_7 \varepsilon_{pq} \sigma_{pq} + \beta_8 \mathrm{d}\varepsilon_{pq} \sigma_{qr} \sigma_{rp}) \sigma_{ik} \sigma_{kj} + \alpha_1 \mathrm{d}\varepsilon_{ij}$$
$$+ \alpha_5 (\mathrm{d}\varepsilon_{ik} \sigma_{kj} + \sigma_{ik} \mathrm{d}\varepsilon_{kj}) + \alpha_7 (\mathrm{d}\varepsilon_{ik} \sigma_{km} \sigma_{mj} + \sigma_{ik} \sigma_{km} \mathrm{d}\varepsilon_{mj})$$

$$\tag{4.190}$$

其中,$\mathrm{d}\sigma_{ij}$ 和 $\mathrm{d}\varepsilon_{ij}$ 分别称为应力增量张量和应变增量张量。

式(4.190)是各向同性与时间无关材料的增量本构关系的最一般形式。其中包含了 12 个为应力不变量多项式函数的反应系数。通过试验和曲线与模型拟合试验测试数据来确定这些系数。

式(4.190)右边的表达式是应变增量张量的分量 $\mathrm{d}\varepsilon_{kl}$ 的线性函数。这表明本构关系式(4.190)可以简便用增量线性形式写为

$$\mathrm{d}\sigma_{ij} = C_{ijkl} \mathrm{d}\varepsilon_{kl} \tag{4.191}$$

其中,材料反应张量 $C_{ijkl}(\sigma_{mn})$ 是应力张量 σ_{mn} 分量的函数。在这种情况下,材料各向同性要求对任意坐标变换 $x'_i = l_{ij} x_j$,根据变换应力 σ'_{ab} 确定的张量 C_{pqrs} 必须与根据原始应力 σ_{mn} 确定变换张量 C_{ijkl} 相同,即

$$C_{pqrs}(\sigma'_{ab}) = l_{pi} l_{qj} l_{rk} l_{sl} C_{ijkl}(\sigma_{mn}) \tag{4.192}$$

其中
$$\sigma'_{ab} = l_{am}l_{bn}\sigma_{mn} \tag{4.193}$$

此外，对于对称张量 $d\sigma_{ij}$ 和 $d\varepsilon_{kl}$，式(4.191)要求张量 C_{ijkl} 满足对称条件 $C_{ijkl} = C_{jikl} = C_{ijlk} = C_{jilk}$。满足上述条件的 C_{ijkl} 的最一般形式可写为

$$
\begin{aligned}
C_{ijkl} =\ & A_1\delta_{ij}\delta_{kl} + A_2(\delta_{ik}\delta_{jl}+\delta_{jk}\delta_{il}) + A_3\sigma_{ij}\delta_{kl} + A_4\delta_{ij}\sigma_{kl} \\
& + A_5(\delta_{ik}\sigma_{jl}+\delta_{il}\sigma_{jk}+\delta_{jk}\sigma_{il}+\delta_{jl}\sigma_{ik}) + A_6\delta_{ij}\sigma_{km}\sigma_{ml} + A_7\delta_{kl}\sigma_{im}\sigma_{mj} \\
& + A_8(\delta_{ik}\sigma_{jm}\sigma_{ml}+\delta_{il}\sigma_{jm}\sigma_{mk}+\delta_{jk}\sigma_{im}\sigma_{ml}+\delta_{jl}\sigma_{im}\sigma_{mk}) \\
& + A_9\sigma_{ij}\sigma_{kl} + A_{10}\sigma_{ij}\sigma_{km}\sigma_{ml} + A_{11}\sigma_{im}\sigma_{mj}\sigma_{kl} + A_{12}\sigma_{im}\sigma_{mj}\sigma_{kn}\sigma_{nl}
\end{aligned}
\tag{4.194}
$$

其中，材料系数 $A_1,A_2,\cdots,A_{12}$ 仅取决于应力张量 σ_{ij} 的不变量。张量 C_{ijkl} 常被称为材料的切线模量（刚度）张量。

式(4.191)表明，当所有微应变增量分量变号而不改变初始应力状态时，所有应力增量分量都变号。如果一个材料点受到一个微应变增量，然后回到其初始应变状态，那么应力分量将恢复它们在高阶数值内的初始值。由此，在亚弹性材料中，初始应力下的微变形（增量）是可逆的。这就为使用后缀为弹性的术语"亚弹性"来描述以上所讨论的本构关系提供了依据。

式(4.191)的逆本构关系常写为
$$d\varepsilon_{ij} = D_{ijkl}\,d\sigma_{kl} \tag{4.195}$$

其中，D_{ijkl} 为材料的切线柔度张量。该张量与式(4.194)中 C_{ijkl} 完全相同，作为应变张量 ε_{ij} 的函数。式(4.191)和式(4.195)的本构关系以矩阵的形式写为

$$\{d\sigma\} = \boldsymbol{C}\{d\varepsilon\} \tag{4.196}$$
$$\{d\varepsilon\} = \boldsymbol{C}^{-1}\{d\sigma\} = \boldsymbol{D}\{d\sigma\} \tag{4.197}$$

其中，$\{d\sigma\}$ 和 $\{d\varepsilon\}$ 分别为应力和应变增量矢量，并且 $\boldsymbol{C}$ 和 $\boldsymbol{D}=\boldsymbol{C}^{-1}$ 分别为 6×6 材料切线刚度矩阵和切线柔度矩阵。一般来说 $\boldsymbol{C}$ 和 $\boldsymbol{D}$ 的元素分别为应力张量 σ_{ij} 或应变张量 ε_{ij} 的函数。

上述所给的增量本构关系时一阶微分方程。显然，必须规定一些初始条件来得到唯一解。对于不同应力路径和初始条件，微分公式的积分显然会推导出不同的应力-应变关系。

4.7　混凝土正交异性亚弹性本构模型的公式

本节介绍基于正交异性亚弹性公式的混凝土三维（轴对称）应力-应变关系。本构模型的建立形式应该满足：①能方便应用在有限元程序中；②适用于循环荷载；③能通过传统参数完全确定。比如，单轴抗压强度 f'_c 和抗拉强度 f'_t，单轴压碎应变 ε_u 和初始弹性模量 $E(t_0) = E_0$。

包含循环加载能力以及合理模拟强度和刚度退化导致了一些问题。需要一个类似应变的变量来追踪变形历史并确定滞回性能。这里不试图扩展塑性理论的有效或等效应变来涵盖这种情况，而将介绍一种量称为 Darwin 和 Pecknold(1977b)等效单轴应变。这个可变量能追踪历史，并且用于控制循环性能。对于单调荷载来说，它的引入没那么重要，但是它提供了（甚至在循环加载下）更为缜密的双轴(Darwin 和 Pecknold,1977a)和三轴应力-应变反应(Elwi 和 Murray,1979)的表示方法。

首先介绍增量本构关系的假设形式，并建立以其他材料常数表示的剪切刚度。然后介绍用增量单轴应变表示增量关系的技巧，由此给出等效单轴应变的自然定义。再引入等效单轴应变和应力关系的形式，使之成为由应变参数推导增量弹性模数的基础。泊松比根据 Kupfer 等(1969)的实验数据确定。确定增量性能所需的剩余参数，即描述极限应力表面和相应的等效单轴应变表面。最后，介绍一个剪力墙循环加载数值例子，以说明从这些本构模型中可得到结果的类型。也对有限元预测的结果和试验进行了比较。

4.7.1　增量本构关系的形式

本节介绍的本构关系式用于轴对称结构分析，因此本构矩阵为 4×4。假设为正交异性，独立的材料可变量的数量为 7，当考虑正交异性主轴时，矩阵可写为

$$
\begin{bmatrix} d\varepsilon_1 \\ d\varepsilon_2 \\ d\varepsilon_3 \\ d\gamma_{12} \end{bmatrix} = \begin{bmatrix} E_1^{-1} & -\nu_{12}E_2^{-1} & -\nu_{13}E_3^{-1} & 0 \\ -\nu_{21}E_1^{-1} & E_2^{-1} & -\nu_{23}E_3^{-1} & 0 \\ -\nu_{31}E_1^{-1} & -\nu_{32}E_2^{-1} & E_3^{-1} & 0 \\ 0 & 0 & 0 & G_{12}^{-1} \end{bmatrix} \begin{bmatrix} d\sigma_1 \\ d\sigma_2 \\ d\sigma_3 \\ d\tau_{12} \end{bmatrix} \qquad (4.198)
$$

其中,下标 1,2,3 为正交异性的轴。

由对称性得到如下限制

$$
\nu_{12}E_1 = \nu_{21}E_2, \quad \nu_{13}E_1 = \nu_{31}E_3, \quad \nu_{23}E_3 = \nu_{32}E_3 \qquad (4.199)
$$

由式(4.199)可得,式(4.198)的显式对称形式为

$$
\begin{bmatrix} d\varepsilon_1 \\ d\varepsilon_2 \\ d\varepsilon_3 \\ d\gamma_{12} \end{bmatrix} = \begin{bmatrix} \dfrac{1}{E_1} & \dfrac{-\mu_{12}}{\sqrt{E_1 E_2}} & \dfrac{-\mu_{13}}{\sqrt{E_1 E_3}} & 0 \\[2mm] & \dfrac{1}{E_2} & \dfrac{-\mu_{23}}{\sqrt{E_2 E_3}} & 0 \\[2mm] & & \dfrac{1}{E_3} & 0 \\[2mm] symmetric & & & \dfrac{1}{G_{12}} \end{bmatrix} \begin{bmatrix} d\sigma_1 \\ d\sigma_2 \\ d\sigma_3 \\ d\tau_{12} \end{bmatrix} \qquad (4.200)
$$

该式的逆为

$$
\{d\sigma\} = \boldsymbol{C}\{d\varepsilon\} \qquad (4.201)
$$

其中,$\{d\sigma\}$ 和 $\{d\varepsilon\}$ 是式(4.200)中增量应力和应变矢量。本构矩阵 $\boldsymbol{C}$ 为

$$
\boldsymbol{C} = \frac{1}{\phi} \begin{bmatrix} E_1(1-\mu_{32}^2) & \sqrt{E_1 E_2}(\mu_{13}\mu_{32}+\mu_{12}) & \sqrt{E_1 E_3}(\mu_{12}\mu_{32}+\mu_{13}) & 0 \\[2mm] & E_2(1-\mu_{13}^2) & \sqrt{E_2 E_3}(\mu_{12}\mu_{13}+\mu_{32}) & 0 \\[2mm] symmetric & & E_3(1-\mu_{12}^2) & 0 \\[2mm] & & & \phi G_{12} \end{bmatrix}
$$

$$
(4.202)
$$

其中

$$
\mu_{12}^2 = \nu_{12}\nu_{21}, \quad \mu_{23}^2 = \nu_{23}\nu_{32}, \quad \mu_{13}^2 = \nu_{13}\nu_{31}
$$

$$
\phi = 1 - \mu_{12}^2 - \mu_{23}^2 - \mu_{13}^2 - 2\mu_{12}\mu_{23}\mu_{13} \qquad (4.203)
$$

如果将矩阵 $\boldsymbol{C}$ 转化为非正交异性轴($1',2',3'$)并且增加"在此转换中剪切模量不变"的要求,结果为

$$G_{12} = \frac{1}{4\phi}[E_1 + E_2 - 2\mu_{12}\sqrt{E_1 E_2} - (\sqrt{E_1}\mu_{23} + \sqrt{E_2}\mu_{31})^2] \quad (4.204)$$

将式(4.200)和式(4.201)特殊化到平面应力条件(通过设定 $d\sigma_3 = 0$ 和去除第三行和第三列),式(4.204)简化为通过 Darwin 和 Pecknold(1977b)得到的形式

$$(1 - \mu_{12}^2)G = \frac{1}{4}(E_1 + E_2 - 2\mu_{12}\sqrt{E_1 E_2}) \quad (4.205)$$

式(4.201)采取形式如下

$$\begin{bmatrix} d\sigma_1 \\ d\sigma_2 \\ d\tau_{12} \end{bmatrix} = \frac{1}{1-\mu_{12}^2} \begin{bmatrix} E_1 & \mu_{12}\sqrt{E_1 E_2} & 0 \\ & E_2 & 0 \\ 对称 & & \frac{E_1 + E_2 - 2\mu_{12}\sqrt{E_1 E_2}}{4} \end{bmatrix} \begin{bmatrix} d\varepsilon_1 \\ d\varepsilon_2 \\ d\gamma_{12} \end{bmatrix}$$

$$(4.206)$$

4.7.2 等效单轴应变

我们已经定义了增量本构关系式(4.201)。现在要介绍如何确定7个增量亚弹性模量。Darwin 和 Pecknold(1977b)提出了等效单轴应变的概念,其用于定义 E_1, E_2, E_3 为应力的函数。方法描述如下。

将式(4.201)写为

$$\begin{bmatrix} d\sigma_1 \\ d\sigma_2 \\ d\sigma_3 \\ d\tau_{12} \end{bmatrix} = \begin{bmatrix} E_1 B_{11} & E_1 B_{12} & E_1 B_{13} & 0 \\ E_2 B_{21} & E_2 B_{22} & E_2 B_{23} & 0 \\ E_3 B_{31} & E_3 B_{32} & E_3 B_{33} & 0 \\ 0 & 0 & 0 & G_{12} \end{bmatrix} \begin{bmatrix} d\varepsilon_1 \\ d\varepsilon_2 \\ d\varepsilon_3 \\ d\gamma_{12} \end{bmatrix} \quad (4.207)$$

其中,通过确认式(4.207)的矩阵项和式(4.202)相应的项,可以定义系数 B_{ij}。

展开矩阵(式(4.207))得到

$$\begin{aligned} d\sigma_1 &= E_1(B_{11}d\varepsilon_1 + B_{12}d\varepsilon_2 + B_{13}d\varepsilon_3) \\ d\sigma_2 &= E_2(B_{21}d\varepsilon_1 + B_{22}d\varepsilon_2 + B_{23}d\varepsilon_3) \\ d\sigma_3 &= E_3(B_{31}d\varepsilon_1 + B_{32}d\varepsilon_2 + B_{33}d\varepsilon_3) \\ d\tau_{12} &= G_{12}d\gamma_{12} \end{aligned} \right\} \quad (4.208)$$

188

该式用矩阵形式可写为

$$
\begin{bmatrix} \mathrm{d}\sigma_1 \\ \mathrm{d}\sigma_2 \\ \mathrm{d}\sigma_3 \\ \mathrm{d}\tau_{12} \end{bmatrix} = \begin{bmatrix} E_1 & 0 & 0 & 0 \\ 0 & E_2 & 0 & 0 \\ 0 & 0 & E_3 & 0 \\ 0 & 0 & 0 & G_{12} \end{bmatrix} \begin{bmatrix} \mathrm{d}\varepsilon_{1u} \\ \mathrm{d}\varepsilon_{2u} \\ \mathrm{d}\varepsilon_{3u} \\ \mathrm{d}\gamma_{12} \end{bmatrix} \tag{4.209}
$$

式(4.209)右边的矢量可以定义为等效增量单轴应变矢量,其分量通过确认式(4.208)的相关项以实际增量应变来定义。

$$
\mathrm{d}\varepsilon_{iu} = B_{i1}\mathrm{d}\varepsilon_1 + B_{i2}\mathrm{d}\varepsilon_2 + B_{i3}\mathrm{d}\varepsilon_3 \quad (i = 1,2,3) \tag{4.210}
$$

以后的下标 i,j(只有)都理解为 3 以内的范围。不使用求和约定。

增量等效单轴应变,可以是正值或负值,可从式(4.209)用简单的形式估算

$$
\mathrm{d}\varepsilon_{iu} = \frac{\mathrm{d}\sigma_i}{E_i} \tag{4.211}
$$

这些关系和单轴应力条件具有相同的形式;因此 $\mathrm{d}\varepsilon_{iu}$ 被称为等效单轴应变,通过对式(4.211)在其加载路径进行积分,可以确定总等效单轴应变

$$
\varepsilon_{iu} = \int \frac{\mathrm{d}\sigma_i}{E_i} \tag{4.212}
$$

从式(4.200)可看出,如果受到(单轴)应力增量 $\mathrm{d}\sigma_i$ 以及其他等于零的应力分量,式(4.211)的增量单轴应变则是材料在 i 方向上应变增量。但是,$\mathrm{d}\varepsilon_{iu}$ 取决于当前应力比,ε_{iu} 和 $\mathrm{d}\varepsilon_{iu}$ 不转换为与应力相同的形式。两者都为假想形式(除了在单轴测试下)且重要性在于仅作为材料参数变化的度量基础。

式(4.208)的前三个公式定义了正交异性的材料主轴。如果假设这些遵循总应力的当前主轴,那么 $\mathrm{d}\varepsilon_{iu}$ 就必须相对于正交异性的当前主轴来定义。上一个论述意味着弹塑性分析中的等效应变参数(第 8 章)和现在有等效单轴应变的相似性。最后,因为 ε_{iu} 是不可转换的,所以假设它们只能定义为在当前主应力方向。

基于等效单轴应变的概念,现有本构关系可总结为

$$d\sigma_{ij} = F_{ij}(d\varepsilon_{kl}, \int d\sigma_{mn}) \qquad (4.213)$$

该关系式是路径相关的,它或许不严格,但它与 Truesdell(1955b)提出的亚弹性模型非常相似。因此,我们使用亚弹性术语来描述这一类本构模型。

为了进一步解释这些等效单轴应变量,考虑一种弹性正交异性材料。材料性质为常数且等效单轴应变成为 $\varepsilon_{iu} = \sigma_i / E_i$。例如,随着泊松比的去除,$\varepsilon_{iu}$ 表示在弹性情况下泊松比的去除后主方向 1 的应变,即仅由受 σ_1 引起的应变。在非弹性情况下也可以做出相似的解释。在这里必须要重复的是,ε_{iu} 不是真实的应变,它们在轴旋转时不能和真实的应变一样变换。而且,它们是在加载期间通常改变的主应力方向上积累的,故 ε_{iu} 不能在固定方向上提供变形的历史,但是能在相应于主应力 σ_1 方向连续变化的方向上提供变形的历史。Schnobrich(1978)指出,这些量的引入使得在素混凝土中使用相当合理的滞后准则成为可能。基本想法是一旦应力-应变关系以类似于单轴形式表达,那么就可以使用类似于单轴应力-应变反应的应力-应变曲线。

现在将要讨论如何确定"完全表征应力-应变模型"的前述公式中的应力-关联性能,$E's, \mu's, G$。

4.7.3　等效单轴应力-应变关系

双轴加载　如果对图 2.7～图 2.9 所示的代表不同主应力比的双轴应力-应变曲线,由每个试验观测的应力峰值和相应的应变峰值(σ_c, ε_c)无量刚化所得到的曲线接近一致,因此它可由一个压缩加载反应的单独分析表达式来代表。Saenz(1964)提出的关于单轴受压公式广泛用于模拟混凝土双轴应力-应变行为的性能。对于双轴情况下,以等效单轴应变表达的 Saenz 关系为(图 4.14)

$$\sigma_i = \frac{E_0 \varepsilon_{iu}}{1 + [(E_0/E_s) - 2](\varepsilon_{iu}/\varepsilon_{ic}) + (\varepsilon_{iu}/\varepsilon_{ic})^2} \qquad (4.214)$$

其中,E_0 为在零应力下的弹性切线模量;σ_{ic} 为最大压应力;ε_{ic} 为与最大压应力 σ_{ic} 相应的等效单轴应变;$E_s = \sigma_{ic}/\varepsilon_{ic}$ 为割线模量。

等效单轴应变 ε_{iu} 基本上去除了泊松比影响,反而在 σ_{ic} 和 ε_{ic} 上分别考虑了增强和增延的影响。即 σ_{ic} 和 ε_{ic} 主要包含了主应力比对应力-应变反应的影响,且变量 ε_{iu} 包含了泊松比的影响。因此,如果 E_s 是常数,即由主应力比引起的延性增加和强度增加成比例,那么式(4.214)就能够表示无限种单调双轴加载曲线。但是,一般来说,割线模量 E_s 是主应力比的函数,必须由实验数据所决定。

对于给定主应力比,E_1,E_2 值是式(4.214)给出的 σ_1 与 ε_{1u},σ_2 与 ε_{2u} 曲线在当前 ε_{1u},ε_{2u} 处的斜率。当前 ε_{1u},ε_{2u} 是使用式(4.212)得到的加载历史期间的累计值。

三轴加载　下面将双轴应力-应变关系(4.214)一般化并用于描述拉压反应。以等效单轴应变表达的 Saenz 关系(Elwi 和 Murray,1979)为

$$\sigma_i = \frac{E_0 \varepsilon_{iu}}{1 + \left(R + \dfrac{E_0}{E_s} - 2\right)\dfrac{\varepsilon_{iu}}{\varepsilon_{ic}} - (2R-1)\left(\dfrac{\varepsilon_{iu}}{\varepsilon_{ic}}\right)^2 + R\left(\dfrac{\varepsilon_{iu}}{\varepsilon_{ic}}\right)^3} \quad (4.215)$$

其中
$$R = \frac{E_0\left(\sigma_{ic}/\sigma_{if} - 1\right)}{E_s\left(\sigma_{if}/\sigma_{ic} - 1\right)^2} - \frac{\varepsilon_{ic}}{\varepsilon_{if}} \quad (4.216)$$

式(4.215)所描述的曲线类型如图 4.14 所示。其中,出现了式(4.216)中变量 R 的定义。进一步来说,E_0 为初始弹性模量;σ_{ic} 为与发生在方向 i 上的当前特定主应力比相关的最大应力;ε_{ic} 为相应的等效单轴应变;σ_{if},ε_{if} 为应力-等效应变曲线下降段某点的坐标。

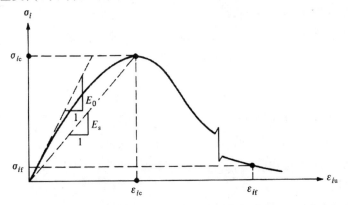

图 4.14　典型压应力-等效单轴应变曲线

式(4.215)现在用于定义式(4.209)的增量弹性模数,由式(4.211)表示为

$$E_i = \frac{\mathrm{d}\sigma_i}{\mathrm{d}\varepsilon_{iu}} \qquad (4.217)$$

对式(4.215)中的 ε_{iu} 进行微分得到了式(4.217)的右边,结果为

$$E_i = E_0 \frac{1 + (2R-1)(\varepsilon_{iu}/\varepsilon_{ic})^2 - 2R(\varepsilon_{iu}/\varepsilon_{ic})^3}{\left[1 + \left(R + \dfrac{E_0}{E_s} - 2\right)\dfrac{\varepsilon_{iu}}{\varepsilon_{ic}} - (2R-1)\left(\dfrac{\varepsilon_{iu}}{\varepsilon_{ic}}\right)^2 + R\left(\dfrac{\varepsilon_{iu}}{\varepsilon_{ic}}\right)^3\right]^2}$$

$$(4.218)$$

该式定义了所需模量。

泊松比　如果图 4.14 所显示的参数对于总应力的特定比是已知的,那么可以从式(4.218)确定式(4.200)、式(4.209)的增量弹性模数。随后将对这些参数进行评估。但是,在使用增量应力-应变关系之前,有必要确定式(4.203)中的泊松比值。对 Kupfer 等(1969)的单轴受压试验数据进行三次多项式最小二乘法拟合来确定作为应变的函数的泊松比。结果(Elwi 和 Murray,1979)为

$$\nu = \nu_0\left[1.0 + 1.3763\,\frac{\varepsilon}{\varepsilon_u} - 5.3600\left(\frac{\varepsilon}{\varepsilon_u}\right)^2 + 8.586\left(\frac{\varepsilon}{\varepsilon_u}\right)^3\right] \quad (4.219)$$

或者

$$\nu = \nu_0 f\left(\frac{\varepsilon}{\varepsilon_u}\right) \qquad (4.220)$$

其中,ε 为单轴加载方向的应变;ε_u 为单轴测试的 ε_{ic};ν_0 为 ν 的初始值;$f(\,\cdot\,)$ 为式(4.219)所示的三次函数。

已经假设通过运用式(4.220),现在可以将轴对称的泊松比应用于每个等效单轴应变,即假设三个独立泊松比形式如下

$$\nu_i = \nu_0 f\left(\frac{\varepsilon_{iu}}{\varepsilon_{ic}}\right) \qquad (4.221)$$

式(4.203)现在可写为

$$\mu_{12}^2 = \nu_1\nu_2, \quad \mu_{23}^2 = \nu_2\nu_3, \quad \mu_{31}^2 = \nu_3\nu_1 \qquad (4.222)$$

因此,增量本构矩阵,式(4.200)中的变量已由 ν_0 和式(4.216)中的参数 R 完全确定。

但是,在讨论评估式(4.215)中参数之前,应该注意的是式(4.203)所定义的变量 ϕ 应该为非负值。因此在式(4.221)确定的 ν_i 值上施加了限制值

0.5。该值对应于零增量体积变化的限值。Kotsovos 和 Newman(1977)注意到这个极限的点对应于"不稳定的微裂纹扩展"的开始,这导致在接近极限强度时在混凝土会观察到的膨胀现象。但是,有争议的是,膨胀现象仅在试件的几何变形缺乏约束时被观察到,且泊松比最大限制 0.5 将会合理地评估应力。

4.7.4　极限面

评估式(4.217)定义的可变模量要求规定出现在 R 的表达式(式(4.216))中的参数。这些参数随着每个应力比而变化,故最简便的方式是在应力空间内规定一个面来定义每个应力比的三个 σ_{ic} 值,并在单轴应变空间内规定一个面来定义对应于这些 σ_{ic} 的三个 ε_{ic} 值(图 4.14)。

应力空间中定义任何应力比的极限强度 σ_{ic} 面通常被称为破坏面。因为这个名字在具有应变软化性能的材料概念中有些误导,所以我们将称它为极限强度面。第 5 章将回顾和推导各种极限强度面和破坏理论,并讨论它们对混凝土的适用性。在应力空间,这些面由 1~5 个材料常数定义。第 5 章将详细地给出这些参数表达式。例如,William 和 Warnke(1975)提出图 5.33 所示的五参数面则由表 5.3 中所列的五个独立参数完全定义。这些面可用于评估对任何应力比式(4.216)所需的三个 σ_{ic}。

但是,式(4.216)也要求评估与极限强度点 σ_{ic} 相关的等效单轴应变 ε_{ic}。为此,这里在等效单轴应变空间中提出了一个与极限强度面有相同形式的面。应该记住的是,除了单轴应力路径,等效单轴应变是假设量。但是,用 ε_{1u},ε_{2u},ε_{3u} 分别替换强度公式中的 σ_1,σ_2,σ_3,我们可以分别定义对应于应力量的模拟应变量。

式(4.216)所需的剩余参数是应力-等效单轴应变曲线(图 4.14)的下降段上的 σ_{if},ε_{if} 的值。这些点的定义不可能在任意严格的实验基础上,因为应力应变曲线的下降段是与试验高度相关,且一般在静定试验中无法得到。这段曲线通常必须由弯曲应力分布性能来推断。Elwi 和 Murray(1979)采用了下列假设

$$\varepsilon_{if} = 4\varepsilon_{ic}, \quad \sigma_{if} = \frac{\sigma_{ic}}{4} \tag{4.223}$$

现在完全说明了如何确定应用本构关系所需要的所有材料变量。应该注意的是,虽然仅推导了轴对称关系,但是将该方法推广到一般三维情况非常容易。因为这仅要求定义附加增量剪切模数 G_{23},G_{31},它们可以用 G_{12}(见式(4.204)、式(4.221)和式(4.222))一样的方式来确定。

例 4.8　循环往复荷载下的剪力板　3.9 节介绍了用有限元分析由 Cervenka 和 Gerstle(1971,1972)试验的单调加载下的剪力板。本例是用目前的本构模型分析大循环往复荷载下的剪力板试件 W-4。另外的例子可参考 Darwin 和 Pecknoldm(1976),Schonobrich(1978)。

除了有限元网格是均匀的,它类似于图 3.32 所示的网格。试件在低应力下循环 4 次,然后在约 90%的单调荷载极限下循环至破坏(图 4.15)。

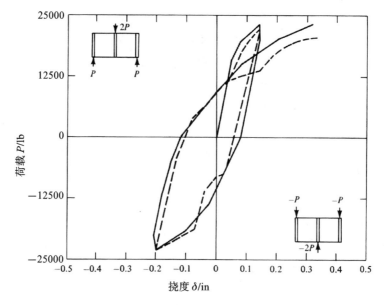

图 4.15　剪力墙循环加载下试验荷载-挠度曲线和有限元解的比较(Darwin 和 Pecknold,1977a)

实线-试验(Cervenka 和 Gerstle,1972);虚线-有限元解(Darwin 和 Pecknold,1977b)

图 4.15 显示了平面应力条件下使用目前模型获得的前 $2\frac{1}{2}$ 个循环的结果。如图 4.15 所示,使用位移控制和每个循环往复边界条件,尽可能近似地重复试验。可以看出,分析和试验结果吻合良好。Darwin 和 Pecknold

(1976)报道了分析的细节以及 $2\frac{1}{2}$ 个循环后的分析裂纹模式。研究发现,在循环荷载作用下,混凝土的压缩软化和裂纹扩展在整体结构性能中起主要作用。此外,为了模拟试验结果,应使用位移控制分析,或在加载时使用位移控制分析和卸载是使用荷载控制分析的组合。

4.8　总　　结

在本章中,介绍了基于弹性的本构模型用来描述混凝土在三轴应力条件下的非线性变形性能。这些弹性本构模型可分为三种不同的类型:①Cauchy弹性;②Green 超弹性;③增量亚弹性。

对于 Cauchy 弹性模型,当前应力状态仅表示为当前应变状态的函数,为

$$\sigma_{ij} = F_{ij}(\varepsilon_{kl}) \tag{4.224}$$

在这种情况下,该方程所描述的弹性性能即可逆又与路径无关,因为应力是由当前应变状态唯一确定的,反之亦然。材料性能与达到当前应力或应变状态所遵循的应力或应变历史无关。但是,通常当应力由应变唯一确定时,或当应变由应力唯一确定时,反过来未必正确。此外,通常不分别保证应变能密度函数 $W(\varepsilon_{ij})$ 和余能密度函数 $\Omega(\sigma_{ij})$ 的可逆性和路径独立性。4.1.2 节阐述了弹性模型的 Cauchy 型或许在某些加载-卸载循环中产生能量。由此自然引出了对第二类弹性模型,Green 超弹性类型的考虑。

在较严格限制的意义上,弹性材料还必须满足热力学的能量方程。以此附加要求为特征的弹性模型称为 Green 超弹性类型。该模型基于存在应变能密度函数 $W(\varepsilon_{ij})$ 或余能密度函数 $\Omega(\sigma_{ij})$ 的假设,使得

$$\sigma_{ij} = \frac{\partial W}{\partial \varepsilon_{ij}}, \quad \varepsilon_{ij} = \frac{\partial \Omega}{\partial \sigma_{ij}} \tag{4.225}$$

其中,W,Ω 分别为当前应变和应力张量当分量的函数。这就确保了通过荷载循环时没有能量产生。

式(4.225)产生了应力和应变当前状态的一对一关系,且可以用一般形式重写为

$$\sigma_{ij} = C_{ijkl}\varepsilon_{kl}, \quad \varepsilon_{ij} = D_{ijkl}\sigma_{kl} \tag{4.226}$$

其中,割线模数 $C_{ijkl}(\varepsilon_{mn})$ 和 $D_{ijkl}(\sigma_{mn})$ 分别取决于当前应变和应力状态。因此,超弹性模型被分类为割线型公式。对式(4.225)进行时间微分有

$$\dot{\sigma}_{ij} = \frac{\partial^2 W}{\partial \varepsilon_{ij}\partial \varepsilon_{kl}}\dot{\varepsilon}_{kl} = H_{ijkl}\dot{\varepsilon}_{kl} \tag{4.277}$$

$$\dot{\varepsilon}_{ij} = \frac{\partial^2 \Omega}{\partial \sigma_{ij}\partial \sigma_{kl}}\dot{\sigma}_{kl} = H'_{ijkl}\dot{\sigma}_{kl} \tag{4.228}$$

从式(4.227)或式(4.228)可以看到,切线模量 H_{ijkl} 和 H'_{ijkl} 在加载和卸载时是相同的。因此超弹性模型得出的本构关系无法描述时效、荷载历史或荷载率。超弹性表现了材料中应变或应力引起的由各向异性。下式成立时材料失稳

$$| H_{ijkl} | = 0 \quad 或 \quad | H'_{ijkl} | = 0 \tag{4.229}$$

尽管超弹性存在缺点,但它的简化形式仍然用于作为混凝土非线性本构关系。

近年来,许多研究者将超弹性模型应用于钢筋混凝土结构。在有限元方法分析混凝土问题的早期应用中,第3章介绍了在线弹性理论的简易扩展基础上发展超弹性模型的简化形式。4.2节所描述的基本方法是假设应力和应变关联,解耦体积和剪切模量,并且为解耦体积和偏应力和应变构造割线本构关系。从编程和计算成本的角度看,简化的超弹性模型是具有吸引力的。4.4节推导了基于经典超弹性理论(4.3节)的三阶超弹性本构模型的完整公式。但是,这些模型大多都局限于小应用领域。

对于各向同性线弹性材料,Cauchy 弹性类型和 Green 超弹性公式简化为具有两个独立材料常数的广义 Hooke 定律。但是,对于一般各向异性线弹性材料,Cauchy 公式有 36 个材料常数,然而 Green 公式仅需要 21 个常数,因为式(4.110)提出了附加对称要求。

另一方面,一种材料在任何意义上称为"弹性"的最低要求是应力增量和应变增量之间存在着一对一的关系。增量应力-应变关系的最简形式是线性形式(Truesdell,1955a),为

$$\dot{\sigma}_{ij} = C_{ijkl}\dot{\varepsilon}_{kl} \tag{4.230}$$

其中,切线材料刚度张量 C_{ijkl} 中的可变模量描述了直接以应力增量 $\dot{\sigma}_{ij}$ 和应

变增量 $\dot{\varepsilon}_{ij}$ 表示的瞬时性能。这个本构模型仅满足在无穷小的意义的可恢复要求，因此证明了亚弹性或最小弹性的运用。亚弹性、Cauchy 弹性和超弹性以递增的形式描述弹性或可恢复性。

对式(4.230)进行积分推导出

$$\sigma_{ij} = \int_{t_0}^{t_1} C_{ijkl}(t) \frac{\partial \varepsilon_{kl}}{\partial t} dt \qquad (4.231)$$

其中，t 代表材料的加载参数，在时间变量情况下，时效性能假设了时间的物理度量。这种形式的本构关系表明一般的亚弹性响应与应力历史（路径）相关。如果切线刚度（式(4.230)）和式(4.227)的切线刚度相一致，那么亚弹性退化为超弹性。此时，式(4.231)的积分与历史无关，并且可以明确地运算积分得到式(4.226)的第一个等式。

亚弹性以式(4.230)的形式表现了应力引起的各向异性。而且，切线刚度在加载和卸载时是相同的。当下式成立时，材料发生失稳或破坏

$$| C_{ijkl}(\sigma_{mn}) | = 0 \qquad (4.232)$$

式(4.232)构成了一个特征值问题，其特征向量跨越应力空间中的面，即破坏面。

亚弹性的经典形式或简化形式已经常用于混凝土的本构建模中。早期的增量有限元分析的主体是采用亚弹性的简化形式。在大多数简化形式中，将三轴应力和应变状态投射到一维等效标量函数，如八面体应力上，由此得到一个应力或应变相关的弹性模量(4.5.1节)。一个较复杂的模型是基于体积应力，偏应力和应变分量之间的解耦，以及非线性体积模量和剪切模量（通过标量函数，比如八面体应力）的假设(4.5.2节)。另一种方法是构建特别适用于双轴试验条件或轴对称条件的亚弹性模型，其基于正交异性以及主应力方向与正交方向重合的假设。这些亚弹性模型的应用应该限于单调加载情况，基于确定的模型参数的分析结果和试验结果基本相同。

为了推广正交异性亚弹性模型在循环荷载以及单调荷载下的混凝土中的应用，4.7节所描述的在特别的亚弹性模型中引入了等效单轴应变的概念，通过每个主应力轴的等效单轴应力-应变曲线，表示混凝土中三轴应力对内部损伤的影响。该模型已被广泛应用于钢筋混凝土结构中的各种有限元分析。

简言之,本章所表述的基于弹性本构模型的三种类型可进一步划分为两种方法:①以割线公式表述的有限材料特征(Cauchy 类型和超弹性类型);②以切线应力-应变关系(亚弹性类型)表述的增量模型。为了表征混凝土在破坏前阶段的非线性性能,本章的第一部分介绍了两种显式有限应力-应变公式。一个模型基于熟知的线弹性模型(4.2 节)的简单修正,另一个模型基于超弹性(4.3 节和 4.4 节)的一般理论。随后,在本章的第二部分,为了表征破坏前阶段中材料刚度的下降,研究了两种增量公式。一个模型基于修正的增量线弹性模型的增量公式,另一个模型基于正交异性亚弹性理论(4.6 节和 4.7 节)。

本章没有考虑混凝土材料断裂或破坏以及断裂后的性能,但是其他章节详细研究了两个方向:一种方向是根据理想脆性断裂理论(第 3 章)对破坏或断裂的预测,另一种方向是基于理想塑性固体理论(第 6 章)。第 5 章将介绍素混凝土的破坏或断裂准则。

参考文献

Cedolin, L. , Y. R. J. Crutzen, and S. Dei Poli(1977): Triaxial Stress-Strain Relationship for Concrete, *J Eng. Mech. Div. ASCE*, vol. 103, no. EM3, Proc. pap. 12969, June, pp. 423-439.

Cervenka, V. , and K. H. Gerstle (1971, 1972): Inelastic Analyses of Reinforced Concrete Panels, I: Theory, *Int. Assoc. Bridge Struct. Eng. Publ.* vol. 31-II, pp. 31-45, II: Experimental Verification and Application, ibid. , vol. 32-II, pp. 25-39.

Chen, W. F. , and A. F. Saleeb (1981): "Constitutive Equations for Engineering Materials," vol. 1, "Elasticity and Modeling," Wiley, New York.

Darwin, D. , and D. A. Pecknold(1976): Analysis of R/C Shear Panels under Cyclic Loading, *J. Struc. Div. ASCE*, vol. 102, no. ST2, Proc. pap. 11896, February, pp. 355-369.

—and—(1977a): Analysis of Cyclic Loading of Plane R/C Structures, *Comput. Struct.* , vol. 7, pp. 137-147.

—and—(1977b): Nonlinear Biaxial Law for Concrete, *J. Eng. Mech. Div. ASCE*. vol. 103, no. EM2, April, pp. 229-241.

Drucker, D. C. (1951): A More fundamental Approach to Plastic Stress-Strain Relations, *Proc. 1st U. S. Natl. Concr. Appl. Mech.*, *Chicago*, 1951, pp. 487-491.

Durican, J. M., and C-Y Chang (1970): Nonlinear Analysis of Stress and Strain in Soils, *J. Soil Mech. Found. Div. ASCE*. vol. 96, no. SM5, September, pp. 1629-1653.

Elwi, A. A., and D. W. Murray (1979): A3D Hypoelastic Concrete Constitutive Relationship, *J. Eng. Mech. Div. ASCE*, vol. 105, no. EM4, Proc. pap. 14746, August, pp. 623-641.

Eringen, A. C(1962): "Nonlinear Theory of Continuous Media," McGraw-Hill, New York.

Evans, R. J., and K. S. Pister(1966): Constitutive Equations for a Class of Nonlinear Elastic Solids, *Int. J. Solids Struct.*, vol. 2, no. 3, pp. 427-445.

Ko, H. Y., and R. M. Masson (1976): Nonlinear Characterization and Analysis of Sand, *Numer. Methods Geomech. ASCE*, pp. 294-305.

Kotsovos, M. D., and J. B. Newman (1977): Behavior of Concrete under Multiaxial Stress, *Proc. Am. Concr. Inst.*, vol. 74, no. 9, September, pp. 443-446.

Kupfer, H. B., and K. H. Gerstle(1973): Behavior of Concrete under Biaxial Stresses, *J. Eng. Mech. Div. ASCE*, vol. 99, no. EM4, Proc. pap. 9917, August, pp. 852-866.

—, H. K. Hilsdorf, and H. Rusch (1969): Behavior of Concrete under Biaxial Stresses, *J. Am. Concr. Inst.*, vol. 66, no. 8, August, pp. 656-666.

Liu, T. C. Y., A. H. Nilson, and F. O. Slate(1972a): Stress-Strain Response and Fracture of Concrete in Uniaxial and Biaxial Compression, *J. Am. Concr. Inst.*, vol. 69, no. 5, May, pp. 291-295.

—,—, and—(1972b)：Biaxial Stress-Strain Relations for Concrete, *J. Struct. Div. ASCE*, vol. 98, no. ST5, May, pp. 1025-1034

Murray, D. W. (1979)：Octahedral Based Incremental Stress-Stram Matrices, *J. Eng. Mech. Div. ASCE*, vol. 105, no. EM4, Proc. pap. 14734, August, pp. 501-513.

Nelson, I. , and G. Y. Baladi (1977)：Outrunning Ground Shock Computed with Different Models, *J. Eng. Mech. Div. ASCE*, vol. 103, no. EM3, June, pp. 377-393.

—and M. L. Baron, . (1971)：Application of Variable Moduli Models to Soil Behavior, *Int. J. Solids Struct.* , vol. 7, pp. 399-417.

Philips, D. V. , and O. C. , Zienkiewicz (1976)：Finite Element Nonlinear Analysis of Concrete Structures, *Proc. Inst. Civ. Eng.* pt. 2, vol. 61, March, pp. 59-88.

Popovics, S. (1970)：A Review of Stress-Strain Relationships for Concrete, *J. Am. Concr. Inst.* , vol. 67, no. 3, March, pp. 243-248.

Ramakrishnan, V. , and Y. Anathanarayana (1968)：Ultimate Strength of Deep Beams in Shear, *J. Am. Concr. Inst.* , vol. 65, no. 2, pp. 87-98.

Saenz, L. P. (1964)：Discussion of "Equation for the Stress-Strain Curve of Concrete," by Desayi and Krishnan, *Proc. Am. Concr. Inst.* , vol. 61, no. 9, September, pp. 1229-1235.

Saleeb, A. F. , and W. F. Chen (1980)：Nonlinear Hyperelastic (Green) Constitutive Models for Soils, Ⅰ：Theory and Calibration, Ⅱ：Predictions and Comparisons, *Proc. N. Am. Workshop Limit Equilibrium, Plasticity, Gen. Stress-Strain Geotech. Eng.* , *Montreal*, 1980.

Schnobrich, W. C. (1978)：Panel and Wall Problems, chap. C1 in *Proc. Spec. Sem. Anal. Reinforced Concr Struct. Means Finite Element Method*, *Milan*. 1978, pp. 177-212.

Truesdell, C. (1955a)：The Simplest Rate Theory of Pure Elasticity, *Commun. Pure Appl. Math.* , vol. 8.

—(1955b):Hypoelasticity,*J. Ration. Mech. Anal.* ,vol. 4,no. 1,pp. 83-133.

Willam,K. J. ,and E. P. Warnke(1975):Constitutive Model for the Triaxial Behavior of Concrete,*Int. Assoc. Bridge Struct. Eng. Sem. Concr. Struct. Subjected Triaxial Stresses* ,Bergamo,Italy,1974,*Int. Assoc. Bridge Struct. Eng. Proc.* ,vol. 19(1975).

第5章　混凝土的破坏准则

5.1　引　　言

多轴应力作用下的混凝土强度是一种表示应力状态的特性，不可能通过简单的彼此独立的拉应力、压应力和剪应力的状态去预测。例如，对于单轴抗压强度为 f'_c 以及纯剪切强度为 $0.080f'_c$ 的混凝土，在压应力为 $0.5f'_c$，剪切应力增加到 $0.2f'_c$ 时会发生破坏。因此，仅通过考虑应力状态的各个组成部分的相互作用，就可以合理确定混凝土构件的强度。本章试图将这种破坏准则定义为混凝土在一般三维应力状态下的一种表示有效应力状态的特性。

在推导组合应力状态下混凝土的破坏准则时，首先，必须就破坏的正确定义达成一致。其中诸如屈服、开裂、承载能力和变形程度等标准已经被用于定义破坏。在本章中，将破坏定义为试件或混凝土构件的极限承载能力。通常，混凝土的破坏可分为拉伸和压缩两种类型，分别以脆性破坏和延性破坏为特征。就目前对破坏的定义而言，拉伸破坏被定义为混凝土构件形成主要裂纹以及在裂纹垂直方向上失去抗拉强度。而在压缩破坏的情况下，混凝土构件会产生许多小裂纹，从而丧失了大部分强度。

一般应力状态下混凝土的破坏准则长期以来基于著名的 Coulomb 准则与小拉断的组合。众所周知，这种组合标准无法准确预测混凝土的强度和破坏模式；但是，在多数情况下，它是一个公平的第一近似值，并且鉴于其极其简单，许多常规应力分析仍然基于由最大拉应力拉断组合的 Coulomb 准则。然而，混凝土材料的实际行为和强度是非常复杂的，并且在许多影响因素中，它取决于骨料、水泥浆的物理和力学性能及荷载性质。混凝土材料在各种条件下会呈现出大小不同的承载能力值。因此，为了在实际应用得到更简单的数学模型，对极端理想化模型的研究是必不可少的。目前为止，没有一种数学模型能够完全描述出在所有条件下实际混凝土材料的强度。即使可以构建这样的破坏准则,也不能把它作为实际问题应力分析的基础。必须使用更简单的模型或标准表示所考虑问题中最重要的特性。为此,将首先介绍适用于手算的单参数和双参数类型的简单破坏模型。接下来将以适用于计算应用的方式介绍更普通的三、四、五参数类型的破坏模型。这些结论与基于理想塑性理论(第 6 章)和加工强化塑性理论(第 8 章)的本构模型的发展密切相关。

5.2　应力和应变不变量

基于应力状态下的各向同性材料的破坏准则必须是应力状态的一种不变量函数,即与定义应力的坐标系的选择无关。表示破坏准则的一般函数形式的一种方法便是使用主应力,即

$$f(\sigma_1, \sigma_2, \sigma_3) = 0 \qquad\qquad (5.1)$$

在一般多轴应力状态情况下,这种建立破坏函数的方法是很难实现的。在此基础上也难以提供对破坏准则在几何和物理上的解释。我们将表示三种主应力 $\sigma_1, \sigma_2, \sigma_3$,可由三种主应力不变量 I_1, J_2, J_3 的组合形式来表达,其中,当 I_1 是应力张量 σ_{ij} 的第一不变量,而 J_2, J_3 分别是偏应力张量 s_{ij} 的第二、第三不变量。此外,任何应力状态下的不变量对称函数都可以用这三种主应力不变量的形式来表示。因此,我们可以用下式来取代式(5.1)

$$f(I_1, J_2, J_3) = 0 \qquad\qquad (5.2)$$

以上三种特殊的主要不变量更容易在几何和物理上进行解释,而这些解释与具体材料的特性无关。在本章中,这三种主要不变量将专门用于建立混凝土材料的各种破坏准则。而在本节中,我们将推导一些经常使用的有关应力和应变的不变量,并解释它们的物理和几何意义。

5.2.1　应力不变量

根据定义,材料内部一点处的剪切应力在由主应力 σ 的主方向 n_i 定义的主平面上为零。因此,此点处的应力矢量 T_i 必须指向主平面的法线方向

n_i，例如 $T_i = \sigma n_i$。在此方向上，可以得到

$$(\sigma_{ij} - \sigma\delta_{ij})n_j = 0 \qquad (5.3)$$

其中，应力张量 σ_{ij} 与通过 Cauchy 公式 $T_i = \sigma_{ij}n_j$ 的点处的应力矢量 T_i 相关，并且有 $\delta_{ij} = \delta_{ji}$，即 Kronecker δ，其定义为如果 i 和 j 是相同的数字，则等于 1，否则为 0。式(5.3)是关于 (n_1, n_2, n_3) 的一组三元线性齐次方程。当且仅当系数的行列式为零时，该方程组才有解

$$|\sigma_{ij} - \sigma\delta_{ij}| = 0 \qquad (5.4)$$

或

$$\begin{vmatrix} \sigma_x - \sigma & \tau_{xy} & \tau_{xz} \\ \tau_{yx} & \sigma_y - \sigma & \tau_{yz} \\ \tau_{zx} & \tau_{zy} & \sigma_z - \sigma \end{vmatrix} = 0 \qquad (5.5)$$

这是一个关于 σ 有三个实根解的三次方程

$$\sigma^3 - I_1\sigma^2 + I_2\sigma - I_3 = 0 \qquad (5.6)$$

其中

$$I_1 = \sigma_x + \sigma_y + \sigma_z = \sigma_{ii} \qquad (5.7)$$

$$I_2 = (\sigma_x\sigma_y + \sigma_y\sigma_z + \sigma_z\sigma_x) - \tau_{xy}^2 - \tau_{yz}^2 - \tau_{zx}^2 = \frac{1}{2}I_1^2 - \frac{1}{2}\sigma_{ij}\sigma_{ij} \qquad (5.8)$$

$$I_3 = \begin{vmatrix} \sigma_x & \tau_{xy} & \tau_{xz} \\ \tau_{yx} & \sigma_y & \tau_{yz} \\ \tau_{zx} & \tau_{zy} & \sigma_z \end{vmatrix} = \frac{1}{3}\sigma_{ij}\sigma_{jk}\sigma_{ki} - \frac{1}{2}I_1\sigma_{ij}\sigma_{ji} + \frac{1}{6}I_1^3 \qquad (5.9)$$

如果选择坐标轴与主应力轴 n_i 重合，则可以找到更简单的表达式

$$I_1 = \sigma_1 + \sigma_2 + \sigma_3 \qquad (5.10)$$

$$I_2 = (\sigma_1\sigma_2 + \sigma_2\sigma_3 + \sigma_3\sigma_1) \qquad (5.11)$$

$$I_3 = \sigma_1\sigma_2\sigma_3 \qquad (5.12)$$

由于主应力不能取决于坐标轴的选择，如果重新定义坐标系，则不能改变 I_1, I_2, I_3 的数值大小；因此，它们被称为应力张量 σ_{ij} 的不变量。

应力张量 σ_{ij} 可以表示为完全静水压（球形）应力 σ_m 与静水压状态的偏量 s_{ij} 之和，即

$$\sigma_{ij} = s_{ij} + \sigma_m\delta_{ij} \qquad (5.13)$$

其中

$$\sigma_m = \frac{1}{3}(\sigma_x + \sigma_y + \sigma_z) = \frac{1}{3}\sigma_{ii} = \frac{1}{3}I_1 \qquad (5.14)$$

表示平均应力或纯静水压应力以及

$$s_{ij} = \sigma_{ij} - \sigma_{\mathrm{m}} \delta_{ij} \tag{5.15}$$

s_{ij} 被称为偏应力或偏应力张量,它代表了纯剪切状态。

为了获得偏应力张量 s_{ij} 的不变量,我们做了一个类似于式(5.6)的推导。

$$| s_{ij} - s\delta_{ij} | = 0 \tag{5.16}$$

它是一个三次方程

$$s^3 - J_1 s^2 - J_2 s - J_3 = 0 \tag{5.17}$$

其中

$$J_1 = s_{ii} = s_x + s_y + s_z = 0 \tag{5.18}$$

$$J_2 = \frac{1}{2} s_{ij} s_{ji}$$

$$= \frac{1}{6} \big[(\sigma_x - \sigma_y)^2 + (\sigma_y - \sigma_z)^2 + (\sigma_z - \sigma_x)^2 \big] + \tau_{xy}^2 + \tau_{yz}^2 + \tau_{zx}^2$$

$$\tag{5.19}$$

$$J_3 = \frac{1}{3} s_{ij} s_{jk} s_{ki} = \begin{vmatrix} s_x & \tau_{xy} & \tau_{xz} \\ \tau_{yx} & s_y & \tau_{yz} \\ \tau_{zx} & \tau_{zy} & s_z \end{vmatrix} \tag{5.20}$$

作为式(5.15)分解后的结果,σ_{ij} 和 s_{ij} 的主要方向是完全一致的,如果坐标轴 x, y, z 与主方向 n_i 一致,则

$$J_1 = s_1 + s_2 + s_3 = 0 \tag{5.21}$$

$$J_2 = \frac{1}{2}(s_1^2 + s_2^2 + s_3^2) = \frac{1}{6} \big[(\sigma_1 - \sigma_2)^2 + (\sigma_2 - \sigma_3)^2 + (\sigma_3 - \sigma_1)^2 \big]$$

$$\tag{5.22}$$

$$J_3 = \frac{1}{3}(s_1^3 + s_2^3 + s_3^3) = s_1 s_2 s_3 \tag{5.23}$$

所有的变量 $\sigma_1, \sigma_2, \sigma_3, I_1, I_2, I_3, J_2, J_3, \bar{I}_2 = \frac{1}{2} \sigma_{ij} \sigma_{ji}$,以及 $\bar{I}_3 = \frac{1}{3} \sigma_{ij} \sigma_{jk} \sigma_{ki}$ 都是标量不变量,与坐标系 x, y, z 的选择无关。为了现在方便求解 σ_1, σ_2, σ_3,也出于几何和物理方面的原因,结合后面对破坏准则的数学描述,我们将特别注意三个独立的不变量 I_1, J_2, J_3,它们分别是应力的第一,第二和第三阶。这里值得重复提及的是,I_1 表示纯静水压力,而 J_2 和 J_3 表示纯剪切状态中的不变量。值得注意的是,本章包括后面几章,会经常使用式(5.7)、式

(5.19)和式(5.20)。

5.2.2 主应力的估算

直接从式(5.6)或式(5.17)以不变量 I_1,J_2,J_3 来估算主应力值的根是不容易的,我们可以观察到与式(5.17)相似的三角恒等式

$$\cos^3\theta - \frac{3}{4}\cos\theta - \frac{1}{4}\cos3\theta = 0 \tag{5.24}$$

如果将 $s=\rho\cos\theta$ 代入式(5.17),可以得到

$$\cos^3\theta - \frac{J_2}{\rho^2}\cos\theta - \frac{J_3}{\rho^3} = 0 \tag{5.25}$$

与式(5.24)比较后可以推出

$$\rho = \frac{2}{\sqrt{3}}\sqrt{J_2} \tag{5.26}$$

以及

$$\cos3\theta = \frac{4J_3}{\rho^3} = \frac{3\sqrt{3}}{2}\frac{J_3}{J_2^{3/2}} \tag{5.27}$$

如果 θ_0 表示式(5.27)的第一个根,而 3θ 的角度范围为 $0\sim\pi$,则 θ_0 必须满足

$$0 \leqslant \theta_0 \leqslant \frac{\pi}{3} \tag{5.28}$$

注意 $\cos(3\theta_0 \pm 2n\pi)$ 是呈周期循环的,因此,所给出的三个(仅且三个)可能的主应力值 $\cos\theta$ 分别为

$$\cos\theta_0, \quad \cos\left(\theta_0 - \frac{2}{3}\pi\right), \quad \cos\left(\theta_0 + \frac{2}{3}\pi\right) \tag{5.29}$$

由于式(5.28)对 θ_0 有限制影响,因此,针对 σ_{ij} 和 s_{ij} 给出了三种主应力的表达式

$$\begin{bmatrix} s_1 \\ s_2 \\ s_3 \end{bmatrix} = \begin{bmatrix} \sigma_1 \\ \sigma_2 \\ \sigma_3 \end{bmatrix} - \begin{bmatrix} \sigma_m \\ \sigma_m \\ \sigma_m \end{bmatrix} = \frac{2}{\sqrt{3}}\sqrt{J_2}\begin{bmatrix} \cos\theta_0 \\ \cos\left(\theta_0 - \frac{2}{3}\pi\right) \\ \cos\left(\theta_0 + \frac{2}{3}\pi\right) \end{bmatrix} \tag{5.30}$$

当 $\sigma_1 \geqslant \sigma_2 \geqslant \sigma_3$ 时,在式(5.30)中,可以选择三个应力不变量,作为三个不变量 I_1,J_2,J_3 的一种方便代替。

$$\sigma_{\mathrm{m}} = \frac{1}{3}I_1, \quad \sqrt{J_2}, \quad 0 \leqslant \theta_0 \leqslant \frac{\pi}{3} \tag{5.31}$$

利用这些不变量,后面章节中描述的各种破坏准则可以更容易地以形式 $f(\sigma_{\mathrm{m}}, \sqrt{J_2}, \theta_0) = 0$ 或以同样的形式 $f(I_1, J_2, \theta_0) = 0$ 来定义。

5.2.3　应力不变量的物理解释

应力不变量 I_1, J_2, J_3 存在几种物理解释,下面将简要讨论每种情况。

八面体应力　在受力物体内的某一点上,考虑一个与各个主应力方向呈相等角度的平面。该平面称为八面体平面。可以看到(第 3 章),该平面上的法向应力 σ_{oct}(称为八面体法向应力)等于平均法向应力 σ_{m}

$$\sigma_{\mathrm{oct}} = \frac{1}{3}I_1 = \sigma_{\mathrm{m}} \tag{5.32}$$

更重要的是,平面上的剪应力(称为八面体剪应力)τ_{oct} 由下式给出

$$\tau_{\mathrm{oct}} = \sqrt{\frac{2}{3}J_2} \tag{5.33}$$

八面体剪应力的方向由相似角 θ 定义,其与式(5.27)中的不变量 J_3 相关,即

$$\cos 3\theta = \frac{\sqrt{2}J_3}{\tau_{\mathrm{oct}}^3} \tag{5.34}$$

稍后将给出该角度的几何解释。因此,应力不变量 I_1, J_2, J_3 的方便代替就是 $\sigma_{\mathrm{oct}}, \tau_{\mathrm{oct}}, \cos 3\theta$。因此,破坏面(式(5.2))等同于 $f(\sigma_{\mathrm{oct}}, \tau_{\mathrm{oct}}, \cos 3\theta) = 0$。这种选择的主要优点是它明显解释了这些不变量的物理属性。

弹性应变能　每单位体积的线弹性材料的总弹性应变能 W 可分为两部分,分别与体积变化 W_1 和形状变化 W_2 相关联

$$W = W_1 + W_2 \tag{5.35}$$

$$W_1 = 膨胀能 = \frac{1-2\nu}{E}I_1^2 \tag{5.36}$$

$$W_2 = 畸变能 = \frac{1+\nu}{E}J_2 \tag{5.37}$$

其中,E 和 ν 分别是弹性模量和泊松比。可以看出不变量 I_1 和 J_2 分别与膨胀能和畸变能成正比。

平均应力 考虑一个体积无穷小的球状单元。在该球面上的任意一点处,切平面上的应力矢量由一个剪应力分量 τ_s 和一个正应力分量 σ_s 组成。球面上的法向应力 σ_s 的平均值可以定义为

$$\sigma_m = \lim_{S \to 0} \left(\frac{1}{S} \int_S \sigma_s \, dS \right) \tag{5.38}$$

其中,S 表示球体的表面。计算该表达式得到

$$\sigma_m = \frac{1}{3}(\sigma_1 + \sigma_2 + \sigma_3) = \frac{1}{3} I_1 \tag{5.39}$$

对于球面上的剪切应力 τ_s,其平均值可通过计算该点所有可能的定位平面上存在的剪切应力。由于剪切应力的符号对于破坏的物理机理没有意义,因此,用均方根很方便。

$$\tau_m = \lim_{S \to 0} \left(\frac{1}{S} \int_S \tau_s^2 \, dS \right)^{1/2} \tag{5.40}$$

积分运算得到

$$\tau_m = \frac{1}{\sqrt{15}} \left[(\sigma_1 - \sigma_2)^2 + (\sigma_2 - \sigma_3)^2 + (\sigma_3 - \sigma_1)^2 \right]^{1/2} \tag{5.41}$$

或者,就不变量 J_2 而言

$$\tau_m = \sqrt{\frac{2}{5} J_2} \tag{5.42}$$

这里值得一提的是,第三不变量 I_3 可以表示为平均剪应力与最大剪应力的比值,其值的变化范围很小。

式(5.22)可以写成

$$J_2 = \frac{2}{3} \left[\left(\frac{\sigma_1 - \sigma_2}{2} \right)^2 + \left(\frac{\sigma_2 - \sigma_3}{2} \right)^2 + \left(\frac{\sigma_3 - \sigma_1}{2} \right)^2 \right] \tag{5.43}$$

括号里的变量表示在平面中由每对主平面平分后的最大剪应力;它们也称为主剪应力。因此,不变量 J_2 可以进一步解释为主剪应力平方值的两倍。

此外,如果式(5.22)写成

$$J_2 = \frac{3}{2} \left(\frac{1}{3} \right) (s_1^2 + s_2^2 + s_3^2) \tag{5.44}$$

由此得出,不变量 J_2 也可以解释为主应力偏量平方的平均值的1.5倍。

5.2.4　应力状态以及不变量的几何解释

通过将三个主应力 $\sigma_1,\sigma_2,\sigma_3$ 视为三维应力空间中点的坐标,我们可以获得点 $P(\sigma_1,\sigma_2,\sigma_3)$ 处应力状态的最简单的几何表示(图 5.1)。将矢量 $\boldsymbol{OP}$ 表示为应力状态,而不是 P 点本身。因此,P 点处任意两种应力状态的主轴位置不同但其主应力值相同将由相同的点表示,这一事实表明,对于这种应力空间,人们主要对应力的几何形状感兴趣,而对应力状态以及材料本身的定位不感兴趣。对于各向同性材料,其破坏准则必须是关于应力状态的不变量函数。因此,这样的准则可以解释为该应力空间的表面。

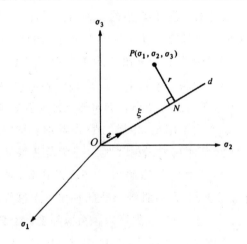

图 5.1　主应力空间中的应力分解

现在将应力空间中的静水压轴定义为与三轴具有相等距离的对角线 d。由此得出沿该对角线的单位矢量 e 可以表示为

$$e = \frac{1}{\sqrt{3}}\begin{bmatrix} 1 & 1 & 1 \end{bmatrix} \tag{5.45}$$

并且对角线 d 上每个点的特征为

$$\sigma_1 = \sigma_2 = \sigma_3 \tag{5.46}$$

即该线上的每个点都对应一种静水压应力状态,其偏应力等于零。因此,该对角轴称为静水压轴。垂直于 d 的平面称为偏平面(出于变得清晰的原因)。这个偏平面通过原点称为 π 平面。π 平面上的应力点表示没有静水

压分量的纯剪状态,即

$$\sigma_1 + \sigma_2 + \sigma_3 = 0 \tag{5.47}$$

因为该点的应力状态由点 $P(\sigma_1, \sigma_2, \sigma_3)$ 或矢量 $\boldsymbol{OP}$ 表示,因此可以将此矢量分解为两个分量,其中一个是沿静水压轴的 $\boldsymbol{ON}$,而另一个是垂直于静水压轴平面上的 $\boldsymbol{NP}$。

$\boldsymbol{ON}$ 的长度为

$$| \boldsymbol{ON} | = \xi = \boldsymbol{OP} \cdot \boldsymbol{e} = [\sigma_1 \quad \sigma_2 \quad \sigma_3] \frac{1}{\sqrt{3}} \begin{bmatrix} 1 \\ 1 \\ 1 \end{bmatrix} = \frac{1}{\sqrt{3}} I_1 \tag{5.48}$$

或

$$\xi = \frac{1}{\sqrt{3}} I_1 = \sqrt{3} \sigma_m = \sqrt{3} \sigma_{oct} \tag{5.49}$$

分量 $\boldsymbol{ON}$ 为

$$\boldsymbol{ON} = [\sigma_m \quad \sigma_m \quad \sigma_m] = \frac{I_1}{3} [1 \quad 1 \quad 1] \tag{5.50}$$

分量 $\boldsymbol{NP}$ 由下式决定

$$\boldsymbol{NP} = \boldsymbol{OP} - \boldsymbol{ON} = [\sigma_1 \quad \sigma_1 \quad \sigma_1] - \frac{I_1}{3} [1 \quad 1 \quad 1] = [s_1 \quad s_2 \quad s_3] \tag{5.51}$$

$\boldsymbol{NP}$ 的平方长度是

$$| \boldsymbol{NP} |^2 = r^2 = s_1^2 + s_2^2 + s_3^2 = 2J_2, \quad r \geqslant 0 \tag{5.52}$$

或

$$r^2 = 2J_2 = 5\tau_m^2 = 3\tau_{oct}^2 \tag{5.53}$$

可以看出,$\boldsymbol{ON} = [\sigma_m \quad \sigma_m \quad \sigma_m]$ 定义了由应力矢量 $\boldsymbol{OP} = [\sigma_1 \quad \sigma_2 \quad \sigma_3]$ 表示的应力状态的静水压部分;垂直于静水压轴的平面的 $\boldsymbol{NP} = [s_1 \quad s_2 \quad s_3]$ 定义了由应力矢量 $\boldsymbol{OP}$ 表示的应力状态的偏量部分。因此,垂直于静水压轴的平面称为偏量平面。只是静水压力不同的任意两种应力状态位于与静水压轴线平行的线上。

为了获得相似角 θ 或包含不变量 J_3 的几何解释,考虑图 5.2 中的偏量平面。坐标轴 $\sigma_1, \sigma_2, \sigma_3$ 被投影到偏量平面上。由于偏量平面与坐标轴形成相等的角度($\arccos(1/\sqrt{3}) = 54.7°$),它们在该平面上的投影必须彼此成相等的角度($2\pi/3$ 或 $120°$)。

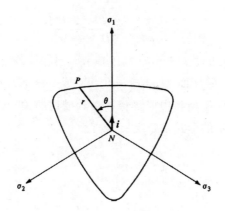

图 5.2　坐标轴 $\sigma_1,\sigma_2,\sigma_3$ 在偏量平面上的投影

图 5.2 中的角度 θ 从正轴开始测量并且位于偏量平面内。沿着偏量平面上的 σ_1 轴的投影定位的单位矢量 $\boldsymbol{i}$，具有分量

$$\boldsymbol{i} = \frac{1}{\sqrt{6}}\begin{bmatrix} 2 & -1 & -1 \end{bmatrix} \tag{5.54}$$

现在有

$$\boldsymbol{NP} \cdot \boldsymbol{i} = r\cos\theta \tag{5.55}$$

从中获得相似角 θ

$$\cos\theta = \frac{1}{\sqrt{2J_2}}\begin{bmatrix} s_1 & s_2 & s_3 \end{bmatrix}\frac{1}{\sqrt{6}}\begin{bmatrix} 2 \\ -1 \\ -1 \end{bmatrix} = \frac{1}{2\sqrt{3}\sqrt{J_2}}(2s_1 - s_2 - s_3)$$
$$\tag{5.56}$$

使用式(5.21)，得出以下结论

$$\cos\theta = \frac{\sqrt{3}}{2}\frac{s_1}{\sqrt{J_2}} = \frac{2\sigma_1 - \sigma_2 - \sigma_3}{2\sqrt{3}\sqrt{J_2}} \tag{5.57}$$

如果 $\sigma_1 \geqslant \sigma_2 \geqslant \sigma_3$，则

$$0° \leqslant \theta \leqslant 60° \tag{5.58}$$

通过使用三角恒等式

$$\cos 3\theta = 4\cos^3\theta - 3\cos\theta \tag{5.59}$$

由式(5.27)可知

$$\cos 3\theta = \frac{3\sqrt{3}}{2} \frac{J_3}{J_2^{3/2}} = \frac{\sqrt{2}J_3}{\tau_{oct}^3} \tag{5.60}$$

因此,现在可以通过 $f(\xi, r, \theta) = 0$(图 5.1～图 5.2)或 $f(\sigma_{oct}, \tau_{oct}, \theta) = 0$ (图 5.3)方便地表示破坏面 $f(\sigma_1, \sigma_2, \sigma_3) = 0$ 或 $f(I_1, I_2, I_3) = 0$,其中这些变量已经给出了几何解释和物理解释。本章描述的关于混凝土的各种破坏准则将以最方便表示的形式来定义。

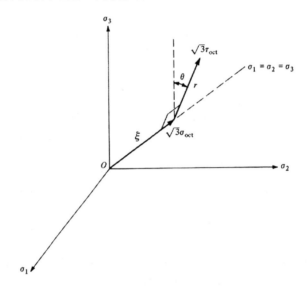

图 5.3 (ξ, r, θ), $(\sigma_{oct}, \tau_{oct}, \theta)$ 的物理意义和几何解释

5.2.5 应变不变量

本书的后几章节,除了应力不变量之外,还将使用应变不变量来推导所谓的混凝土双重破坏准则。这一节将总结一些频繁使用的应变不变量。由于应力张量 σ_{ij} 和应变张量 ε_{ij} 都是二阶张量,因此主应变和应变不变量的推导类似于它们对应的应力,得到的应变不变量 I_1', I_2', I_3' 为

$$I_1' = \varepsilon_x + \varepsilon_y + \varepsilon_z = \varepsilon_{ii} \tag{5.61}$$

$$I_2' = (\varepsilon_x \varepsilon_y + \varepsilon_y \varepsilon_z + \varepsilon_z \varepsilon_x) - \varepsilon_{xy}^2 - \varepsilon_{yz}^2 - \varepsilon_{zx}^2 = \frac{1}{2}I_1'^2 - \frac{1}{2}\varepsilon_{ij}\varepsilon_{ij} \tag{5.62}$$

$$I_3' = \begin{bmatrix} \varepsilon_x & \varepsilon_{xy} & \varepsilon_{xz} \\ \varepsilon_{yx} & \varepsilon_y & \varepsilon_{yz} \\ \varepsilon_{zx} & \varepsilon_{zy} & \varepsilon_z \end{bmatrix} = \frac{1}{3}\varepsilon_{ij}\varepsilon_{jk}\varepsilon_{ki} - \frac{1}{2}I_1'\varepsilon_{ij}\varepsilon_{ji} + \frac{1}{6}I_1'^3 \qquad (5.63)$$

或就主应变而言

$$I_1' = \varepsilon_1 + \varepsilon_2 + \varepsilon_3 \qquad (5.64)$$

$$I_2' = \varepsilon_1\varepsilon_2 + \varepsilon_2\varepsilon_3 + \varepsilon_3\varepsilon_1 \qquad (5.65)$$

$$I_3' = \varepsilon_1\varepsilon_2\varepsilon_3 \qquad (5.66)$$

偏应变 e_{ij} 来自

$$e_{ij} = \varepsilon_{ij} - \frac{1}{3}\varepsilon_v\delta_{ij} \qquad (5.67)$$

其中，$\varepsilon_v = I_1'$。偏应变张量的不变量为

$$J_1' = e_x + e_y + e_z = \varepsilon_{ii} = 0 \qquad (5.68)$$

$$J_2' = \frac{1}{2}e_{ij}e_{ji} = \frac{1}{6}\left[(\varepsilon_x - \varepsilon_y)^2 + (\varepsilon_y - \varepsilon_z)^2 + (\varepsilon_z - \varepsilon_x)^2\right] + \varepsilon_{xy}^2 + \varepsilon_{yz}^2 + \varepsilon_{zx}^2$$

$$(5.69)$$

$$J_3' = \frac{1}{3}e_{ij}e_{jk}e_{ki} = \begin{bmatrix} e_x & \varepsilon_{xy} & \varepsilon_{xz} \\ \varepsilon_{yx} & e_y & \varepsilon_{yz} \\ \varepsilon_{zx} & \varepsilon_{zy} & e_z \end{bmatrix} \qquad (5.70)$$

以主应变来表示

$$J_1' = e_1 + e_2 + e_3 = 0 \qquad (5.71)$$

$$J_2' = \frac{1}{2}(e_1^2 + e_2^2 + e_3^2) = \frac{1}{6}\left[(\varepsilon_1 - \varepsilon_2)^2 + (\varepsilon_2 - \varepsilon_3)^2 + (\varepsilon_3 - \varepsilon_1)^2\right]$$

$$(5.72)$$

$$J_3' = \frac{1}{3}(e_1^3 + e_2^3 + e_3^3) = e_1e_2e_3 \qquad (5.73)$$

如果考虑小应变，则第一不变量 $I_1' = \varepsilon_v = \varepsilon_x + \varepsilon_y + \varepsilon_z$ 对应于体积的相对变化（或每单位体积的体积变化）。定义八面体应力的类似论据可用于定义八面体应变 ε_{oct} 和 γ_{oct}。可以获得

$$\varepsilon_{\text{oct}} = \frac{1}{3}\varepsilon_v = \frac{1}{3}I_1' \qquad (5.74)$$

并且

$$\gamma_{\text{oct}}^2 = \frac{8}{3}J_2' \qquad (5.75)$$

因为 $\gamma_{xy} = 2\epsilon_{xy}$，式(5.75)必须以 $(\gamma_{\text{oct}}/2)^2 = \dfrac{2}{3}J_2'$ 的形式书写，以便与

式(5.33)给出的对应的应力 $\tau_{\text{oct}}^2 = \dfrac{2}{3}J_2$ 进行比较。

5.3　混凝土破坏面的特征

现在可以通过坐标系 $\sigma_1,\sigma_2,\sigma_3$ 中的变量集 ξ,r,θ 方便地解释混凝土的破坏面 $f(I_1,J_2,J_3)=0$ 的一般形状。通过实验确定混凝土破坏面的一般特征简述如下。这些实验现象要求与混凝土材料的各种简单和精细的破坏模型的发展相关联。

关于三维应力空间中的破坏面的一般形状可以通过其在偏量平面中的横截面形状及其在子午平面中的子午线来作为最佳描述。破坏表面的横截面是破坏表面和偏量平面($\xi=$ 常数时，垂直于静水压轴的平面)之间的相交曲线。破坏面的子午线是破坏面与子午面($\theta=$ 常数时，包含静水压轴的平面)之间的相交曲线。

对于各向同性的材料，附着在坐标轴上的记号 1,2,3 是任意的。如图 5.2 所示，破坏面的横截面形状必须具有三重对称性。

因此，在进行实验时，有必要仅研究从 $\theta=0$ 到 60°的扇面，因为其他扇面是对称的。

实验结果表明，在偏量平面上的破坏曲线具有一般特征。

(1)破坏曲线是平滑的。

(2)至少对于压应力来说，破坏曲线是外凸的。如常规的微分几何所推导，该平面要求的外凸性条件为

$$\frac{\partial^2 r}{\partial \theta^2} < r + \frac{2}{r}\left(\frac{\partial r}{\partial \theta}\right)^2 \tag{5.76}$$

(3)破坏曲线具有如图 5.2 原理所示的特征。

(4)对于拉伸和小压应力而言(对应 π 平面附近小的 ξ 值)，破坏曲线几乎呈三角形，而对于更高压应力来说(对应增加的 ξ 值或高静水压力值)变得越来越膨胀(呈圆形)。

对应于 $\theta = 0°$ 和 $\theta = 60°$ 的两个极端子午平面分别称为拉伸子午线和压缩子午线(图 5.4)。当混凝土在圆柱三轴压应力的作用下测试时,混凝土圆筒体以两种方式中的一种进行加载。

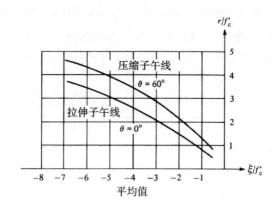

图 5.4　基于 Launay 等实验中子午线的一般特征(1970—1972)

(1) 在径向上施加静水压力,并通过轴向上的活塞来施加应力。这相当于

$$\sigma_r = \sigma_1 = \sigma_2 > \sigma_z = \sigma_3 \text{(受拉为正)} \qquad (5.77)$$

这种应力状态是与一个方向上压应力叠加的静水压应力状态。将此应力状态替换为式(5.60)或式(5.56),得出结果 $\theta = 60°$。因此,这种子午线也称为压缩子午线。关于这种子午线存在大量的数据,包括单轴压缩圆柱体强度 $f_c'(f_c' > 0)$ 以及特殊情况下的等轴双向拉伸强度 f_{bt}'。

(2) 在轴向上施加应力,并通过径向上的压力传感器施加横向压力。这相当于与一个方向上拉应力叠加的静水压应力状态。

$$\sigma_r = \sigma_1 = \sigma_2 < \sigma_z = \sigma_3 \text{(受拉为正)} \qquad (5.78)$$

因此,这种子午线也称为拉伸子午线。由于实验的困难性,沿着这种子午线,我们只获得了相当少的数据,其中就包括单轴拉伸强度 f_t' 以及特殊情况下的等轴双向压缩强度 $f_{bc}'(f_{bc}' > 0)$。

此外,由 $\theta = 30°$ 确定的子午线有时也称为剪切子午线。根据 $\cos 3\theta$(式(5.60))的定义,当应力为 σ_1,$(\sigma_1 + \sigma_3)/2$,σ_3 时,该方程满足 $\theta = 30°$,这是一个与静水压应力状态 $\frac{1}{2}(\sigma_1 + \sigma_3)$ 叠加的纯剪应力状态 $\frac{1}{2}(\sigma_1 - \sigma_3, 0, \sigma_3 - \sigma_1)$。

如图 5.5 所示,一些典型的试验结果显示在 ξ/f'_c 与 r/f'_c 坐标系中。但仅显示出了压缩子线($\theta=60°$)和拉伸子午线($\theta=0°$)。通过单轴压缩圆柱体强度 $f'_c(f'_c>0)$ 对 ξ 和 r 进行无量纲化。图 5.5 中使用的实验数据来自 Richart 等的研究成果(1928),Balmer(1949)和 Kupfer 等(1969,1973)。这些研究通常被认为是可靠的实验。Newman、Newman(1971)以及 Schimmelpfennig(1971)等提出了为获得可靠实验结果的必备条件。

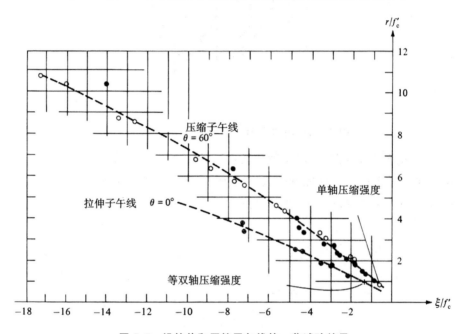

图 5.5　沿拉伸和压缩子午线的一些试验结果

空心圆,Balmer(1949)压缩;实心圆,Richart 等(1928)压缩;

相加圆,拉伸;交叉,Kupfer 等(1969)拉伸

如图 5.4 和 5.5 所示,可以看到子午线平面内的破坏曲线一般具有以下特征。

(1) 破坏曲线取决于静水压应力分量 I_1 或 ξ。

(2) 破坏曲线是弯曲、光滑和外凸的。

(3) 当 $r_t/r_c<1$ 时,其中指数 t 和 c 分别对应于拉伸和压缩子午线。

(4) r_t/r_c 的值随着静水压力的增加而增加。在 π 平面附近约为 0.5,而在静水压力 $\xi=-7f'_c$ 附近达到约为 0.8 的高点。

(5) 纯静水压荷载作用不会导致破坏。沿压缩子午线直到 $I_1 = -79 f'_c$ 的破坏曲线已经由 Chinn 和 Zimmerma(1965)通过实验确定,而没有观察到这种子午线接近静水压轴的任何趋势。

5.4　单参数模型

如上一节所述,在三个主应力坐标轴上的混凝土破坏面呈近似三角形的横截面(小应力作用),并在较高的平均压应力的作用下变得越来越膨胀(呈圆形)。此外,混凝土在这两种极端区域的破坏模式也不同。在拉应力和小压应力作用下,混凝土会由于裂解型的脆性断裂而破坏,并在破坏之前几乎没有塑性流动。在高静水压力作用下,混凝土在破坏或屈服面上可以像延性材料那样屈服和流动。我们已经提出了几种简单成熟的单参数关于脆性材料断裂和延性材料屈服的破坏准则。作为第一近似,将这些破坏面组合在一起,并在整个应力空间形成完整的表面,这似乎是合理的。下面将讨论确定小应力区域内断裂面、高压应力区域内屈服面的形状。

5.4.1　最大拉应力准则(Rankine)

Rankine 的最大拉伸应力准则,可追溯到 1876 年。如今,我们已经普遍接受了确定混凝土是否发生拉伸或压缩的破坏理论。根据该准则,当材料内部一点处的最大主应力值达到在简单拉伸试验中材料的抗拉强度值 f'_t 时,无论通过该点在其他平面上发生的正应力或剪应力如何,混凝土都将发生脆性断裂。由该准则定义的断裂面的方程是

$$\sigma_1 = f'_t \quad \sigma_2 = f'_t \quad \sigma_3 = f'_t \tag{5.79}$$

这是分别垂直于 $\sigma_1, \sigma_2, \sigma_3$ 轴的三个平面。该表面被称为断裂拉断面或张拉破坏表面。当使用变量 ξ, r, θ 或 $I_1, \sqrt{J_2}, \theta$ 时,可以通过使用式(5.30)中范围为 $0° \leqslant \theta \leqslant 60°$ 内的以下等式完全描述断裂表面。

$$f(I_1, J_2, \theta) = 2\sqrt{3}\sqrt{J_2}\cos\theta + I_1 - 3f'_t = 0 \tag{5.80}$$

或等同于

$$f(r, \xi, \theta) = \sqrt{2}r\cos\theta + \xi - \sqrt{3}f'_t = 0 \tag{5.81}$$

图 5.6 显示了 π 平面($\xi=0$)上的横截面形状以及断裂面的拉伸子午线
($\theta=0°$)和压缩子午线($\theta=60°$)。

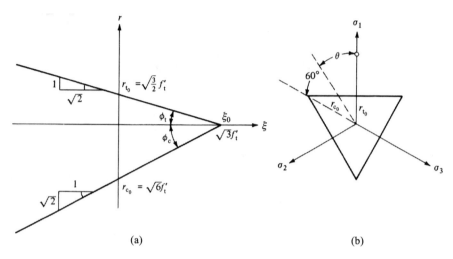

图 5.6 Rankine 最大主应力准则

(a)子午线平面,$\theta=0°$;(b)π 平面

5.4.2 剪应力准则(Tresca 准则和 von Mises 准则)

众所周知,在高静水压力作用下,混凝土表现得像延性金属一样。压力
对延性材料的主要影响是极大地增加了材料的延性,因此,在延性断裂之前
允许有大的变形。塑性或永久性的体积变化非常小。静水压力对屈服值的
影响通常不明显。对于金属材料,例如钢筋混凝土中的钢筋,这种观察是非
常合理的,因为这些材料的塑性变形主要是一系列的永久剪应变。对于颗
粒材料而言却是另一种情况,例如混凝土在低静水压力作用,其永久变形通
常伴随着大的体积变化,并且静水压力也对剪切强度产生显著影响。

对于高压范围内的金属和混凝土,静水压力对材料屈服值的影响可以
忽略不计。因此,剪应力成为金属和混凝土在高压下屈服的主要原因。那
么问题便是确定什么剪应力函数控制各向同性屈服准则的形式

$$f(s_1,s_2,s_3)=0 \quad \text{或} \quad f(J_2,J_3)=0 \tag{5.82}$$

Tresca 屈服准则　一个简单的想法:最大剪应力是一个关键变量。这就是所谓的 Tresca 屈服准则,可追溯到 1864 年。它指出,当一点处的最大剪应力达到临界值 k 时,材料开始屈服,这可以通过对延性材料的简单拉伸试验或对脆性材料的简单压缩试验来确定。这意味着临界值 k 必须是拉伸屈服应力 σ_y 的一半或压缩圆柱体强度 f_c' 的一半。最大剪应力准则用数学表述为

$$\max\left(\frac{1}{2}\mid\sigma_1-\sigma_2\mid,\frac{1}{2}\mid\sigma_2-\sigma_3\mid,\frac{1}{2}\mid\sigma_3-\sigma_1\mid\right)=k \qquad (5.83)$$

其中,k 是纯剪切作用下的屈服应力;或者,使用式(5.30),其可以表示为($0\leqslant\theta\leqslant60°$)

$$\frac{\sigma_1-\sigma_3}{2}=\frac{1}{\sqrt{3}}\sqrt{J_2}\left[\cos\theta-\cos\left(\theta+\frac{2}{3}\pi\right)\right]=k \qquad (5.84)$$

另外,对应力不变量而言,也可应用 Tresca 准则

$$f(J_2,\theta)=\sqrt{J_2}\sin\left(\theta+\frac{1}{3}\pi\right)-k=0 \qquad (5.85)$$

或用变量 r,ξ,θ 替代

$$f(r,\theta)=r\sin\left(\theta+\frac{1}{3}\pi\right)-\sqrt{2}k=0 \qquad (5.86)$$

由于在这类材料中没有考虑静水压力对屈服面的影响,因此,式(5.85)或式(5.86)必须与静水压力 I_1 或 ξ 无关,不难看出式(5.85)或式(5.86)表示的圆柱面的母线平行于静水压轴。很明显,式(5.86)表示偏量平面上的正六边形。以三个主要方向作为坐标轴,如图 5.7 所示,最大剪应力准则对应于截面为六边形的圆柱体(棱柱),而在图 5.8 中,其与坐标平面 $\sigma_3=0$ 的相交线也呈六边形。

各向同性意味着不需要在三维以上的空间中绘制屈服面。然而,特定平面与一般应力空间平面的一些相交线是值得研究的,例如,与 $\sigma_x\tau_{xy}$ 平面的相交线。通俗来讲,这条相交线是正应力和剪应力共同作用下的屈服曲线(图 5.9),它是一个椭圆

$$\sigma_x^2+4\tau_{xy}^2=4k^2 \qquad (5.87)$$

值得注意的是,式(5.85)中的不变量也可以用不变量 J_2 和 J_3 明确表示为

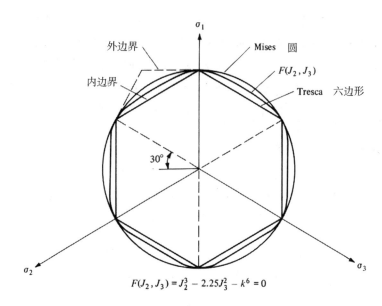

图 5.7　偏量平面上几个拉力匹配的剪应力准则

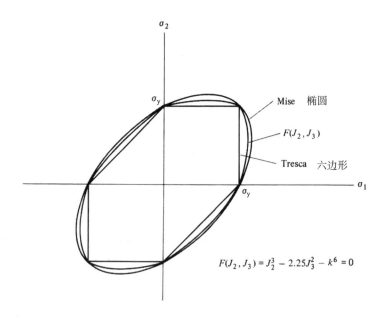

图 5.8　坐标平面 $\sigma_3 = 0$ 上几个拉力匹配的剪应力准则

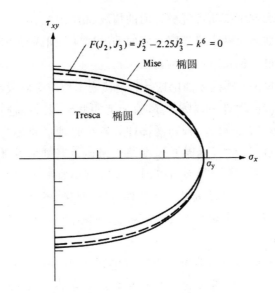

图 5.9 $\sigma_x \tau_{xy}$ 平面与屈服面的相交线

$$f(J_2, J_3) = 4J_2^3 - 27J_3^2 - 36k^2J_2^2 + 96k^4J_2 - 64k^6 = 0 \quad (5.88)$$

von Mises 屈服准则 八面体剪应力是最大剪切应力的一种方便的替代选择,其作为引起与压力无关的材料屈服的关键变量。这就是所谓的 von Mises 屈服准则,可追溯到 1913 年。它表明当八面体剪应力值达到临界值 k 时,其开始屈服。根据式(5.33),可以得到

$$\tau_{\text{oct}} = \sqrt{\frac{2}{3}J_2} = \sqrt{\frac{2}{3}}k \quad (5.89)$$

可以简化为

$$f(J_2) = J_2 - k^2 = 0 \quad (5.90)$$

其中,k 是纯剪状态下的屈服应力。当 $\sigma_1 = \sigma_y, \sigma_2 = \sigma_3 = 0$ 时,在单轴拉伸试验中将发生屈服现象。将这些值代入式(5.90),可得到

$$\sigma_y = \sqrt{3}k = 1.732k \quad (5.91)$$

与 Tresca 准则($\sigma_y = 2k$)有所不同。如果两种准则都认可简单的拉伸屈服应力 σ_y,则在 von Mises 准则和 Tresca 准则中的剪切值 k 的屈服应力比为 $2/\sqrt{3} = 1.15$。如图 5.7 所示,式(5.90)表示的是一个外切 Tresca 六边形的圆柱体,因此 Tresca 准则和 von Mises 准则之间的最大偏差不能超过

15%。如果两个准则都认可纯剪应力的情况（相同的 k 值），则形成的圆形内接于六边形。如果对两个极端圆之间的 von Mises 圆的大小取平均值，则两个准则之间的最大偏差可以控制在 8% 以内。

支持 von Mises 圆柱体的论据是它也代表了剪应变能或畸变能。此外，可以从之前的讨论中得知，对于与压力无关的材料，其各向同性的屈服准则必须具有普遍的形式 $f(J_2, J_3) = 0$；因此，符合此要求的最简数学形式是式（5.90）。von Mises 圆柱体与坐标 $\sigma_3 = 0$ 的相交线是一个椭圆形，由下式给出

$$\sigma_1^2 + \sigma_2^2 - \sigma_1 \sigma_2 = \sigma_y^2 = 3k^2 \tag{5.92}$$

如图 5.8 所示。一般应力空间中的 von Mises 平面与 $\sigma_x \tau_{xy}$ 平面的相交线也是一个椭圆，由下式给出

$$\sigma_x^2 + 3\tau_{xy}^2 = 3k^2 \tag{5.93}$$

可以从实验数据中发现金属材料通常落在 Tresca 六边形和 von Mises 椭圆之间但更接近后者，如图 5.9 中的虚线所示。

尽管 Tresca 六边形和 von Mises 圆柱体之间的差异不足以阻止使用这两个准则中的任意一个，但六边形上的角可能会导致数学难点和可能的数值歧义。von Mises 准则中的圆柱体在数学上的应用非常方便、实际。出于显而易见的原因，von Mises 准则也称为 J_2 理论。

例如，在早期的有限元分析中，Suidan 和 Schnobrich（1973）使用 von Mises 屈服面来分析钢筋混凝土结构。为了解释混凝土的极限拉伸能力，如 5.4.1 节所述，von Mises 平面与最大主应力平面或拉断平面相结合起来。为了考虑混凝土的有极限压缩延性，他们还将 von Mises 平面与最大主压缩应变准则 ε_u 结合起来。当混凝土达到该应变值时，假设混凝土被压碎并且其单元材料性能矩阵设置为零。

延性材料屈服面的特性 例如像金属等延性材料，静水压力对屈服没有任何明显的影响，也表明了剪应力对屈服的影响占主导地位。如果剪应力是金属屈服的主要原因，那么可以合理地预计它在拉伸和压缩时表现出相同的屈服应力。如图 5.7 所示，如果各向同性材料在拉伸和压缩状态下的屈服应力相等，则屈服面的横截面必须具有六重对称性。而在图 5.7 中还可以发现，由于所有与静水压力无关的各向同性准则必须具有圆柱面，其母线

平行于静水压轴,因此,通过实验研究任何一个典型的 30°扇面,就可以确定屈服面的完整形状。在对能量考虑的基础上,可以发现对于一大类延性材料而言,其屈服面必须是外凸的(第 6 章和第 8 章)。如果接受屈服曲线或平面是外凸的这一事实,则它必须位于图 5.7 所示的两个六边形之间。内部 Tresca 六边形显然位于屈服曲线上的下界,而 von Mises 圆柱体在外边界和内边界之间给出了一些平均值。

基于各向同性,静水压无关性,拉伸和压缩屈服应力相等,以及外凸性的四个假设,可以很好地定义屈服面的一般形状,并且 von Mises 圆柱体不能与实际屈服面 $f(J_2, J_3) = 0$ 偏离太多。例如,已经提出了如下剪应力的合理的组合形式更好地描述金属的屈服理论:

$$f(J_2, J_3) = J_2^3 - 2.25J_3^2 - k^6 = 0 \qquad (5.94)$$

其中,k 值是纯剪状态下的屈服应力,它与简单拉伸试验中的屈服应力 σ_y 有关

$$k = \sqrt{\frac{2}{81}}\sigma_y \qquad (5.95)$$

式(5.94)中表示剪切应力的加权值比最大或八面体剪应力加权值更复杂。图 5.7～图 5.8 中绘制的式(5.94)的屈服曲线位于 Tresca 六边形和 von Mises 椭圆之间,并且通过大多数实验点。

5.5 双参数模型

研究高静水压力作用下延性状态混凝土的屈服准则以及小应力作用下脆性状态混凝土的断裂准则具有一定意义,但不应该期望这种断裂准则与屈服准则的简单组合能够充分描述中等压应力作用下断裂-延性状态混凝土的屈服、脆性断裂和延性断裂。接下来将谈论破坏准则,其中"破坏"不仅意味着脆性断裂,还表示混凝土开始流动或屈服。

在中等应力范围内,混凝土的破坏准则对静水压状态下的应力非常敏感。如果破坏准则具有压敏性,则破坏面将不是一个平行于静压轴的圆柱面。然而,如果假设混凝土是各向同性的,则所有破坏面的横截面必须表现出图 5.2 所示的三重对称类型;但对于压敏材料,简单拉伸时的破坏强度通

常不等于简单压缩时的破坏强度,因此,不应期望横截面能够表现出图 5.7 所示的六重对称类型。应当注意的是,对于压力相关的材料,沿着静水压轴的横截面尺寸不同,并且通常不需要在几何上相似。本章介绍的所有材料模型的形状都符合各向同性的一般要求。为了方便计算,过去提出的大多数模型都假设破坏面的所有横截面都呈几何相似,即压力的唯一影响是在平行于偏量平面的各个平面中调整横截面的尺寸。这种类型的最简单破坏平面便是旋转面,其轴是静水压轴。一些研究人员已经提出了诸如圆锥和旋转抛物线之类的平面。在本节中,讨论仅限于简单的模型,这些模型的子午线只能线性地依赖于应力 I_1,ξ 的静水压部分。而更复杂模型,例如具有曲面子午线的破坏平面的模型,将在本章后面部分介绍。

5.5.1 Mohr-Coulomb 准则

Mohr 准则,可追溯到 1900 年,指出破坏由以下关系决定

$$|\tau| = f(\sigma) \tag{5.96}$$

其中,平面中的极限剪应力 τ 仅取决于同一平面中一点处的正应力 σ,且式 (5.96)对应于莫尔圆(后文称作 Mohr 圆)的破坏包络线。包络线 $f(\sigma)$ 是实验确定的函数。根据 Mohr 准则,当最大的 Mohr 圆与包络线相切时,所有应力状态下都会发生材料破坏。这意味着中间主应力对破坏没有影响。

最简单的 Mohr 包络线是直线,如图 5.10 所示。直线包络线的方程称为 Coulomb 方程,可追溯到 1773 年。

$$|\tau| = c - \sigma\tan\phi \tag{5.97}$$

其中,c 是内聚力;ϕ 是材料的内摩擦角。与式(5.97)相关的破坏准则也称为 Mohr-Coulomb 准则。在光滑材料($\phi=0$)的特殊情况下,式(5.97)降低到 Tresca 的最大剪应力准则,即 $\tau=c$,内聚力在纯剪($c=k$)条件下等于屈服应力。可以看到这条线性包络线为脆性-延性材料的破坏(例如中等应力水平作用的混凝土)提供参考。

从图 5.10 中可以看出,式(5.97)等于

对于 $\sigma_1 \geqslant \sigma_2 \geqslant \sigma_3$ $\qquad \sigma_1\dfrac{1+\sin\phi}{2c\cos\phi} - \sigma_3\dfrac{1-\sin\phi}{2c\cos\phi} = 1 \tag{5.98}$

或 $\qquad\qquad\qquad \dfrac{\sigma_1}{f_t'} - \dfrac{\sigma_3}{f_c'} = 1 \tag{5.99}$

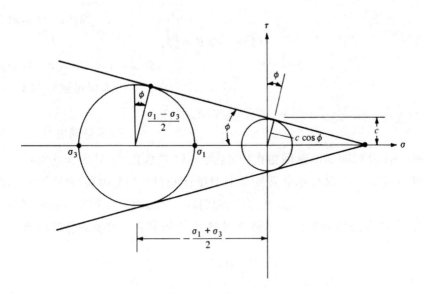

图 5.10　**Mohr-Coulomb 准则中主应力之间的关系**

其中
$$f_c' = \frac{2c\cos\phi}{1 - \sin\phi} \tag{5.100}$$

且
$$f_t' = \frac{2c\cos\phi}{1 + \sin\phi} \tag{5.101}$$

Coulomb 准则已经在土力学中广泛使用;同时 Mohr 准则也已经在应用力学中广泛使用。而 Mohr-Coulomb 准则也很常用。

一般来说,Mohr-Coulomb 准则是一个双参数模型,其中任何参数的组合,例如可以通过实验观测的 (c,ϕ)、(f_c',f_t')、(f_c',ϕ) 能完整地表征材料性能。有时可以方便地使用参数 f_c' 和 m,其中

$$m = \frac{1 + \sin\phi}{1 - \sin\phi} = \frac{f_c'}{f_t'} \tag{5.102}$$

然后式(5.99)可以通过斜率截距的形式给出

$$m\sigma_1 - \sigma_3 = f_c', \quad \sigma_1 \geqslant \sigma_2 \geqslant \sigma_3 \tag{5.103}$$

在 Richart 等(1928)的试验中,混凝土的系数 m 确定为 4.1。

使用式(5.30),Mohr-Coulomb 公式(式(5.98))可以由以下形式给出

$$f(I_1, I_2, \theta) = \frac{1}{3}I_1\sin\phi + \sqrt{J_2}\sin\left(\theta + \frac{1}{3}\pi\right) + \frac{\sqrt{J_2}}{\sqrt{3}}\cos\left(\theta + \frac{\pi}{3}\right)\sin\phi$$

$$- c\cos\phi = 0$$

$$(5.104)$$

或以变量 r, ξ, θ 来代替,当 $0 \leqslant \theta \leqslant \frac{1}{3}\pi$ 时,有

$$f(\xi, r, \theta) = \sqrt{2}\xi\sin\phi + \sqrt{3}r\sin\left(\theta + \frac{1}{3}\pi\right) + r\cos\left(\theta + \frac{\pi}{3}\right)\sin\phi$$

$$- \sqrt{6}c\cos\phi = 0$$

$$(5.105)$$

在坐标系 $\sigma_1\sigma_2\sigma_3$ 中,式(5.105)表示不规则的六角锥体。如图 5.11 所示,它的子午线是直线,而破坏横截面就是 π 平面,$\sigma_1 + \sigma_2 + \sigma_3 = 0$。绘制图 5.11 所示的六角锥体只需要两个特征长度。π 平面上分别对应 $\theta = 0°$ 和 $\theta = 60°$ 的长度 r_{t_0} 和 r_{c_0} 是真实长度,其可以通过式(5.105)中 $\xi = 0, r = r_{t_0}, \theta = 0°$ 以及 $\xi = 0, r = r_{c_0}, \theta = 60°$ 直接获得。通过使用式(5.100),在 π 平面上有 r_{t_0} 和 r_{c_0} 的可替代形式

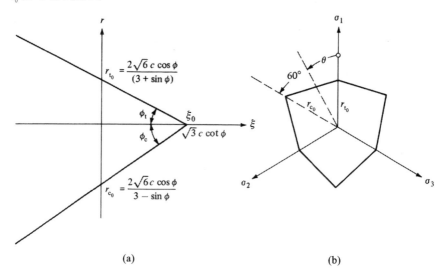

图 5.11　Mohr-Coulomb 准则

(a)子午线平面,$\theta = 0°$;(b)π 平面:$\tan\phi_t = \dfrac{2\sqrt{2}\sin\phi}{3 + \sin\phi}$,$\tan\phi_c = \dfrac{2\sqrt{2}\sin\phi}{3 - \sin\phi}$

$$r_{t_0} = \frac{2\sqrt{6}\,c\cos\phi}{3+\sin\phi} = \frac{\sqrt{6}\,f'_c(1-\sin\phi)}{3+\sin\phi} \tag{5.106}$$

$$r_{c_0} = \frac{2\sqrt{6}\,c\cos\phi}{3-\sin\phi} = \frac{\sqrt{6}\,f'_c(1-\sin\phi)}{3-\sin\phi} \tag{5.107}$$

其比值为
$$\frac{r_{t_0}}{r_{c_0}} = \frac{3-\sin\phi}{3+\sin\phi} \tag{5.108}$$

图 5.12 显示了 π 平面中对应于几个 ϕ 值的一组 Mohr-Coulomb 横截面,其中应力 σ_1,σ_2,σ_3 由抗压强度 f'_c 无量纲化。

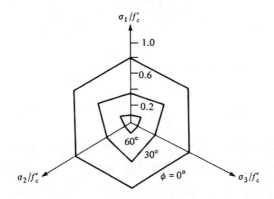

图 5.12　Mohr-Coulomb 准则在偏量平面中的破坏曲线

如图 5.13 所示,锥体与坐标平面 $\sigma_3 = 0$ 的相交线是不规则六边形。当 $f'_c = f'_t$(或等效为 $\phi=0$)时,这个六边形应该等效于 Tresca 六边形。图 5.13 还显示了破坏曲线的形状如何取决于内摩擦角 ϕ(或者,式(5.102)中的比率 $m = f'_c / f'_t$)。

为了在拉应力发生时获得更好的近似,有时需要将 Mohr-Coulomb 准则与最大拉伸强度拉断值结合起来,如 5.4.1 节所述。Cowan(1953)等曾提出过这一点。应该注意的是,该组合准则是三参数准则(其中两个应力状态决定 f'_c,m 值或 c,ϕ 值,一个应力状态决定最大拉应力)。在这种情况下,最大抗拉强度 f'_t(真实的单轴抗拉强度)必须用作拉断的抗拉强度,目前,由式(5.101)给出的单轴抗拉强度应该被认为是假想的抗拉强度,它与材料的真实单轴抗拉强度不同。

具有拉断的 Mohr-Coulomb 准则的主要缺点如下。

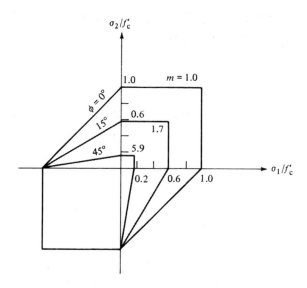

图 5.13　Mohr-Coulomb 锥体与平面 $\sigma_3=0(m=f_c'/f_t')$ 的相交线

（1）不考虑中等应力的影响。这意味着混凝土的最大双轴抗压强度与单轴抗压圆柱体强度 f_c' 相同。这与实验结果相反。已知混凝土在双轴压缩状态会增加最大抗压强度。在应力比 $\sigma_2/\sigma_1=0.5$ 时观察到最大强度增加约 25％，并且在相同的双轴压缩状态下（$\sigma_2/\sigma_1=1$）减小至约 16％（第 2 章）。

（2）其子午线是直线。如图 5.4～图 5.5 所示，随着静水压力的增加，这种近似作用也变得更差。

（3）偏量平面中的破坏横截面是对应于 $m=4.1$ 的恒定比率为 $r_t/r_c=0.663$ 的相似曲线。这与之前的讨论（5.3 节）相反。

（4）破坏面不是一个光滑的表面。已知的角点或奇点在数值分析中难以处理。

具有拉断的 Mohr-Coulomb 准则的优点如下。

（1）考虑到准则的简洁性，准则与试验结果的偏差在具有实践意义的范围内可以接受。

（2）该准则可以部分地解释破坏模式：拉伸和压缩。例如，对于压缩加载，该准则表明由于剪切滑动而发生破坏。滑动或破坏平面的角度可以通过 Mohr 圆的构造来确定。接触包络线并过切点的最大圆面便是破坏平面，其与次主轴的角度为 $\pm(45° - \phi/2)$。这通常被认为是在压应力范围内与 Mohr-Coulomb 准则一致的剪切破坏。在拉断范围内,脆性断裂通常发生在垂直于最大拉应变的方向上。然而,应该注意的是,在双轴压缩试验中,试样的裂纹垂直于最大主应变方向。这明确表明,为了发展破坏模式或机理的准则,需要以应力和应变表达的双重准则。这将在 5.9 节中进一步介绍。

总之,我们可以得出,考虑到其极端简单性,具有拉断的 Mohr-Coulomb 准则在多数情况下是合理的第一近似,因此它适用于手算。但是,试验结果尚未证明与此模型相关的破坏机理。

5.5.2　Drucker-Prager 准则

显然,当仅应用 Mohr-Coulomb 六边形破坏面的一边时,它在数学上的研究提供了便利。但是如果事先不知道该信息或每个点的主方向都不固定,则研究起来也不方便。此时,六边形上的角可能在数值求解时有相当大的难度。Drucker 和 Prager(1952)将 Mohr-Coulomb 平面的光滑近似表示为 von Mises 屈服准则的简单修订式

$$f(I_1, I_2) = \alpha I_1 + \sqrt{J_2} - k = 0 \tag{5.109}$$

或等效使用 $\xi = I_1/\sqrt{3}, r = \sqrt{2J_2}$

$$f(\xi, r) = \sqrt{6}\alpha\xi + r - \sqrt{2}k = 0 \tag{5.110}$$

其中,α 和 k 是材料上每个点的正常数。当 $\alpha = 0$ 时,式(5.109)简化为 von Mises 屈服准则。如下所述,这些常数可以通过几种方式与 Mohr-Coulomb 常数 c, ϕ 相关。

如图 5.14 所示,式(5.110)中的破坏面在主应力空间中显然是一个子午线和横截面在 π 平面上的右半圆锥面。Drucker-Prager 平面可以看作是一个光滑的 Mohr-Coulomb 平面或者作为 von Mises 平面的延伸,用于例如土体和混凝土等压力相关的材料。扩展的 von Mises 准则在混凝土建模方面基本上存在缺点,I_1 和 $\sqrt{J_2}$ 或 ξ 和 r 和相似角 θ 之间为线性关系。如在第 5.3 节中所提出的,ξ-r 关系式已经通过实验证明是一条曲线,但在偏量平面上破坏面的轨迹却不是圆形的。Drucker-Prager 平面的进一步推广将满足关于光滑性、外凸性、对称性以及曲线子午线等所需的特性,并且在给出更

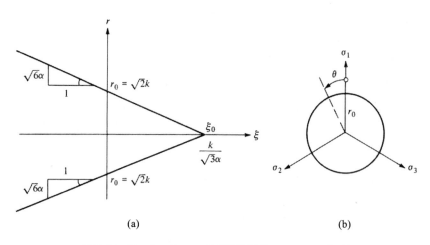

图 5.14   Drucker-Prager 准则(扩展的 von Mises 准则)

(a)子午线平面,$\theta=0°$;(b)π 平面

精准的三、四、五参数模型时,我们也会得到完全一般应力状态下关于实验破坏应力的近似估计。目前为止,介绍的模型都很简单,因此可适用于手算,但所有精准模型都需要计算机。

有几种方法可以通过 Drucker-Prager 圆锥来近似 Mohr-Coulomb 六边形平面。圆锥的大小可以通过两个常数 α 和 k 来调整。例如,如果两个平面与沿 $\theta=60°$ 时的压缩子午线 r_c 一致,则两组材料常数与下式相关

$$\alpha = \frac{2\sin\phi}{\sqrt{3}(3-\sin\phi)}, \quad k = \frac{6c\cos\phi}{\sqrt{3}(3-\sin\phi)} \tag{5.111}$$

对应于式(5.111)中常数的圆锥围绕六边形锥体且代表 Mohr-Coulomb 破坏面的外界。另一方面,内圆锥穿过 $\theta=0°$ 时的拉伸子午线 r_t,并且将具有如下常数。

$$\alpha = \frac{2\sin\phi}{\sqrt{3}(3+\sin\phi)}, \quad k = \frac{6c\cos\phi}{\sqrt{3}(3+\sin\phi)} \tag{5.112}$$

这样的近似都可以很容易地写出,但并不真正有必要。如果 Drucker-Prager 和 Mohr-Coulomb 准则被用来给出在平面应变的情况下的荷载能力问题的相同的极限荷载(或塑性坍塌荷载,参见第 7 章),那么这两个条件必须用于确定常数:①平面应变变形条件;②单位体积相同机械能耗率的条件。具体细节将在第 6 章中介绍理想塑性理论的流动规律时讨论。在这种

情况下,材料常数由下式给出

$$\alpha = \frac{\tan\phi}{\sqrt{9 + 12\tan^2\phi}}, \quad k = \frac{3c}{\sqrt{9 + 12\tan^2\phi}} \tag{5.113}$$

通过使用式(5.113),可以看到破坏函数[式(5.109)]简化为式(5.98)关于平面应变的 Mohr-Coulomb 准则。

值得注意的是,Tresca 准则的类似扩展可能比扩展的 von Mises 准则更多地适合混凝土材料的 Mohr-Coulomb 准则。扩展的 Tresca 准则在主应力空间中的破坏面是正六边形锥面而不是圆锥面。然而,扩展 Tresca 的正六边形锥面有拐角,并不方便。如下所述,可以发现许多旋转的凸面,$f(I_1, J_2, J_3)$为常数或其修改面能更密切地关联混凝土的实际试验数据。

5.6　三参数模型

在 Drucker-Prager 平面(图 5.14)中,r 或 τ_{oct} 在子午线平面上与 ξ 或 σ_{oct},线性相关,且在偏量平面中的破坏横截面是一个圆。实验证明 r-ξ(或 τ_{oct}-σ_{oct})关系是一条曲线,偏量截面上破坏面的轨迹是非圆形的,但取决于相似角 θ 的大小。作为推广 Drucker-Prager 平面的第一步,可以采取两种方法:①假设 r 在 ξ 上(或 τ_{oct} 在 σ_{oct} 上)的抛物相关性,但保持偏量截面独立于 θ,即保持圆形横截面;②保留线性 r-ξ(或 τ_{oct}-σ_{oct})关系但让偏量截面呈现出 θ 的依赖性,即具有非圆形横截面。这将形成三参数模型。下面将讨论该模型的进一步一般化。

5.6.1　Bresler-Pister 准则

人们最常接受的混凝土破坏准则是仅以八面体应力 τ_{oct} 和 σ_{oct} 表达的破坏准则,即忽略 J_3 或 θ 的影响。过去人们已经提出了许多破坏准则,如一般八面体准则的特殊情况

$$\tau_{oct} = f(\sigma_{oct}) \tag{5.114}$$

大多数提出的准则假设线性关系,其本质上是 Drucker-Prager 模型。表示八面体应力 τ_{oct} 和 σ_{oct} 之间关系的实验数据具有图 5.4～图 5.5 所示的

曲线形状。

　　显然,这些试验点的平均值可以通过二次抛物线的形式来模拟(Bresler
和 Pister,1958)

$$\frac{\tau_{oct}}{f'_c} = a - b\frac{\sigma_{oct}}{f'_c} + c\left(\frac{\sigma_{oct}}{f'_c}\right)^2 \tag{5.115}$$

其中,σ_{oct}在拉伸状态时为正值,而f'_c总为正值。可以通过有效的实验测试数
据的曲线拟合来建立破坏参数 a,b 和 c。在下文中,将从典型的混凝土试验
数据中,例如单轴拉伸试验 f'_t,单轴压缩试验 f'_c 和等双轴压缩试验 f'_{bc},确定
三个参数。引入强度比

$$\overline{f}'_t = \frac{f'_t}{f'_c} \quad \overline{f}'_{bc} = \frac{f'_{bc}}{f'_c} \tag{5.116}$$

三个试验中八面体分量(式(5.117))[①]。

试　　验	σ_{oct}/f'_c	τ_{oct}/f'_c
$\sigma_1 = f'_t$	$\frac{1}{3}\overline{f}'_t$	$\frac{\sqrt{2}}{3}\overline{f}'_t$
$\sigma_3 = -f'_c$	$-\frac{1}{3}$	$\frac{\sqrt{2}}{3}$
$\sigma_2 = \sigma_3 = -f'_{bc}$	$-\frac{2}{3}\overline{f}'_{bc}$	$\frac{\sqrt{2}}{3}\overline{f}'_{bc}$

$$\tag{5.117}$$

　　将这些八面体值代入式(5.115)时,可以根据标准化强度值 f'_t 和 f'_{bc} 容
易地获得与破坏面模型的三个参数 a,b,c。

　　无论假定八面体应力 τ_{oct} 和 σ_{oct} 之间存在什么关系,偏量平面中的破坏曲
线总是圆形的,这与混凝土的试验结果相反,尤其是对于破坏截面几乎为三
角形的小应力。因此,该破坏平面可以通过在偏量平面中具有三角形截面
的锥体形式的拉断准则来改进,如5.4.1节中所述。

5.6.2　Willam-Warnke 准则

　　William 和 Walker(1975)提出了混凝土在拉伸和低压缩状态下的三参

---

　　①　此处遵循原版书形式。后同。

数破坏面。该模型具有直子午线和非圆形横截面。这里将描述三参数模型。随后,Willam 和 Warnke 通过添加两个用于描述弯曲子午线的参数来改进该模型,从而将应用范围扩展到高压缩区域。关于五参数模型的具体描述将在 5.8 节中给出。

将首先发展用于描述非圆截面的表达式。然后将该横截面用作发展锥形破坏面的基础部分,其中静水压轴作为旋转轴。

椭圆近似　考虑一个关于破坏面的典型偏量平面,如图 5.15 所示。由于三重对称性,只需要考虑 $0 \leqslant \theta \leqslant 60°$ 这一部分。Wiliam 和 Warnke 成功地找到了一个外凸和光滑破坏面的表达式。这将通过所考虑的破坏曲线部分规定为椭圆曲线的一部分来实现。我们发现椭圆形是最合适的,因为它不仅可以满足对称、光滑和外凸,而且当 $r_t = r_c$ 时,还可以简化为圆形。这意味着圆柱形的 von Mises 模型和圆锥形的 Drucker-Prager 模型都是当前破坏公式的特例。

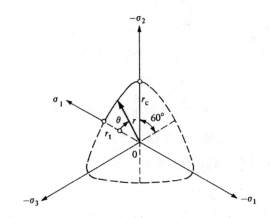

图 5.15　破坏面中的偏量截面

详细推导如下。

半轴为 a 和 b 的椭圆的标准形式是

$$f(x,y) = \frac{x^2}{a^2} + \frac{y^2}{b^2} - 1 = 0 \tag{5.118}$$

图 5.16 显示了以 x 和 y 为主轴的四分之一椭圆 P_1—P—P_2—P_3 与以 r 和 θ 为极坐标的破坏曲线 $P_1 P P_2$ 之间的几何关系。图 5.15 中在 $\theta = 0$ 和

$\theta = 60°$ 处的对称条件要求定位矢量 r_t 和 r_c 分别在点 $P_1(0,b)$ 和 $P_2(m,n)$ 处垂直于椭圆。因此,选择次 y 轴与定位矢量 r_t 保持一致,从而总是满足 P_1 点处的正交性条件。目前,可以根据定位矢量 r_t 和 r_c 来确定半轴 a 和 b,其条件是椭圆穿过有法向矢量的 $P_2(m,n)$ 点。

$$\boldsymbol{n} = \left(\frac{\sqrt{3}}{2}, \frac{1}{2} \right) \tag{5.119}$$

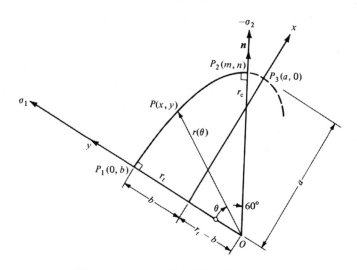

图 5.16　$0 \leqslant \theta \leqslant 60°$ 时破坏面的椭圆轨迹

可以从图 5.16 的几何图形中轻松找到该法向矢量的分量。此外,椭圆在 $P_2(m,n)$ 点处的外向法矢量也由式(5.118)的偏微分给出

$$\boldsymbol{n} = \frac{(\partial f/\partial x, \partial f/\partial y)}{[(\partial f/\partial x)^2 + (\partial f/\partial y)^2]^{1/2}} = \frac{(m/a^2, n/b^2)}{[(m^2/a^4) + (n^2/b^4)]^{1/2}} \tag{5.120}$$

a, b 间的关系如下

$$a^2 = \frac{m}{\sqrt{3}n} b^2 \tag{5.121}$$

$P_2(m,n)$ 点处的坐标很容易用定位矢量 $r_\mathrm{t}, r_\mathrm{c}$ 以及半轴 b 表示

$$m = \frac{\sqrt{3}}{2} r_\mathrm{c}, \quad n = b - \left(r_\mathrm{t} - \frac{1}{2} r_\mathrm{c} \right) \tag{5.122}$$

由于椭圆一定会通过点 $P_2(m,n)$,有

$$\frac{m^2}{a^2}+\frac{n^2}{b^2}=1 \tag{5.123}$$

将式(5.121)和式(5.122)代入式(5.123),则半轴 a,b 被确定为

$$a^2=\frac{r_c(r_t-2r_c)^2}{5r_c-4r_t},\quad b=\frac{2r_t^2-5r_tr_c+2r_c^2}{4r_t-5r_c} \tag{5.124}$$

目前,关于椭圆的笛卡儿坐标被转换为质心在原点的极坐标 r,θ。以这种方式,破坏曲线可以由半径 r 作为 θ 的函数方便地描述。由此可以得到笛卡儿坐标 x,y 与极坐标 r,θ 之间的关系

$$x=r\sin\theta,\quad y=r\cos\theta-(r_t-b) \tag{5.125}$$

如果将这些极坐标代入到式(5.118)中,可以得到

$$\frac{r^2\sin^2\theta}{a^2}+\frac{[r\cos\theta-(r_t-b)]^2}{b^2}=1 \tag{5.126}$$

在一些代数运算之后,半径 r 可以根据极坐标 r 和 θ 求解,其中 $0\leqslant\theta\leqslant60°$

$$r(\theta)=\frac{a^2(r_t-b)\cos\theta+ab[2br_t\sin^2\theta-r_t^2\sin^2\theta+a^2\cos^2\theta]^{1/2}}{a^2\cos^2\theta+b^2\sin^2\theta} \tag{5.127}$$

将式(5.124)中的半轴 a,b 代入式(5.127),得到以参数 r_t,r_c 表述的 $r(\theta)$ 的最终形式

$$r(\theta)=\frac{2r_c(r_c^2-r_t^2)\cos\theta+r_c(2r_t-r_c)[4(r_c^2-r_t^2)\cos^2\theta+5r_t^2-4r_tr_c]^{1/2}}{4(r_c^2-r_t^2)\cos^2\theta+(r_c-2r_t)^2} \tag{5.128}$$

相似角 θ

$$\cos\theta=\frac{2\sigma_1-\sigma_2-\sigma_3}{\sqrt{2}[(\sigma_1-\sigma_2)^2+(\sigma_2-\sigma_3)^2+(\sigma_3-\sigma_1)^2]^{1/2}} \tag{5.129}$$

请注意,当 $r_t=r_c$ 或 $a=b$ 时,椭圆会退化成一个圆。当在 $\theta=0°$ 或 $\theta=60°$ 子午线处时,定位矢量 $r(\theta)$ 分别变为 r_t 或 r_c。

图 5.16 表明,如果定位矢量 r 满足以下条件,则可以确保破坏曲线的外凸和光滑

$$\frac{1}{2}\leqslant\frac{r_t}{r_c}\leqslant1 \tag{5.130}$$

破坏面的平均应力 图 5.15 中的偏量截面用作圆锥形破坏面的基础截面,其中静水压轴为旋转轴。具有静水压力的线性变化部分产生了具有直

子午线的圆锥。在当前情况下,破坏面以平均应力分量 σ_m、τ_m 中的简单均匀膨胀和相似角 θ 来表示。

$$f(\sigma_m, \tau_m, \theta) = \frac{1}{\rho}\frac{\sigma_m}{f_c'} + \frac{1}{r(\theta)}\frac{\tau_m}{f_c'} - 1 = 0 \qquad (5.131)$$

平均应力分量 σ_m, τ_m 表示在无穷小球面上法向和剪应力的平均分布,如 5.2.3 节所述。它们与式(5.49)和式(5.53)中的八面体应力 σ_{oct}, τ_{oct},应力不变量 I_1, J_2,静水压力和偏坐标 ξ, r 有关。

$$\sigma_m = \sigma_{oct} = \frac{1}{3}I_1 = \frac{1}{\sqrt{3}}\xi, \quad \tau_m^2 = \frac{3}{5}\tau_{oct}^2 = \frac{2}{5}J_2 = \frac{1}{5}r^2 \quad (5.132)$$

或对主压力 σ_1, σ_2, σ_3 而言

$$\sigma_m = \frac{1}{3}(\sigma_1 + \sigma_2 + \sigma_3)$$

$$\tau_m = \frac{1}{\sqrt{15}}\left[(\sigma_1 - \sigma_2)^2 + (\sigma_2 - \sigma_3)^2 + (\sigma_3 - \sigma_1)^2\right]^{1/2} \qquad (5.133)$$

式(5.131)可以重写为

$$\frac{\tau_m}{f_c'} = r(\theta)\left(1 - \frac{1}{\rho}\frac{\sigma_m}{f_c'}\right) \qquad (5.134)$$

参数的确定 破坏准则公式(式(5.134))中的 σ_m, τ_m 值由单轴抗压强度 f_c' 标准化。破坏面的三个参数分别是 r_t, r_c, ρ。跟之前的模型类似,三个参数通过三个典型的混凝土试验来确定:单轴拉伸试验 f_t',单轴压缩试验 f_c' 和等双轴压缩试验 f_{bc}'。使用式(5.116)中定义的标准化强度值,三个试验的特点如式(5.135)所示。

试 验	σ_m/f_c'	τ_m/f_c'	θ	$r(\theta)$
$\sigma_1 = f_t'$	$\frac{1}{3}\overline{f}_t'$	$\sqrt{\frac{2}{15}}\overline{f}_t'$	$0°$	r_t
$\sigma_3 = -f_c'$	$-\frac{1}{3}$	$\sqrt{\frac{2}{15}}$	$60°$	r_c
$\sigma_2 = \sigma_3 = -f_{bc}'$	$-\frac{2}{3}\overline{f}_{bc}'$	$\sqrt{\frac{2}{15}}\overline{f}_{bc}'$	$0°$	r_t

$$(5.135)$$

通过将这些强度值代入破坏条件(式(5.134))中,可以容易地获得三个

模型参数

$$
\left.
\begin{aligned}
\rho &= \frac{\overline{f}'_{bc}\overline{f}'_{t}}{\overline{f}'_{bc}-\overline{f}'_{t}} \\[2mm]
r_{t} &= \left(\frac{6}{5}\right)^{1/2}\frac{\overline{f}'_{bc}\overline{f}'_{t}}{2\overline{f}'_{bc}+\overline{f}'_{t}} \\[2mm]
r_{c} &= \left(\frac{6}{5}\right)^{1/2}\frac{\overline{f}'_{bc}\overline{f}'_{t}}{3\overline{f}'_{bc}\overline{f}'_{t}+\overline{f}'_{bc}-\overline{f}'_{t}}
\end{aligned}
\right\}
\qquad (5.136)
$$

圆锥表面上的顶点位于静水压轴上,即

$$
\frac{\sigma_{m}}{f'_{c}} = \rho \qquad (5.137)
$$

圆锥的张开角 ϕ 随 θ 的变化而变化

当 $\theta = 0°$ 时 $\qquad\qquad \tan\phi_{t} = \dfrac{r_{t_0}}{\rho} \qquad (5.138a)$

当 $\theta = 60°$ 时 $\qquad\qquad \tan\phi_{c} = \dfrac{r_{c_0}}{\rho} \qquad (5.138b)$

其中,r_{t_0} 和 r_{c_0} 是在 π 平面上 r_t 和 r_c 的半径。关于典型的混凝土强度比,Willam-Warnke 的三参数模型如图 5.17 所示。

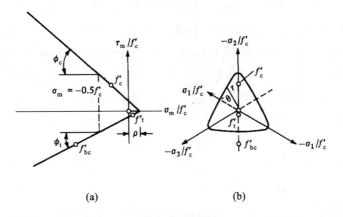

(a) $\qquad\qquad\qquad\qquad$ (b)

图 5.17　Willarn-Warnke 准则(强度比 $f'_{bc}/f'_{c}=1.3$, $f'_{t}/f'_{c}=0.1$)

$$
\overline{f}'_{bc} = \frac{f'_{bc}}{f'_{c}} = 1.3, \quad \overline{f}'_{t} = \frac{f'_{t}}{f'_{c}} = 0.1
$$

单轴拉伸试验 f'_t,单轴压缩试验 f'_c 和等双轴压缩试验 f'_{bc} 在破坏面上标记为小的空心圆。静水压（或子午线）和偏量截面表示破坏包络线的外凸性和光滑性。如果式（5.139）成立，则 Willam-Warnke 模型退化为圆锥的 Drucker-Prager 模型

$$r_c = r_t = r_0 \quad \text{或} \quad f'_t = \frac{f'_{bc}}{3f'_{bc} - 2} \tag{5.139}$$

在这种情况下，圆锥破坏面由两个参数 ρ 和 r_0 描述

$$\frac{1}{\rho}\frac{\sigma_m}{f'_c} + \frac{1}{r_0}\frac{\tau_m}{f'_c} = 1 \tag{5.140}$$

此外，可获得单参数 von Mises 模型

$$\rho \to \infty \quad \text{或} \quad \overline{f}'_{bc} = \frac{f'_{bc}}{f'_c} = 1 \tag{5.141}$$

在这种情况下，Drucker-Prager 圆锥退化成圆柱体，其半径由下式定义

$$\frac{1}{r_0}\frac{\tau_m}{f'_c} = 1 \tag{5.142}$$

强度比为

$$\overline{f}'_{bc} = \overline{f}'_t = 1 \tag{5.143}$$

实验验证　图 5.18 比较了 Willam-Warnke 破坏面与 Launay、Gachon (1972)得出的实验数据。在低压状态下可以观察到，当强度比 $\overline{f}'_{bc} = 1.8$，$\overline{f}'_t = 0.15$ 时，二者颇为一致。但是，所用吻合的双轴强度比值 $\overline{f}'_{bc}$ 相当高（单轴抗压强度的 1.8 倍）。此外，在高压状态下，主要沿压缩子午线上存在相当大的分歧。因此，如 5.8 节所示，Willam-Warnke 的三参数模型由两个以上的参数细化，其将应用范围扩展到高压状态。此五参数模型建立了一个具有弯曲子午线的破坏面，其母线与沿着 $\theta = 0°$ 和 $\theta = 60°$ 的二阶抛物线近似，并在静水压轴上具有相同的顶点。换言之，通过简单地将 Willam-Warnke 类型的椭圆偏量截面与 Bresler-Fister 类型的抛物子午线截面组合形成 σ_{oct}，θ 依赖平面来获得这个较复杂的破坏模型。

一般评论　关于材料破坏或屈服面的发展，对其施加外凸性条件是一项重要的需求。根据 Drucker(1959)稳定材料的稳定性假说，屈服面和加载面必须是外凸面，塑性应变增矢量的方向必须与屈服面或荷载面垂直（见第 8 章）。此外，根据热力学的概念，稳定的材料行为需要在加载-卸载循环期间有一正损耗的塑性功。在这些需求的基础上发展的应力-应变模型将确保

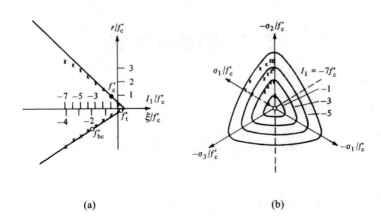

图 5.18　Willam-Warnke 准则与三轴数据的比较

(a)静水压面(Launay 等,1972)$\theta=0°$,$\overline{f}'_{bc}=1.8$,$\overline{f}'_t=0.15$;(b)偏量截面

边值问题的唯一解以及塑性变形的不可逆特性。

外凸性条件意味着偏量平面中的破坏曲线在所考虑区间内必须没有拐点。因此,偏量平面上的曲线不能基于三角函数或 Hermitian 插值。例如 Argyris 等(1974)建议以下涉及所有压力不变量的三参数模型 I_1,J_2,θ(即直子午线)

$$f(I_1,J_2,\theta) = a\frac{I_1}{f'_c} + (b-c\cos3\theta)\frac{\sqrt{J_2}}{f'_c} - 1 = 0 \qquad (5.144)$$

此外,破坏曲线在所有偏量平面中都是类似的。然而,该破坏面仅当 $r_t/r_c>0.777$ 时外凸,而在几乎所有的实际应用中,r_t/r_c 的比值都小于 0.777。对于另一个案例,Launay 等(1970)提出了偏量平面中的破坏曲线如下

$$r^2\left[\frac{\cos^2\frac{3}{2}\theta}{r_c^2} + \frac{\sin^2\frac{3}{2}\theta}{r_t^2}\right] = 1 \qquad (5.145)$$

或
$$r = \frac{\sqrt{2}r_c r_t}{[(r_t^2+r_c^2) + (r_t^2-r_c^2)\cos3\theta]^{1/2}} \qquad (5.146)$$

其中,r_c,r_t 是 ξ 的函数。同样,这仅为 $r_t/r_c>0.745$ 提供外凸,这超出了大多数实际应用的范围。

5.7 四参数模型

5.7.1 Ottosen 准则

Ottosen(1977)提出了以下四参数准则,涉及所有应力不变量 I_1, J_2, $\cos3\theta$

$$f(I_1, J_2, \cos3\theta) = a\frac{J_2}{f_c'^2} + \lambda\frac{\sqrt{J_2}}{f_c'} + b\frac{I_1}{f_c'} - 1 = 0 \qquad (5.147)$$

其中,$\lambda = \lambda(\cos3\theta) > 0$;$a$ 和 b 是常数。

破坏面(式(5.147))具有弯曲的子午线和非圆形的横截面。由于弯曲子午线由常数 a 和 b 确定,并且偏量平面上的函数 λ 定义的非圆形横截面由常数 $\lambda_t = 1/r_t$,$\lambda_c = 1/r_c$ 确定,因此 Ottosen 破坏准则是四参数准则。

在介绍 Ottosen 面有关在偏量平面里构建破坏曲线的细节之前,我们将做以下观察。偏量平面中的破坏曲线必须具有前一节中所概述的对称、平滑、外凸等特性。原则上,我们可以找到具有上述条件的无穷多表达式,但是破坏曲线还必须具有随着静水压力的增加,从近似三角形变为近似圆形的特性。很明显,满足所有这些要求的表达式将位于偏量平面中的窄带内,因此,原则上所有表达式都同样好。一个表达式的选择将主要取决于以下四点。

①在工作范围内接近实验数据,则应用范围更大。

②从标准试验数据中快速确定模型参数,即少量参数。

③光滑性,即具有连续变化切面的连续表面。

④外凸性,即没有拐点的单调曲面。

数学表达式应该相当简单,且应该包含特定模型参数的简单破坏包络线。换言之,圆柱形 von Mises 模型和圆锥形 Drucker-Prager 模型应该是复杂公式的特殊情况。Willam 和 Warnke(1975)成功地找到了基于椭圆近似的这种表达式,其中三个参数(5.6.2 节)和五个参数(5.8 节)对范围 $0 \leqslant \theta \leqslant 60°$ 内的相似角 θ 有效。另一方面,Ottosen(1977)也成功地找到了这

种基于 $\cos3\theta$ 形式近似的三角函数的表达式,其中四个参数对所有的应力组合都有效。Willam-Warnke 和 Ottosen 准则都只使用两个参数来确定偏量平面中的破坏曲线。下面将概述 Ottosen 准则的函数 λ 的确定。

薄膜比拟　由于偏量平面中的破坏曲线必须随着静水压力的增加从近似三角形变为近似圆形,因此,使用薄膜比拟的方法来构造这种表面是合适的。对应于具有等边三角形横截面的经典扭转问题的膜表面满足以上所有要求。

考虑等边三角形(图 5.19),并假设受到均匀拉伸的膜(皂膜)支撑在三角形的边缘。现在对膜施加均匀的横向压力。然后垂直位移 z 服从 Poisson 方程(参见 Chen 和 Atsuta,1977,p. 37)。

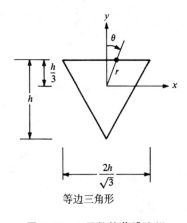

等边三角形

图 5.19　λ 函数的薄膜比拟

$$\frac{\partial^2 z}{\partial x^2} + \frac{\partial^2 z}{\partial y^2} = -k \quad (5.148)$$

其中,k 是常数,而 z 在边缘处为零。很明显,有挠度的膜的轮廓线具有所需要的对称性、光滑性和外凸性等特性,且其在等边三角形和圆形之间变化。

众所周知,在这种情况下,位移函数 z 可以呈现为

$$z = m\left(\sqrt{3}x + y + \frac{2}{3}h\right)\left(\sqrt{3}x - y - \frac{2}{3}h\right)\left(y - \frac{1}{3}h\right) \quad (5.149)$$

该式是高度为 h 的三角形边的三个方程的乘积,如图 5.19 所示。将式(5.149)代入 Poisson 方程(式(5.148)),可以得到

$$m = \frac{k}{4h} \quad (5.150)$$

如果我们选择对应于 $k=2$ 的 $m=1/2h$,则可以写入垂直位移

$$z = \frac{1}{2h}\left(\frac{h}{3} - y\right)\left[\left(y + \frac{2}{3}h\right)^2 - 3x^2\right] \quad (5.151)$$

此时已经完成了扭转问题的类比。由于下面将尝试以 $\lambda=1/r$ 的形式表

示该膜表面(式(5.151)),从而作为 $\cos\theta$ 的函数,因此引入极坐标(r,θ),即

$$x = r\sin\theta, \quad y = r\cos\theta \tag{5.152}$$

z 的等式为

$$z = \frac{1}{2h}\left(\frac{4}{27}h^3 - hr^2 - r^3\cos3\theta\right) \tag{5.153}$$

或扩展为

$$r^3\cos3\theta + hr^2 - \frac{4}{27}h^3 + 2hz = 0 \tag{5.154}$$

因为 $r \neq 0$,对应于

$$2hz - \frac{4}{27}h^3 \neq 0 \tag{5.155}$$

式(5.154)也可以写成

$$\frac{1}{r^3} + \frac{h}{2hz - \frac{4}{27}h^3}\frac{1}{r} + \frac{\cos3\theta}{2hz - \frac{4}{27}h^3} = 0 \tag{5.156}$$

对于任意常数 z 值 $\left(0 \leqslant z \leqslant \frac{2}{27}h^2\right)$,该等式确定了对应的轮廓线。为简便起见,定义

$$\lambda = \frac{1}{r}, \quad p = \frac{1}{3}\frac{1}{2z - \frac{4}{27}h^2}, \quad q = \frac{1}{2}\frac{\cos3\theta}{h\left(2z - \frac{4}{27}h^2\right)} \tag{5.157}$$

现在可以将式(5.156)写为标准三次方程

$$\lambda^3 + 3p\lambda + 2q = 0 \tag{5.158}$$

其中

$$p < 0$$

$$\left.\begin{array}{ll} q \geqslant 0, & \cos3\theta \leqslant 0 \\ q \leqslant 0, & \cos3\theta \geqslant 0 \end{array}\right\} \tag{5.159}$$

且

$$|p|^3 > q^2$$

现在,定义了两个新参数 k_1 和 k_2

$$k_1 = \frac{2}{\sqrt{3\left(\frac{4}{27}h^2 - 2z\right)}}, \quad k_2 = \frac{3}{2h\sqrt{3\left(\frac{4}{27}h^2 - 2z\right)}} = \frac{3k_1}{4h} \tag{5.160}$$

如果 $\cos3\theta \geqslant 0(q \leqslant 0)$,则唯一的实根很容易表示为

242

当 $\cos3\theta \geqslant 0$ 时，$\lambda = \dfrac{1}{r} = k_1 \cos\left[\dfrac{1}{3}\arccos(k_2\cos3\theta)\right]$　(5.161)

如果为 $\cos3\theta \leqslant 0(q \geqslant 0)$，则唯一的正根给出了 $1/r$ 的相同值，而当上面的等式满足 $\cos3\theta = 0$ 时，

当 $\cos3\theta \leqslant 0$ 时，$\lambda = \dfrac{1}{r} = k_1 \cos\left[\dfrac{\pi}{3} - \dfrac{1}{3}\arccos(-k_2\cos3\theta)\right]$

(5.162)

因此，最后两个方程描述了偏量平面中的 λ 函数，并使用了两个参数（k_1 和 k_2）。如前所述，如果指数 c 和 t 分别指的是压缩子午线和拉伸子午线，即

$$\left.\begin{array}{l}\text{当 } \theta = 60° \text{ 时，} \lambda_c = \lambda(\cos3\theta) = \lambda(-1) = \dfrac{1}{r_c} \\[2mm] \text{当 } \theta = 0° \text{ 时，} \lambda_t = \lambda(\cos3\theta) = \lambda(1) = \dfrac{1}{r_t}\end{array}\right\}$$　(5.163)

那么常数 k_1，k_2 由值 λ_t，λ_c 或 r_t，r_c 确定。当 $0 \leqslant k_2 \leqslant 1$ 时，参数 k_1 是一个尺寸系数，而参数 $k_2 (0 \leqslant k_2 \leqslant 1)$ 是一个形状系数。

式(5.161)和式(5.162)对所有 θ 值都有效。这意味着不必将应力分成最小，中等和最大这几个等级。破坏曲线是具有周期性的，周期为 120°，并且也应该具有 60° 的对称性。这种在偏量平面中凸起的光滑曲线适用于所有的 r_t/r_c 比，其范围

$$\frac{1}{2} < \frac{r_t}{r_c} < 1$$　(5.164)

对于式(5.147)中的参数 $a > 0$，$b > 0$，其子午线是一条弯曲的（非仿射的）、光滑的、外凸的、顶点除外的抛物线。而 λ_c/λ_t 能够确定在 $0.54 \sim 0.58$ 的范围内，这取决于 f_t'/f_c' 的值，对应于偏量平面中用于小应力的近似三角形的迹线。此外，对于非常高的压应力（或 $I_1 \rightarrow -\infty$），偏量平面中的迹线开始接近于圆形（或 $r_t/r_c \rightarrow 1$）。

Ottosen 模型包含几个早期模型作为特殊情况，特别是 $a = 0$、$\lambda = $ 常数的 Drucker-Prager 模型和 $a = b = 0$、$\lambda = $ 常数的 von Mises 模型。下面将说明当前四参数准则在早期三参数模型的实验数据上的改进能力。

确定参数　现在根据以下两种典型的单轴混凝土试验（f_c'，f_t'）和两种典型的双轴和三轴数据来确定破坏准则中的四个参数。

①单轴抗压强度 $f'_c(\theta=60°)$。

②单轴抗拉强度 $f'_t(\theta=0°)$。

③双轴抗压强度$(\theta=0°)$，特别是选择 $\sigma_1=\sigma_2=-1.16f'_c,\sigma_3=0$ 对应于 Kupfer 等的试验(1969,1973)，其中 $f'_{bc}=1.16f'_c$。

④压缩子午线$(\theta=60°)$上的三轴应力状态$(\xi/f'_c,r/f'_c)=(-5,4)$（见图 5.5），最符合 Balmer(1949)和 Richart 等(1928 年)的试验结果。

根据以上要求，可获得以下参数值，其中关于 $\overline{f}'_t=f'_t/f'_c$的依赖性将在表 5.1 和表 5.2 中进一步说明，表 5.1 中 k_1,k_2 值对应表 5.2 中的 λ_t,λ_c。尽管参数 a,b,k_1,k_2 表示出对$\overline{f}'_t=f'_t/f'_c$相当大的依赖性，当仅产生压应力时，破坏应力只受到较小程度的影响。以 $\overline{f}'_t=0.10$ 作为参考，其差值小于 2.5%。

表 5.1　参数值及其依据$\overline{f}'_t=f'_t/f'_c$值

$\overline{f}'_t=f'_t/f'_c$	a	b	k_1	k_2
0.08	1.8076	4.0962	14.4863	0.9914
0.10	1.2759	3.1962	11.7365	0.9801
0.12	0.9218	2.5969	9.9110	0.9647

表 5.2　λ 函数值及其依据$\overline{f}'_t=f'_t/f'_c$值

$\overline{f}'_t=f'_t/f'_c$	λ_t	λ_c	λ_c/λ_t
0.08	14.4725	7.7834	0.5378
0.10	11.7109	6.5315	0.5577
0.12	9.8720	5.6979	0.5772

实验验证　现在将基于表 5.1 中参数，Ottosen 准则估算的破坏应力$\overline{f}'_t=0.1$与实验测试进行比较。重新绘制图 5.5 于图 5.20 中，与破坏准则进行比较，表明通过选择破坏应力点$(\xi/f'_c,r/f'_c)=(-5,4)$实现了最佳吻合由 Balmer(1949)和 Richart(1928)等确定的压缩子午线相关部分$(\xi/f'_c>-5)$。而当 $\xi/f'_c<-5$ 时，该准则给出了保守估计。应该注意的是，如果认为另一个区域对于良好拟合更重要，则应选择压缩子午线上的另一个点以便更适合该区域。沿着拉伸子午线，该准则被认为与曲线上标记为 f'_{bc} 的双轴强度点非常吻合，其被用作对应于 Kupfer 等(1969 年)试验的拟合点。具有ξ/f'_c

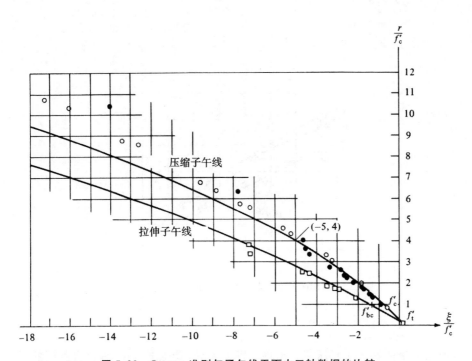

图 5.20　Ottosen 准则与子午线平面中三轴数据的比较

空心圆，Balmer(1949)压缩；实心圆，Richart 等(1928)压缩；平方，Richart 等(1928)拉伸；交叉，Kupfer 等(1969)拉伸

轴(对应于静水压拉应力)子午线上的交点范围在 $0.14\sim0.22$，其取决于 f_t'/f_c' 值，很明显，这个值有相当大的不确定性对拉伸子午线的影响甚微。

重新绘制图 5.4 于图 5.21 中，并将破坏准则与 Launay 等(1970—1972)、Chinn 等(1965)、Mills 等(1970)测试结果的平均值进行比较。当 $\xi/f_c'>-4.5$ 时，可以看到沿着压缩子午线紧密拟合。当 $\xi/f_c'<-4.5$ 时，该准则所得值高于测试结果。而当 $\xi/f_c'>-6$ 时，沿着拉伸子午线，四参数模型所得值低于 Launay、Chinn 等的测试结果。这与之前的讨论一致，因为这些测试给出了相当高的双轴抗压强度(f_{bc}' 分别等于 $1.8f_c'$ 和 $1.9f_c'$)。Mills 等确定双轴抗压强度为 $1.3f_c'$，这接近于 Kupfer 等的测试结果($1.16f_c'$)，因此被用于确定当前破坏准则的参数。

Ottosen 准则在拉伸和压缩子午线外代表 Kupfer 等(1969,1973)双轴实验成果的能力如图 5.22 所示。二者吻合程度令人满意，当 $\sigma_1/\sigma_2\approx0.5$ 时

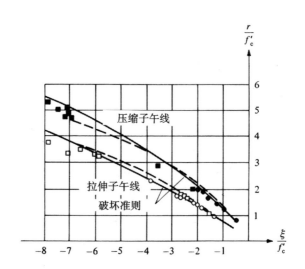

图 5.21   Ottosen 准则与子午线平面中三轴数据的比较

虚曲线,Launay 等的平均值(1970—1972);正方形,Chinn 等(1965);
圆,Mills 等(1970)

(剪切子午线 $\theta=30°$),压应力出现了巨大差异,其中 Kupfer 等报告测试的平均值为 $1.27f_c'$。[①]

总之,四参数破坏准则对所有应力组合都有效。它包含了所有的应力不变量,也是一种可用于计算机应用的数学形式。它对相关实验数据进行了近似估计,并体现了所有与光滑性、外凸性、对称性、弯曲子午线等相关的特性。作为这种改进的结果,似乎不需要进一步改进该破坏准则。更深入的研究应该转为发展更复杂的理论,以追踪组合应力条件下的实际断裂机理。很明显,如 5.4 节所示,脆性断裂和延性屈服这两个极端概念,仅提供后继屈服机理中实际行为的下限和上限,通常会导致结构反应的大范围变化。单独的破坏准则 $f(I_1,J_2,J_3)=0$ 显然是不够的,因此,破坏模式的准则和裂纹扩展的机理对于钢筋混凝土结构中应力的重新分布至关重要。后续将在 5.9 节中简要描述一个简单断裂模型。

---

① 可参见后文。表 5.3 中参数的破坏准则给出了相关值,即 $1.35f_c'(\overline{f_t}=0.08)$,$1.38f_c'(\overline{f_t}=0.1)$,$1.41f_c'(\overline{f_t}=0.12)$。

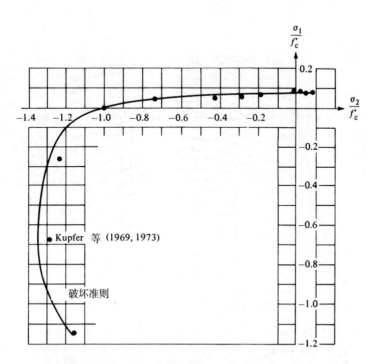

图 5.22　Ottosen 准则($f'_t/f'_c = 0.08$)和双轴试验($f'_c = 8.5$ kips/in² $= 59.4$ MPa)之间的比较

Ottosen 准则的设计图表　由于四参数准则具有许多优点,但需要计算机来辅助求解,因此,Ottosen 已经为设计准备了一些有用的图表。实践中常见的结果总结为六个图表(Ottosen,1975)(图 5.23~图 5.28)。图 5.23 显示了所有应力均为压应力时的破坏应力组合。对于给定的应力状态,设置应力以满足 $\sigma_1 \geqslant \sigma_2 \geqslant \sigma_3$(拉应力为正)。对于给定的 σ_1/f'_c,σ_2/f'_c 值,直接从图表确定破坏对应的 σ_3/f'_c 值。

例 5.1　给定 $\sigma_1 = -4$ MPa,$\sigma_2 = -20$ MPa,$\sigma_3 = -40$ MPa,$f'_c = 40$ MPa。强度比为

$$\frac{\sigma_1}{f'_c} = 0.1, \quad \frac{\sigma_2}{f'_c} = -0.5, \quad \frac{\sigma_3}{f'_c} = -1$$

从图 5.23 中,可以看到 σ_1/f'_c 和 σ_2/f'_c 值确定破坏值为 $\sigma_3/f'_c = -2.09$(见虚线)。这意味着在破坏发生之前,σ_3/f'_c 值与 σ_1/f'_c,σ_2/f'_c 相同,均可按照系数 $2.09/1 = 2.09$ 而增加。

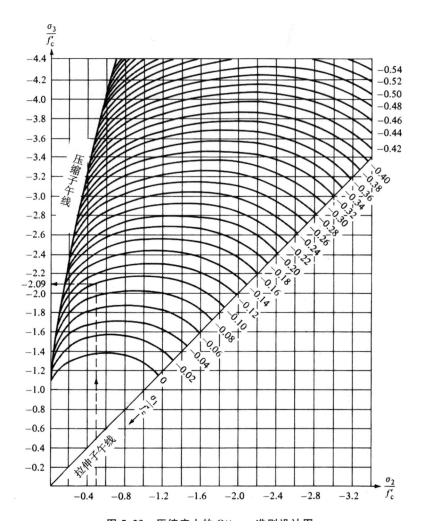

图 5.23　压缩应力的 Ottosen 准则设计图

破坏应力,$\sigma_1 \geqslant \sigma_2 \geqslant \sigma_3$,正拉力,所有压应力

类似地,图 5.24～图 5.26 给出了至少一种应力是拉应力时的破坏应力。由于 $\overline{f}_t' = f_t'/f_c'$ 值的影响很重要,因此,需要三张图来涵盖实际应用的范围($\overline{f}_t' = 0.08$,$\overline{f}_t' = 0.1$,$\overline{f}_t' = 0.12$)。

如图 5.27 所示,主要双轴情况下的破坏应力,其中 $\sigma_3 = 0$,$\overline{f}_t' = 0.08$、$\overline{f}_t' = 0.1$、$\overline{f}_t' = 0.12$。

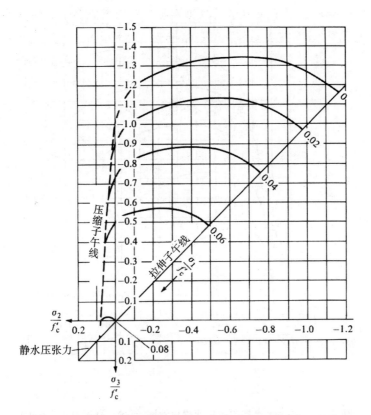

图 5.24　Ottosen 准则的破坏应力设计图，至少一种应力为拉应力

$(f'_t/f'_c=0.08,\sigma_1\geqslant\sigma_2\geqslant\sigma_3$，拉力为正$)$

　　对于按比例加载到破坏的情况，我们必须准备一组不同的图表。图 5.28给出了当所有应力都是压应力时，比例加载下的破坏应力。注意，应力将重新布置以便使拉应力为正且满足 $\sigma_1\geqslant\sigma_2\geqslant\sigma_3$。对于给定的 $\sigma_1/\sigma_2,\sigma_2/\sigma_3$ 值，σ_3/f'_c 值对应的破坏值可直接从图表中确定。给定的 $\sigma_1/\sigma_2,\sigma_2/\sigma_3$ 值对应于比例加载。

　　例 5.2　对于例 5.1 中的数据，σ_3/f'_c 的破坏值为 -3.75（参见图 5.28 中的虚线）。对于在比例加载条件下 $\sigma_1/\sigma_3=0.1,\sigma_2/\sigma_3=0.5$ 的相同值，σ_3/f'_c 值可以通过系数 $3.75/1=3.75$ 而增加。假设比例加载，该系数可以定义为防止破坏的安全系数。

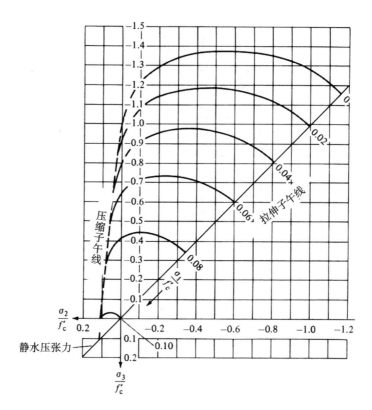

图 5.25　Ottosen 准则的破坏应力设计图,至少一种应力为拉应力

$(f'_t/f'_c=0.10,\sigma_1\geqslant\sigma_2\geqslant\sigma_3,$拉力为正$)$

5.7.2　Reimann 准则

Reimann(1965)提出了以下四参数准则,其中压缩子午线 r_c 表示为一个抛物线方程

$$\frac{\xi}{f'_c} = a\left(\frac{r_c}{f'_c}\right)^2 + b\left(\frac{r_c}{f'_c}\right) + c \tag{5.165}$$

假设其他子午线呈压缩子午线的形式

$$r = \phi(\theta_0)r_c \tag{5.166}$$

其中,$\theta_0=60°-\theta$ 是从 σ_3 轴负方向开始测量的,如图 5.29 所示。对于 $-60°\leqslant\theta_0\leqslant60°$ 而言,函数 $\phi(\theta_0)$ 表示为

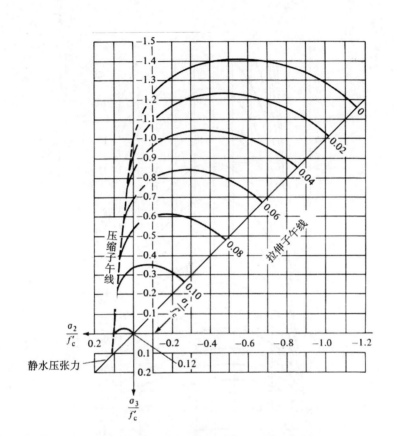

图 5.26　Ottosen 准则的破坏应力设计图,至少一种应力为拉应力

$(f_t'/f_c'=0.12,\sigma_1\geqslant\sigma_2\geqslant\sigma_3,$拉力为正$)$

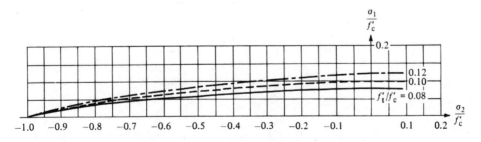

图 5.27　双轴情况下 Ottosen 准则的设计图

$\sigma_1\geqslant\sigma_2$(拉力为正);双轴破坏应力,至少一种为拉应力

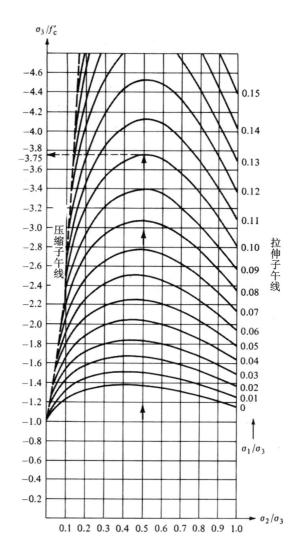

图 5.28 Ottosen 准则的压缩应力设计图

对于给定值 $\sigma_1/\sigma_3 = 0.1$，$\sigma_2/\sigma_3 = 0.5$，对应的破坏的 σ_3/f_c' 值为 -3.75；$\sigma_1 \geqslant \sigma_2 \geqslant \sigma_3$（拉力为正）

$$\dot{\phi}(\theta_0) = \begin{cases} \dfrac{r_{\mathrm{t}}}{r_{\mathrm{c}}} & ,\text{当} \cos\theta_0 \leqslant \dfrac{r_{\mathrm{t}}}{r_{\mathrm{c}}} \text{时} \quad (5.167) \\[4mm] \dfrac{1}{\cos\theta_0 + \sqrt{\left[(r_{\mathrm{c}}^2/r_{\mathrm{t}}^2)-1\right](1-\cos^2\theta_0)}} & ,\text{当} \cos\theta_0 > \dfrac{r_{\mathrm{t}}}{r_{\mathrm{c}}} \text{时} \quad (5.168) \end{cases}$$

252

　　其描述了由直线部分(式(5.167))和略微弯曲部分(式(5.168))组成的偏量平面中的破坏曲线。其中直线部分与圆相切,半径 r_t 对应于拉伸子午线。

　　略有弯曲的部分与直线部分在 $\cos\theta_0 = r_t/r_c$ 处相切。直线和曲线的组合如图 5.29 所示。Reimann 使用 $r_t/r_c = 0.635$ 作为四参数准则。在这种情况下,曲线的这两个部分在 $\theta_0 \approx 50°$ 处相交。

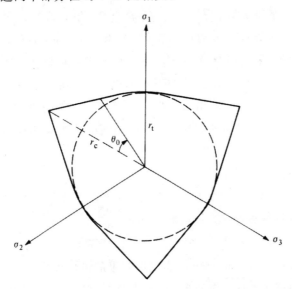

图 5.29　$r_t/r_c = 0.635$ 时,偏量平面中的 Reimann 准则

　　Reimann 破坏面可以认为是对 Mohr-Coulomb 平面(图 5.11)的改进,因为它具有弯曲子午线和沿着拉伸子午线的光滑平面。但对 Reimann 准则的主要反对意见是,除了常数比 r_t/r_c 之外,其平面仍然以压缩子午线为边界。此外,该准则仅对压应力有效。

　　Schimmelpfennig(1971)改进了 Reimann 准则在偏量平面上的破坏曲线,使 Kupfer 等(1969,1973)在双轴压应力状态下的试验结果更好地被估算。然而,对 Reimann 平面的主要反对意见仍然适用。

5.7.3　Hsieh-Ting-Chen 准则

　　Hsieh 等(1979)提出了以下四参数准则,涉及应力不变量 I_1,J_2 和最大

主应力 σ_1

$$f(I_1,J_2,\sigma_1) = a\frac{J_2}{f_c'^2} + b\frac{\sqrt{J_2}}{f_c'} + c\frac{\sigma_1}{f_c'} + d\frac{I_1}{f_c'} - 1 = 0 \quad (5.169)$$

它由一般八面体 $\tau_{\mathrm{oct}}=f(\sigma_{\mathrm{oct}})$ 和 Rankine 的最大主拉应力准则的组合组成,具有弯曲子午线和非圆形横截面,并包含了几个早期准则作为特殊情况。此外,它将 $a=c=0$ 的 Drucker-Prager 准则减少到 $a=c=d=0$ 的 von Mises 准则,继而到 $a=b=d=0$，$c=f_c'/f_t'$ 的 Rankine 准则。在某些方面,式(5.169)类似于 Ottosen 方程(式(5.147))和 Reimann 方程(式(5.165))。对于曲线拟合和数值计算(Hsieh 等,1979),形式相对简单。为了评估 a,b,c 和 d 这四个参数,应该认识到并非所有的破坏状态都可以通过实验以相同的精度来确定。我们采用了 Kupfer 等(1969)的双轴试验,Mills、Zimmerman(1970)和 Launay 等(1970)的三轴试验数据,确定参数以使它们完全代表以下四种破坏状态:

①单轴抗压强度 f_c';

②单轴抗拉强度 $f_t'=0.1f_c'$;

③等双轴抗压强度 $f_{bc}'=1.15f_c'$;

④压缩子午线($\theta=60°$)上的应力状态$(\sigma_{\mathrm{oct}}/f_c',\tau_{\mathrm{oct}}/f_c')=(-1.95,1.6)$,其给出了 Mills 和 Zimmerman 所有测试结果的最佳拟合。

以上试验确定了四个参数值

$$a=2.0108, \quad b=0.9714, \quad c=9.1412, \quad d=0.2312$$

在图5.30中,Mills 和 Zimmerman 的试验结果显示在 $\sigma_{\mathrm{oct}}/f_c',\tau_{\mathrm{oct}}/f_c'$坐标系中。但仅显示了压缩子午线($\theta=60°$)和拉伸子午线($\theta=0°$)。$\sigma_{\mathrm{oct}}$ 和 τ_{oct} 通过单轴压缩圆柱体强度 $f_c'>0$ 无量纲化。用于确定破坏准则参数的点$(\sigma_{\mathrm{oct}}/f_c',\tau_{\mathrm{oct}}/f_c')=(-1.95,1.6)$也标记在压缩子午线上,二者吻合程度令人满意。图5.31对 Launay 等(1970)的试验在偏量平面上进行了比较。

在 $I_1/f_c'=3\sigma_{\mathrm{oct}}/f_c'$,其值为$-1$ 和-3 的低压状态下可以观察到密切吻合。而在 $I_1/f_c'\leqslant-5$ 的高压缩状态下,该准则给出了保守估计。这是可以预见的,因为 Launay 等的试验已知具有非常高的双轴抗压强度($f_{bc}'=1.8f_c'$)。图5.32显示了四参数模型的双轴破坏包络线。模型和 Kupfer 等(1969)试验数据相当吻合。

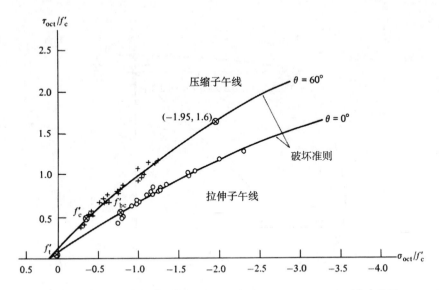

图 5.30 Hsieh-Ting-Chen 准则与 Mills 和 Zimmerman(1970)测试结果
在八面体剪应力切向和法向应力平面上的比较

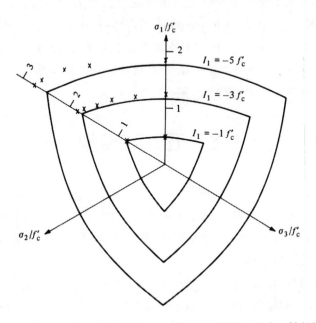

图 5.31 Hsieh-Ting-Chen 准则与 Launay 等(1970)偏量平面中三轴数据的比较

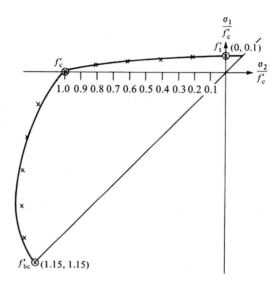

图 5.32   Hsieh-Ting-Chen 准则与 Kupfer 等(1969)双轴试验的比较

尽管四参数准则满足所有应力条件的外凸要求,但它仍然以压缩子午线为边界(图 5.31)。例如 Reimann 准则,可以被认为是 Mohr-Coulomb 准则的改进或推广。式(5.169)对于曲线拟合和数值计算似乎相对简单。Hsieh 等(1979)已经证明了这一点,已经成功地对劈裂混凝土圆柱体抗拉强度试验的渐进破坏行为进行了有限元计算。

5.8   五参数模型

我们曾在 5.6 节介绍了 Willam 和 Warnke(1975)的三参数模型,这里通过增加两个额外的自由度来进一步描述弯曲子午线为非圆形截面中的椭圆形,如图 5.17 所示。通过这种方式,Willam 和 Warnke 破坏面可以应用于低压缩和高压缩区域。

与式(5.131)相反,平均应力分量 σ_m,τ_m 的线性关系现在被更一般的表达式代替,其拉伸和压缩子午线由下式给出

$$当 \theta = 0° 时 \qquad \frac{\tau_{mt}}{f_c'} = \frac{r_t}{\sqrt{5} f_c'} = a_0 + a_1 \frac{\sigma_m}{f_c'} + a_2 \left(\frac{\sigma_m}{f_c'} \right)^2 \qquad (5.170)$$

当 $\theta = 60°$ 时　　$\dfrac{\tau_{mc}}{f'_c} = \dfrac{r_c}{\sqrt{5}f'_c} = b_0 + b_1 \dfrac{\sigma_m}{f'_c} + b_2 \left(\dfrac{\sigma_m}{f'_c}\right)^2$ 　　　　(5.171)

通过指定这两条子午线相交于静水压轴上的同一点 $\sigma_{m_0}/f'_c = \rho$（对应于静水压张力），参数的数量减少到五个。一旦从一组实验数据中确定了这五个参数，其破坏面就可以从两条二阶抛物线（式（5.170）和式（5.171））来获得 $\theta = 0°$ 和 $\theta = 60°$ 处的两条子午线，从而构造破坏面。然后通过椭圆形表面来连接这两条子午线，其轨迹如图 5.16 所示。该表面由式（5.128）的扩展结合 r_t、r_c 对平均正应力 σ_m（$0° \leqslant \theta \leqslant 60°$）的相关性来定义。

$$r(\sigma_m,\theta) =$$

$$\dfrac{2r_c(r_c^2 - r_t^2)\cos\theta + r_c(2r_t - r_c)\left[4(r_c^2 - r_t^2)\cos^2\theta + 5r_t^2 - 4r_t r_c\right]^{1/2}}{4(r_c^2 - r_t^2)\cos^2\theta + (r_c - 2r_t)^2}$$

(5.172)

注意，$\tau_m = r/\sqrt{5}$ 是关于 σ_m,θ 的单变量函数，而不是 σ_m,θ 中两个不相交函数的乘积（式（5.134））。因此，五参数模型消除了先前三参数模型中内置的偏量截面的相似性。

破坏面的一般属性　该破坏准则的特征可归纳如下。

（1）它有五个参数。

（2）它涉及 $f(I_1, J_2, \theta)$ 或等价为 $f(\sigma_m, \tau_m, \theta)$ 形式的所有应力不变量。

（3）它具有唯一斜率或连续导数的光滑表面。

（4）它应该在偏量平面上呈周期性的变化，周期为 $\dfrac{2}{3}\pi$，并具有 $60°$ 的对称性。

（5）它在偏量平面上具有非圆形截面，并随着静水压力的增加从近似三角形变为近似圆形。

（6）子午线是二阶抛物线。

（7）偏量平面中的破坏曲线由椭圆曲线的一部分规定。

（8）如果模型参数满足以下三组条件，则它在偏量平面以及沿着子午线的方向上都是外凸的。

$$\left.\begin{array}{lll} a_0 > 0, & a_1 \leqslant 0, & a_2 \leqslant 0 \\ b_0 > 0, & b_1 \leqslant 0, & b_2 \leqslant 0 \end{array}\right\}$$ 　　　　(5.173)

$$\frac{r_t(\sigma_m)}{r_c(\sigma_m)} > \frac{1}{2} \tag{5.174}$$

（9）破坏面在负静水压轴的方向上打开，然而，关于第 8 条的外凸约束（其需要满足 $a_2 \leqslant 0, b_2 \leqslant 0$）意味着破坏面与静水压轴线相交以获得高压应力，如前所述，这可能与实验结果相矛盾（Chinn 等，1965）。

（10）适用于实际范围内（包括拉应力）的所有应力组合，如后所示，也为实验测试提供了可靠的估计。

（11）破坏准则包括几个早期准则作为特殊情况，这五个参数很容易去调整，以符合以下更简单的破坏准则。

von Mises 模型

$$a_0 = b_0, \quad a_1 = b_1 = a_2 = b_2 = 0 \tag{5.175}$$

Drucker-Prager 模型

$$a_0 = b_0, \quad a_1 = b_1, \quad a_2 = b_2 = 0 \tag{5.176}$$

Willam 和 Warnke 的三参数模型

$$\frac{a_0}{b_0} = \frac{a_1}{b_1}, \quad a_2 = b_2 = 0 \tag{5.177}$$

对应的四参数模型

$$\frac{a_0}{b_0} = \frac{a_1}{b_1} = \frac{a_2}{b_2} \quad 相似性条件 \tag{5.178}$$

参数的确定　目前，确定当前改进的 Willam-Warnke 准则中的五个参数，使得准则中包含以下破坏应力。这包括三个简单试验和高压缩区域中的两个强度点。

（1）单轴抗压强度 $f_c'(\theta = 60°, f_c' > 0)$。

（2）强度比 $\overline{f_t'} = f_t'/f_c'$ 下的单轴抗拉强度 $f_t'(\theta = 0°)$。

（3）强度比 $\overline{f_{bc}'} = f_{bc}'/f_c'$ 下的等双轴抗压强度 $f_{bc}'(\theta = 0°, f_{bc}' > 0)$。

（4）拉伸子午线（$\theta = 0°, \overline{\xi}_1 > 0$）上的高压应力点 $(\sigma_m/f_c', \tau_m/f_c') = (-\overline{\xi}_1, \overline{r}_1)$。

（5）压缩子午线（$\theta = 60°, \overline{\xi}_2 > 0$）上的高压应力点 $(\sigma_m/f_c', \tau_m/f_c') = (-\overline{\xi}_2, \overline{r}_2)$。

此外，两条抛物线必须穿过静水压轴上的相同顶点 σ_{m_0}，且满足以下

条件

$$对于 \rho = \frac{\sigma_{m_0}}{f_c'} > 0 , \qquad r_t(\rho) = r_c(\rho) = 0 \tag{5.179}$$

表 5.3 总结了五种试验的应力状态以及相同顶点的约束条件（式 (5.179)）。对于 $\theta = 0°$ 和 $\theta = 60°$，先验表达式（式(5.172)）分别简化为 $r_t(\sigma_m), r_c(\sigma_m)$。因此，仅用沿这些子午线的试验结果来确定六个参数 a_0, a_1, a_2, b_0, b_1, b_2，其涉及两组三个线性方程组的解。

表 5.3　确定式(5.170)和式(5.171)中的 6 个参数

试　验	σ_m / f_c'	τ_m / f_c'	θ	$r(\sigma_m, \theta)$
1. $\sigma_1 = f_t'$	$\frac{1}{3}\overline{f}_t'$	$\sqrt{\frac{2}{15}}\overline{f}_t'$	0	$r_t = \sqrt{\frac{2}{3}}f_t'$
2. $\sigma_2 = \sigma_3 = -f_{bc}'$	$-\frac{2}{3}\overline{f}_{bc}'$	$\sqrt{\frac{2}{15}}\overline{f}_{bc}'$	0	$r_t = \sqrt{\frac{2}{3}}f_{bc}'$
3. $(-\overline{\xi}_1, \overline{r}_1)$	$-\overline{\xi}_1$	$\overline{r}_1$	0	$r_t = \sqrt{5}\,\overline{r}_1 f_c'$
4. $\sigma_3 = -f_c'$	$-\frac{1}{3}$	$\sqrt{\frac{2}{15}}$	60°	$r_c = \sqrt{\frac{2}{3}}f_c'$
5. $(-\overline{\xi}_2, \overline{r}_2)$	$-\overline{\xi}_2$	$\overline{r}_2$	60°	$r_c = \sqrt{5}\,\overline{r}_2 f_c'$
6. 式(5.179)	ρ	0	0,60°	$r_t = r_c = 0$

将表 5.3 的前三个强度值代入式(5.170)的破坏条件得到

$$\sqrt{\frac{2}{15}}\overline{f}_t' = a_0 + a_1\left(\frac{1}{3}\overline{f}_t'\right) + a_2\left(\frac{1}{3}\overline{f}_t'\right)^2$$

$$\sqrt{\frac{2}{15}}\overline{f}_{bc}' = a_0 + a_1\left(-\frac{2}{3}\overline{f}_{bc}'\right) + a_2\left(-\frac{2}{3}\overline{f}_{bc}'\right)^2$$

$$\overline{r}_1 = a_0 + a_1(-\overline{\xi}_1) + a_2(-\overline{\xi}_1)^2 \tag{5.180}$$

在拉伸子午线 $\theta = 0°$ 处，得到参数 a_0, a_1, a_2

$$a_0 = \frac{2}{3}\overline{f}_{bc}'a_1 - \frac{4}{9}\overline{f}_{bc}'^2 a_2 + \sqrt{\frac{2}{15}}\overline{f}_{bc}'$$

$$a_1 = \frac{1}{3}(2\overline{f}'_{bc} - \overline{f}'_t)a_2 + \left(\frac{6}{5}\right)^{1/2}\frac{\overline{f}'_t - \overline{f}'_{bc}}{2\overline{f}'_{bc} + \overline{f}'_t}$$

$$a_2 = \frac{\sqrt{\frac{6}{5}}\overline{\xi}_1(\overline{f}'_t - \overline{f}'_{bc}) - \sqrt{\frac{6}{5}}\overline{f}'_t\overline{f}'_{bc} + \overline{r}_1(2\overline{f}'_{bc} + \overline{f}'_t)}{(2\overline{f}'_{bc} + \overline{f}'_t)\left(\overline{\xi}_1^2 - \frac{2}{3}\overline{f}'_{bc}\overline{\xi}_1 + \frac{1}{3}\overline{f}'_t\overline{\xi}_1 - \frac{2}{9}\overline{f}'_t\overline{f}'_{bc}\right)} \tag{5.181}$$

破坏面上的顶点遵循表 5.3 中的条件 6，$r_t(\rho) = 0$。因此

$$a_2\rho^2 + a_1\rho + a_0 = 0 \tag{5.182}$$

其中
$$\rho = \frac{-a_1 - \sqrt{a_1^2 - 4a_0a_2}}{2a_2} \tag{5.183}$$

将表 5.3 的最后三个强度值代入破坏条件公式（式(5.171)），在压缩子午线 $\theta = 60°$ 处建立参数 b_0, b_1, b_2

$$\left.\begin{array}{l} b_0 = -\rho b_1 - \rho^2 b_2 \\[2mm] b_1 = \left(\overline{\xi}_2 + \frac{1}{3}\right)b_2 + \dfrac{\sqrt{\frac{6}{5}} - 3\overline{r}_2}{3\overline{\xi}_2 - 1} \\[4mm] b_2 = \dfrac{\overline{r}_2\left(\rho + \frac{1}{3}\right) - \sqrt{\frac{2}{15}}(\rho + \overline{\xi}_2)}{(\overline{\xi}_2 + \rho)\left(\overline{\xi}_2 - \frac{1}{3}\right)\left(\rho + \frac{1}{3}\right)} \end{array}\right\} \tag{5.184}$$

五参数模型如图 5.33 所示，并与 Launay 和 Gachon(1972)的试验数据进行了比较。可以观察到静水压和偏量截面上的密切吻合。低压缩区域的表面类似于四面体，其平面会随着静水压力的增加而膨胀，渐近于圆锥面。

总结 总而言之，Willam-Warnke 的五参数模型再现了第 5.3 节中描述的关于混凝土三轴破坏面的主要特征。它由具有弯曲子午线、非圆形基底截面以及偏量平面中的非仿射部分的圆锥形组成。鉴于试验结果的波动，几乎不需要对现有的破坏面模型进一步改进。因此，进一步的讨论将会集中在一般应力状态下混凝土的应力-应变关系的发展。为此，将破坏概念和破坏面应用于构建本构模型，以便在第 6 章中介绍混凝土在压缩区的弹性理想塑性行为以及在第 8 章中介绍混凝土的弹性-加工强化行为。如果在拉伸区通过拉断来增加破坏面，则所形成的本构关系可以应用于所有的应力组合。从第 8 章可以看出，通过使用本章给出的破坏模型，基于塑性正交原理

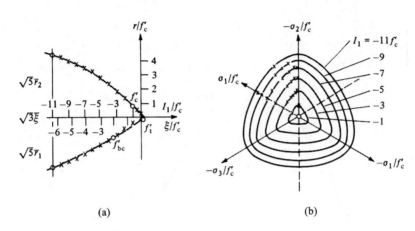

图 5.33　三轴试验数据的五参数模型拟合（Willam-Warnke，1975）

(a)静水压截面(Launay、Gachon,1972)，$\overline{f}'_{bc}=1.8$，$\overline{f}'_{t}=0.15$，$\overline{\xi}=3.67$，$\overline{r}_{1}=1.59$，$\overline{r}_{2}=1.94$；

(b)偏量截面

推导出的本构关系将预测到相当大的体积膨胀或扩张。然而，这种扩张仅在某些应力路径下的破坏附近区域通过试验观察到。为了控制一般公式中混凝土的非弹性体积反应，可以在负静水压轴一侧的圆锥形破坏面上加一个"盖子"。详情将在第 8 章中进一步介绍。

5.9　断裂模型

图 5.34 显示了压缩范围内素混凝土的典型单轴应力-应变关系。直到 A 点处的比例极限，该材料表现出几乎线性的行为，之后材料性能通过内部微裂纹逐渐减弱，最后直到峰值点或破坏点 B。破坏前的非线性变形行为可以通过非线弹性理论(第 4 章)或加工强化塑性理论(第 8 章)充分模拟。在本章中，已经给出了与峰值应力点 B 对应的不同形式的初始破坏面。在下一章中，将研究许多可能用于描述超出峰值应力点 B 以外混凝土的后破坏行为。从图 5.34 中可以研究的两种极端情况：下限遵循颗粒材料的脆性断裂曲线 BEF 以及上限遵循理想弹塑性固体的理想塑性曲线 BD。脆性和延性的理想化形成了在工作软化范围 BC 内混凝土在真实行为中的下限和上限。

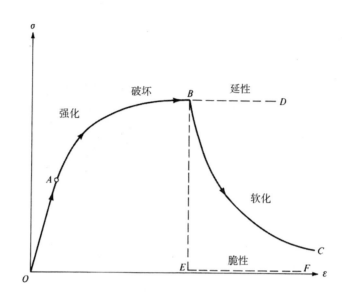

图 5.34 破坏前和破坏后的非线性行为

与许多其他材料一样,混凝土在拉应力和小压应力状态下表现出脆性,在大静水压力状态下表现出延性。因此,探究混凝土在延性状态下的屈服准则和塑性应力-应变关系以及开裂混凝土在脆性状态下的断裂准则和应力-应变关系富有深意。然后可以将这些脆性和延性模型组合以准确描述延性-脆性状态下混凝土的后破坏行为。在本节中,我们提出一种简单的断裂模型,用于预测过度拉伸或剪切导致的裂纹或剪切(滑动)变形的材料破坏模式。基于线弹性理论的开裂混凝土的应力-应变公式在第 3 章已给出;根据理想塑性理论的公式将在第 6 章给出,其中塑性模型将通过延性或应变拉断来增强。

5.9.1 具有拉断的 Mohr-Coulomb 准则

到目前为止,确定混凝土中是否发生拉伸裂纹或剪切滑移的唯一方法是采用具有拉断(最大拉应力或应变)的 Mohr-Coulomb 准则。在许多情况下,该组合准则为后破坏范围内的混凝土的断裂行为提供了合理的第一近似,因此值得详细考虑。

图 5.35 显示了由最大拉伸强度 f'_t,内摩擦角 ϕ 和内聚力 c 定义的三参

数断裂模型。最右边的 Mohr 圆的质心在原点,根据 Mohr-Coulomb 准则将拉断准则预测的开裂与剪切滑动分开。根据这个组合准则,混凝土的破坏可分为拉伸和剪切两种类型。开裂断裂的拉伸类型由恒定的最大拉应力或应变准则决定,滑移断裂的剪切类型由 Mohr-Coulomb 类型的最大剪应力准则决定。如图 5.35 的下部插图所示,破坏时形成的裂纹特征在于垂直于最大拉伸应变 $\varepsilon_1 = \varepsilon_t$ 方向上的分裂(Wu,1974)。满足 Mohr-Coulomb 准则的滑移平面穿过中间轴并与次主轴形成了 $\pm(\pi/4 - \phi/2)$ 的角度。如图 5.35 的右上方插图所示,如果所有主应力的大小不同,则有两个同样可能的滑移平面。

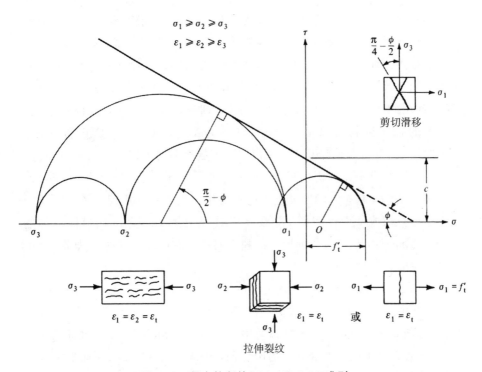

图 5.35　具有拉断的 Mohr-Coulomb 准则

5.9.2　后破坏行为

发生拉伸破坏时,裂纹在垂直于最大主应变方向上产生,并且裂纹上的过度拉伸和剪应力必须重新分布到周围材料中。因此,裂纹的发展削弱了一个方向上的材料结构。如第3章所述,通过在连续水平上引入横向同性材料模型,可以模拟材料在一个方向上的弱化效应。

在发生剪切破坏时,会存在两个潜在的滑动平面。这两个平面削弱了这些方向上的材料结构。可以通过在连续水平上引入各向异性材料模型来模拟弱化效应(在此不做过多展开)。

5.10 总　　结

本章介绍了三轴应力条件下混凝土破坏面的不同模型。在第一部分,给出了适合用手算的单参数和双参数类型的简单破坏模型。随后,通过添加用于描述弯曲子午线和非圆形横截面的附加参数来改进这些模型,这些参数适用于计算机应用。基于理想塑性理论(第6章)和加工强化塑性理论(第8章)的本构模型,与其后续发展相关的研究需要用到以上结论。关于这一主题的补充读物可以参考 Paul(1968)、Argyris(1974)、Eibl 和 Ivanyi(1976)以及 Nadai(1950)和 Jaeger(1956)等更早期的书籍。

在早期的有限元分析过程中,延性金属的 von Mises 或 Tresca 屈服面通常用于压应力状态下的混凝土。这种与压力无关的屈服面的类型对应于独立的纯剪切或八面体剪切 τ_{oct}(图 5.7)。为了考虑混凝土的有限拉伸能力,von Mises 或 Tresca 平面通常由独立的拉力破坏表面改进,例如图5.6中的最大主应力平面或拉断平面。

Drucker-Prager 准则可能是最简单的与压力相关的屈服或破坏准则(图 5.14),其中纯剪切或八面体剪切 τ_{oct} 与静水压力 I_1 或八面体正应力 σ_{oct} 线性相关。Drucker-Prager 曲面可以看作是光滑的 Mohr-Coulomb 平面(图 5.11)。后者经常被用作混凝土的破坏面,而 Drucker-Prager 曲面最常应用于土壤。与混凝土建模有关的 Drucker-Prager 曲面有两个基本缺点:τ_{oct} 和 σ_{oct} 之间的线性关系,以及独立的相似角 θ。τ_{oct}-σ_{oct} 关系已通过实验证明是弯曲的(图 5.4),偏量截面上破坏面的轨迹也不是圆形的(图 5.15)。因此,以直线为子午线的双参数模型不足以描述在高压缩范围内混凝土的破坏。

Bresler 和 Pister 提出广义 Drucker-Prager 曲面,假定一条在 σ_{oct} 上独立

的抛物线 τ_{oct}（5.6.1 节），而偏量截面则独立于 θ。另一方面，由 Willam-Warnke 发展的三参数平面（图 5.17）保留了线性的 τ_{oct}-σ_{oct} 关系，但偏量截面表现出独立的 θ。Ottosen、Hsieh 等（图 5.30 和图 5.31）的四参数模型（图 5.20）和 Willam-Warnke 的五参数模型（图 5.33）构成 τ_{oct}-σ_{oct} 的抛物线关系和独立的 θ。这些细化的模型需要借助计算机。大多数细化的模型都给出了相关实验数据的近似估计，包含所有的应力不变量，反映了关于平滑性、外凸性、对称性、曲线子午线等所有需要的特征，并以大多数早期的单参数和双参数模型作为特例。

目前，几乎不需要进一步改进四参数和五参数模型。未来的研究应针对未开裂、开裂或破碎混凝土的应力-应变关系的发展以及更复杂的模型，以追踪混凝土在后断裂范围内的实际断裂机理。在许多情况下，具有最大拉断的 Mohr-Coulomb 准则作为混凝土破坏模式的准则都是合适的第一近似，其适用于混凝土的两种破坏类型：拉伸和压缩。对于压缩类型的剪切破坏，该准则表明其破坏在滑移线上发生。滑移线的角度可以通过 Mohr 圆的构造来确定（图 5.35）。而对于拉伸类型的分裂破坏，该准则指出其破坏由分裂或破裂导致。分裂或破裂平面垂直出现在最大主应变方向（图 5.35）。众所周知，作为一个双重标准，其破坏由最大拉应力常数准则决定，同时，破坏模式或开裂、断裂平面由恒定的最大拉伸应变决定。这个假设可用于解释在无约束压缩试验、双轴试验和多种几何形状试样的扭转-压缩试验中观察到的断裂模式。

参考文献

Argyris, J. H. , G. Faust, J. Szimmat, E. P. Warnke, and K. J. Willam(1974)：
Recent Developments in the Finite Element Analysis of Prestressed
Concrete Reactor Vessels, *Nucl. Eng. Des.* , vol. 28, pp. 42-75.

Balmer, G. G. (1949)：Shearing Strength of Concrete under High Triaxial
Stress-Computation of Mohr's Envelope as a Curve, *Bur. Reclam.
Struct. Res. Lab. Rep.* SP-23.

Bresler, B. , and K. S. Pister(1958)：Strength of Concrete under Combined
Stresses, *J. Am. Coner. Inst.* , vol. 55, September, pp. 321-345.

Chen, W. F., and T. Atsuta (1977): "Theory of Beam-Columns," vol. 2, "Space Behavior and Design," McGraw-Hill, New York.

Chinn, J., and R. M. Zimmerman (1965): Behavior of Plain Concrete under Various High Triaxial Compression Loading Conditions, *Air Force Weapons Lab. Tech. Rep.* WL TR 64-163 (AD468460). Albuquerque, N. M., August.

Cowan, H. J. (1953): The Strength of Plain, Reinforced and Prestressed Concrete under Action of Combined Stresses, with Particular Reference to the Combined Bending and Torsion of Rectangular Sections, *Mag. Concr. Res.*, vol. 5, no. 14, December, pp. 75-86.

Drucker, D. C. (1959): A Definition of Stable Inelastic Material, *J. Appl. Mech.*, vol. 26; *ASME Trans.*, vol. 81, pp. 101-106.

—and W. Prager (1952): Soil Mechanics and Plastic Analysis or Limit Design, *Q. Appl. Math.*, vol. 10, no. 2, pp. 157-165.

Eibl, J., and G. Ivanyi (1976): Studie zum Trag-und Verformungs-verhalten von Stahlbeton (in German with English summary), *Dtsch. Ausschuss Stahlbeton*, Heft 260.

Hsieh, S. S., E. C. Ting, and W. F. Chen (1979): An Elastic-Fracture Model for Concrete, *Proc. 3d Eng. Mech. Div. Spec. Conf. ASCE, Austin, Tex.*, 1979, pp. 437-440.

Jaeger, J. C. (1956): "Elasticity, Fracture and Flow," Methuen, London, 1956.

Kupfer, H. (1973): Das Verhalten des Betons unter mehrachsigen Kurzzeitbelastung unter besonderer Berücksichtigung der zweiachsigen Beanspruchung, *Disch: Ausschuss Stahlbeton*, vol. 229.

—, H. K. Hilsdorf, and H. Rusch (1969): Behavior of Concrete under Biaxial Stresses, *J. Am. Coner. Inst.* vol. 66, no. 8, August, pp. 656-666.

Launay, P., and H. Gachon (1971): Strain and Ultimate Strength of Concrete under Triaxial Stress, *Proc. 1st Int. Conf. Struc. Mech. Reactor Technol.*, Berlin, 1971 pap. H1/3.

—and—(1972)：Strain and Ultimate Strength of Concrete under Triaxial Stress,*Am. Concr. Inst. Spec. Publ.* 34,pap. 13.

—,—,and P. Poitevin(1970)：Deformation et résistance ultime du béton sous étreinte triaxiale,*Ann. Inst. Tech. Batim. Trav. Publ.* ,no. 269, May,pp. 21-48.

Mills,L. L. ,and R. M. Zimmerman(1970)：Compressive Strength of Plain Concrete under Multiaxial Loading Conditions, *J. Am. Concr. Inst.* , vol. 67,no. 10,October,pp. 802-807.

Nadai,A. (1950)：Theory of Flow and Fracture of Solids,vol. 1,McGraw-Hill,New York.

Nayak,G. C. , and O. C. Zienkiewicz (1972)：Convenient Form of Stress Invariants for Plasticity,*J. Struct. Div. ASCE*,vol. 98,no. ST4,April, pp. 949-953.

Newman, K. , and J. B. Newman (1971)：Failure Theories and Design Criteria for Plain Concrete,pp. 963-995 in M. Te'eni(ed.),"Structure, Solid Mechanics, and Engineering Design," Wiley-Interscience, London.

Ottosen, N. S. (1975)：Failure and Elasticity of Concrete, *Dan. Atom. Energy Comm. Res. Establ. Risø Eng. Dept.* Risø-M-1801,Roskilde, Denmark,July.

—(1977)：A Failure Criterion for Concrete,*J. Eng. Mech. Div. ASCE*,vol. 103,no. EM4,August,pp. 527-535.

Paul,B. (1968)：Macroscopic Criteria for Plastic Flow and Brittle Fracture, in H.Liebowitz (ed.), " Fracture, an Advanced Treatise," vol. 2, Academic,New York.

Reimann, H. (1965)：Kritische Spannungszustände der Betons bei mehrachsiger, ruhender Kurzzeitbelastung, *Dtsch. Auschuss Stahlbeton.* vol. 175.

Richart,F. E. , A. Brandtzaeg, and R. L. Brown (1928)：A Study of the Failure of Concrete under Combined Compressive Stresses. *Univ. Ill.*

Eng. Exp. Stn. Bull. 185,Urbana.

Schimmelpfennig,K. (1971): Die Festigkeit des Betons bei mehraxialer Belastung,*Ruhr-Univ. Inst. Konstrukt. Ing. Forschungsgruppe Reakt. Ber.* 5,Auflage 2,Bochum,October.

Suidan, M. , and W. C. Schnobrich (1973): Finite Element Analysis of Reinforced Concrete,*J. Struct. Div. ASCE*,vol. 99,no. ST10,October, pp. 2109-2122.

Willam,K. J. , and E. P. Warnke (1975): Constitutive Models for the Triaxial Behavior of Concrete, *Int. Assoc. Bridge Struct. Eng. Sem. Concr. Struct. Subjected Triaxial Stresses*,Bergamo,Italy,1974,*Int. Assoc. Bridge Struct. Eng. Proc.* vol. 19,pp. 1-30,1975.

Wu,H. C. (1974):Dual Failure Criterion for Plain Concrete *J. Eng. Mech. Div. ASCE*,vol. 100,no. EM6,December,pp. 1167-1181.

第6章 理想弹塑性断裂模型

6.1 引 言

图 6.1 是素混凝土的单轴拉伸/压缩破坏的应力-应变曲线。对于拉伸破坏,直到破坏荷载其反应都是线弹性的,最大应力和最大应变同时出现,并且在破坏时没有产生塑性应变。对于压缩破坏,在比例极限(A 点)之前,混凝土材料初始表现出线弹性特征,A 点后一直到理想塑性流动阶段 CD 的终点 D,混凝土由于内部的微裂性能而逐渐劣化。通过卸载,只有 ε^e 能从总体变形 ε 恢复,因此非线性变形基本上是塑性的。显然,AC 段和 CD 段分别对应加工强化弹塑性固体和理想弹塑性固体。从图 6.1 可见,塑性材料的总应变 ε 可以看成可恢复的弹性应变 ε^e 和永久的塑性应变 ε^p 之和。一种材料被称为理想塑性或加工强化材料的区别在于其在恒定应力下是否产生永久应变。

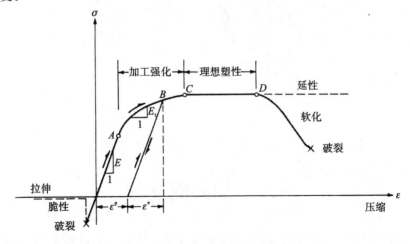

图 6.1　单轴应力-应变曲线,破坏前与破坏后阶段

对于中等应变,低碳钢几乎表现得和理想塑性材料一样。从低碳钢作为钢筋混凝土增强材料的重要性来看,目前在关于钢筋混凝土结构的非弹性行为研究中假设钢筋在拉压中均为理想弹塑性材料就不足为奇了。在目前的实践中通常假设混凝土在受压时为理想弹塑性材料(图 6.2),而在受拉时为弹脆性材料。压缩塑性屈服准则和拉断的最大正应力准则通常用来近似混凝土的破坏面。另外,一个模拟理想塑性屈服面但是用应变表述的破裂面,通常也用来限制压缩屈服时混凝土的变形行为,如图 6.2。在高三轴压缩直至达到其破裂应变前,混凝土会像延性材料一样在屈服面或破坏面上流动。为了考虑混凝土破裂前的有限塑性流动能力,引入图 6.2 所示的一种理想塑性模型。这称为理想塑性理论的发展。该理论的第一步就是本章将介绍的建立合理的应力-应变关系。基于理想塑性理论,极限分析的基本理论将会在第 7 章建立。通过该理论会推导出用来估算混凝土和钢筋混凝土极限承载能力的方法。

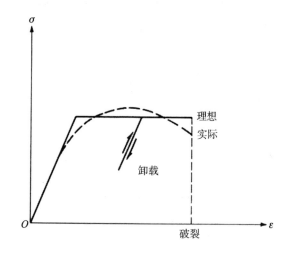

图 6.2 受压混凝土弹塑性理想化

6.2 加卸载准则

对于以图 6.2 所示单轴应力-应变曲线为表征的理想弹塑性材料,其复杂应力状态下的一般行为可定义如下。

①材料在达到屈服极限前保持弹性，这种极限是应力分量的某种函数达到的一个特定值，这个函数被称为屈服函数

$$f(\sigma_{ij}) = k \tag{6.1}$$

②然后产生无限制的塑性变形，在塑性流动持续过程中，应力状态必须保持在屈服面上，这个被称为加载准则

$$df = \frac{\partial f}{\partial \sigma_{ij}} d\sigma_{ij} = 0 \tag{6.2}$$

③流动应变是永久的，即当应力被移除或者应力强度降到屈服值以下后流动产生的变形保持不变，这个被称为卸载准则

$$df = \frac{\partial f}{\partial \sigma_{ij}} d\sigma_{ij} < 0 \tag{6.3}$$

当屈服函数 $f(\sigma_{ij})$ 在应力几何空间表示为一个曲面时，屈服函数的意义更为明显。第 5 章讨论的各向同性材料的破坏面是极其简单的情况。各向同性意味着只用考虑主应力 $\sigma_1, \sigma_2, \sigma_3$，因此使用三维空间即可，例如最大正应力准则的立方体，von Mises 准则的圆柱体和 Drucker-Prager 准则的正圆锥体。对于理想塑性材料，屈服准则 $f(\sigma_1, \sigma_2, \sigma_3) = k$ 在应力空间是一个固定曲面；屈服面内部的每一点代表一种弹性应力状态，屈服面上的每一点代表一种塑性应力状态。

一般来讲，屈服函数 $f(\sigma_{ij}) = k$ 代表了一个九维应力空间的超曲面。图 6.3 只显示了二维空间的屈服面。当只研究两个独立的应力分量时，此时屈服面（实际上已经成为一条屈服曲线）被屈服曲线代替。术语"屈服面"是用来强调可以将三个或者更多的应力分量作为坐标轴。将九维应力空间的一种应力状态表示为二维平面（图 6.3）中代表具有九个分量 σ_{ij} 的矢量（τ_{xy} 和 τ_{yx} 通常被视为独立变量），这一点意义深远。后面将会讲到，由于塑性变形的不可逆性，屈服面必须外凸。

由于在流动中，塑性应变 ε_{ij}^{p} 的值是无限制的，因此必须以应变率 $\dot{\varepsilon}_{ij}$ 或者应变无穷小变化，即应变增量 $d\varepsilon_{ij}$ 形式进行考虑。总应变增量被认为是弹性应变分量和塑性应变增量之和，即

$$d\varepsilon_{ij} = d\varepsilon_{ij}^{e} + d\varepsilon_{ij}^{p} \tag{6.4}$$

因为 Hooke 定律或者其他非线弹性应力-应变模型能够用来表达弹性

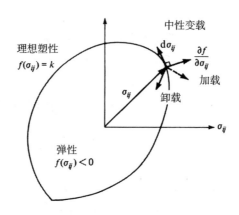

图 6.3   屈服面和加卸载准则示意图

应变和弹性应力增量之间的关系,塑性材料的应力-应变关系实质上简化为包含当前状态、塑性应变和应力增量的关系。本章将会推导理想塑性材料的本构关系,第 8 章将会推导加工强化材料的本构关系。

当 f 被表示为应力空间(图 6.3)的一个几何曲面,σ_{ij} 和 $d\sigma_{ij}$ 分别表示应力空间的应力矢量和应力增量矢量,复杂应力状态下的加载、卸载和中性变载的概念就显而易见了。理想塑性材料的屈服面是固定的,而加工强化材料的屈服面随着强化过程扩张或者改变形状。假设一个物体处于塑性状态,当前状态用应力矢量 σ_{ij} 表示,给当前状态施加一个无限小应力增量 $d\sigma_{ij}$(附加荷载),判断附加荷载是否会进一步产生塑性变形。对于加工强化材料,当矢量 $d\sigma_{ij}$ 指向屈服面 f 的内部时(卸载),这个附加荷载只会产生弹性应变;当矢量 $d\sigma_{ij}$ 指向屈服面 f 的外部时(加载),会同时产生弹性和塑性应变;当应力增量 $d\sigma_{ij}$ 位于屈服面的切面时(中性变载),只会产生弹性应变。对于理想塑性材料,应力点不可能越过屈服面,当应力点位于屈服面上并且附加荷载 $d\sigma_{ij}$ 位于屈服面的切平面内时将发生塑性流动。因此,塑性流动的条件或加载准则为

$$f(\sigma_{ij}) = k \quad 且 \quad df = \frac{\partial f}{\partial \sigma_{ij}} d\sigma_{ij} = 0 \tag{6.5}$$

卸载准则为

$$f(\sigma_{ij}) = k \quad 且 \quad df = \frac{\partial f}{\partial \sigma_{ij}} d\sigma_{ij} < 0 \tag{6.6}$$

　　屈服函数 f 的形式根据需要写成各向异性或者任何角度的应力分量。屈服函数 $f(\sigma_{ij})$ 是加载准则（塑性变形准则），同时也是卸载准则（弹性变形准则）。因此屈服函数或者屈服面 $f(\sigma_{ij})$ 也被称为加载函数或者加载曲面。对于加工强化材料，初始屈服面后的任一阶段都会出现一个后继屈服面。通常做法是将初始屈服面作为屈服面，将后继屈服面作为加载曲面。因此，可以将理想塑性作为无加工强化的极限情形，连续的后继屈服面都接近于初始屈服面并且与其重合。

6.3　弹性应变增量张量

　　弹性或可恢复应变增量 $\mathrm{d}\varepsilon_{ij}^{\mathrm{e}}$ 可通过广义 Hooke 定律（可作为各向异性）进行表达，采用如下简写形式

$$\mathrm{d}\varepsilon_{ij}^{\mathrm{e}} = C_{ijkl}\,\mathrm{d}\sigma_{kl} \tag{6.7}$$

其中，C_{ijkl} 是材料的反应函数，它是关于应力张量 σ_{mm} 的函数。对于各向同性材料，应变增量张量采用如下形式

$$\mathrm{d}\varepsilon_{ij}^{\mathrm{e}} = \frac{1}{9K}\mathrm{d}I_1\delta_{ij} + \frac{1}{2G}\mathrm{d}s_{ij} \tag{6.8}$$

其中，弹性体积模量 K 和弹性剪切模量 G 可为应力张量不变量的函数。如第 4 章所述，为了避免在弹性阶段产生能量或者滞后作用，式（6.8）中的弹性关系必须与路径无关。因此，体积模量 K 和剪切模量 G 必须表示为

$$K = K(I_1) = K(\sigma_{\mathrm{oct}}), \quad G = G(J_2) = G(\tau_{\mathrm{oct}}) \tag{6.9}$$

其中，K 和 G 必须永远为正。

6.4　塑性应变增量张量

　　上节已经讨论了加载准则 $f(\sigma_{ij}) = k$，并规定了弹性应变增量张量 $\mathrm{d}\varepsilon_{ij}^{\mathrm{e}}$，这一节来确定塑性应变增量张量 $\mathrm{d}\varepsilon_{ij}^{\mathrm{p}}$。

6.4.1　关联和非关联流动法则

　　屈服函数 f 和塑性应变增量张量 $\mathrm{d}\varepsilon_{ij}^{\mathrm{p}}$ 之间是否存在必然联系并不明显。

通常,我们可以引入塑性势能函数 $g(\sigma_{ij})$ 概念,塑性流动方程可用下式表示

$$d\varepsilon_{ij}^{p} = d\lambda \frac{\partial g}{\partial \sigma_{ij}} \tag{6.10}$$

其中,$d\lambda$ 是一个正标量比例系数,其值仅在有塑性变形时非零。$g(\sigma_{ij})=$ 常数定义了九维应力空间的塑性势能面(超曲面)。屈服面上一点 σ_{ij} 的法向矢量和屈服面的方向余弦值与 $\partial g/\partial \sigma_{ij}$ 成比例。式(6.10)意味着塑性流动矢量 $d\varepsilon_{ij}^{p}$ 沿着塑性势能面的法向方向。

最简单的情形是屈服函数和塑性势能函数相同,即 $f=g$。因此

$$d\varepsilon_{ij}^{p} = d\lambda \frac{\partial f}{\partial \sigma_{ij}} \tag{6.11}$$

如图 6.3 所示,塑性流动方向沿着屈服面的法向方向 $\partial f/\partial \sigma_{ij}$。因为式(6.11)与屈服准则相关联,称为关联流动法则。von Mises 利用关联流动法则建立了塑性应力-应变关系。后面将会讲到,这种关系适用于不可恢复的塑性材料,即作用于这种材料上塑性应变做的功是不可恢复的,它将满足边值问题解的唯一性条件。通过考虑更复杂的屈服面形式,关联流动法则使得塑性方程的各种一般化形式成为可能。

如果在主应力和主应变空间考虑流动,利用如下关系代替式(6.11)

$$d\varepsilon_{i}^{p} = d\lambda \frac{\partial f}{\partial \sigma_{i}} \tag{6.12}$$

当 $f \neq g$ 时,式(6.10)被称为非关联流动法则。

6.4.2　解的唯一性和流动的正交性条件

对塑性应力应变关系施加什么限制条件才能使如下边值问题对应的解具有唯一性?已知现有表面拉力 T_i 作用于边界上的 A_T 部分,物体内部的应力和应变分别为 σ_{ij} 和 ε_{ij},剩余表面 A_u 上的位移为 u_i,在体积 V 上作用体积力 F_i。我们要研究应力增量 $d\sigma_{ij}$ 和应变增量 $d\varepsilon_{ij}$,是否可以根据 A_T 上的表面拉力增量 dT_i,A_u 上的表面位移增量 du_i 和 V 上的体积力增量 dF_i 唯一确定。

假设该边值问题存在两个解,$d\sigma_{ij}^{(1)}$,$d\varepsilon_{ij}^{(1)}$ 和 $d\sigma_{ij}^{(2)}$,$d\varepsilon_{ij}^{(2)}$ 分别对应 dT_i 作用于 A_T,du_i 作用于 A_u,dF_i 作用于 V。假设整个体积 V 上具有位移 u_i,利用虚功方程

$$\int_{A_T} dT_i^* \, du_i \, dA + \int_{A_u} dT_i^* \, du_i \, dA + \int_V dF_i^* \, du_i \, dV = \int_V d\sigma_{ij}^* \, d\varepsilon_{ij} \, dV$$

$$(6.13)$$

其中,带星号的量通过平衡方程关联在一起,无星号的量通过相容方程关联,这两组增量之间无须关联。因此,尽管不需要 $d\sigma_{ij}^{(2)} - d\sigma_{ij}^{(1)}$ 且经常不产生 $d\varepsilon_{ij}^{(2)} - d\varepsilon_{ij}^{(1)}$,将假设的状态 1 和状态 2 之差代入式(6.13)。因为在 A_T 上有 $dT_i^{(1)} = dT_i^{(2)}$,在 A_u 上有 $du_i^{(1)} = du_i^{(2)}$,在 V 上有 $dF_i^{(1)} = dF_i^{(2)}$,得到

$$0 = \int_V (d\sigma_{ij}^{(2)} - d\sigma_{ij}^{(1)})(d\varepsilon_{ij}^{(2)} - d\varepsilon_{ij}^{(1)}) dV \qquad (6.14)$$

利用上节的几何表示方法,给出式(6.14)中给定点的两个应力增量之差为 $\Delta d\sigma_{ij} = d\sigma_{ij}^{(2)} - d\sigma_{ij}^{(1)}$,弹性应变增量之差为 $\Delta d\varepsilon_{ij}^e$,塑性应变增量之差为 $\Delta d\varepsilon_{ij}^p$。则式(6.14)中标量积的积分必须为零,即

$$dI = \Delta d\sigma_{ij} \Delta d\varepsilon_{ij} = \Delta d\sigma_{ij}(\Delta d\varepsilon_{ij}^e + \Delta d\varepsilon_{ij}^p) = 0 \qquad (6.15)$$

任意应力-应变增量关系只要保证积分 dI 为正定,即可满足解的唯一性条件。

现在 $\Delta d\varepsilon_{ij}^e$ 通过广义 Hooke 定律与 $\Delta d\sigma_{ij}$ 相关联,标量积 $\Delta d\sigma_{ij} \Delta d\varepsilon_{ij}^e$ 是正定的。对于标量积 $\Delta d\sigma_{ij} \Delta d\varepsilon_{ij}^p$ 必须分三种情况分别讨论。

情况 1　两个解都引起该点加载。在这种情况下,$\Delta d\sigma_{ij}$ 必须位于理想塑性屈服面的切平面内(图 6.3)。显然,如果要保证位于切平面的所有任意矢量 $\Delta d\sigma_{ij}$ 都满足 $\Delta d\sigma_{ij} \Delta d\varepsilon_{ij}^p$ 非负,则塑性应变矢量 $\Delta d\varepsilon_{ij}^p$ 必须垂直于屈服面。

情况 2　两个解引起卸载。在这种情况下,$\Delta d\varepsilon_{ij}^p = 0$,由于 $\Delta d\sigma_{ij} \Delta d\varepsilon_{ij}^e$ 是正定的,则 dI 也是正定的。

情况 3　一个解引起加载,另一个解引起卸载。取 $d\sigma_{ij}^{(2)}$ 是具有 $d\varepsilon_{ij}^{p(2)}$ 的加载情况,$d\sigma_{ij}^{(1)}$ 是卸载情况,且 $d\varepsilon_{ij}^{p(1)} = 0$,则 $\Delta d\sigma_{ij} \Delta d\varepsilon_{ij}^p$ 具有如下形式

$$(d\sigma_{ij}^{(2)} - d\sigma_{ij}^{(1)}) d\varepsilon_{ij}^{p(2)} = d\sigma_{ij}^{(2)} d\varepsilon_{ij}^{p(2)} - d\sigma_{ij}^{(1)} d\varepsilon_{ij}^{p(2)} \qquad (6.16)$$

因为 $d\sigma_{ij}^{(2)}$ 是加载情况,应力增量矢量 $d\sigma_{ij}^{(2)}$ 必须位于切平面内。如果塑性应变增量矢量 $d\varepsilon_{ij}^{p(2)}$ 位于屈服面的外法线方向,因为 $d\sigma_{ij}^{(2)}$ 正交于 $d\varepsilon_{ij}^{p(2)}$,则式(6.16)右边第一项 $d\sigma_{ij}^{(2)} d\varepsilon_{ij}^{p(2)}$ 等于零。因为另外一个应力增量矢量 $d\sigma_{ij}^{(1)}$ 对应于卸载(图 6.3),它必须指向屈服面的内部。如果塑性应变增量 $d\varepsilon_{ij}^{p(2)}$ 垂直于外凸的屈服面 f,则应力增量矢量 $d\sigma_{ij}^{(1)}$ 将总会和 $d\varepsilon_{ij}^{p(2)}$ 成钝角。因此,式

(6.16)右边第二项非负。在当前情况下,两个解的顺序并不影响 $\Delta \mathrm{d}\sigma_{ij} \Delta \mathrm{d}\varepsilon_{ij}^{\mathrm{p}}$ 的符号,这是因为当顺序改变时,$\Delta \mathrm{d}\sigma_{ij}$ 和 $\Delta \mathrm{d}\varepsilon_{ij}^{\mathrm{p}}$ 将同时改变符号。因此可断定关联流动准则满足解的唯一性条件。

现在可以说明这一点,简单关系 $g=f$ 在数学塑性理论上具有特殊意义。关联流动准则的两个直接结果:①塑性应变增量矢量 $\Delta \mathrm{d}\varepsilon_{ij}^{\mathrm{p}}$ 必须垂直于屈服面或者加载面 $f(\sigma_{ij})=k$,这也被称为正交性条件;②这种塑性应力-应变关系将导致边值问题解的唯一性。后面将会看到,正交性关系(式(6.11))直接引导了强大的理想塑性极限分析理论的建立。

这种正交性条件具有一般性。在第8章中,会证明它同样适用于加工强化材料。附加于塑性应力-应变关系的正交性条件显示加工强化体和理想塑性体的解具有唯一性,同时也引出了变分原理和绝对极小原理。

6.4.3 塑性变形的不可逆性和屈服面的外凸性

由于塑性变形的不可逆性,作用于塑性变形的功则不可恢复。这就意味着当塑性应变发生变化时,应力在塑性应变变化上做的功总是正的。在本节,我们将研究不可逆条件对塑性应力-应变关系带来的限制条件。

考虑图6.4所示的一个材料的单元体,位于屈服面上或者屈服面内的应力为均匀应力状态 σ_{ij}^{*}。假设一个外力在屈服面内部沿着路径 ABC 逐渐增加刚刚到达屈服面上 σ_{ij} 应力状态,目前仅有弹性功产生。若外力保持屈服面上的应力状态 σ_{ij} 一小段时间,则塑性功必然产生,且流动过程中只有塑性功产生。当外部力开始减小时,σ_{ij} 沿着弹性路径 DE 减小到应力状态 σ_{ij}^{*}。因为纯弹性变化是完全可逆的,与先从 σ_{ij}^{*} 到 σ_{ij},然后回到 σ_{ij}^{*} 的路径无关,弹性能量是可恢复的。外力在加载和卸载循环上做的塑性功是应力矢量 $\sigma_{ij}-\sigma_{ij}^{*}$ 和塑性应变增量矢量 $\mathrm{d}\varepsilon_{ij}^{\mathrm{p}}$ 的标量积。要求在塑性变形上所做的功必须为正,得到

$$(\sigma_{ij}-\sigma_{ij}^{*})\mathrm{d}\varepsilon_{ij}^{\mathrm{p}} \geqslant 0 \qquad (6.17)$$

下面解释式(6.17)的几何意义。如图6.4所示,如果塑性应变坐标和应力坐标叠加,标量积为正要求保证应力矢量 $\sigma_{ij}-\sigma_{ij}^{*}$ 和塑性应变增量 $\mathrm{d}\varepsilon_{ij}^{\mathrm{p}}$ 之间成锐角。如果采用上节讨论的正交流动法则,塑性应变增量矢量 $\mathrm{d}\varepsilon_{ij}^{\mathrm{p}}$ 必须垂

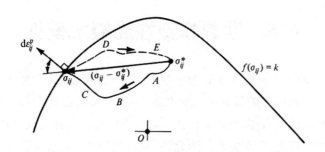

图 6.4　外力产生的应力路径，塑性应变坐标和应力坐标叠加

直于屈服面。因为对于所有的 $\sigma_{ij} - \sigma_{ij}^*$ 都要求满足式（6.17），因此屈服面必须外凸。通过数学不等式（式（6.17））正式定义了九维应力空间内任意屈服面（超曲面）的外凸性质。

塑性应变增量矢量 $\mathrm{d}\varepsilon_{ij}^{\mathrm{p}}$ 的正交条件和屈服面的外凸性是对塑性应力-应变关系的一般性限制条件。对于加工强化材料，并且满足 Drucker 稳定性假说定义的稳定材料（第 8 章），显然有：①初始屈服面和所有的后继屈服面或者加载曲面都必须外凸；②塑性应变增量矢量 $\mathrm{d}\varepsilon_{ij}^{\mathrm{p}}$ 必须正交于屈服面或者加载曲面；③对于加工强化材料，塑性应变增量与应力增量呈线性关系。第 8 章将介绍加工强化材料应力-应变关系一般化的理论进展。这个一般化理论的第一步就是建立稍微简单一点的理想塑性材料的应力-应变关系。下一节将详细推导这种材料模型。

塑性变形的不可逆性要求塑性功必须为非负

$$\mathrm{d}W_{\mathrm{p}} = \sigma_{ij} \, \mathrm{d}\varepsilon_{ij}^{\mathrm{p}} = \mathrm{d}\lambda \sigma_{ij} \frac{\partial f}{\partial \sigma_{ij}} \geqslant 0 \tag{6.18}$$

因为屈服面上的半径矢量 σ_{ij} 和屈服面的外法线方向 $\partial f/\partial \sigma_{ij}$ 的标量积非负（图 6.3），对于外凸曲面其夹角必须成锐角。式（6.11）中的乘子 $\mathrm{d}\lambda$ 被认为与塑性功增量 $\mathrm{d}W_{\mathrm{p}}$ 的值相关，并且系数 $\mathrm{d}\lambda$ 在塑性流动发生时必须恒为正，以保证塑性变形的不可逆性。值得注意的是式（6.18）可以简化为

$$\mathrm{d}W_{\mathrm{p}} = \mathrm{d}\lambda \sigma_{ij} \frac{\partial f}{\partial \sigma_{ij}} = \mathrm{d}\lambda n f \tag{6.19}$$

当 f 为应力的 n 阶同质函数时，它适用于大多数金属塑性理论。

6.5 理想弹塑性混凝土模型

混凝土全应力-应变关系必须包括三部分：①屈服前；②塑性流动过程；③破裂后。屈服前和破裂后的线弹性应力-应变关系已经在第 3 章中建立，若干非线弹性的应力-应变关系也已在第 4 章中给出。此处仅讨论塑性流动过程中的塑性应力-应变关系。为此，必须首先定义：①屈服条件，即标志混凝土开始塑性流动的条件；②破坏准则，即标志混凝土开始破裂（断裂或者破碎）。利用这些确定的边界条件，即可建立混凝土在塑性范围内的完整应力-应变增量关系。

第 5 章讲到的以应力不变量表达的各向同性混凝土的破坏准则可以作为理想塑性屈服面。在本节，我们将以具有关联流动条件的一般屈服准则的形式介绍混凝土的一般弹塑性应力-应变关系。在后面的章节，我们将会详细讨论三种特殊的屈服准则：①von Mises 准则，或 J_2 准则；②扩展 von Mises 准则，或 Drucker-Prager 准则；③Willam-Warnke 五参数屈服准则。除了经常广泛应用于钢筋的 von Mises 准则，第 5 章讨论了几乎所有的混凝土屈服准则，其屈服点应力除与平均剪应力或八面体剪应力不变量有关外，还与平均正应力 I_1 有关。最简单的基于 I_1 和 J_2 的准则就是 Drucker-Prager 屈服准则。此外，还有更加精细的准则，例如应用广泛的 Willam-Warnke 准则，包含全部的三个应力不变量 I_1, J_2, J_3。

由于缺乏混凝土多轴应力状态下极限变形能力的实验数据，混凝土受压状态下断裂模型的应变屈服准则通常简单地由应力屈服准则直接转化为应变屈服准则。在若干应用中，这种转换通常通过将简单压缩强度 f_c' 替换为简单破裂应变 ε_u；并将 τ_{oct} 和 J_2 替换成对应的八面体剪应变 ε_{oct} 和 J_2；将 I_1 替换成静水压应变 ε_{kk}。最大拉伸应变准则经常被用作压缩曲面的截止面（Chen，1979）。值得注意的是破坏时最大拉伸应变值在拉压状态下并非常数，而是随着压缩的增加而增加。双轴应力试验表明，混凝土能够承受的非直接拉伸应变明显高于直接拉伸应变。目前，混凝土破坏模式的一般应变准则尚不完善，亟须进一步研究。第 5 章结尾提出了一个较为粗糙的模型。

由式（6.4）、式（6.8）和式（6.11），可得到如下理想弹塑性材料的全应力

应变关系

$$\mathrm{d}\varepsilon_{ij} = \frac{\mathrm{d}I_1}{9K}\delta_{ij} + \frac{\mathrm{d}s_{ij}}{2G} + \mathrm{d}\lambda\frac{\partial f}{\partial\sigma_{ij}} \tag{6.20}$$

其中,$\mathrm{d}\lambda$ 是一个待定值,确定如下

$$\mathrm{d}\lambda\begin{cases} = 0 & \text{当 } f < k \text{ 或 } f = k \text{ 且 } \mathrm{d}f < 0 \\ > 0 & \text{当 } f = k \text{ 且 } \mathrm{d}f = 0 \end{cases} \tag{6.21}$$

下面将确定系数 $\mathrm{d}\lambda$ 的形式,通过式(6.20)中的应力-应变关系结合一致性条件

$$\mathrm{d}f = \frac{\partial f}{\partial\sigma_{ij}}\mathrm{d}\sigma_{ij} = 0 \tag{6.22}$$

一致性条件保证增量 $\mathrm{d}\sigma_{ij}$ 发生后的应力状态($\sigma_{ij} + \mathrm{d}\sigma_{ij}$)仍然满足屈服条件 f

$$f(\sigma_{ij} + \mathrm{d}\sigma_{ij}) = f(\sigma_{ij}) + \mathrm{d}f = f(\sigma_{ij}) \tag{6.23}$$

求解式(6.20)中的 $\mathrm{d}s_{ij}$,得到应力增量张量为

$$\mathrm{d}\sigma_{ij} = \mathrm{d}s_{ij} + \frac{1}{3}\mathrm{d}I_1\delta_{ij} = 2G\mathrm{d}\varepsilon_{ij} - 2G\mathrm{d}\lambda\frac{\partial f}{\partial\sigma_{ij}} + \left(\frac{1}{3} - \frac{2G}{9K}\right)\mathrm{d}I_1\delta_{ij} \tag{6.24}$$

将式(6.24)代入式(6.22)可得

$$2G\frac{\partial f}{\partial\sigma_{ij}}\mathrm{d}\varepsilon_{ij} - 2G\mathrm{d}\lambda\frac{\partial f}{\partial\sigma_{ij}}\frac{\partial f}{\partial\sigma_{ij}} + \left(\frac{1}{3} - \frac{2G}{9K}\right)\mathrm{d}I_1\frac{\partial f}{\partial\sigma_{ij}}\delta_{ij} = 0 \tag{6.25}$$

为了消去式(6.25)中的 $\mathrm{d}I_1$,利用式(6.20)中 $i = j$,有

$$\mathrm{d}I_1 = 3K\left(\mathrm{d}\varepsilon_{kk} - \mathrm{d}\lambda\frac{\partial f}{\partial\sigma_{ij}}\delta_{ij}\right) \tag{6.26}$$

利用式(6.26),从式(6.25)可解得 $\mathrm{d}\lambda$

$$\mathrm{d}\lambda = \frac{\dfrac{\partial f}{\partial\sigma_{ij}}\mathrm{d}\varepsilon_{ij} + \dfrac{3K-2G}{6G}\mathrm{d}\varepsilon_{kk}\dfrac{\partial f}{\partial\sigma_{ij}}\delta_{ij}}{\dfrac{\partial f}{\partial\sigma_{ij}}\dfrac{\partial f}{\partial\sigma_{ij}} + \dfrac{3K-2G}{6G}\left(\dfrac{\partial f}{\partial\sigma_{ij}}\delta_{ij}\right)^2} \tag{6.27}$$

为了表明 $\mathrm{d}\lambda$ 的标量特征,式(6.27)中所有指数下标均为虚拟。因此,如果定义了特定材料的屈服函数 f 及指定了应变增量 $\mathrm{d}\varepsilon_{ij}$,则系数 $\mathrm{d}\lambda$ 是唯一确定的。使用式(6.26)中的 $\mathrm{d}I_1$,式(6.24)中的应力增量 $\mathrm{d}\sigma_{ij}$ 可写作

$$\mathrm{d}\sigma_{ij} = 2G\mathrm{d}e_{ij} + K\mathrm{d}\varepsilon_{kk}\delta_{ij} - \mathrm{d}\lambda\left[\left(K - \frac{2}{3}G\right)\frac{\partial f}{\partial \sigma_{mn}}\delta_{mn}\delta_{ij} + 2G\frac{\partial f}{\partial \sigma_{ij}}\right]$$

$$(6.28)$$

因此,对应的应力增量也由屈服函数 $f(\sigma_{ij})$ 和应变增量 $\mathrm{d}\varepsilon_{ij}$ 唯一确定。换言之,如果已知当前的应力状态 σ_{ij},并且指定应变增量 $\mathrm{d}\varepsilon_{ij}$,可利用式 (6.28) 来确定对应的应力增量。但是,通常如果已知当前应力状态并指定应力增量,应变增量并不能唯一确定,因为应变增量只能通过式 (6.27) 待定系数 $\mathrm{d}\lambda$ 确定。

对于若干混凝土模型,屈服函数通常用应力不变量 I_1 和 J_2 表示

$$f(\sigma_{ij}) = f(I_1, \sqrt{J_2}) = k \tag{6.29}$$

对式 (6.29) 微分得到

$$\frac{\partial f}{\partial \sigma_{ij}} = \frac{\partial f}{\partial I_1}\frac{\partial I_1}{\partial \sigma_{ij}} + \frac{\partial f}{\partial \sqrt{J_2}}\frac{\partial \sqrt{J_2}}{\partial \sigma_{ij}} \tag{6.30}$$

它可以化简为

$$\frac{\partial f}{\partial \sigma_{ij}} = \frac{\partial f}{\partial I_1}\delta_{ij} + \frac{1}{2\sqrt{J_2}}\frac{\partial f}{\partial \sqrt{J_2}}s_{ij} \tag{6.31}$$

根据以上形式,式 (6.28) 变成

$$\mathrm{d}\sigma_{ij} = 2G\mathrm{d}e_{ij} + K\mathrm{d}\varepsilon_{kk}\delta_{ij} - \mathrm{d}\lambda\left[3K\frac{\partial f}{\partial I_1}\delta_{ij} + \frac{G}{\sqrt{J_2}}\frac{\partial f}{\partial \sqrt{J_2}}s_{ij}\right] \tag{6.32}$$

其中,$\mathrm{d}\lambda$ 具有如下形式

$$\mathrm{d}\lambda = \frac{3K\mathrm{d}\varepsilon_{kk}(\partial f/\partial I_1) + (G/\sqrt{J_2})(\partial f/\partial \sqrt{J_2})s_{mn}\mathrm{d}e_{mn}}{9K(\partial f/\partial I_1)^2 + G(\partial f/\partial \sqrt{J_2})^2} \tag{6.33}$$

在下面的两节中,我们将讨论如何把这些方程应用于特定的屈服函数。

6.6 Prandtl-Reuss 材料(J_2 理论)

大多数塑性增量理论的基本特征可以用最基本的形式 $f = f(\sqrt{J_2})$ 进行说明。$f(\sqrt{J_2})$ 最基本的形式是 $f = \sqrt{J_2}$,即 von Mises 屈服准则

$$f = \sqrt{J_2} = k \tag{6.34}$$

由 von Mises 屈服准则和其关联流动法则推导得到的理想弹塑性应力-应变关系,即为 Prandtl-Reuss 材料。Prandtl-Reuss 材料可能是应用最广泛并且形式最简单的理想弹塑性材料模型。

式(6.34)描述了主应力空间的一个圆柱体,该圆柱体的中心轴沿着静水压轴(5.4.2节)。当应力状态位于屈服面上时,材料将会产生塑性流动,并经历弹性和塑性应变。当应力小到不满足式(6.34)时,材料仅发生弹性应变。

为了得到 Prandtl-Reuss 材料的全应力-应变关系,将式(6.34)屈服函数代入式(6.33)、式(6.20)和式(6.32)可得

$$d\varepsilon_{ij} = \frac{ds_{ij}}{2G} + \frac{dI_1}{9K}\delta_{ij} + \frac{s_{mn}de_{mn}}{2k^2}s_{ij} \qquad (6.35)$$

$$d\sigma_{ij} = 2Gde_{ij} + Kd\varepsilon_{kk}\delta_{ij} - \frac{Gs_{mn}de_{mn}}{k^2}s_{ij} \qquad (6.36)$$

当塑性流动发生的条件得到满足时

$$J_2 = k^2, \quad df = \frac{\partial f}{\partial \sigma_{ij}}d\sigma_{ij} = s_{ij}ds_{ij} = 0 \qquad (6.37)$$

式(6.35)和式(6.36)中的第三项中的量 $s_{mn}de_{mn}$ 被认为是畸变功率。以弹性应变分量和塑性应变分量的形式展开此量,可得

$$s_{mn}de_{mn} = s_{mn}(de_{mn}^e + de_{mn}^p) \qquad (6.38)$$

注意到

$$de_{mn}^e = \frac{ds_{mn}}{2G} \qquad (6.39)$$

并利用如下条件

$$dJ_2 = s_{mn}ds_{mn} = 0 \qquad (6.40)$$

式(6.38)可简化为

$$s_{mn}de_{mn} = s_{mn}de_{mn}^p \qquad (6.41)$$

上式表明在塑性阶段畸变功率仅由塑性变形引起。并且,根据式(6.35)和式(6.36)可得

$$d\varepsilon_{kk} = \frac{dI_1}{3K} = d\varepsilon_{kk}^e \qquad (6.42)$$

上式意味着

$$d\varepsilon_{kk}^{p} = d\varepsilon_{kk} - d\varepsilon_{kk}^{e} = 0 \tag{6.43}$$

对于 Prandtl-Reuss 材料来说,体积变化为纯弹性,没有塑性体积变化。

因为塑性流动沿着屈服面法线方向,选择屈服函数 $f = J_2$ 的含义可以直接从这个角度进行验证。在这种情况下,显然有

$$d\varepsilon_{ij}^{p} = d\lambda \frac{\partial f}{\partial \sigma_{ij}} = d\lambda \frac{\partial J_2}{\partial \sigma_{ij}} = d\lambda s_{ij} \tag{6.44}$$

式(6.44)表明如下结论。

(1)塑性应变增量取决于当前偏应力状态,而不是到达当前应力状态的应力状态增量。

(2)塑性应变增量张量主轴和应力张量主轴重合。

(3)塑性流动过程中没有塑性体积改变。

(4)不同方向上的塑性应变增量的比例是确定的,但是塑性应变增量的实际值是由塑性功 dW_p 确定。

可以通过更简单的推导得到

$$dW_p = \sigma_{ij} d\varepsilon_{ij}^{p} = d\lambda \sigma_{ij} s_{ij} = 2d\lambda J_2 = 2d\lambda k^2 \tag{6.45}$$

可以确定系数 $d\lambda$

$$d\lambda = \frac{dW_p}{2k^2} = \frac{s_{mn} d\varepsilon_{mn}^{p}}{2k^2} = \frac{s_{mn} d\varepsilon_{mn}}{2k^2} \tag{6.46}$$

当 $d\lambda = 0$ 时,式(6.35)和式(6.36)简化成微分形式的 Hooke 定律。因为 $d\lambda$ 的值与增量 $s_{mn} d\varepsilon_{mn}$ 成比例,给定应力状态下,式(6.35)中的应变增量 $d\varepsilon_{ij}$ 并不能唯一确定,但是如果给定应变增量 $d\varepsilon_{ij}$ 和当前应力状态 σ_{ij},那么对应的应力增量可以通过式(6.36)唯一确定。

例 6.1 研究 Prandtl-Reuss 材料在单轴应变条件下的性能。

单轴应变条件下,应变增量和应力增量为

$$\left. \begin{array}{l} d\varepsilon_{ij} = [d\varepsilon_1 \quad 0 \quad 0] \\ de_{ij} = \frac{1}{3}d\varepsilon_1[2 \quad -1 \quad -1] \\ \sigma_{ij} = [\sigma_1 \quad \sigma_2 \quad \sigma_3] \end{array} \right\} \tag{6.47}$$

von Mises 屈服准则的简单形式为

$$\sqrt{J_2} = \frac{1}{\sqrt{3}}(\sigma_1 - \sigma_2) = k \tag{6.48}$$

在弹性阶段,应力应变关系有如下增量形式

$$\left.\begin{array}{c} d\sigma_1 = \left(K + \dfrac{4}{3}G\right)d\varepsilon_1 = Bd\varepsilon_1 = \dfrac{3K+4G}{9K}dI_1 \\[3mm] d\sigma_1 - d\sigma_2 = 2Gd\varepsilon_1 = \dfrac{2G}{3K}dI_1 \end{array}\right\} \tag{6.49}$$

将式(6.48)屈服函数代入到式(6.49),可得屈服时的垂直应力

$$\sigma_1 = \frac{\sqrt{3}(3K+4G)}{6G}k = \frac{\sqrt{3}B}{2G}k \tag{6.50}$$

其中,$B = K + \dfrac{4}{3}G$ 被称为约束模量。因此,当 σ_1 达到式(6.50)中给定的值时,材料开始屈服,当应力状态沿着理想塑性屈服面移动时,垂直应力进一步增长,同时产生弹性应变和塑性应变。在塑性阶段,剪应力应变关系有如下形式

$$ds_1 = 2Gde_1 - \frac{G(s_1de_1 + 2s_2de_2)}{k^2}s_1 \tag{6.51}$$

当我们利用 $ds_{ii} = de_{ii} = 0$ 和 $de_1 = 2d\varepsilon_1/3$ 时,式(6.51)变成

$$ds_1 = \frac{4G}{3}d\varepsilon_1 - \frac{Gs_1^2}{k^2}d\varepsilon_1 = 0 \tag{6.52}$$

因为在塑性阶段 $k^2 = J_2 = \dfrac{3}{4}s_1^2$。式(6.52)表明,因为 $ds_{ii} = 0, ds_2 = 0$。

因此,在单轴应变状态,超过初始屈服以后的应力变化都是纯静水压力型的。

$$d\sigma_1 = ds_1 + \frac{1}{3}dI_1 = \frac{1}{3}dI_1 \tag{6.53a}$$

$$d\sigma_2 = ds_2 + \frac{1}{3}dI_1 = \frac{1}{3}dI_1 \tag{6.53b}$$

这种材料一旦达到其极限剪切能力,它就会表现得像流体一样,其对应的体积变化为纯弹性

$$\frac{1}{3}dI_1 = Kd\varepsilon_1 \tag{6.54}$$

将式(6.54)代入式(6.53a)可得到塑性阶段垂直应力应变关系

$$d\sigma_1 = Kd\varepsilon_1 \tag{6.55}$$

图 6.5 展示了 Prandtl-Reuss 材料在单轴应变试验中的特性。图 6.5

(a)中(σ_1,ε_1)曲线的斜率在屈服时发生了软化,斜率变成体积模量。相应地,图 6.5(b)和图 6.5(d)中($\sigma_1-\sigma_2$)与($\varepsilon_1-\varepsilon_2$)曲线和($\sigma_1-\sigma_2$)与 $I_1/3$ 曲线的斜率变成零。因为 $\mathrm{d}\varepsilon_{kk}^{\mathrm{p}}=0$,图 6.5(c)中($I_1/3$,$\varepsilon_{kk}$)曲线斜率保持不变。一旦材料卸载,它将按照式(6.49)中的线弹性关系卸载,直到到达对面的屈服面上,对应于

$$\frac{1}{\sqrt{3}}(\sigma_1-\sigma_2)=-k \tag{6.56}$$

然后材料按照式(6.36)再次塑性流动。图 6.5 也显示了卸载的特征。

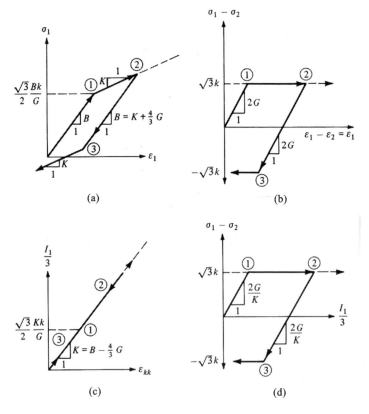

图 6.5   Prandtl-Reuss 材料在单轴应变条件下的特性

(a)垂直应力-应变关系;(b)主应力差-主应变差关系;(c)压力-体积应变关系;(d)主应力差-压力关系(应力路径)

例 6.2　研究 Prandtl-Reuss 材料在平面应力状态 $\sigma_{ij} = [\sigma_1 \quad 0 \quad \sigma_3]$ 下的行为特征。

对于所给应力状态,材料在满足下面条件时会屈服

$$J_2 = \frac{1}{3}(\sigma_1^2 + \sigma_3^2 - \sigma_1\sigma_3) = k^2 \tag{6.57}$$

式(6.57)描述了一个应力空间的椭圆(图 6.6)。我们现在考虑一种双轴压缩试验,横向应力 σ_3 的值保持为 k 并且垂直应力从 A 点增加到 B 点。达到屈服点 B 之前,材料的行为呈以下线弹性特征

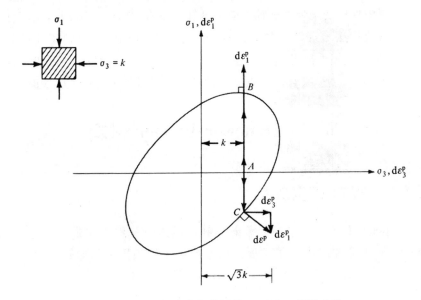

图 6.6　特殊平面应力条件下的 von Mises 屈服曲线

AB 和 AC 为应力路径;$\mathrm{d}\varepsilon^p$ 为塑性应变增量矢量;坐标轴正向为压力

$$\left.\begin{array}{l} \mathrm{d}\sigma_1 = \dfrac{9KG}{3K+G}\mathrm{d}\varepsilon_1 = E\mathrm{d}\varepsilon_1 \\[3mm] \mathrm{d}\varepsilon_3 = -\dfrac{3K-2G}{6K+2G}\mathrm{d}\varepsilon_1 = -\nu\mathrm{d}\varepsilon_1 \\[3mm] \mathrm{d}\varepsilon_2 = \mathrm{d}\varepsilon_3 \end{array}\right\} \tag{6.58}$$

在 B 点,材料屈服,在 $\sigma_1 = 2k$ 时产生无限制的塑性变形,对应的塑性应变增量为

$$d\varepsilon_3^p = d\lambda \frac{\partial J_2}{\partial \sigma_3} = \frac{d\lambda}{3}(2\sigma_3 - \sigma_1) = 0 \Big\}$$
$$d\varepsilon_2^p = -d\varepsilon_1^p \qquad\qquad\qquad\qquad\qquad (6.59)$$

如果重复同样的试验，改变 σ_1 的方向（拉-压双轴试验），我们发现当 $\sigma_1 = -k$ 时（即到达图 6.6 中 C 点时），材料屈服。在 C 点，无限制的塑性流动具有如下关系

$$d\varepsilon_2^p = 0 \Big\}$$
$$d\varepsilon_1^p = -d\varepsilon_3^p \Big\} \qquad\qquad (6.60)$$

如果塑性应变增量坐标轴和应力坐标轴重合，如图 6.6 所示，正交性概念和关联流动法则可以清楚地从这个例子得到证明。在双轴压缩试验中 $d\varepsilon_3^p = 0$，在 B 点塑性应变增量矢量 $d\varepsilon_1^p$ 垂直于屈服面。而在拉-压双轴试验中，$d\varepsilon_1^p = -d\varepsilon_3^p$，也意味着在 C 点处的塑性应变增量矢量垂直于屈服面。

6.7　Drucker-Prager 材料

6.7.1　应力-应变关系

Drucker 和 Prager(1952)考虑了静水压力对材料剪切强度的影响，将 von Mises 屈服准则进行了扩展。屈服准则采用最简单的形式（详见5.5.2 节）

$$f = \sqrt{J_2} + \alpha I_1 = k \qquad\qquad (6.61)$$

其中，α 和 k 为正材料常数。式(6.61)也可以视为应力空间内具有光滑屈服面的广义 Mohr-Coulomb 准则。如第 5 章所述，屈服面 $f = k$ 在主应力空间是一个正圆锥体，该圆锥与各坐标轴等倾角，圆锥的顶点位于拉伸端。

根据式(6.32)和式(6.33)，对应于屈服函数(式(6.61))的应力-应变关系为

$$d\varepsilon_{ij} = \frac{ds_{ij}}{2G} + \frac{dI_1}{9K}\delta_{ij} + d\lambda \left(\frac{s_{ij}}{2\sqrt{J_2}} + \alpha\delta_{ij} \right) \qquad\qquad (6.62)$$

其中

$$d\lambda = \frac{(G/\sqrt{J_2})s_{mn}\,d\varepsilon_{mn} + 3K\alpha\,d\varepsilon_{kk}}{G + 9K\alpha^2} \qquad\qquad (6.63)$$

式(6.62)的一个非常重要的特征是体积塑性膨胀速率为

$$\mathrm{d}\varepsilon_{kk}^{\mathrm{p}} = 3\alpha\mathrm{d}\lambda \tag{6.64}$$

式(6.64)表明,如果 $\alpha\neq0$,塑性变形必须伴随着体积增大而增长。这种特性被称为剪胀性,它是屈服函数依赖于静水压力的结果。对于任意一个朝向静水压负轴开口的屈服面,在关联流动条件下屈服发生时会发生塑性的体积膨胀。从下面的几何解释可能更为容易理解。

屈服面的子午线是屈服面和包含有静水压轴线的平面(子午面)的相交曲线,即在含有不变量 I_1,J_2 和 J_3 的一般化屈服函数中,$\theta=$ 常数。图 6.7 显示了一个沿着静水压负轴方向开口的屈服面的一个典型子午线。正交条件或者关联流动法则要求在屈服面上实际屈服点 P 上塑性应变增量矢量 $\mathrm{d}\varepsilon_{ij}^{\mathrm{p}}$ 垂直于屈服面。因此塑性应变增量矢量通过 P 点垂直于子午线。矢量 $\mathrm{d}\varepsilon_{ij}^{\mathrm{p}}$ 分解为 $\mathrm{d}\varepsilon_{ij}^{pa}$ 和 $\mathrm{d}\varepsilon_{ij}^{pb}$,其中 $\mathrm{d}\varepsilon_{ij}^{pa}$ 位于子午面,并且 $\mathrm{d}\varepsilon_{ij}^{pb}$ 垂直于 $\mathrm{d}\varepsilon_{ij}^{pa}$,也垂直于子午面。显然,$\mathrm{d}\varepsilon_{ij}^{pa}$ 在子午面内垂直于子午线。对于 Drucker-Prager 材料,在偏平面上屈服面是一个圆形截面,因此 $\mathrm{d}\varepsilon_{ij}^{pb}$ 一直为零,并且 $\mathrm{d}\varepsilon_{ij}^{\mathrm{p}}=\mathrm{d}\varepsilon_{ij}^{pa}$。

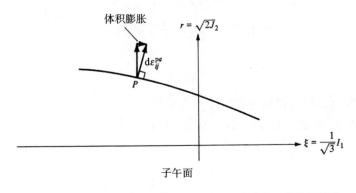

图 6.7　与开口朝向静水压负轴的屈服面相关联的塑性体积膨胀

如果现在将 $\mathrm{d}\varepsilon_{ij}^{pa}$ 分解为分别平行于 r 轴和 ξ 轴的垂直和水平分量,那么 $\mathrm{d}\varepsilon_{ij}^{pa}$ 的水平分量就代表了塑性体积变化,当屈服面朝向静水压负轴方向开口的时候,塑性体积变化恒为正,如图 6.7。这就意味着塑性流动必须伴随着体积的增加。

式(6.64)中的总体积应变增量 $\mathrm{d}\varepsilon_{kk}$ 可以通过式(6.62)和屈服函数(式(6.61))确定。由式(6.62)可以得到

$$\mathrm{d}\varepsilon_{kk} = \frac{\mathrm{d}I_1}{3K} + 3\alpha \frac{(G/\sqrt{J_2})[\sigma_{mn}\mathrm{d}\varepsilon_{mn} - I_1(\mathrm{d}\varepsilon_{kk}/3)] + 3K\alpha\mathrm{d}\varepsilon_{kk}}{G + 9K\alpha^2} \quad (6.65)$$

求解 $\mathrm{d}\varepsilon_{kk}$ 并应用式(6.61)可得

$$\mathrm{d}\varepsilon_{kk} = \frac{\sqrt{J_2}\mathrm{d}I_1}{3KGk}(G + 9K\alpha^2) + \frac{3\alpha}{k}\sigma_{mn}\mathrm{d}\varepsilon_{mn} \quad (6.66)$$

将屈服函数(式(6.61))代入式(6.32)和式(6.33)，可以得到 Drucker-Prager 材料的应力-应变增量张量关系

$$\mathrm{d}\sigma_{ij} = 2G\mathrm{d}e_{ij} + K\mathrm{d}\varepsilon_{kk}\delta_{ij} - \mathrm{d}\lambda\left(\frac{G}{\sqrt{J_2}}s_{ij} + 3K\alpha\delta_{ij}\right) \quad (6.67)$$

其中

$$\mathrm{d}\lambda = \frac{(G/\sqrt{J_2})s_{mn}\mathrm{d}e_{mn} + 3K\alpha\mathrm{d}\varepsilon_{kk}}{G + 9K\alpha^2} \quad (6.68)$$

式(6.67)也可以写成矩阵形式

$$\mathrm{d}\sigma_{ij} = D_{ijmn}\mathrm{d}\varepsilon_{mn} \quad (6.69)$$

以便直接使用有限单元位移公式，其中

$$D_{ijmn} = 2G\delta_{im}\delta_{jn} + \left(K - \frac{2}{3}G\right)\delta_{ij}\delta_{mn} \\ - \frac{(G/\sqrt{J_2})s_{ij} + 3K\alpha\delta_{ij}}{G + 9K\alpha^2}\left(\frac{G}{\sqrt{J_2}}s_{mn} + 3K\alpha\delta_{mn}\right) \quad (6.70)$$

矩阵 D_{ijmn} 此处被称为弹塑性本构矩阵。

例 6.3 明确写出 Drucker-Prager 材料的平面应变本构矩阵。

解 对于平面应变情形($\gamma_{yz} = \gamma_{xx} = \varepsilon_z = 0$)，可以用矩阵形式表示为

$$\begin{Bmatrix} \mathrm{d}\sigma_x \\ \mathrm{d}\sigma_y \\ \mathrm{d}\tau_{xy} \\ \mathrm{d}\sigma_z \end{Bmatrix} = \boldsymbol{D}\begin{Bmatrix} \mathrm{d}\varepsilon_x \\ \mathrm{d}\varepsilon_y \\ \mathrm{d}\gamma_{xy} \end{Bmatrix} \quad (6.71)$$

其中，z 轴垂直于平面，并且 $\mathrm{d}\gamma_{xy}$ 被称为工程剪切应变增量

$$\mathrm{d}\gamma_{xy} = 2\mathrm{d}\varepsilon_{xy} \quad (6.72)$$

其中

$$\mathbf{D} = \begin{bmatrix} K + \dfrac{4}{3}G & K - \dfrac{2}{3}G & 0 \\[2mm] K - \dfrac{2}{3}G & K + \dfrac{4}{3}G & 0 \\[2mm] 0 & 0 & G \\[2mm] K - \dfrac{2}{3}G & K - \dfrac{2}{3}G & 0 \end{bmatrix} - \frac{1}{G + 9K\alpha^2} \begin{bmatrix} H_1^2 & H_1 H_2 & H_1 H_3 \\[2mm] H_2 H_1 & H_2^2 & H_2 H_3 \\[2mm] H_3 H_1 & H_3 H_2 & H_3^2 \\[2mm] H_4 H_1 & H_4 H_2 & H_4 H_3 \end{bmatrix}$$

$$(6.73)$$

其中

$$H_1 = 3K\alpha + \frac{G}{\sqrt{J_2}} s_x$$

$$H_2 = 3K\alpha + \frac{G}{\sqrt{J_2}} s_y$$

$$(6.74)$$

$$H_3 = \frac{G}{\sqrt{J_2}} \tau_{xy}$$

$$H_4 = 3K\alpha + \frac{G}{\sqrt{J_2}} s_z$$

例 6.4　研究 Drucker-Prager 材料在如下单轴应变状态下的性能

$$\mathrm{d}\varepsilon_{ij} = \begin{bmatrix} \mathrm{d}\varepsilon_1 & 0 & 0 \end{bmatrix}$$

$$\mathrm{d}e_{ij} = \frac{1}{3}\mathrm{d}\varepsilon_1 \begin{bmatrix} 2 & -1 & -1 \end{bmatrix}$$

$$(6.75)$$

$$\mathrm{d}\sigma_{ij} = \begin{bmatrix} \sigma_1 & \sigma_2 & \sigma_2 \end{bmatrix}$$

材料的弹性性能受式(6.49)控制,当满足下式时,材料屈服

$$\frac{1}{\sqrt{3}}(\sigma_1 - \sigma_2) + \alpha(\sigma_1 + 2\sigma_2) = k \qquad (6.76)$$

将式(6.49)代入式(6.76),我们得到屈服时的垂直应力值

$$\sigma_1 = \frac{\sqrt{3}(3K + 4G)k}{6G \pm 9\sqrt{3}K\alpha} = \frac{\sqrt{3}BK}{2G \pm 3\sqrt{3}K\alpha} \qquad (6.77)$$

当 α 等于零时,式(6.77)简化成式(6.50),对应于 Prandtl-Reuss 材料。在单轴拉伸("±"取+)试验时, α 的作用是增加屈服时的垂直应力 σ_1;在单轴压缩("±"取−)试验时, α 的作用是减小屈服时的垂直应力 σ_1。垂直应力 σ_1 的进一步增加造成材料内的应力状态沿着屈服面移动,同时产生弹塑性变形。在弹塑性阶段垂直应力和垂直应变的增量关系可以通过式(6.67)

得到

$$d\sigma_1 = \left(K + \frac{4}{3}G\right)d\varepsilon_1 - \frac{\{[(2\sqrt{3})/3]G \pm 3K\alpha\}^2}{9K\alpha^2 + G}d\varepsilon_1 \qquad (6.78)$$

再一次注意到,当 α 等于零时,式(6.78)简化为对应 Prandtl-Reuss 材料的式(6.55)。

Prandtl-Reuss 和 Drucker-Prager 材料单轴应变压缩试验的应力-应变关系如图 6.8 所示。对于 Prandtl-Reuss 材料(图 6.8(a)),在应力达到与 k 成比例的某应力(屈服条件)之前,曲线都是弹性的。在塑性阶段,斜率即为体积模量 K。直到反向卸载到达屈服面的对面,然后再一次达到塑性阶段,并且斜率为 K,卸载都是弹性的。在压应力循环的终点,永久(压缩)应变得以保留。

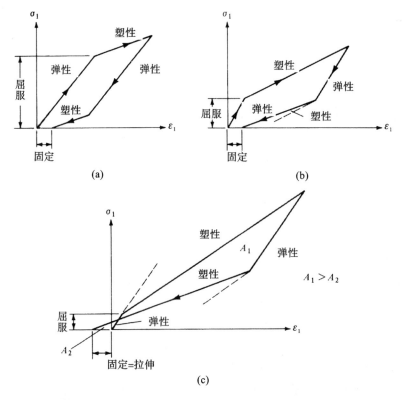

图 6.8　Prandtl-Reuss 和 Drucker-Prager 模型的单轴应变

(a)Prandtl-Reuss 弹塑性,k 较大;(b)Drucker-Prager 应力较小;(c)Drucker-Prager 应力较大

Drucker-Prager 材料加载超过弹性极限不远的情形是相似的,如图 6.8(b)所示。压缩时塑性斜率为

$$\frac{\mathrm{d}\sigma_1}{\mathrm{d}\varepsilon_1} = K \frac{(1 \pm 2\sqrt{3}\alpha)^2}{1 + 9\alpha^2 K/G} \tag{6.79}$$

大于压缩加载时的 K 取"+"号,小于卸载时的 K 取"-"号。在加载-卸载循环结束的永久应变仍然是压缩应变。然而,当材料加载超过弹性范围时(图 6.8(c)),永久应变变成拉伸形式。这可以作为三维情形下膨胀现象在一维的模拟。

从式(6.66)和式(6.76)得到单轴应变试验下静水压力和压缩体积应变的增量关系如下

$$\mathrm{d}I_1 = \frac{9K\alpha\{[(2\sqrt{3})/3]G - 3K\alpha\}}{G + 9K\alpha^2}\mathrm{d}\varepsilon_{kk} + 3K\mathrm{d}\varepsilon_{kk} \tag{6.80}$$

当 α 取零时,式(6.80)简化为对应的弹性材料的表达形式。塑性体积应变增量变成

$$\mathrm{d}\varepsilon_{kk}^{\mathrm{p}} = \frac{\alpha(2\sqrt{3}G - 9K\alpha)}{3KG(1 + 2\sqrt{3}\alpha)}\mathrm{d}I_1 \tag{6.81}$$

对于压缩试验中单轴应变-应力路径到达屈服面时,下面的条件必须保证(式(6.77))

$$\frac{2G}{\sqrt{3}K} > 3\alpha \tag{6.82}$$

因此,塑性体积应变增量为正(膨胀)。

6.7.2 材料常数

Mohr-Coulomb 准则经常被用为混凝土材料的破坏准则。即简单滑移或者屈服所需求的剪切应力 τ 取决于黏聚力和滑移面上的正应力,并呈线性关系。它具有如下简单形式。

$$|\tau| = c - \sigma\tan\phi \tag{6.83}$$

其中,c 是黏聚力,ϕ 是内摩擦角。在本节一个更加详尽的平面问题研究中,采用了如下 Mohr-Coulomb 准则(图 6.9)

$$R = c\cos\phi - \frac{\sigma_x + \sigma_y}{2}\sin\phi \tag{6.84}$$

在式(6.84)和图 6.9 中,滑移面上最大剪应力是 Mohr 圆的半径

$$R = \left[\frac{(\sigma_x - \sigma_y)^2}{4} + \tau_{xy}^2 \right]^{1/2} \qquad (6.85)$$

$c\cos\phi$ 为滑移面上平均正应力$(\sigma_x + \sigma_y)/2$ 为 0 时 Mohr 圆的半径。

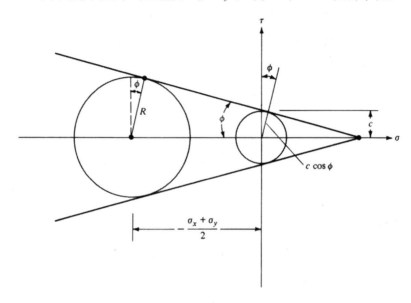

图 6.9　Mohr-Coulomb 准则和滑移或者屈服时 Mohr 圆

如第 5 章所讲,在主应力空间,Mohr-Coulomb 屈服面是一个不规则的六面锥体。在 π 平面上这个锥体的横截面如图 6.10 所示。这种屈服面或破坏面在三维空间中都具有尖角或者奇点,从而给数值分析带来困难。对于实际应用来说,在一般的应力条件下的弹塑性有限元分析中经常将具有奇点的曲面近似为光滑的曲面。式(6.61)描述的 Drucker-Prager 理想塑性曲面可以视作对广泛熟知的 Mohr-Coulomb 屈服/破坏准则进行近似的第一个尝试。式(6.61)中 Drucker-Prager 的常数 α 和 k 与 Mohr-Coulomb 准则中的常数 c 和 ϕ 有如下几种关联方法。

如果 α 为零,式(6.61)即简化为大家熟知的金属材料的 von Mises 屈服准则。当 ϕ 等于零时,Mohr-Coulomb 准则简化为金属材料的 Tresca 屈服准则。从这个意义上说,von-Mises 屈服准则可以视为 Tresca 屈服准则的近似版本。

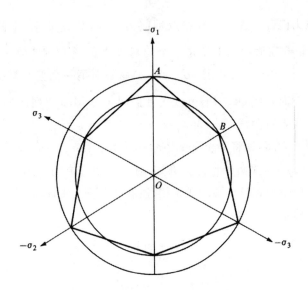

图 6.10　π 平面上的屈服准则形状

三维匹配　在三维主应力空间,Drucker-Prager 屈服准则可以视为一个以空间对角线为其轴线的圆锥;而 Mohr-Coulomb 准则可以视为以不规则六边形为基面和以空间对角线为其轴线的六面锥体。如图 6.10 所示,如果 Drucker-Prager 屈服面和 Mohr-Coulomb 屈服面在锥顶重合的同时,在 π 平面的 A 点或者 B 点重合,那么当 Drucker-Prager 圆锥沿着压缩子午线外接于 Mohr-Coulomb 锥体,对应在 A 点重合时的情形,可得到如下材料常数。

$$\left.\begin{aligned} \alpha &= \frac{2\sin\phi}{\sqrt{3}(3-\sin\phi)} \\ k &= \frac{6c\cos\phi}{\sqrt{3}(3-\sin\phi)} \end{aligned}\right\} \tag{6.86}$$

当对应在 B 点重合,Drucker-Prager 圆锥作为一个内部圆锥体,两个屈服面沿着拉伸子午面重合。此时对应的常数为

$$\left.\begin{aligned} \alpha &= \frac{2\sin\phi}{\sqrt{3}(3+\sin\phi)} \\ k &= \frac{6c\cos\phi}{\sqrt{3}(3+\sin\phi)} \end{aligned}\right\} \tag{6.87}$$

这些材料常数与式(5.111)和式(5.112)中的表达相同。

平面应力匹配　在 $\sigma_3 = 0$ 的双轴应力空间,如图 6.11 中的实线所示, Mohr-Coulomb 屈服面的形状是一个非对称六边形。当参数 α 小于 $1/2\sqrt{3}$ 时,Drucker-Prager(或者扩展 von Mises)屈服面是一个偏心椭圆;当 α 大于或等于 $1/2\sqrt{3}$ 时,Drucker-Prager(或者扩展 von Mises)屈服面会分别变成一条抛物线或者双曲线。

在此应力空间内,将 Drucker-Prager 常数 α 和 k 与 Mohr-Coulomb 常数 c 和 ϕ 联系起来,需要两个条件。例如,对于平面应力的情形,可以将两个屈服准则的简单拉伸强度 f'_t 和简单压缩强度 f'_c 匹配。Drucker-Prager 的材料常数由下式确定

$$\left.\begin{array}{l} \alpha = \dfrac{1}{\sqrt{3}}\sin\phi \\[3mm] k = \dfrac{2}{\sqrt{3}}c\cos\phi \end{array}\right\} \tag{6.88}$$

有几种方式来匹配两个准则和确定对应的材料常数。如表 6.1 所示,通过双轴拉伸强度 f'_{bt} 和简单压缩强度 f'_c 匹配,或者通过双轴压缩强度 f'_{bc} 和简单拉伸强度 f'_t 匹配,得到的材料常数和之前三维匹配得到的参数(式(6.86)和式(6.87))完全一致。

表 6.1　与 Mohr-Coulomb 准则匹配的材料常数(平面应力)

匹　配　点	α	k
f'_t, f'_c	$\dfrac{1}{\sqrt{3}}\sin\phi$	$\dfrac{2}{\sqrt{3}}c\cos\phi$
f'_{bt}, f'_c	$\dfrac{2\sin\phi}{\sqrt{3}(3-\sin\phi)}$	$\dfrac{6c\cos\phi}{\sqrt{3}(3-\sin\phi)}$
f'_t, f'_{bc}	$\dfrac{2\sin\phi}{\sqrt{3}(3+\sin\phi)}$	$\dfrac{6c\cos\phi}{\sqrt{3}(3+\sin\phi)}$
f'_{bt}, f'_{bc}	$\dfrac{1}{2\sqrt{3}}\sin\phi$	$\dfrac{2}{\sqrt{3}}c\cos\phi$

如图 6.11 所示,Mohr-Coulomb 准则的简单拉伸强度 f'_t 通常不能准确预测混凝土单轴拉伸的真实强度。由于通过简单拉伸试验得到的实际拉伸

强度小于 Mohr-Coulomb 准则预测值,因此经常使用拉断的修正 Mohr-Coulomb 准则,如图 6.11 所示,原 Mohr-Coulomb 准则的拉伸部分(实线 $f'_{bt} - f'_t$)被虚线部分($f_{bt} - f_t$)截断。因此,f'_t 应该被视为一个虚拟的拉伸强度,真实的拉伸强度应该用 f_t 表示。修正的 Mohr-Coulomb 准则通过三个常数定义,即 c, ϕ, f_t。材料常数 α 和 k 与修正 Mohr-Coulomb 准则参数的不同匹配方式如表 6.2 所示。

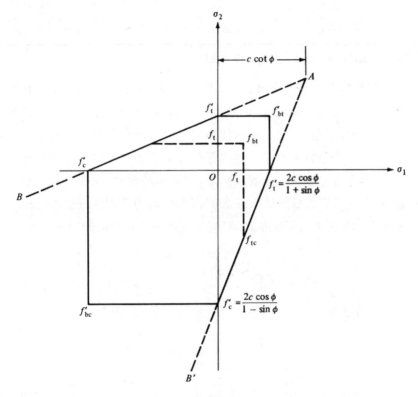

图 6.11　在双轴应力空间($\sigma_3 = 0$)Mohr-Coulomb 准则的形状

表 6.2　与修正 Mohr-Coulomb 准则匹配的材料常数(平面应力)[①]

匹　配　点	α	k
f_{bt}, f'_c	$\dfrac{m-1}{\sqrt{3}(m+2)}$	$\dfrac{\sqrt{3}m}{m+2}f_t$

续表

匹　配　点	α	k
f_{bt}, f'_{bc}	$\dfrac{m-1}{2\sqrt{3}(m+1)}$	$\dfrac{2m}{\sqrt{3}(m+1)}f_t$
f_t, f'_c	$\dfrac{m-1}{\sqrt{3}(m+1)}$	$\dfrac{2m}{\sqrt{3}(m+1)}f_t$
f_t, f'_{bc}	$\dfrac{m+1}{\sqrt{3}(2m+1)}$	$\dfrac{\sqrt{3}m}{2m+1}f_t$

①$m=f'_c/f_t$,简单压缩强度与简单拉伸强度之比。

平面应变匹配　对于平面应变条件下的理想塑性体或者它的任何组合体,如果要求 Drucker-Prager 和 Mohr-Coulomb 准则能够给出完全相同的塑性破坏或者极限荷载,它们必须使用同样的极限荷载和平面应变两个条件。第 7 章将会讲到,理想塑性体的任何部位或者组合体一旦达到极限荷载,在常应力下发生破坏。这就意味着,在破坏的瞬间,应变率或应变增量是纯塑性的,并且在此极限状态下总应变增量 $d\varepsilon_{ij}$ 等于塑性应变增量 $d\varepsilon_{ij}^p$。

根据流动法则或者正交条件,对应于屈服条件(式(6.61))的塑性应力-应变关系为

$$d\varepsilon_{ij}^p = d\lambda\,\frac{\partial f}{\partial \sigma_{ij}} = d\lambda\left(\alpha\delta_{ij} + \frac{1}{2\sqrt{J_2}}s_{ij}\right) \qquad (6.89)$$

对于平面应变 $d\varepsilon_z^p = d\varepsilon_{xz}^p = d\varepsilon_{yz}^p = 0$,根据式(6.89)有

$$s_z = -2\alpha\sqrt{J_2}, s_{xz} = s_{yz} = \tau_{xz} = \tau_{yz} = 0 \qquad (6.90)$$

因此,有

$$I_1 = \frac{3}{2}(\sigma_x + \sigma_y) - 3\alpha\sqrt{J_2} \qquad (6.91)$$

和

$$J_2 = \frac{\left[(\sigma_x - \sigma_y)/2\right]^2 + \tau_{xy}^2}{1 - 3\alpha^2} \qquad (6.92)$$

将式(6.91)代入屈服函数(式(6.61)),可得

$$f = 3\alpha\frac{\sigma_x + \sigma_y}{2} + (1 - 3\alpha^2)\sqrt{J_2} = k \qquad (6.93)$$

将式(6.92)代入式(6.93),并应用式(6.85)得到

$$R = \frac{k}{\sqrt{1-3\alpha^2}} - \frac{3\alpha}{\sqrt{1-3\alpha^2}} \frac{\sigma_x + \sigma_y}{2} \qquad (6.94)$$

如果我们设定以下条件,式(6.94)变得与式(6.84)完全相同

$$c\cos\phi = \frac{k}{\sqrt{1-3\alpha^2}}, \quad \sin\phi = \frac{3\alpha}{\sqrt{1-3\alpha^2}} \qquad (6.95)$$

因此

$$\cos^2\phi = \frac{1-12\alpha^2}{1-3\alpha^2} \qquad (6.96)$$

式(6.95)中材料常数 α 和 k 也可以用 c 和 ϕ 直接表达

$$\alpha = \frac{\tan\phi}{\sqrt{9+12\tan^2\phi}}, \quad k = \frac{3c}{\sqrt{9+12\tan^2\phi}} \qquad (6.97)$$

图 6.11 中的虚线 AB 和 AB' 是 Mohr-Coulomb 准则在平面应变条件下双轴应力空间的投影。

简单拉伸屈服值通常被用来确定金属材料的 Tresca 准则和 von Mises 准则材料常数 k。Tresca 准则和 von Mises 准则的最大偏差发生在纯剪切状态,不会超过 15%。对于混凝土、岩石或者土,利用光滑的 Drucker-Prager 函数取代带有奇点的 Mohr-Coulomb 准则或者其他熟知的准则显得非常复杂。例如,如果利用简单拉压应力状态来联系 Drucker-Prager 参数 α 和 k 与 Mohr-Coulomb 参数 c 和 ϕ,在平面应力条件下的拉伸-压缩区域内是合理的,但是将它们应用于平面应变问题时,如后文所讲,其预估的塑性破坏荷载差别显著。

6.7.3　数值实例

用有限元方法(Mizuno 和 Chen,1980)分析一层材料($\phi=20°$ 并且 $c=10$ lb/in²)在条形均布压力 p 下的平面应变问题。

使用具有不同材料常数的 Drucker-Prager 准则。边界条件和尺寸如图 6.12 所示。在有限元方法中,每个矩形单元通过四个在矩形中心具有一个共同节点的常应变三角形定义。分析中采用了式(6.86)、式(6.87)、式(6.97)中的三种材料常数和关联流动条件。这些常数通过 Drucker-Prager 模型和 Mohr-Coulomb 模型在平面应变和相同极限荷载条件下于压缩子午

线和拉伸子午线匹配得到的。材料常数 α 和 k 的值分别为 0.149 和 12.25 lb/in^2,0.118 和 9.74 lb/in^2,0.112 和 9.22 lb/in^2。

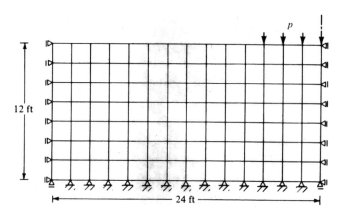

图 6.12　一层材料在条形荷载下平面应变问题

$E=30$ kips/in^2,$\nu=0.3$,$\phi=20°$,$c=10$ lb/in^2

条形荷载作用下的全荷载-位移曲线如图 6.13 所示,分别画出了每种情形下施加的压力 p 和条带正下方处的位移曲线。图 6.13 中的圆圈对应于小变形分析中到的真实计算点。由图 6.13 可见,依据在三维应力空间由 Mohr-Coulomb 准则压缩子午线匹配材料参数分析得到的破坏荷载(365 lb/in^2)几乎是另外的荷载(158 lb/in^2 和 190 lb/in^2)的 2 倍。因此,依据平面应变条件下匹配的 Drucker-Prager 准则预测得到的破坏荷载与 Mohr-Coulomb 准则预测的一致。这个荷载也接近于 Prandtl 得到的解(Chen,1975)。而依据式(6.86)得到的材料常数的解与熟知的 Prandtl 解不吻合。

图 6.14 显示了根据 Drucker-Prager 准则在关联和非关联流动法则条件下预测的荷载-位移曲线。对于关联流动法则,屈服函数 f 中材料参数 α 和 k 通过匹配 Mohr-Coulomb 准则平面应变条件下得到,并且塑性势能函数 $g=f$。对于非关联流动法则,屈服函数相同,但是采用 von Mises 函数(无塑性体应变)作为塑性势能函数 $g=\sqrt{J_2}$。图 6.14 中,在荷载达到 60 lb/in^2 之前,两种情况下的荷载-位移曲线都是相似的,这是因为在这个荷载水平下所有单元内的应力状态都处于弹性阶段。然后,随着荷载逐渐增加,它们的行为差异明显变大。非关联流动条件下的破坏荷载小于关联流动条件下的荷载。

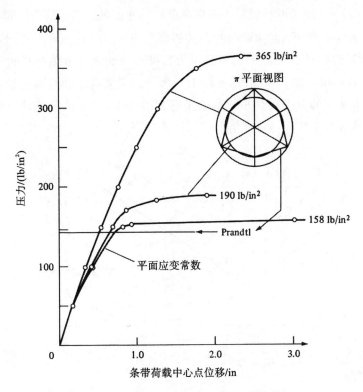

图 6.13   荷载-位移曲线（平面应变条件）

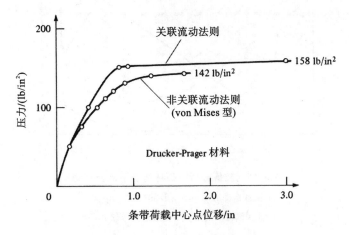

图 6.14   关联和非关联流动分析对比

图 6.15 描述了两种情形下破坏荷载时的速度场。图中的虚线和实线分别是 Terzaghi 和 Prandtl 速度场的边界线(Chen,1975)。箭头表示速度场的大小和方向,荷载中心的位移被视为标准单位长度。数值分析得到的位移场与 Terzaghi 和 Prandtl 速度场十分吻合。非关联流动材料在径向剪切区和近表面区的速度明显小于基础正下方的速度,但是关联流动材料在整个场内具有几乎均匀的速度值。

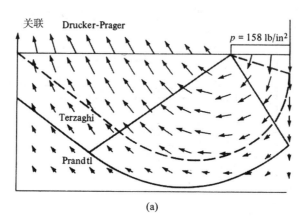

(a)

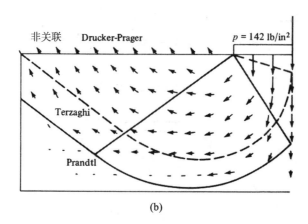

(b)

图 6.15   数值分析中破坏荷载下的速度场

(a)关联流动法则和小变形条件(158 lb/in²);

(b)非关联流动法则和小变形条件(142 lb/in²)

6.8　拉断的 Mohr-Coulomb 材料

前几章节讨论的屈服面都是仅通过第一应力和第二应力不变量 I_1, J_2 定义,而与第三应力不变量 J_3 或者相似角 θ 无关。

$$\cos3\theta = \frac{3\sqrt{3}}{2}\frac{J_3}{J_2^{3/2}} \tag{6.98}$$

对于混凝土材料,实验表明破坏面不仅取决于静水压和偏应力,而且还显示强度值取决于偏应力的方向。因此,破坏和屈服包络面必须是具有弯曲子午线的圆锥屈服面和非圆形界面(依赖于 θ)。第 5 章介绍的三参数和五参数 Willam-Warnke(1975)模型包含了 θ 和其他参数,并能用来精确地近似混凝土材料的屈服或者破坏。6.9 节将讲到基于三参数或者五参数破坏曲面本构模型的建立。在本节将用简单的 Mohr-Coulomb 模型来建立理想弹塑性材料压缩时的本构关系。这个本构模型通过增加一个拉断准则来考虑拉伸区域的开裂问题。这两种情形都假定对于破坏后延性或破坏后脆性,正交法则确定了非弹性变形速率或增量的方向。

6.8.1　弹塑性公式

在 6.5 节,正交法则被用来确定塑性应变增量的方向,并且明确建立了一般的应力-应变增量关系。在此,我们只需定义 Mohr-Coulomb 准则屈服函数 f 的形式和建立这种材料的 $\partial f/\partial\sigma_{ij}$ 梯度方向的表达式。

Mohr-Coulomb 方程(式(5.104))可以重新写成

$$f(\sigma_{ij}) = I_1\sin\phi + \frac{3(1-\sin\phi)\sin\theta + \sqrt{3}(3+\sin\phi)\cos\theta}{2}\sqrt{J_2} - 3c\cos\phi = 0$$

$$\tag{6.99}$$

注意到

$$\left.\begin{aligned}\frac{\partial\theta}{\partial J_2} &= \frac{3\sqrt{3}}{4\sin3\theta}\frac{J_3}{J_2^{5/2}}\\[2mm]\frac{\partial\theta}{\partial J_3} &= \frac{-\sqrt{3}}{2\sin3\theta}\frac{1}{J_2^{3/2}}\end{aligned}\right\} \tag{6.100}$$

301

并且式(6.99)对 I_1, J_2 和 J_3 求导可得

$$\left.\begin{aligned}
C_1 &= \frac{\partial f}{\partial I_1} = \sin\phi \\[2mm]
C_2 &= \frac{\partial f}{\partial J_2} = \frac{3(1-\sin\phi)\sin\theta + \sqrt{3}(3+\sin\phi)\cos\theta}{4\sqrt{J_2}} \\[2mm]
&\quad + \frac{3\sqrt{3}J_3\left[3(1-\sin\phi)\cos\theta - \sqrt{3}(3+\sin\phi)\sin\theta\right]}{8J_2^2\sin3\theta} \\[2mm]
C_3 &= \frac{\partial f}{\partial J_3} = -\frac{\sqrt{3}\left[3(1-\sin\phi)\cos\theta - \sqrt{3}(3+\sin\phi)\sin\theta\right]}{4J_2\sin3\theta}
\end{aligned}\right\} \quad (6.101)$$

此种情形下,梯度 $\partial f/\partial\sigma_{ij}$ 可以写成

$$\frac{\partial f}{\partial\sigma_{ij}} = \frac{\partial f}{\partial I_1}\frac{\partial I_1}{\partial\sigma_{ij}} + \frac{\partial f}{\partial J_2}\frac{\partial J_2}{\partial\sigma_{ij}} + \frac{\partial f}{\partial J_3}\frac{\partial J_3}{\partial\sigma_{ij}} \quad (6.102)$$

或者

$$\frac{\partial f}{\partial\sigma_{ij}} = C_1\delta_{ij} + C_2 s_{ij} + C_3 t_{ij} \quad (6.103)$$

其中

$$t_{ij} = \frac{\partial J_3}{\partial\sigma_{ij}} = s_{ik}s_{kj} - \frac{2}{3}J_2\delta_{ij} \quad (6.104)$$

如果应力张量 σ_{ij} 和应变张量 ε_{ij} 以矢量形式写成

$$\left.\begin{aligned}
\{\sigma_{ij}\} &= \begin{bmatrix} \sigma_x & \sigma_y & \sigma_z & \tau_{xy} & \tau_{yz} & \tau_{zx} \end{bmatrix} \\
\{\varepsilon_{ij}\} &= \begin{bmatrix} \varepsilon_x & \varepsilon_y & \varepsilon_z & \gamma_{xy} & \gamma_{yz} & \gamma_{zx} \end{bmatrix}
\end{aligned}\right\} \quad (6.105)$$

其中,$\gamma_{xy} = 2\varepsilon_{xy}$ 为工程剪应变,张量 δ_{ij}, s_{ij} 和 t_{ij} 对应的矢量形式为

$$\left.\begin{aligned}
\{\delta_{ij}\} &= \begin{bmatrix} 1 & 1 & 1 & 0 & 0 & 0 \end{bmatrix} \\
\{s_{ij}\} &= \begin{bmatrix} s_x & s_y & s_z & 2\tau_{xy} & 2\tau_{yz} & 2\tau_{zx} \end{bmatrix} \\
\{t_{ij}\} &= \{a_{ij}\} + \frac{1}{3}J_2\begin{bmatrix} 1 & 1 & 1 & 0 & 0 & 0 \end{bmatrix}
\end{aligned}\right\} \quad (6.106)$$

其中

$$\begin{aligned}
\{a_{ij}\} = \big[& (s_y s_z - \tau_{yz}^2) \quad (s_x s_z - \tau_{zx}^2) \quad (s_x s_y - \tau_{xy}^2) \quad 2(\tau_{yz}\tau_{zx} - s_z\tau_{xy}) \\
& 2(\tau_{zx}\tau_{xy} - s_x\tau_{yz}) \quad 2(\tau_{xy}\tau_{yz} - s_y\tau_{zx}) \big]
\end{aligned}$$

$$(6.107)$$

这里仅有常数 C 需要通过屈服面定义。为了比较,目前考虑的屈服函数的常数 C 总结如表 6.3 所示。第 5 章讨论的其他形式也可以轻易得到。特殊的三参数或者五参数模型将在 6.9 节讨论。

表 6.3　式(6.103)中的常数 C

屈服函数	C_1	C_2	C_3
von Mises 式(6.34)	0	$\dfrac{1}{2\sqrt{J_2}}$	0
Drucker- Prager 式(6.61)	α	$\dfrac{1}{2\sqrt{J_2}}$	0
Tresca 式(6.101) $\phi=0$	0	$\dfrac{3}{4\sqrt{J_2}}(\sin\theta+\sqrt{3}\cos\theta$ $-\sqrt{3}\sin\theta\cot3\theta+\cos\theta\cot3\theta)$	$\dfrac{3\sqrt{3}(\sqrt{3}\sin\theta-\cos\theta)}{4J_2\sin3\theta}$
Mohr- Coulomb 式(6.101)	$\sin\phi$	$\dfrac{\sqrt{3}}{4\sqrt{J_2}}[\sqrt{3}(1-\sin\phi)(\sin\theta$ $+\cos\theta\cot3\theta)+(3+\sin\phi)$ $(\cos\theta-\sin\theta\cot3\theta)]$	$\dfrac{3[(3+\sin\phi)\sin\theta-\sqrt{3}(1-\sin\phi)\cos\theta]}{4J_2\sin3\theta}$

6.8.2　弹性开裂公式

拉断准则将弹性行为从脆性断裂区别出来,即材料过度拉伸导致的材料组成的分离。在连续介质的框架内,脆性材料最简单的断裂准则是基于最大主应力单参数模型,且

$$f(\sigma_{ij}) = \sigma_1 - \sigma_1 = 0, \quad \sigma_1 \geqslant \sigma_2 \geqslant \sigma_3 \tag{6.108}$$

其中,σ_1 一般对应于单轴拉伸强度 f_t。破坏面如图 5.6 所示,破坏面为锥形,偏平面上为三角形截面。

现在讨论混凝土的理想弹脆断破坏后行为。在破坏后阶段,由弹性理想塑性固体的公式,可精确导出由于破裂 $\mathrm{d}\varepsilon_{ij}^c$ 引起的非弹性变形速率或应变增量。与理想塑性相似,由于破裂 $\mathrm{d}\varepsilon_{ij}^c$ 引起的非弹性变形并不产生弹性应变能,有

$$\mathrm{d}\sigma_{ij}\,\mathrm{d}\varepsilon_{ij}^c = 0 \tag{6.109}$$

对应于理想塑性流动法则的正交原理认为破裂引起的非弹性应变增量垂直于断裂面

$$\mathrm{d}\varepsilon_{ij}^c = \mathrm{d}\lambda\,\frac{\partial f}{\partial\sigma_{ij}} \tag{6.110}$$

为了方便,我们定义梯度方向的单位矢量为

$$n_{ij} = \frac{\partial f/\partial\sigma_{ij}}{|\,\partial f/\partial\sigma_{ij}\,|} \tag{6.111}$$

对于最大应力拉断准则,梯度 $\partial f/\partial\sigma_{ij}$ 由最大主应力 σ_1 方向定义为

$$n_{ij}^{(1)} = \frac{(\partial f/\partial\sigma_1)(\partial\sigma_1/\partial\sigma_{ij})}{|\,\partial f/\partial\sigma_{ij}\,|} = \delta_{i1}\delta_{j1} \tag{6.112}$$

其中,$n_{ij}^{(1)}$ 为 σ_1 方向的单位矢量。

$$\{n_{ij}^{(1)}\} = \begin{bmatrix} 1 & 0 & 0 & 0 & 0 & 0 \end{bmatrix} \quad \text{且} \quad \left|\frac{\partial f}{\partial\sigma_{ij}}\right| = 1 \tag{6.113}$$

对于理想脆性材料,其加载参数 $\mathrm{d}\lambda$ 通过软化条件确定

$$f(\sigma_{ij}) = 0 \quad \text{且} \quad \mathrm{d}f(\sigma_{ij}) = -\sigma_1 \tag{6.114}$$

在此种情形下一致性条件意味着

$$\frac{\partial f}{\partial\sigma_{ij}}\mathrm{d}\sigma_{ij} = -\sigma_1 \tag{6.115}$$

下面将推导由于破裂引起的非弹性应变增量表达式。假设总应变增量为弹性和非弹性应变增量之和,即

$$\mathrm{d}\varepsilon_{ij} = \mathrm{d}\varepsilon_{ij}^e + \mathrm{d}\varepsilon_{ij}^c \tag{6.116}$$

弹性应变增量由广义 Hooke 定律(式(6.7))确定

$$\mathrm{d}\sigma_{ij} = D_{ijkl}\,\mathrm{d}\varepsilon_{kl}^e \tag{6.117}$$

其中,D_{ijkl} 为弹性刚度张量,它是式(6.7)中 C_{ijkl} 的逆。

$$D_{ijkl} = \left(K - \frac{2}{3}G\right)\delta_{ij}\delta_{kl} + G(\delta_{ik}\delta_{jl} + \delta_{il}\delta_{jk}) \tag{6.118}$$

将应力增量表达式(6.117)代入一致性条件(式(6.115))可得

$$\frac{\partial f}{\partial\sigma_{ij}}\mathrm{d}\sigma_{ij} = \frac{\partial f}{\partial\sigma_{ij}}D_{ijkl}\,(\mathrm{d}\varepsilon_{kl} - \mathrm{d}\varepsilon_{kl}^c) = -\sigma_1 \tag{6.119}$$

利用式(6.110)中的断裂准则,我们可以得到未定加载参数 $\mathrm{d}\lambda$ 的表达式

$$\frac{\partial f}{\partial\sigma_{ij}}D_{ijkl}\left(\mathrm{d}\varepsilon_{kl} - \mathrm{d}\lambda\,\frac{\partial f}{\partial\sigma_{kl}}\right) = -\sigma_1 \tag{6.120}$$

因此

$$d\lambda = \frac{(\partial f / \partial \sigma_{ij}) D_{ijkl} \, d\varepsilon_{kl} + \sigma_1}{(\partial f / \partial \sigma_{ij}) D_{ijkl} \partial f / \partial \sigma_{kl}} \qquad (6.121)$$

利用式(6.118)，可以简单证明式(6.121)与式(6.27)相同，除了由于脆性软化造成的 σ_1 释放项以外，式(6.121)与式(6.27)完全相同。由式(6.110)，得到非弹性断裂应变

$$d\varepsilon_{ij}^c = d\lambda \frac{\partial f}{\partial \sigma_{ij}} = d\lambda \sqrt{\frac{\partial f}{\partial \sigma_{mn}} \frac{\partial f}{\partial \sigma_{mn}}} n_{ij} \qquad (6.122)$$

将式(6.121)代入式(6.122)，并且注意到对于最大应力准则，梯度 $\partial f / \partial \sigma_{ij}$ 的方向与单位矢量 $\{ n_{ij}^{(1)} \}$ 共线，并且梯度 $| \partial f / \partial \sigma_{ij} |$ 具有单位长度（式(6.113)），我们得到

$$d\varepsilon_{ij}^c = \frac{n_{mn}^{(1)} D_{mnkl} \, d\varepsilon_{kl} + \sigma_1}{n_{rs}^{(1)} D_{rstu} n_{tu}^{(1)}} n_{ij}^{(1)} \qquad (6.123)$$

因为式(6.121)中的第一部分和式(6.27)完全相同，因此式(6.123)中的第一部分可以用来构建类似于理想弹塑性公式(式(6.28))的应力-应变增量关系。这部分准确对应于在拉伸屈服强度 $\sigma_1 = \sigma_1$ 时最大主应力保持恒定的延性模型。对应的材料切向行为成为沿最大主应力方向具有零刚度的横向同性。其他方向上的附加开裂也可以相应考虑。式(6.123)或式(6.121)中的第二部分表示在分析中的一个单独初始荷载步得到的投影于结构面的脆性断裂 σ_1 造成的突然应力释放。Willam 和 Warnke(1975)提出了由非弹性-应变速率的正交法则得到的开裂的一般化公式。第 3 章推导了平面应力，平面应变和轴对称情形下由于开裂引起的非弹性应变速率和破坏后阶段对应的应力-应变增量关系的显式公式。

6.9 Willam-Warnke 材料

在 6.5 节，正交法则用来建立增量应力-应变增量关系式(6.20)、式(6.27)和式(6.28)。为了应用这些关系，仅需要定义屈服函数 $f(\sigma_{ij})$ 的形式和建立一个特定材料模型梯度方向的显式公式。本节将推导 Willam-Warnke(1975)三参数和五参数模型梯度方向的显式方程。

6.9.1 具有直子午线的三参数模型

5.6.2 节中的三参数模型应用于混凝土材料。在主应力空间三参数屈服面具有直子午线和非圆形基截面,如图 5.18 所示。以平均应力 σ_m,τ_m 和相似角 θ 表述的屈服或者破坏准则为

$$f(\sigma_m,\tau_m,\theta) = \frac{1}{\rho}\frac{\sigma_m}{f_c'} + \frac{1}{r(\theta)}\frac{\tau_m}{f_c'} - 1 = 0 \qquad (6.124)$$

其中,平均应力 σ_m,τ_m 与第一应力不变量 I_1 和第二偏应力不变量 J_2 关联如下。

$$\sigma_m = \frac{1}{3}I_1 = \frac{1}{3}(\sigma_1 + \sigma_2 + \sigma_3)$$

$$\tau_m = \sqrt{\frac{2}{5}J_2} = \frac{1}{\sqrt{15}}[(\sigma_1 - \sigma_2)^2 + (\sigma_2 - \sigma_3)^2 + (\sigma_3 - \sigma_1)^2]^{1/2}$$

$$(6.125)$$

圆锥面的顶点位于等倾线上离原点 ρ 处,如图 5.17 所示。位置矢量 $r(\theta) = \sqrt{5}f_c'\bar{r}(\theta)$ 在式(5.128)中给出,可以重新改写成

$$\bar{r}(\theta) = \frac{u(\theta)}{v(\theta)} \qquad (6.126)$$

其中

$$u(\theta) = 2r_c(r_c^2 - r_t^2)\cos\theta + r_c(2r_t - r_c)$$
$$[4(r_c^2 - r_t^2)\cos^2\theta + 5r_t^2 - 4r_tr_c]^{1/2} \qquad (6.127)$$
$$v(\theta) = 4(r_c^2 - r_t^2)\cos^2\theta + (r_c - 2r_t)^2$$

其中,r_c,r_t 和 ρ 是该模型(式(5.136))的三个参数,相似角 θ 通过式(5.129)定义为

$$\cos\theta = \frac{p}{q} = \frac{2\sigma_1 - \sigma_2 - \sigma_3}{\sqrt{2}[(\sigma_1 - \sigma_2)^2 + (\sigma_2 - \sigma_3)^2 + (\sigma_3 - \sigma_1)^2]^{1/2}} = \frac{2\sigma_1 - \sigma_2 - \sigma_3}{\sqrt{30}\tau_m}$$

$$(6.128)$$

其中,p 和 q 通过式(6.128)定义并且 $\sigma_1 \geqslant \sigma_2 \geqslant \sigma_3$。

因此梯度方向 $\partial f/\partial\sigma_{ij}$ 根据求导的链式法则有三个分量,其中

$$\frac{\partial f}{\partial\sigma_{ij}} = \frac{\partial f}{\partial\sigma_m}\frac{\partial\sigma_m}{\partial\sigma_{ij}} + \frac{\partial f}{\partial\tau_m}\frac{\partial\tau_m}{\partial\sigma_{ij}} + \frac{\partial f}{\partial\theta}\frac{\partial\theta}{\partial\sigma_{ij}} \qquad (6.129)$$

而静水压分量 σ_m 和偏应力分量 τ_m 与式(6.103)中的前两项等效。利用

式(6.124)和式(6.125),我们可以得到

$$\frac{\partial f}{\partial \sigma_m} \frac{\partial \sigma_m}{\partial \sigma_{ij}} = \frac{\partial f}{\partial \sigma_m} \frac{\partial (I_1/3)}{\partial \sigma_{ij}} = \frac{1}{\rho f_c'} \frac{1}{3} \delta_{ij} \tag{6.130}$$

并且
$$\frac{\partial f}{\partial \tau_m} \frac{\partial \tau_m}{\partial \sigma_{ij}} = \frac{\partial f}{\partial \tau_m} \frac{\partial \sqrt{2J_2/5}}{\partial \sigma_{ij}} = \frac{1}{r(\theta) f_c'} \frac{1}{5\tau_m} s_{ij} \tag{6.131}$$

式(6.129)的第三项可以扩展为

$$\frac{\partial f}{\partial \theta} \frac{\partial \theta}{\partial \sigma_{ij}} = \frac{\partial f}{\partial \bar{r}} \frac{\partial \bar{r}}{\partial \theta} \frac{\partial \theta}{\partial \sigma_{ij}} \tag{6.132}$$

式(6.132)右边第一项 $\partial f/\partial \bar{r}$ 为对式(6.124)的微分

$$\frac{\partial f}{\partial \bar{r}} = -\frac{\tau_m}{f_c'} \frac{1}{\bar{r}^2} \tag{6.133}$$

式(6.132)右边第二项 $\partial \bar{r}/\partial \theta$ 为对式(6.126)的微分

$$\frac{\partial \bar{r}}{\partial \theta} = \frac{v \, du/d\theta - u \, dv/d\theta}{v^2} \tag{6.134}$$

其中

$$\left. \begin{aligned} \frac{du}{d\theta} &= 2r_c(r_t^2 - r_c^2)\sin\theta + \frac{4r_c(2r_t - r_c)(r_t^2 - r_c^2)\sin\theta\cos\theta}{[4(r_c^2 - r_t^2)\cos^2\theta + 5r_t^2 - 4r_t r_c]^{1/2}} \\ \frac{dv}{d\theta} &= 8(r_t^2 - r_c^2)\sin\theta\cos\theta \end{aligned} \right\} \tag{6.135}$$

式(6.132)右边第三项 $\partial \theta/\partial \sigma_{ij}$ 为对式(6.128)相似角的微分

$$\frac{\partial \theta}{\partial \sigma_{ij}} = \frac{\partial [\cos^{-1}(p/q)]}{\partial \sigma_{ij}} = \frac{1}{\sin\theta} \frac{q(\partial p/\partial \sigma_{ij}) - p \partial q/\partial \sigma_{ij}}{q^2} \tag{6.136}$$

这个分量的方向的定义为

$$\left. \begin{aligned} \frac{\partial p}{\partial \sigma_{ij}} &= \begin{bmatrix} 2 & -1 & -1 & 0 & 0 & 0 \end{bmatrix} \\ \frac{\partial q}{\partial \sigma_{ij}} &= \left(\frac{6}{5}\right)^{1/2} \frac{1}{\tau_m} s_{ij} \end{aligned} \right\} \tag{6.137}$$

其中

$$\{s_{ij}\} = \frac{1}{3} \begin{bmatrix} 2\sigma_1 - \sigma_2 - \sigma_3 & 2\sigma_2 - \sigma_3 - \sigma_1 & 2\sigma_3 - \sigma_1 - \sigma_2 & 0 & 0 & 0 \end{bmatrix} \tag{6.138}$$

梯度 $\partial f/\partial \sigma_{ij}$ 的三个分量现在可以从式(6.130)~式(6.132)组合起来,这些项分别通过式(6.133)、式(6.134)和式(6.136)定义。

6.9.2 具有弯曲子午线的五参数模型

在 5.8 节中提到了一个相当复杂的基于五参数的混凝土三轴破坏面。这个一般公式包含了其他特殊自由度的屈服面公式。五参数模型具有弯曲子午线和非圆形基截面,如图 5.33 所示。以应力状态表述的破坏准则为

$$f(\sigma_m, \tau_m, \theta) = \frac{1}{r(\sigma_m, \theta)} \frac{\tau_m}{f_c'} - 1 = 0 \tag{6.139}$$

现在 τ_m 是 σ_m 和 θ 的单一函数。

$$\frac{\tau_m}{f_c'} = \bar{r}(\sigma_m, \theta) = \frac{r(\sigma_m, \theta)}{\sqrt{5} f_c'} \tag{6.140}$$

不同于式(6.124)表述的三参数模型为两个关于 σ_m 和 θ 非关联函数的组合。

$$\frac{\tau_m}{f_c'} = \bar{r}(\theta) \left(1 - \frac{1}{\rho} \frac{\sigma_m}{f_c'}\right) \tag{6.141}$$

式(6.139)中的破坏面准则首先通过两个以($\tau_m = r/\sqrt{5}$)表述的二次抛物线(式(5.170)和式(5.171)),即破坏面在 $\theta=0$ 和 $60°$ 的拉伸和压缩子午线来定义。

当 $\theta=0°$ 时,
$$\frac{\tau_{mt}}{f_c'} = \frac{r_t}{\sqrt{5} f_c'} = a_0 + a_1 \frac{\sigma_m}{f_c'} + a_2 \left(\frac{\sigma_m}{f_c'}\right)^2$$

当 $\theta=60°$ 时,
$$\frac{\tau_{mc}}{f_c'} = \frac{r_c}{\sqrt{5} f_c'} = b_0 + b_1 \frac{\sigma_m}{f_c'} + b_2 \left(\frac{\sigma_m}{f_c'}\right)^2 \tag{6.142}$$

它们通过椭球面链接,椭球面在偏平面上的轨迹通过扩展式(式(5.128))来考虑平均正应力 σ_m(式(5.172))对轨迹的影响。

$$\bar{r}(\sigma_m, \theta) = \frac{s+t}{v} \tag{6.143}$$

其中

$$\left.\begin{array}{l} s(\sigma_m, \theta) = 2(r_c^3 - r_c r_t^2)\cos\theta \\ t(\sigma_m, \theta) = (2r_t r_c - r_c^2)[4(r_c^2 - r_t^2)\cos^2\theta + 5r_t^2 - 4r_t r_c]^{1/2} \\ v(\sigma_m, \theta) = 4(r_c^2 - r_t^2)\cos^2\theta + (r_c - 2r_t)^2 \end{array}\right\} \tag{6.144}$$

不同式(6.127),s,t,v 是 θ 和 σ_m 的函数。

式(6.139)的链式求导拥有三个分量,分别确定了梯度 $\partial f/\partial\sigma_{ij}$ 的静水压分量和偏应力分量

$$\frac{\partial f}{\partial\sigma_{ij}} = \frac{\partial f}{\partial\bar{r}}\frac{\partial\bar{r}}{\partial\sigma_{m}}\frac{\partial\sigma_{m}}{\partial\sigma_{ij}} + \frac{\partial f}{\partial\bar{r}}\frac{\partial\bar{r}}{\partial\theta}\frac{\partial\theta}{\partial\sigma_{ij}} + \frac{\partial f}{\partial\tau_{m}}\frac{\partial\tau_{m}}{\partial\sigma_{ij}} \qquad (6.145)$$

第一项代表了静水压分量,利用式(6.139)和式(6.142)将每项分别展开

$$\frac{\partial f}{\partial\bar{r}} = -\frac{\tau_{m}}{f'_{c}}\frac{1}{\bar{r}^{2}} \qquad (6.146)$$

注意到 $\bar{r}$ 是 θ 和 σ_{m} 的函数(式(6.143))。

$$\frac{\partial\bar{r}}{\partial\sigma_{m}} = \frac{v\left[(\partial s/\partial\sigma_{m}) + \partial t/\partial\sigma_{m}\right] - (s+t)\partial v/\partial\sigma_{m}}{v^{2}} \qquad (6.147)$$

其中

$$\left.\begin{aligned}
\frac{\partial s}{\partial\sigma_{m}} &= 2\cos\theta\left[(3r_{c}^{2}-r_{t}^{2})^{2}\frac{\mathrm{d}r_{c}}{\mathrm{d}\sigma_{m}} - 2r_{t}r_{c}\frac{\mathrm{d}r_{t}}{\mathrm{d}\sigma_{m}}\right] \\[2mm]
\frac{\partial t}{\partial\sigma_{m}} &= \left[2r_{c}\frac{\mathrm{d}r_{t}}{\mathrm{d}\sigma_{m}} + 2(r_{t}-r_{c})\frac{\mathrm{d}r_{c}}{\mathrm{d}\sigma_{m}}\right]\left[4(r_{c}^{2}-r_{t}^{2})\cos^{2}\theta + 5r_{t}^{2} - 4r_{t}r_{c}\right]^{1/2} \\[2mm]
&+ \frac{(2r_{t}r_{c}-r_{c}^{2})\left[(-8r_{t}\cos^{2}\theta + 10r_{t} - 4r_{c})\dfrac{\mathrm{d}r_{t}}{\mathrm{d}\sigma_{m}} + (8r_{c}\cos^{2}\theta - 4r_{t})\dfrac{\mathrm{d}r_{c}}{\mathrm{d}\sigma_{m}}\right]}{2\left[4(r_{c}^{2}-r_{t}^{2})\cos^{2}\theta + 5r_{t}^{2} - 4r_{t}r_{c}\right]^{1/2}} \\[2mm]
\frac{\partial v}{\partial\sigma_{m}} &= (8r_{t}\sin^{2}\theta - 4r_{c})\frac{\mathrm{d}r_{t}}{\mathrm{d}\sigma_{m}} + (8r_{c}\cos^{2}\theta + 2r_{c} - 4r_{t})\frac{\mathrm{d}r_{c}}{\mathrm{d}\sigma_{m}}
\end{aligned}\right\} \qquad (6.148)$$

其中,位置矢量 r_{t} 和 r_{c} 的变化速率由式(6.142)可得

$$\frac{\mathrm{d}r_{t}}{\mathrm{d}\sigma_{m}} = \sqrt{5}a_{1} + \frac{2\sqrt{5}a_{2}\sigma_{m}}{f'_{c}} \qquad (6.149)$$

$$\frac{\mathrm{d}r_{c}}{\mathrm{d}\sigma_{m}} = \sqrt{5}b_{1} + \frac{2\sqrt{5}b_{2}\sigma_{m}}{f'_{c}}$$

并且

$$\frac{\partial\sigma_{m}}{\partial\sigma_{ij}} = \frac{1}{3}s_{ij} \qquad (6.150)$$

式(6.145)第一项的三个分量分别为式(6.146)、式(6.147)和式(6.150)。式(6.145)第二项定义了梯度方向的偏应力项。这些表达式对应

于之前推导出的三参数模型,式(6.131)和式(6.132)。每一个分量分别通过式(6.133)、式(6.134)和式(6.136)定义。

因此,三参数和五参数模型的梯度已经由破坏函数完全确定。用当前应力状态 σ_m,τ_m 和 θ 以及六个自由度 a_0,a_1,a_2,b_1,b_2 可以完全确定五参数模型梯度。梯度的表达相当复杂,但是对于计算机程序来说,这种通用性是有益的。为此,五参数模型的梯度公式退化为特殊的 von Mises 模型、Drucker-Prager 模型和三参数模型的梯度公式。

6.10 总 结

本章的第一部分(6.1节~6.5节)讨论了建立理想弹塑性材料应力-应变关系的基本概念和一般手段。人们假设存在一个仅依赖于应力状态的屈服面 $f(\sigma_{ij})=0$。位于屈服面以内的每个应力点都代表一种弹性应力状态,屈服面上的每一点都代表一种塑性状态。弹性状态的应变由广义 Hooke 定律给出,它可以为由式(6.8)定义的非线性各向同性,也可以为由式(6.7)定义的线性各向异性。塑性状态下的应变被认为是可恢复的弹性应变和永久的塑性应变之和。当 $f=0$ 并且 $df=0$ 时发生塑性流动。这也被用作理想塑性材料的加载准则。因此,当 $f=0$ 并且 $df<0$ 时表示卸载,当 $f<0$ 时表示弹性状态。在加载中,同时发生弹性和塑性应变。因为 Hooke 定律被用来提供应力变化和弹性应变间的关系,这种类型材料的应力-应变关系实质上简化为当前应力状态和塑性应变速率的关系。虽然人们长期使用塑性势能函数 $g(\sigma_{ij})$ 的概念,却无法明显看出 f 和塑性应力-应变关系之间存在必然联系。式(6.10)被称为非关联流动法则。屈服函数和塑性势函数相同 $f=g$ 的最简单情形十分重要。式(6.11)被称为关联流动法则。当 f 在应力空间被几何表示为一个曲面,$d\varepsilon_{ij}^p$ 在塑性应变空间表示为一个矢量并且应力和塑性应变坐标轴叠加时,式(6.11)的重要性甚为明显。关联流动沿着屈服面的外法线方向发展。这被称为关联流动材料的正交原理。

在 6.4 节,边值问题解的唯一性条件和塑性变形的不可逆性条件给屈服面和应力-应变关系带来两个重要的限制条件:

①应力空间的屈服面必须外凸;

②塑性应变增量矢量 $\mathrm{d}\varepsilon_{ij}^{\mathrm{p}}$ 必须垂直于应力空间的屈服面，即 $\mathrm{d}\varepsilon_{ij}^{\mathrm{p}} = \mathrm{d}\lambda\partial f/\partial\sigma_{ij}$，如式（6.11）所示。

本章的第二部分（6.6 节～6.9 节）阐述了建立压缩状态下混凝土各种理想弹塑性应力-应变关系。在这部分，第 5 章提出的若干破坏曲面被用作理想塑性屈服面来建立应力-应变增量关系。对于钢筋，屈服条件可以用 von Mises 模型（6.8 节）。对于受压混凝土材料，屈服条件可以用 Drucker-Prager 模型（6.7 节）或者 Mohr-Coulomb 模型（6.8 节）近似描述，或者用更精确的三参数或者五参数模型（6.9 节）来描述。这些混凝土模型后来又加入拉断准则来考虑受拉区的开裂。对于此两种情形，正交法则被用来确定延性和脆性破坏后行为的非弹性应变增量的方向。建立的每种模型都以塑性应变增量和对应的应力-应变关系的直接表达。

6.8 节沿用理想弹塑性固体的公式精确推导了由于开裂引起的非弹性应变增量的显式表达式。理想延性和理想脆性破坏后行为的理想化构成了钢筋混凝土材料的实际软化行为的上限和下限，受钢筋、销栓作用和骨料嵌锁等因素影响。因此，本章提出的具体模型可以方便地应用于基于初始荷载法或切向刚度法的极限荷载分析。

本章推导的本构关系说明了在建立理想塑性和理想脆性材料的应力-应变关系的一般方法。一旦做出应力状态确定力学状态的初始假设，唯一性条件，不可逆性和一致性条件都被用来获取关于建立应力-应变关系更多的信息。特定的初始假设可能对描述混凝土开裂后的行为限制太多。例如，可假设力学状态由应力状态和由应变路径长度定义的应变历史来确定

$$\varepsilon_{\mathrm{p}} = \int \mathrm{d}\varepsilon_{\mathrm{p}} = C \int \sqrt{\mathrm{d}\varepsilon_{ij}^{\mathrm{p}} \, \mathrm{d}\varepsilon_{ij}^{\mathrm{p}}} \tag{6.151}$$

其中，C 是个常数。f 的一般形式现在可以写成

$$f = f(\sigma_{ij}, \varepsilon_p) \tag{6.152}$$

或者更一般化，可假设

$$f = f(\sigma_{ij}, \varepsilon_{ij}^{\mathrm{p}}) \tag{6.153}$$

式（6.152）和式（6.153）包含之前的一种特殊形式 $f = f(\sigma_{ij})$。作为更简单的理想塑性理论，f 在塑性变形继续发生时保持恒定。在后面的情形，f 随着塑性变形的继续而变化并且涉及加载历史和现有的应力和应变。这就

是加工强化材料,其力学状态通过应力和塑性应变张量定义,它是第 8 章的内容。

对混凝土而言,实际上无法保证加工强化理论吻合所有物理事实以及得到的解答都能通过试验验证。因此作为弹性理论的扩展,符合逻辑的第一步就是研究受压混凝土破坏后的理想塑性理论。这种理论自证一致且存在唯一解。在有限范围内,可知数学解和物理试验足够吻合。建立钢筋混凝土各向同性理想塑性理论的适用范围显然是十分困难的,但却具有重大实用价值。

参考文献

Chen, W. F. (1975): "Limit Analysis and Soil Plasticity," Elsevier, Amsterdam.

—(1979): Constitutive Equations for Concrete, *Int. Assoc. Bridge Struct. Eng. Colloq. Plasticity Reinforced Concr.* , *Copenhagen*, Introductory Report, *Int. Assoc. Bridge Struct. Eng. Publ.* , vol. 28, pp. 11-34.

—and E. Mizuno (1979): On Material Constants for Soli and Concrete Models, *Proc. 3d ASCE/EMD Spec. Conf.* , *Austin, Tex.* , 1979. pp. 539-542.

Drucker, D. C. , and W. Prager(1952): Soil Mechanics and Plastic Analysis or Limit Design, *Q. Appl. Math.* , vol. 10, no. 2, pp. 157-165.

Mizuno, E. , and W. F. Chen (1980): Analysis of Soil Structures with Different Plasticity Models, *ASCE Natl. Conv. Hollywood, Fla.* , 1980.

Willam, K. J. , and E. P. Warnke (1975): Constitutive Models for the Triaxial Behavior of Concrete, *Int. Assoc, Bridge Struct. Eng. Sem. Concr. Struct. Subjected Triaxial Stresses, Bergamo, Italy,* 1974, *Proc.* , vol. 19, pp. 1-31.

第7章 理想塑性极限分析

7.1 引　　言

分析钢筋混凝土渐进式破坏的复杂性可由图7.1(a)、(b)中的承受跨中集中荷载的一根简支梁来描述。图7.1所示的裂纹模式是两根相同尺寸的简支梁在剪切破坏试验中产生的,其中一根梁配有箍筋,另一根无箍筋(Scordelis,1972)。在荷载不断增加的情况下,简支梁的荷载-位移反应可以粗略划分三个阶段。

(1) 未开裂弹性阶段。在较小荷载作用下,简支梁基本上呈未开裂弹性构件的性能。

(2) 裂纹扩展阶段。竖向弯曲裂纹出现在跨中,导致应力的重新分布并产生一定黏结滑移。

(3) 塑性阶段。如果剪力和斜拉力不是主要的受力因素,简支梁最终会由于纵向受拉钢筋的屈服或受压区混凝土压碎而破坏。如果剪力和斜拉力是主要的受力因素,一个主斜拉裂纹的出现会使纵向主钢筋由于销栓作用产生竖向剪力,随后沿着斜拉裂纹方向形成骨料咬合,如果配有箍筋,其内部也会产生抗力。这种情况会导致混凝土在复合应力状态下的最终剪-压破坏。

探索一种能够考虑裂纹、黏结滑移、销栓作用及骨料咬合等因素,并可以精确地跟踪弹塑性断裂行为及极限强度的合理分析方法,是当今要解决的问题之一。由于问题的复杂性,需要对材料进行理想化处理以便得到对于实际问题的合理近似解。例如,对于纯弯梁,多年来人们一直运用一种简化方法,即假设一旦梁体产生裂纹,整个受拉区混凝土不再抵抗纵向拉应力。虽然普遍认为,这种假设并不能准确地代表实际受力状态,但是因为这种假设可以获得钢筋混凝土主要性能和准确预测用于设计的钢筋和混凝土

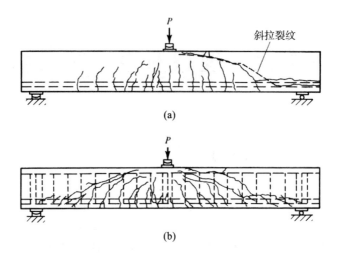

图 7.1 简支梁剪切破坏试验裂纹模式（Scordelis,1972）

(a)无箍筋；(b)含箍筋

的内力,它已被应用于使用荷载及强度设计中。由于这个方法不能推广到弯剪梁的分析,目前对于类似梁的设计方法仍然基于大量的试验数据。尽管这类问题可以通过非线性有限元分析来求解,但是分析方法并不适用于日常设计工作。

如本例所示,除了最简单的结构之外,对钢筋混凝土结构进行完整渐进破坏分析的有限元方法可能会过于烦琐。在许多实际情况中,通常令人满意的是找到结构破坏或过度变形的极限荷载。基于此目的,需要用一个方法直接得到承载能力,而不必对结构的应力和应变进行完整的渐进式破坏分析。

极限分析是涉及此类方法的发展和应用。极限分析和设计在钢结构应用中得到了广泛深入的发展,其基本技术在一些文献及论文中已有阐述(例如,Baker 和 Heyma,1969;Heyman,1971;Drucker,1958),该方法的分析结果和钢框架结构的实际性能吻合极好(Baker 等,1956)。近年来,学者们将关注点更多地转向土力学。与其相关的研究,可以参考 Chen(1975)的综合专著。

极限分析在钢筋混凝土结构中的应用并不像钢结构那样深入,但该方法已成功应用于钢筋混凝土结构分析中。对于荷载垂直于其平面的钢筋混凝土板,Lngerslev 于 1921 年及 1923 年,Gvozdev 于 1938 年,Johansen 于 1943 年均独立地提出并发展了屈服线理论。由于板的屈服线理论(或称破裂线理论)是一种机构求解技术,根据极限分析的上限定理,可以给出破坏荷载的上限。Nielsen 于 1964 年及 1971 年已将极限分析技术应用于钢筋混凝土板和圆盘。20 世纪 40 年代末期,Baker(1956)对极限分析理论在普通钢筋混凝土框架结构中的应用做了大量工作。本章后面将介绍极限分析技术在各种素混凝土和钢筋混凝土结构中的应用。

7.2　极限分析定理

计算理想弹塑性结构的承载能力通常不需要详细分析当荷载从零开始增加的应力状态。此时使用极限分析定理,可以避免渐进式破坏分析的所有困难。使用极限定理计算承载能力比计算应力容易。获得的解答不仅物理意义明确,而且更简单。极限分析的简单性开辟了极限设计的方式,与传统设计中通常遵循的试算方法相比,这种设计方式更为直接。本节概述了极限分析的基本概念。7.3 节将建立可用于确定素混凝土及钢筋混凝土结构承载能力的塑性模型,在后续的章节里,该模型将用于计算若干素混凝土及钢筋混凝土实例的承载能力。还将在一些所选实例中进行理论和试验值的比较。

7.2.1　极限定理

极限分析方法基于 Drucker 于 1952 年提出的两个极限定理,这两个定理极为简单,可以直接为具有以下属性的结构建立极限分析定理。

(1) 材料为理想塑性材料,即不发生加工强化或加工软化,这意味着应力点不能移动到屈服面之外。因此,无论何时产生塑性应变率,应力矢量 $\dot{\sigma}_{ij}$ 须与屈服面相切。

(2) 屈服面呈现外凸形,塑性应变率可以通过关联流动法则(或正交条件)从屈服函数导出,其遵循流动法则及上面提到的 $\dot{\sigma}_{ij}\dot{\varepsilon}_{ij}^{P} = 0$ 属性。

(3) 在破坏荷载发生时,结构几何形状的变化微不足道,因此可以应用虚功方程。

具有上述理想材料属性的理想化结构的破坏荷载称为极限荷载。

对于这种理想化结构,可以证明,通过虚功方程和具有 $\dot{\sigma}_{ij}\dot{\varepsilon}_{ij}^{\mathrm{p}} = 0$ 条件的理想塑性概念,在恒载和恒定应力下,仅当塑性应变发生时结构发生破坏。极限定理叙述如下。

Ⅰ 下限定理 如果能够得到一个与作用荷载相平衡的应力分布,并且所有应力小于等于屈服强度,则结构将不发生破坏或刚好在即将发生破坏处。

Ⅱ 上限定理 如果有任何协调模式的塑性变形,外力在此变形做的功率超过内能耗散率,结构将发生破坏。

定理Ⅰ重申了人们的信念:如果可能的话,材料会自我调整以承受施加其上的荷载。定理Ⅰ给出了极限或破坏荷载的下限或安全值。最大的下限值是极限荷载本身。定理Ⅱ是"如果存在一个破坏路径,结构将无法承受破坏该路径上的荷载"的正式论述。定理Ⅱ给出了极限或破坏荷载的上限或不安全值,最小的上限值是极限荷载本身。由于各种构件和整体结构几何形状的复杂性,在实际情况中,很难获得复杂结构的准确极限荷载。两个定理使获取更接近于实际工程的答案成为可能。

定理Ⅱ中,内能耗散率可以通过如下方法获得。根据正交条件,即使应力本身不能被唯一确定的情况下,应变率也可以唯一确定单位体积的能量耗散率 $D(\dot{\varepsilon}_{ij}^{\mathrm{p}})$,如下所示。

$$D(\dot{\varepsilon}_{ij}^{\mathrm{p}}) = \sigma_{ij}\dot{\varepsilon}_{ij}^{\mathrm{p}} \tag{7.1}$$

然后,耗散能分散到结构的体积上。应用 Tresca 屈服准则,可以得到 Chen 于 1975 年提出的公式。

$$D(\dot{\varepsilon}_{ij}^{\mathrm{p}}) = 2k \mid \dot{\varepsilon}_{\max}^{\mathrm{p}} \mid \tag{7.2}$$

其中,$\dot{\varepsilon}_{\max}^{\mathrm{p}}$ 为数值上最大的主塑性应变率;k 为纯剪状态下的应力。后面将给出混凝土材料不连续屈服线的耗能函数。

在使用这些定理时,不连续应力和速度场非常有用。对于金属结构,Drucker 和 Chen 于 1968 年详细给出了简单不连续场对极限荷载的边界的应用,之后于 1975 年,Chen 又提出了对土体的此类应用。这两个定理将由图 7.1(a)所示的简支钢筋混凝土梁加以描述。

7.2.2　范例

考虑到在钢筋混凝土结构的分析和设计中,假设混凝土不能承受任何拉力,完全不能承受拉力确实属于极限理论的范围,1952 年 Kooharian 在楔形拱结构中,1966 年 Heyman 在砖石结构和哥特式建筑中,1975 年 Chen 在土力学方面,都有这方面的论述。在这种情况下,形成简单的张拉裂纹不会耗散能量;在分离面上,正应力及剪应力均为零。

进一步假设混凝土在应力明显下降之前的压缩变形能力,足以容许应用基于混凝土被理想化为受压屈服应力接近极限应力 f'_c 的理想塑性材料的极限理论。此外,假设钢筋在屈服应力 f_y 下具有平坦的屈服区域,或者合理地假设钢筋为理想塑性材料。

从极限定理而非梁理论的角度,考虑矩形简支梁 $b \times d$ 的设计是有一定意义的。图 7.2 显示了一根在跨中处施加一个“集中”荷载,自重可以忽略不计的梁,集中荷载分布在一个如图 7.2(a)所示的区域足以避免破坏时的局部破碎。

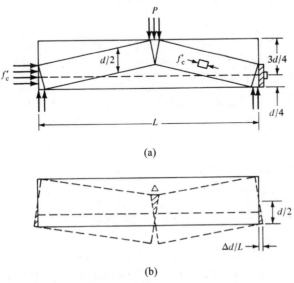

(a)

(b)

图 7.2　施加集中荷载的简支梁(Drucker,1961)

(a)一个下限或拱作用平衡图示;(b)破坏机构移动变形图示

不能承受拉力的混凝土则表现得像一个扁平拱,拱的外推力(略微模糊的几何形状)由锚固在两个端板之间的钢筋拉杆承受。钢筋未与混凝土黏结。在极限或破坏荷载作用下,有效发挥材料性能的方法是使钢筋和混凝土分别达到它们的屈服应力 f_y 及 f'_c。此外,钢筋应布置在位于梁高的四分之三高度位置,以最大可能提供抵抗弯矩,该弯矩等于钢筋达到屈服应力 f_y 时均质梁的弯矩。

$$M_{\max} = \frac{f'_c b d^2}{4} = \frac{f_y A_s d}{2} \tag{7.3}$$

如
$$f_y A_s = \frac{f'_c b d}{2} \tag{7.4}$$

其中,A_s 为钢筋的面积,和图 7.2(a)中小三角形的面积承受相等双向轴心压力 f'_c 作用。

迄今为止,这种方法是通过下限或平衡定理来实现的。因为图 7.2(a)中所示的混凝土与钢筋中的应力平衡分布,是指混凝土不承受拉力且所有位置的应力都小于等于屈服应力。基于下限定理,在此荷载作用下,梁不会发生破坏或刚达到破坏点。由此,梁的强度可能被低估。基于平衡图示的荷载值为

$$P = \frac{f'_c b d^2}{L} = \frac{2 f_y A_s d}{L} \tag{7.5}$$

这个值是实际破坏荷载的一个下限值。

图 7.2(b)为梁体在破坏荷载的一个上限值作用下的位移变形图示。图中所绘绕中轴位置旋转的破坏机构可能采用以下方法来解释。钢筋不产生延长,混凝土梁端及跨中阴影面积则塑性压碎。最大的偏转角用 Δ 来表示,在梁端三角形阴影区的最大压碎比以 $\Delta d / L$ 表示,跨中三角形阴影区以 $2\Delta d / L$ 表示。使外部功率 P 等于内能耗散率

$$\left(\frac{2bd}{2} \frac{\Delta d}{2L} + \frac{bd}{2} \frac{\Delta d}{L} \right) f'_c \tag{7.6}$$

得到式(7.5)中 f'_c 的形式。

可以认为图 7.2(b)所示的位移变形机构图代表了梁端钢拉杆以 $\Delta d / 2L$ 速率的塑性拉伸及跨中 $d/2$ 梁高处混凝土塑性破碎,同时梁端部混凝土并不发生变形。外部功率没有变化,但是内能耗散率变为

$$\left(2A_s \frac{\Delta d}{2L}\right)f_y + \left(\frac{bd}{2} \frac{\Delta d}{L}\right)f'_c \tag{7.7}$$

代入式(7.4)可以得到式(7.5)。注意图 7.2(b)中的受拉裂纹不做功。运用上限定理得到的解答等同于运用下限定理得到的解,因此,式(7.5)是理想化的正确答案。

当然,混凝土具有一定抗拉能力意味着在实际情况下钢筋或预应力混凝土梁的承载能力比理想化的梁更高。然而,上述简单的例子清楚地说明了适用于钢筋混凝土的极限分析的基本概念及其优点和局限性。如后面所示,极限分析结果具有直接的工程意义,因为它可以较为准确地估计某些素混凝土和钢筋混凝土结构的承载能力。此外,对于精心设计的混凝土结构,与有限元法需要更长时间的渐进破坏分析相反,极限分析的结果只需要最少的计算过程。

7.3　混凝土塑性模型

在本节中,将简要总结一个混凝土理想塑性模型,并将其应用于下述分析。

(1) 混凝土圆柱的劈裂试验(7.4 节)。

(2) 施工缝的剪切能力(7.5 节)。

(3) 梁的剪切(7.6 节)。

(4) 钢筋混凝土板的冲剪(7.7 节)。

7.3.1　修正的 Mohr-Coulomb 破坏准则

采用 Chen 和 Drucker 于 1969 年提出的小拉伸截断的 Mohr-Coulomb 准则作为混凝土的屈服条件(破坏准则)。图 7.3 展示了具有一个圆端的修正准则,图中也绘制了简单的压缩及拉伸 Mohr 圆。这些圆与水平轴在与原点的距离分别为 f'_c 及 f'_t。

修正的 Mohr-Coulomb 破坏准则包括两个部分。如

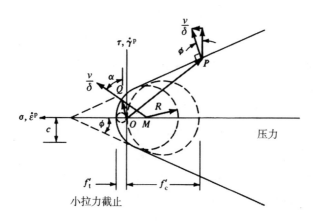

图 7.3　具有位移矢量的 Mohr-Coulomb 准则

①滑移准则

$$|\tau| = c - \sigma\tan\phi \qquad (7.8)$$

②分离准则

$$\sigma = f'_t \qquad (7.9)$$

其中，τ，σ 分别为任意截面的剪力和正应力；c 为黏聚力；ϕ 为内摩擦角。

在主应力坐标中，滑移准则（式（7.8））的形式为

$$\frac{1}{2}\sigma_1(1+\sin\phi) - \frac{1}{2}\sigma_3(1-\sin\phi) - c\cos\phi = 0 \qquad (7.10)$$

其中，$\sigma_1 \geqslant \sigma_2 \geqslant \sigma_3$。改变主应力的相对值。这样，滑移准则包含了形式与式 (7.10) 相似的六个公式。式 (7.10) 可以重写为

$$m\sigma_1 - \sigma_3 = 2c\sqrt{m} = f'_c \qquad (7.11)$$

其中

$$m = \left(\frac{\cos\phi}{1-\sin\phi}\right)^2 = \tan^2\left(\frac{\pi}{4} + \frac{\phi}{2}\right) = \frac{1+\sin\phi}{1-\sin\phi} = \frac{f'_c}{f'_t} \qquad (7.12)$$

及

$$f'_c = \frac{2c\cos\phi}{1-\sin\phi}, \quad f'_t = \frac{2c\cos\phi}{1+\sin\phi} \qquad (7.13)$$

试验表明当 $m \approx 4.0$ 且 $f'_c = c/4$ 时，摩擦角 ϕ 接近于一个常数 $\phi \approx 37°$（Johansen，1958；Richart 等，1928）。对于平面应力和平面应变，屈服准则如图 7.4 所示。

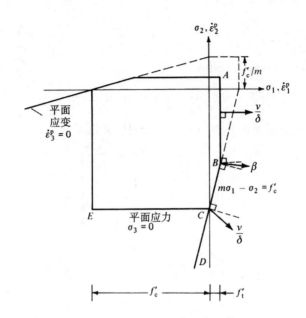

图 7.4　具有位移矢量的平面应力或平面应变下修正的 Mohr-Coulomb 屈服准则

7.3.2　屈服线

为了计算上限解,需要使用功能方程。它包括建立荷载在破坏机构所做的外功率等于结构中内能量耗散率的公式。由此,可以方便地得到单位体积内能耗散 $D(\dot{\epsilon}^{\mathrm{p}}_{ij})$ 的表达式。对应于 von Mises 准则、Tresca 准则和 Mohr-Coulomb 准则的公式可以从式(7.1)得出,Chen 在 1975 年和其他研究人员给出了这些公式。这里,只考虑屈服线,即平面应力或应变场位移的不连续线。

考虑如图 7.5 所示的位于两个刚性部分Ⅰ和Ⅱ之间高度为 δ 的狭窄区域的一个平面均匀位移场。部分Ⅱ相对于部分Ⅰ的相对位移由 v 表示,与 x 轴的夹角为 α。变形区中的应变为

$$\dot{\epsilon}^{\mathrm{p}}_x = 0, \quad \dot{\epsilon}^{\mathrm{p}}_y = \frac{v}{\delta}\sin\alpha, \quad \dot{\gamma}^{\mathrm{p}}_{xy} = 2\dot{\epsilon}^{\mathrm{p}}_{xy} = \frac{v}{\delta}\cos\alpha \tag{7.14}$$

因此,主应变为

$$\begin{Bmatrix} \dot{\varepsilon}_1^p \\ \dot{\varepsilon}_2^p \end{Bmatrix} = \frac{\dot{\varepsilon}_x^p + \dot{\varepsilon}_y^p}{2} \{\pm\} \left[\left(\frac{\dot{\varepsilon}_x^p - \dot{\varepsilon}_y^p}{2} \right)^2 + \dot{\varepsilon}_{xy}^{p2} \right]^{1/2} = \frac{v}{2\delta}(\sin\alpha \pm 1) \quad (7.15)$$

x 轴与第一主方向的夹角 θ 为

$$\tan2\theta = \frac{\dot{\gamma}_{xy}^p}{\dot{\varepsilon}_x^p - \dot{\varepsilon}_y^p} = -\cot\alpha = \tan\left(\alpha + \frac{\pi}{2}\right) \quad (7.16)$$

由此,第一主轴将位移方向和 y 轴之间的夹角平分。

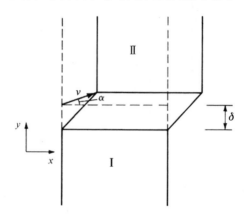

图 7.5 两个刚性构件之间的位移区

耗能函数(式(7.1))定义为塑性应变矢量 $\dot{\varepsilon}_{ij}^p$ 与应力矢量 σ_{ij} 的乘积。对于所考虑的平面问题,有 $\dot{\varepsilon}_3^p = 0$ 或者 $\sigma_3 = 0$。假设垂直于 xy 平面的厚度为 1,则变形区域单位长度的内能耗散 $D_A(\dot{\varepsilon}_{ij}^p)$ 为

$$D_A(\dot{\varepsilon}_{ij}^p) = (\sigma_1\dot{\varepsilon}_1^p + \sigma_2\dot{\varepsilon}_2^p)\delta \quad (7.17)$$

或者根据应变率与位移之间的关系(式(7.15)),可得

$$D_A = \frac{1}{2}v\sigma_1(1 + \sin\alpha) - \frac{1}{2}v\sigma_2(1 - \sin\alpha) \quad (7.18)$$

注意 D_A 与高度 δ 无关,当 δ 无限趋于零的时候,可以得到屈服线。屈服线单位长度的内部量耗散由式(7.18)给出。与应变状态(式(7.15))对应的应力状态 (σ_1, σ_2) 由流动法则确定。

7.3.3 内能耗散

正交条件或关联流动法则要求,当 $\dot{\varepsilon}^p \dot{\gamma}^p$ 坐标系叠加在 $\sigma\tau$ 坐标系上时,由

式(7.14)给出的位移矢量垂直于屈服曲线。因此,参见图 7.3,在屈服准则中,$\alpha=\phi$ 必须沿直线有效,沿着圆形截止时,$\alpha>\phi$。与给定位移场相对应的应力场位于屈服准则上满足正交条件的位置。

平面应变　在图 7.3 中的 P 点处,其位移区内单位长度的内部塑性功是从矢量点积中得到的。

$$
\begin{aligned}
D_A &= \delta(\boldsymbol{OP}) \cdot \frac{\boldsymbol{v}}{\delta} \\
&= [\sigma \quad \tau][v\sin\phi \quad v\cos\phi] \\
&= v\cos\phi(\tau + \sigma\tan\phi) = vc\cos\phi
\end{aligned}
\tag{7.19}
$$

式(7.19)对于 P 点沿图 7.3 中直线的任何位置都有效。

在 Q 点,内部塑性功可以通过 f'_c 和 f'_t 来表达。矢量 $\boldsymbol{OQ}$ 可以看作矢量 $\boldsymbol{OM}$ 和 $\boldsymbol{MQ}$ 之和,相应的矢量积可以由式(7.19)以如下形式给出。

$$
\begin{aligned}
D_A &= \boldsymbol{OQ} \cdot \boldsymbol{v} = (\boldsymbol{OM} + \boldsymbol{MQ}) \cdot \boldsymbol{v} = \boldsymbol{OM} \cdot \boldsymbol{v} + \boldsymbol{MQ} \cdot \boldsymbol{v} \\
&= -(R - f'_t)(v\sin\alpha) + Rv
\end{aligned}
\tag{7.20}
$$

其中
$$
R = \frac{1}{2}f'_c - f'_t\frac{\sin\phi}{1-\sin\phi}
\tag{7.21}
$$

经简化,式(7.20)可以写为

当 $\alpha \geqslant \phi$ 时,　$D_A = v\left(\dfrac{1-\sin\alpha}{2}f'_c + \dfrac{\sin\alpha - \sin\phi}{1-\sin\phi}f'_t\right)$ 　　(7.22)

依据能够产生式(7.15)给出的 $\dot{\varepsilon}_3^p = 0$ 时的应变矢量的唯一应力状态对应于图 7.4 的角 β,即 $(\sigma_1, \sigma_2) = (f'_t, mf'_t - f'_c)$,式(7.22)也可由式(7.18)直接导出。将其代入式(7.18)并使用式(7.12),再次得到式(7.22)。

简单拉伸分离和简单滑移的极限情况,分别相对于 $\alpha = \dfrac{1}{2}\pi$ 及 $\alpha = \phi$,式(7.22)可以简化为

$$
D_A = \begin{cases}
vf'_t & ,\text{对于 } \alpha = \pi/2 \tag{7.23} \\
\dfrac{1}{2}vf'_c(1-\sin\phi) & ,\text{对于 } \alpha = \phi \tag{7.24}
\end{cases}
$$

由此,应力状态分别对应于在直线 AB 和 BD 的任意点。在这两种情况下,内能耗散分别与抗压强度和抗拉强度无关。注意到,当 $\alpha < \phi$ 时,没有应力状态对应此时的变形,为了描述这种情况,必须引入更复杂的破坏准则亦

或使用非关联流动法则。

Drucker 和 Prager 于 1952 年及 Chen 和 Drucker 于 1969 年分别给出式 (7.22)在 $f_t'=0$ 和 $f_t'\neq 0$ 的情况。该模型的一般公式及其在钢筋混凝土中的应用在其他著作中已详述。

平面应力 在图 7.4 中的平面应力状态下,由于图 7.5 变形区域主应变的符号问题,相关联的应力状态仅位于图 7.4 中的直线 ABC 上。从式 (7.15)可以看到,正交条件要求

沿直线 AB $\alpha=90°$

在 B 点处 $\phi\leqslant\alpha\leqslant 90°$

沿直线 BC $\alpha=\phi$

在 C 点处 $0\leqslant\alpha\leqslant\phi$

沿直线 AB,式(7.17)可以写成

$$D_A = \delta f_t'\dot{\epsilon}_1^p = f_t'v \tag{7.25}$$

在 B 点处,$(\sigma_1,\sigma_2)=(f_t',mf_t'-f_c')$,由式(7.15)及式(7.17)给出的应变有

当 $\alpha\geqslant\phi$ 时 $D_A = v\left(\dfrac{1-\sin\alpha}{2}f_c'+\dfrac{\sin\alpha-\sin\phi}{1-\sin\phi}f_t'\right) \tag{7.26}$

沿直线 BC 及 C 点处,式(7.17)以同样的方式可以得到

当 $\alpha\leqslant\phi$ 时 $D_A = v\dfrac{1-\sin\alpha}{2}f_c' \tag{7.27}$

应力段 CE 对应于 $\alpha=-\pi/2$。当破坏准则考虑了零拉断的情况($f_t'=0$),对于 $-\pi/2\leqslant\alpha\leqslant\pi/2$,屈服线单位长度的内能耗散由式(7.27)给出。Nielsen 于 1971 年给出了钢筋混凝土圆板结构屈服线的特例公式。

由此,在平面应变的情况下,式(7.26)和式(7.27)与 δ 无关,于是可以引入不连续线。因此,对于平面应力场,不连续线的内能耗散就可以由式 (7.26)及式(7.27)建立,式(7.26)等价于式(7.22)。因此,在一个平面应力场中,仍然可以得到一个平面应变场。然而,具有一个平面应变场并不一定意味着具有一个平面应力场。这是因为中间主应力在 Mohr-Coulomb 屈服准则中意义不大。Jensen 于 1975 年以上述方式建立了式(7.26)及式(7.27)。

7.4 圆柱体劈裂试验

在圆柱体劈裂试验中(也称为 Brazilian 试验),混凝土圆柱体沿着水平方向被放置在试验机的加载压板之间,并沿竖向压缩,直到试件在垂直径向上被劈裂,如图 7.6(b)虚线所示。

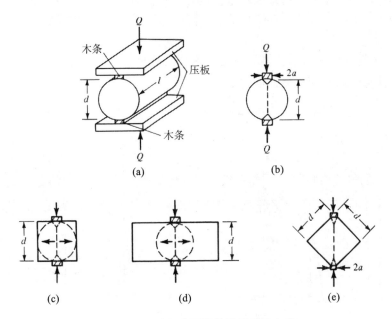

图 7.6 四种标准圆柱体劈裂试验方案

(a)试验方案;(b)圆柱体试件;(c)立方体试件;(d)梁试件;(e)对角线承压立方体试件

在混凝土的抗压强度由立方体而不是圆柱体确定的国家,使用斜劈裂立方体试件或直劈裂立方体试件来获得抗拉强度,如图 7.6(c)、(e)所示。基于线弹性理论计算劈裂拉伸试验的抗拉强度公式,参见 1975 年 Chen 的研究。

如果假定施加的荷载均匀分布在宽度 $2a$ 上(例如 0.5 in(13 mm)),则可以证明,若 $2a < d/10$,垂直直径上的弹性应力可由下列公式近似得到

竖向应力 $$\sigma_r = -\frac{2Q}{\pi l d}\left[\frac{d}{4a}(\theta + \sin\theta) + \frac{d}{d-r} - 1\right] \tag{7.28}$$

水平应力
$$\sigma_\theta = \frac{2Q}{\pi ld}\left[1 - \frac{d}{4a}(\theta - \sin\theta)\right] \qquad (7.29)$$

θ 是在所考虑的点位处由加载区域所对应的角度(图 7.7(b)),并且拉应力为正。当 $2a=d/12$ 的情况下,计算的垂直径向上的应力分布如图 7.7(a)所示,在直径的四分之三左右产生几乎均匀的拉应力。加载板正下方区域的材料处于平面应力条件下的双轴受压状态或平面应变条件下的三轴受压状态。圆柱体中心处的最大水平拉应力可近似为

$$f'_t = \sigma_{\theta=0} = \frac{2Q}{\pi ld} \qquad (7.30)$$

其中,d 为直径;l 为圆柱体的高度。该公式源自线弹性理论,已被用作计算圆柱体劈裂试验中抗拉强度的基本公式。

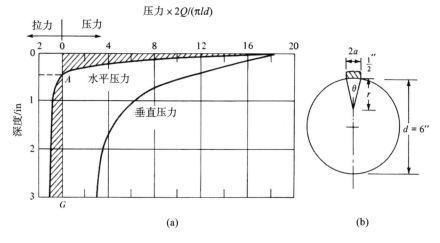

图 7.7　加载宽度为 1/2 in 的圆柱体内的应力分布

(a)垂直直径上的弹性应力分布;(b)圆柱试件的尺寸

下面将用理想塑性极限分析的定理来检验式(7.30)计算混凝土抗拉强度的有效性。在第 9 章中,混凝土将被假定为线弹性、加工强化、塑性、断裂材料,并且将应用有限元方法来追踪圆柱体劈裂试验的完整渐进破坏行为,其中对受压混凝土塑性和受拉混凝土开裂将进行更精确的数值分析。从这些研究中发现,基于各种塑性模型获得的圆柱体劈裂试验拉伸强度的相关公式与基于弹性理论的公式非常类似。因此,对于在集中或分布线荷载下的劈裂试件,可以认为式(7.30)是有效的。

极限分析的基本假设为：混凝土的局部拉应变足以容许极限分析的应用。此外，假设混凝土为理想塑性材料，修正的 Mohr-Coulomb 破坏面可以作为压缩屈服面及小而非零拉断（图 7.3）。详细讨论可参考文献（Chen，1970）。其结果简要总结如下。

7.4.1　上限解

极限分析的上限定理指出：对于任何假定的破坏机构，如果施加荷载所做的功率超过内能耗散率，混凝土圆柱体将会破坏。因此，将任何这种机构下的外功和内量相等，即可得到一个破坏荷载的上限解。

图 7.8(b)显示了一个平面应变破坏机构，包括两个刚性楔形区域 ABC 和连接它们的简单拉伸裂纹 CC。楔形区域作为刚体彼此移动并且使周围材料产生水平侧向移位。在直线 AC 和 BC 上每个点处的相对速度矢量 v 与这些线的倾角为 ϕ。协调的速度关系如图 7.8(a)所示。沿着楔形表面的能量耗散率为这些不连续表面面积的 $f'_c(1-\sin\phi)/2$ 乘以表面上不连续速度，参见式(7.24)。类似地，沿分离面 CC 的能量耗散率为分离面面积的 f'_t 乘其相对分离速度 $2\Delta_R$（如式(7.23)）。外功率等于内能总耗散率。

$$Q^u = \frac{a}{\sin\beta}\left[\frac{f'_c l(1-\sin\phi)}{\cos(\beta+\phi)} - 2f'_t l\cos\beta\tan(\beta+\phi)\right] + f'_t ld\tan(\beta+\phi)$$

$$(7.31)$$

其中，ϕ 为内摩擦角；f'_c 为混凝土抗压强度。

当 ϕ 满足条件 $\partial Q^u/\partial\beta = 0$ 时，得到上限解的最小值

$$\cot\beta = \tan\phi + \sec\phi\left\{1 + \frac{(d/2a)\cos\phi}{(f'_c/f'_t)[(1-\sin\phi)/2] - \sin\phi}\right\}^{1/2} \quad (7.32)$$

依据 ASTM-C649-62T，标准圆柱体劈裂拉伸试验的尺寸为：$2a = \dfrac{1}{2}$ in 及 $d = 6$ in，混凝土 f'_c/f'_t 的平均值为 10，$\phi = 30°$，当 $\beta = 16.1°$ 时，上限具有一个最小值，且

$$Q \leqslant Q^u = 1.83 ld f'_t \qquad (7.33)$$

因此

$$f'_t \geqslant 0.548\frac{Q}{ld} \qquad (7.34)$$

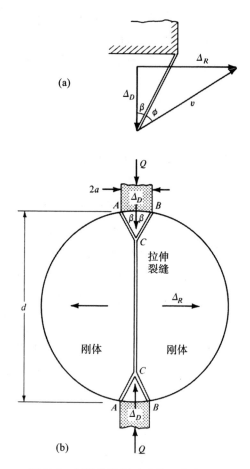

图 7.8　圆柱体劈裂试验的承载能力

(a)速度关系;(b)破坏机构

7.4.2　下限解

　　极限分析的下限定理指出:如果在混凝土圆柱体中找到一种平衡应力分布,且任何位置的应力值没有超过图 7.3 中修正的 Coulomb 屈服准则,则结构可以承受该荷载而未破坏或刚达到破坏点。显然,如果所选的应力场在任何位置都不违反屈服准则,通过弹性理论获得的任何应力分布将给出荷载的安全限值。

如果混凝土圆柱体的任何截面上的最大剪应力小于与静水压力呈线性关系的一个量(图 7.3),则图 7.7(a)的应力分布将是一个静态允许应力场。

可以证明,决定 Q 的最大值的临界点是沿着连接作用力的垂直直径的那些点。可以看到,沿着垂直直径平面首先达到屈服条件的临界点,即位于图 7.7 中 r 为 0.5 处的点。当 $\phi = 30°$ 及 $f_c' = 10f_t'$ 时,劈裂拉伸试验破坏荷载的一个下限值为

$$Q \geqslant Q^l = 1.37 ld f_t' \tag{7.35}$$

则
$$f_t' \leqslant 0.728 \frac{Q}{ld} \tag{7.36}$$

因此,图 7.7 的应力场和图 7.8 的速度场表明,间接拉伸试验获得的抗拉强度在 $0.638Q/(ld) = 2Q/(\pi ld)$ 的 $\pm 14\%$ 范围内。值得注意的是,先前给出的上限和下限解的平均值与弹性理论得到的平均值相同。

7.4.3　立方体和梁试件的劈裂试验

式(7.34)和式(7.36)中得到的上下限解也适用于其他形状的混凝土试件的劈裂试验,例如图 7.6(c)(立方体试件)和图 7.6(d)(梁试件)所示的情况。事实上,圆柱体试件的上限解计算中假定的破坏机构也适用于立方体试件或梁试件(见图 7.6(c)、(d)中的虚线以及用于获得圆柱试件下限解的弹性应力场的容许性)。这表明该公式 $f_t' = 2Q/(\pi ld)$ 可以有效地应用于立方体或梁试件的劈裂试验。该结论与 Davies 和 Bose(1968)采用混凝土理想线弹性有限元方法的结论相同。

为计算对角试验的立方体试件抗拉强度,显然要把之前的信息扩展到计算对角试验的立方体试件抗拉强度的相关公式。与此类问题相同的破坏机构如图 7.6(e)所示。例如,尺寸为 $2a = 1/2$ in, $d = 6$ in 的试件,根据式(7.31),上限在点 $\alpha = 14.6°$ 的最小值为

$$Q \leqslant Q^u = 2.16 ld f_t' \tag{7.37}$$

在式(7.31)和式(7.32)中,较为合适的值可以取 $\sqrt{2}d - 2a = 8$。这样

$$f_t' \geqslant 0.463 \frac{Q}{ld} \tag{7.38}$$

Davies 和 Bose(1968)的弹性解给出破坏荷载的一个安全或下限值,倘若荷载产生的应力场在任何位置都不违反修正的 Coulomb 屈服条件。然

而,正如 Davies 和 Bose 所指出的那样,该解对于集中荷载是有效的;除荷载区附近外,集中荷载和分布荷载的应力分布模式相似,这样,不会影响到当前的分析。可以发现,决定 Q 最大值的临界点是对角立方体试件中心点。然后可以证明,该点($\sigma_\theta = 0.77(2Q/(\pi ld))$)的最大拉应力达到 f'_t 时,对角立方体试件的一个最大下限荷载为

$$Q \geqslant Q^\mathrm{l} = 2.04 ld f'_t \tag{7.39}$$

因此
$$f'_t \leqslant 0.49 \frac{Q}{ld} \tag{7.40}$$

这样,对角立方体试件的抗拉强度位于 $0.476Q/(ld) = 0.75(2Q/(\pi ld))$ 的 $\pm 3\%$ 范围内。值得注意的是,计算对角立方体试件抗拉强度的相关公式,在应用中假定为 $2Q/(\pi ld)$ 值的 80%。这与目前的极限分析非常吻合。

7.5　施工缝抗剪能力

7.5.1　素混凝土施工缝

考虑一个素混凝土施工缝 AA',它与单轴压缩应力 σ 的法线形成角度 β,如图 7.9 所示。混凝土隔板的厚度为 t。沿节点的破坏将采取平面位移场的形式。

选择一种破坏机构,其中混凝土隔板的上部相对于下部位移为 v。由于这是平面位移场的情况,因此 v 和 AA' 之间的角度必须大于或等于 ϕ,即纯滑动破坏。

在采用的位移场内,外部应力 σ 做的功为
$$W_\mathrm{E} = \sigma v \sin(\beta - \phi) bt \tag{7.41}$$

不连续线中的内能耗散可以从式(7.22)中得到,或者当 $\alpha = \phi$ 时,由式(7.19)乘以 AA' 的长度得到

$$W_\mathrm{I} = vc \cos\phi \frac{bt}{\cos\beta} \tag{7.42}$$

设 $W_\mathrm{E} = W_\mathrm{I}$,可得

$$\sigma = \frac{c\cos\phi}{\cos\beta\sin(\beta-\phi)} \qquad (7.43)$$

若无施工缝，则 β 会变化。此时，式
(7.43) 为一个上限解。当 $\beta=\pi/4+\phi/2$
时，σ 得到最小值

$$\sigma_{\min} = \frac{2c\cos\phi}{1-\sin\phi} = f_{c}' \qquad (7.44)$$

即得到单轴抗压强度（式(7.13)）。

当存在施工缝时，施工缝处的黏聚力 c
可能低于整浇混凝土中的黏聚力 c。另一
方面，只要在施工缝表面进行粗糙处理，则
可以认为摩擦角 ϕ 是相同的。在这种情况
下，尽管 $\sigma\leqslant f_{c}'$，式(7.43)也决定了强度。
当式(7.43)中的 $\sigma>f_{c}'$ 时，施工缝以外的混

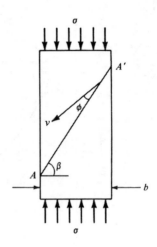

图 7.9　轴向受压施工缝
（Jensen，1975a）

凝土的破坏方式与 $\sigma=f_{c}'$ 时的整浇混凝土破坏方式相同。

1930 年，Johansen 进行了施工缝的试验。在试验中 $f_{c}'=30\ \mathrm{N/mm^2}$，
$\phi=37°$，从式(7.13)可得 $c=7.5\ \mathrm{N/mm^2}$。试验结果的平均值如图 7.10 所
示。为了方便比较，图 7.10 给出了式(7.43)取 $c=3\ \mathrm{N/mm^2}$，$\phi=37°$ 的曲
线。考虑到试验结果变异较大，试验结果与公式预估对应良好。

施工缝可以这样制作：先浇筑下半部，斜面倚靠石蜡钢板，在 7 天或 14
天后，在润湿倾斜面之后再浇筑上半部。对于这种类型的施工缝，可以认为
c 减少了 60%。随着 c 的减小，承载能力可以用式(7.43)计算。

7.5.2　钢筋混凝土隔板

上限解　下面将考察钢筋混凝土隔板的抗剪强度，如图 7.11 所示。破
坏机构是两个加载点之间的屈服线。右部分向左的相对位移是 v，与屈服线
的夹角为 α。

水平钢筋垂直于屈服线或视图平面中的不连续线，其总面积为 A_{s}，屈服
强度为 f_{y}。

外力做功为

$$W_{\mathrm{E}} = Pv\cos\alpha \qquad (7.45)$$

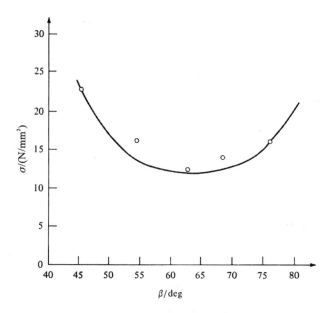

图 7.10 试验结果(Johansen,1930)与式(7.43)的比对(Jensen,1975a)

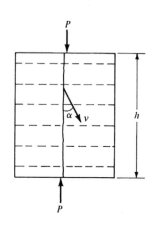

图 7.11 在剪力作用下钢筋
混凝土隔板的破坏
机构(Jensen,1975a)

内能来源于混凝土和钢筋。对于钢筋的贡献,往往忽略了钢筋的销栓效应。

$$W_{IR} = A_s f_y v \sin\alpha \qquad (7.46)$$

对于混凝土的贡献,式(7.22)或式(7.26)和式(7.27)对于屈服线每单位长度的能量耗散函数 D_A 仍然有效。

$$W_{IC} = D_A h \qquad (7.47)$$

其中,h 为屈服线的长度。

现在可以计算隔板的承载能力,假设一个屈服线的平面应力场,并考虑这四种情况。

情况 1 $\alpha > \phi$。混凝土的应力分布如图 7.4B 点所示。对于 $\alpha = \pi/2$,它可能在 A 和 B 之间。混凝土的内能耗散由式(7.26)得到

$$W_{IC} = v\left(\frac{1-\sin\alpha}{2}f_c' + \frac{\sin\alpha - \sin\phi}{1-\sin\phi}f_t'\right)th \qquad (7.48)$$

引入以下符号表示平均剪应力 τ 和钢筋-混凝土强度比 ψ。

$$\tau = \frac{P}{ht} \tag{7.49}$$

及

$$\psi = \frac{A_s f_y}{ht f_c'} \tag{7.50}$$

由 $W_E = W_{IC} + W_{IR}$,

可得

$$\frac{\tau}{f_c'} = \frac{1 - \sin\alpha}{2\cos\alpha} + \frac{\sin\alpha - \sin\phi}{(1 - \sin\phi)\cos\alpha} \frac{f_t'}{f_c'} + \psi\tan\alpha \tag{7.51}$$

这是一个上限,带有一个变量 α。当角度 α 满足下式时,可以得到最小值

$$\sin\alpha = 1 - \frac{2(\psi + f_t'/f_c')(1 - \sin\phi)}{1 - \sin\phi - 2(f_t'/f_c')\sin\phi} \tag{7.52}$$

从式(7.52)中可以得到最小值

$$\frac{\tau}{f_c'}\left(\psi + \frac{f_t'}{f_c'}\right)\sqrt{\frac{1 - \sin\phi - 2(f_t'/f_c')\sin\phi}{(\psi + f_t'/f_c')(1 - \sin\phi)} - 1} \tag{7.53}$$

由于 $\alpha > \phi$,所以 $\sin\alpha > \sin\phi$,与式(7.52)一样,式(7.53)满足下式时,是有效的。

$$\psi < \frac{1}{2}(1 - \sin\phi) - (1 + \sin\phi)\frac{f_t'}{f_c'} \tag{7.54}$$

在 $\psi, \tau/f_c'$ 坐标系里,式(7.53)代表了一个圆,其圆心为

$$\left(\psi, \frac{\tau}{f_c'}\right) = \left(\frac{1}{2} - \frac{f_t'/f_c'}{1 - \sin\phi}, 0\right) \tag{7.55}$$

半径为

$$r = \frac{1}{2} - \frac{f_t'}{f_c'}\frac{\sin\phi}{1 - \sin\phi} \tag{7.56}$$

这个圆如图 7.12 中的虚线所示。

情况 2　$\alpha = \phi$。在这种情况下,混凝土的应力分布在图 7.4 中的 C 和 B 之间。结果可以直接从式(7.51)获得,其中 $\alpha = \phi$。

$$\frac{\tau}{f_c'} = \frac{1 - \sin\phi}{2\cos\phi} + \psi\tan\phi \tag{7.57}$$

在图 7.12 中,式(7.57)是与圆(式(7.53))相切的直线,切点为

$$\left[\frac{1}{2}(1-\sin\phi)-(1+\sin\phi)\frac{f_t'}{f_c'},\frac{1+\sin\phi}{\cos\phi}\left(\frac{(1-\sin\phi)}{2}-\sin\phi\frac{f_t'}{f_c'}\right)\right]$$

$$(7.58)$$

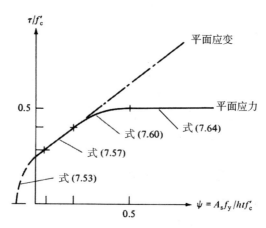

图 7.12　钢筋混凝土隔板的抗剪强度(Jensen,1975a)

情况 3 $0<\alpha<\phi$。混凝土的应力分布在屈服准则的 C 点(图 7.4)。在这种情况下,必须用式(7.27)计算混凝土的能量耗散。其他因素对功能的贡献不变。现在的上限是

$$\frac{\tau}{f_c'}=\frac{1-\sin\alpha}{2\cos\alpha}+\psi\tan\alpha \qquad (7.59)$$

式(7.59)的最小值为

$$\frac{\tau}{f_c'}=\sqrt{\psi(1-\psi)} \qquad (7.60)$$

相对应的角度 α 为

$$\sin\alpha=1-2\psi \qquad (7.61)$$

当 $0<\alpha<\phi$ 时,与式(7.61)结合给出下述区间

$$\frac{1-\sin\phi}{2}<\psi<\frac{1}{2} \qquad (7.62)$$

可以由式(7.60)给出解答。

在图 7.12 中,式(7.60)是一个半径为 $\frac{1}{2}$,且中心在 $\left(\frac{1}{2},0\right)$ 点处的圆。

圆(式(7.60))与直线(式(7.56))相切,切点为

334

$$\left(\frac{1-\sin\phi}{2},\frac{\cos\phi}{2}\right) \tag{7.63}$$

情况 4　$\alpha=0$。混凝土的应力分布是在图 7.4 屈服准则点 E 和 C 之间。因为变形垂直于钢筋,则 $W_{IR}=0$。$\alpha=0$ 时的解是式(7.59)的一个特例。

$$\frac{\tau}{f'_c}=\frac{1}{2} \tag{7.64}$$

直线与圆(式(7.60))在点 $\left(\frac{1}{2},\frac{1}{2}\right)$ 处相切。

在图 7.12 中,承载能力 τ/f'_c 是 ϕ 的函数。当 ϕ 小于 0 时,式(7.53)以虚线表示,因为在这个区域的解没有物理意义。圆(式(7.53))取决于混凝土的抗拉强度,对于较小的抗拉强度,该圆更接近于式(7.60)的圆,当 $f'_t\approx\frac{1}{10}f'_c$ 的时,式(7.53)仅对于较小的 ϕ 值有效。当 $f'_t=0$ 时,该圆与式(7.60)一致,直线(7.56)不复存在。

可以用同样的方法计算平面应变场的承载能力。由于式(7.26)和式(7.22)是一致的,可以发现隔板承载能力可以由式(7.53)和式(7.57)确定,得到如下公式。

$$\tau=c+\frac{A_s f_y}{ht}\tan\phi \tag{7.65}$$

下限解　图 7.11 中,钢筋最大拉力为

$$T=A_s f_y \tag{7.66}$$

在荷载之间的整个混凝土区域上分布钢筋的最大拉力,得到混凝土中均匀的水平压缩正应力 σ 为

$$\sigma=-\frac{T}{ht}=-\psi f'_c \tag{7.67}$$

沿屈服线的平均剪应力 τ 为

$$\tau=\frac{P}{ht} \tag{7.68}$$

修正的 Mohr-Coulomb 屈服准则如图 7.3 所示。从几何角度考虑,可以证明圆形拉断值由下式确定

$$\left(\sigma+\frac{1}{2}f'_c+\frac{f'_t}{1-\sin\phi}\right)^2+\tau^2=\frac{1}{2}f'_c-f'_t\frac{\sin\phi}{1-\sin\phi} \tag{7.69}$$

将式(7.67)中的正应力 σ 代入拉断屈服准则式(7.69)中,得到剪切强度的下限解。当 $\alpha > \phi$ 时,它与上限解式(7.51)的剪切强度相同。

屈服准则的直线部分具有如下形式

$$\tau = c - \sigma\tan\phi \tag{7.70}$$

将正应力(式(7.67))代入式(7.70)并使用式(7.13)的第一个公式,得到下限解,当 $\alpha = \phi$ 时,它再次与上限解(式(7.57))相同。

当假设平面应力条件时,其中一个主应力始终为零。因此,在 $\sigma\tau$ 坐标系中,最大的 Mohr 圆是通过点 $(0,0)$ 和 $(f'_c, 0)$ 的圆。这个圆的方程如下(图7.3)

$$\left(\sigma + \frac{1}{2}f'_c\right)^2 + \tau^2 = \left(\frac{1}{2}f'_c\right)^2 \tag{7.71}$$

将正应力(式(7.67))代入式(7.71),得到了对应于 $0 < \alpha < \phi$ 时,上限剪切强度的一个下限解。

当钢筋-混凝土强度比 ψ 大于 0.5 时,由于混凝土的抗剪强度被值 $\tau/f'_c = \frac{1}{2}$ 所限定,与式(7.64)相同,相应的 $\alpha = 0$,钢筋不会发生屈服。

可以看到,由于下限解与相应的上限解相同,因此图 7.12 中给出的解是正确的,当然,条件是材料和隔板的理想化。

试验验证 将上述公式与试验结果进行比较时,发现只有破裂面部分是有效的。因此,可以引入有效强度系数 $\bar{v} \leqslant 1$,上述公式的 f'_c 必须乘以有效系数以获得整个区域的等效强度。此外,如果沿着不连续线建立薄弱点(如施工缝),则 $\bar{v}$ 将进一步减小,因为内聚力 c 将减小(相较于素混凝土施工缝的例子)。

Hofbeck 等(1969)的剪切试验的布置和结果如图 7.13 所示。实线是极限分析预测,代表了 $\bar{v} = \frac{2}{3}$ 的平面应力场的公式。用整浇混凝土进行试验,可以看出曲线的形状符合试验结果。

Hofbeck 等(1969)也进行了沿剪切面存在一个劈裂裂纹的相应试验。在这种情况下,垂直于裂纹的拉力 $f'_t = 0$,因此在公式中必须将其值设为0。图 7.14 显示了试验结果与公式计算结果,对于式(7.53)和式(7.57)的平面应力场,其中 $f'_c = 0, \bar{v} = 0.45$。除了较大的 ψ 值,都具有较好的一致性。

钢筋量较大,整浇混凝土会作为平面应力场的情况发生破坏(与图 7.13 比较)。

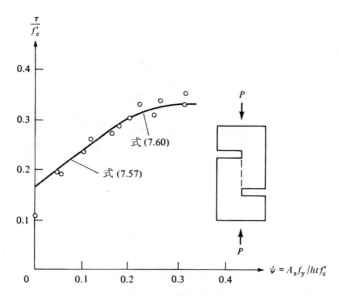

图 7.13　整浇混凝土剪切试验(Jensen,1975a)

数据点(Hofbeck 等,1969);平面应力 $\bar{v}=\dfrac{2}{3}$, $\phi=37°$

7.5.3　牛腿剪切破坏

下面将简要讨论节点中的另一个剪切问题——牛腿中的剪切破坏。图 7.15(a)中的问题可以通过这里给出的公式来处理。实际上,荷载到柱子之间通常存在一定距离。在这种情况下,图 7.15(b)中所示的破坏机构是最危险的。这种破坏机构自然可以完全采用类似于本节的方法来计算。

值得注意的是,式(7.57)符合 Hermansen 和 Cowan(1974)修正的剪切摩擦理论。

$$\tau = c + \frac{A_s}{ht} f_y \tan\phi \tag{7.72}$$

通过牛腿上的水平力 H(图 7.15(c)),可以应用相同的计算方法。

取代式(7.45),外功为

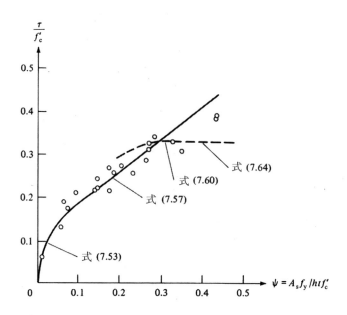

图 7.14　开裂混凝土的剪切试验(Jensen,1975a)

数据点(Hofbeck 等,1969);实线对应平面应变 $f'_t=0,\bar{v}=0.45$;虚线对应平面应

力 $\bar{v}=\dfrac{2}{3},\phi=37°$。

$$W_E = Pv\cos\alpha + Hv\sin\alpha \tag{7.73}$$

可以证明,用于计算承载能力公式的 ψ,可以由下式替换

$$\psi' = \frac{A_s f_y}{ht f'_c} + \frac{H}{ht f'_c} = \psi + \frac{H}{ht f'_c} \tag{7.74}$$

当荷载如图 7.15(b)所示定位时,计算方法自然也可以用于水平加载。牛腿中的钢筋-混凝土强度比 ψ 通常很大,这样可以得到 $\alpha=\phi$。

当荷载如图 7.15(b)所示,可以立即看到,大约 45°的斜拉钢筋是最有效的钢筋布置形式。

通过试验结果,例如 Kriz 和 Raths(1965)的试验结果,可以容易地验证上述想法。

7.5.4　竖向剪力键节点

大型板式建筑中使用的如图 7.16 所示竖向剪力键节点是一种特殊类型

338

的节点,经过试验验证效果很好(Hansen 等,1974)。Jensen(1975b)详细论述了这个问题与现在理论的关系。结果表明,极限荷载可用式(7.57)和式(7.60)在 $f_t'=0,\phi=45°$ 及 $\overline{v}=0.55$ 条件下来表示。仅剪力键的横截面被认为是有效的承载面积。在这种情况下,极限荷载为

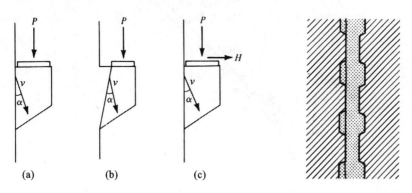

图 7.15　牛腿的破坏机构(Jensen,1975a)　　　图 7.16　剪力键剪切

$$\frac{\tau}{f'_{\rm c}} = \begin{cases} \left[\phi\left(0.55\,\dfrac{B}{A}-\phi\right)\right]^{1/2} & ,\text{当 } \phi \leqslant 0.08\,\dfrac{B}{A} \qquad (7.75) \\[2mm] 0.11\,\dfrac{B}{A}+\phi & ,\text{当 } \phi \geqslant 0.08\,\dfrac{B}{A} \qquad (7.76) \end{cases}$$

其中,B/A 是剪力键截面积与混凝土总面积的比值。

图 7.17 比较了 Pommeret 报告的实验结果与目前的理论预测。极限分析解(下部曲线)基于值 $B/A=0.22,\phi=45°$,并且 $\overline{v}=0.43$;式(7.57)和式(7.60)也绘制在图中。右边的斜率与试验一致,但有效系数 $\overline{v}=0.43$ 过于保守。当 $\overline{v}=0.55$ 时,式(7.57)和式(7.60)分别转化为式(7.76)和式(7.75)。如图 7.17 所示,当 $\overline{v}=0.55$ 时,试验数据与计算数据比较吻合。注意到,当 $\phi=45°,\overline{v}=0.43$ 时,式(7.57)简化为

$$\frac{\tau}{f'_{\rm c}} = 0.09\,\frac{B}{A}+\phi \qquad (7.77)$$

这正是 Hansen 等(1974)和其他学者推荐的表达方式。推导细节可参考 Jensen 撰写的文献(1975b)。

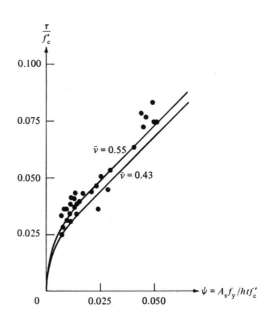

图 7.17 竖向剪力键节点的极限荷载（该试验由 Pommeret 所做）（Hansen 等，1974）

$$B/A = 0.22, \phi = 45°$$

7.6 竖向箍筋梁的剪切

钢筋混凝土梁的剪切问题也可以通过本章所述的极限分析来解决。本节将总结 Nielsen 和 Braestrup(1975,1978)，Braestrup(1974)及其他人发表的成果。该问题的综述可参考 Nielsen 等的文献(1978a)。

正如 Nielsen 等(1978b)所指出的那样，到目前为止所获得的结果足以说明本章所提出的理想塑性极限理论是一个有用工具，利用这个工具可以导出确定钢筋混凝土抗剪强度的合理方法。基于现有塑性理论的设计方法不仅可以节省大量的抗剪钢筋，而且该理论也给出了普通和预应力混凝土梁抗剪承载力相同的计算公式(Nielsen 和 Braestrup,1978)。

考虑由两个对称力 P 加载的简支 T 梁，如图 7.18 所示。压缩区域被理想化为承受力 C 的一个纵梁和拉伸区域被理想化为承受力 T 的一个纵梁。腹板的剪切区域具有等厚度 b。具有等剪切力 $Q=P$(剪切跨度)的区域的长

度是 a,并且压缩和拉伸纵梁之间的距离是 h。

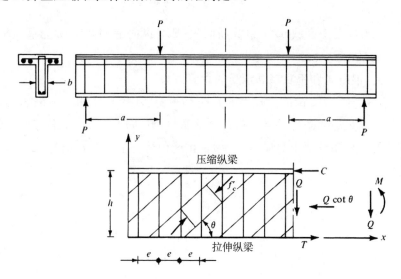

图 7.18　竖向箍筋梁及理想应力场(Nielsen,1967)

7.6.1　下限解

下面将构建一个静态许可的安全应力场,得到下限解。假设混凝土的抗拉强度为零。

考虑在腹板中的一个均匀应力场,包含混凝土中的单轴压缩应力 f'_c,其与水平 x 轴形成一个等角度 θ(图 7.18)。应力场称为斜压力场。该应力场可以被认为是开裂腹板的理想模型,裂纹平行于单轴压应力方向。

参考 xy 系统,应力场具有以下正应力和剪应力分量

$$\sigma_x = -f'_c\cos^2\theta, \quad \sigma_y = -f'_c\sin^2\theta, \quad \tau = |\tau_{xy}| = f'_c\sin\theta\cos\theta \quad (7.78)$$

等剪应力 τ 和剪力 Q 之间的关系为

$$\tau = \frac{Q}{bh} \quad (7.79)$$

如果垂直箍筋间距紧密,可以用等效箍筋应力代替箍筋力,即一个应力等于箍筋中的力分布在混凝土区域的应力。如果箍筋屈服应力为 f_y,等价箍筋应力为

$$\sigma_x = \tau_{xy} = 0, \quad \sigma_y = \frac{A_s f_y}{be} = \rho f_y \tag{7.80}$$

其中，A_s 为混凝土区域 $b \times e$ 中箍筋面积；E 为纵向箍筋间距；ρ 为箍筋配筋率，$\rho = A_s/eb$。

因此，混凝土和垂直箍筋承受的总应力为

$$\sigma_x = -f'_c \cos^2\theta, \quad \sigma_y = -f'_c \sin^2\theta + \rho f_y, \quad \tau = f'_c \sin\theta\cos\theta \tag{7.81}$$

如果满足边界条件并且忽略材料的重量，则该应力场将是静态许可的。沿纵梁的边界条件要求总应力 $\sigma_y = 0$。在这种情况下，式(7.81)的最后两个公式可以导出

$$\rho f_y = \tau \tan\theta \tag{7.82}$$

由式(7.81)中第一个公式和最后一个公式可以导出

$$\sigma_x = -\tau \cot\theta \tag{7.83}$$

求解(7.81)的最后两个公式中的 τ 和 θ，得到

$$\frac{\tau}{f'_c} = \sqrt{\psi(1-\psi)} \tag{7.84}$$

$$\tan\theta = \left(\frac{\psi}{1-\psi}\right)^{1/2} \tag{7.85}$$

其中，剪力钢筋-混凝土强度比定义为

$$\psi = \frac{\rho f_y}{f'_c} \tag{7.86}$$

式(7.84)表示 τ/f'_c 为 ψ 坐标系中的一个圆，如图 7.19 所示。τ/f'_c 最大值为 0.5，对应于 $\psi = 0.5$。当 $\psi > 0.5$ 时，对于图 7.18 中的单轴压缩应力，最佳下限为一个减小了的值($0.5 f'_c/\rho < f_y$)，而非 f'_c，这样

$$\frac{\tau}{f'_c} = \frac{1}{2} \tag{7.87}$$

即图 7.19 中的直线。可以看到，ψ 值从 0 增加到 0.5，θ 从 $0°$ 增加到 $45°$，当 $\psi > 0.5$，θ 恒定为 $45°$。

承载能力的完整下限解为

$$\frac{\tau}{f'_c} = \begin{cases} \sqrt{\psi(1-\psi)} & ,\psi \leqslant \dfrac{1}{2} \\[2mm] \dfrac{1}{2} & ,\psi > \dfrac{1}{2} \end{cases} \tag{7.88}$$

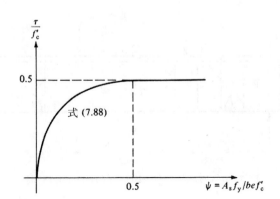

图 7.19　图 7.18 所示梁的最大抗剪强度的一个下限解(Nielsen,1967)

如果拉伸和压缩纵梁足够强,则承载能力(式(7.88))是正确的下限解。这可以通过以下计算来检查。

由于腹板正截面的压应力 $\sigma_x = -\tau\cot\theta$(式(7.83)),纵梁受力 T 和 C 不等于 M/h,其中 M 是弯矩。通过简单的力矩公式,它们应该具有如下值

$$T = \frac{M}{h} + \frac{1}{2}Q\cot\theta, \quad C = \frac{M}{h} - \frac{1}{2}Q\cot\theta \tag{7.89}$$

因此,与具有纯弯段相比,T 增加与 C 减少的量相同。

梁端部和集中荷载下的应力边界条件不能严格满足。然而,对荷载和支座附近应力场的定性研究表明,腹板部位的应力似乎不比其他部分应力严重(Nielsen,1967)。这表明承载能力计算式(7.88)计算的下限解,对于固支梁也是有效的。

这种下限解法首先由 Nielsen(1967)获得。随后,Grob 和 Thürlimann(1976)使用应力场推导了剪力钢筋和纵向钢筋都屈服时梁抗剪的能力。

7.6.2　上限解

一个简单的位移场如图 7.20 所示,其中梁的中心区域 I 垂直向下移动,位移为 u。区域 II 不动。因此在这两个区域之间形成一条直屈服线。在图 7.20 中,假设屈服线与水平轴成 β 角。

对应于该破坏机构的功能方程具有如下形式

$$Pu = (\rho f_y bh\cot\beta)u + \frac{1}{2}f_c'b(1-\cos\beta)\frac{h}{\sin\beta}u \tag{7.90}$$

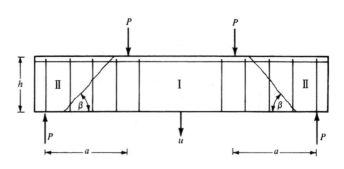

图 7.20　破坏机构(Nielsen 和 Braestrup, 1975)

公式右侧第一项是穿越屈服线箍筋的贡献,第二项是源于式(7.27)的混凝土的贡献。

纵梁的贡献在计算中被忽略了。根据式(7.90),上限解为

$$\frac{\tau}{f'_c} = \frac{P}{bhf'_c} = \psi\cot\beta + \frac{1}{2}(1-\cos\beta)\frac{1}{\sin\beta} \tag{7.91}$$

当角 β 满足条件 $\partial P/\partial\beta = 0$ 时,或

$$\tan\beta = \frac{2\sqrt{\psi(1-\psi)}}{1-2\psi} \tag{7.92}$$

上限解具有最小值

$$\frac{\tau}{f'_c} = \sqrt{\psi(1-\psi)} \tag{7.93}$$

这个关系与下限解(式(7.88))相同。

能够证明,式(7.92)对应于

$$\beta = 2\theta \tag{7.94}$$

其中,θ 由式(7.85)确定。从几何的角度考虑,对于式(7.93)的有效解,β 角必须位于如下区间。

$$\frac{h}{a} \leqslant \tan\beta \leqslant \infty \tag{7.95}$$

把下限 $\tan\beta = h/a$ 代入式(7.91),可得

$$\frac{\tau}{f'_c} = \frac{1}{2}\left\{\left[1+\left(\frac{a}{h}\right)^2\right]^{1/2} - \frac{a}{h}\right\} + \psi\frac{a}{h} \tag{7.96}$$

式(7.96)为当式(7.92)确定的 $\tan\beta$ 不满足几何条件(式(7.95))时的抗剪强度。

直线(式(7.96))在倾角 $\tan\beta$ 等于 h/a 的点处与圆(式(7.93))相切,如图 7.21 所示。当 $\beta=\pi/2$(或 $\tan\beta=\infty$)时的值对应于竖向屈服线,在 $\psi=0.5$ 情况下,其值为 $\tau/f_c'=0.5$。超过 $\psi=0.5$ 的剪力钢筋显然不会明显提高承载能力,所以当 $\psi>0.5$ 时,$\tau/f_c'=0.5$。

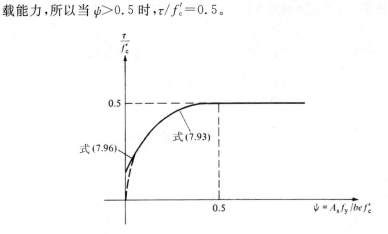

图 7.21 简支梁抗剪能力的上限解和下限解(Nielsen 等,1978b)

从图 7.21 可以看到,式(7.96)除在 ψ 较小的区域有效外,其上限解和下限解重合。因此,对于 ψ 较大的区域,该解是精确的。

Nielsen 和 Braestrup(1975)推导出该解。图 7.22 中描绘的破坏机构给出了相同的上限解,并且经常在试验中观察到。该机构在四点 H 处具有"铰链",这可用于估计纵梁的影响,在许多情况下,发现这种影响很小。

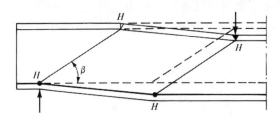

图 7.22 另一种破坏机构(Nielsen 等,1978b)

7.6.3 试验结果

在此,如 7.5 节所述,引入有效强度系数 $0<\bar{v}<1$,使得 $\bar{v}f_c'$ 代表腹板中混凝土的有效强度。$\bar{v}$ 必须小于 1 有两个主要原因:①由于混凝土的变形能

力有限以及混凝土破坏的不稳定和软化性，不能期望破坏时腹板中屈服线上所有点处的混凝土应力等于最大圆柱体抗压强度 f'_c；②由于钢筋与混凝土复杂的黏结-滑移相互作用，在加载的早期阶段会产生裂纹，从而降低了腹板的有效强度。垂直箍筋梁的承载能力公式将进行修改并与试验结果进行比较。

将有效强度 $\bar{v}f'_c$ 引入强度公式（式(7.88)），获得修正公式

$$\frac{\tau}{f'_c} = \begin{cases} \sqrt{\psi(\bar{v}-\psi)} & ,\psi \leqslant \bar{v}/2 \\ \dfrac{1}{2}\bar{v} & ,\psi \geqslant \bar{v}/2 \end{cases}, \quad \tau = \frac{Q}{bh} \tag{7.97}$$

丹麦理工大学结构研究实验室对梁剪切问题的极限理论进行了广泛深入的试验。Nielsen 等(1978a)在综合报告中总结了关于垂直箍筋梁，斜剪钢筋梁和无剪钢筋梁的承载能力。下面给出垂直箍筋梁的结果。

为了证明极限理论的一般适用性，图 7.23 显示了 198 根梁剪切破坏的结果。只考虑细长梁($a/h > 2.5$)和配有一些抗剪钢筋($\psi > 0.01$)的梁，略去了弯曲破坏的梁。尽管试验结果相当分散（变异系数为 6.0%），但试验点关于腹板破碎准则的分布相当均匀，对应于有效强度系数 $\bar{v} = 0.74$。请注意，在此图中包括不同的混凝土强度。混凝土强度在 10~40 MPa 变化。这部分解释了图中试验数据分散的原因，因为 $\bar{v}$ 取决于混凝土强度。

式(7.97)也适用于确定预应力混凝土梁的承载能力。当 $\bar{v} = 0.76$ 时，试验结果与理论非常一致。变异系数为 3%。

图 7.24 显示了有效强度系数 $\bar{v}$ 作为混凝土圆柱强度 f'_c 的函数的变化。试验结果包括配有剪切钢筋的普通钢筋混凝土梁和预应力混凝土梁。

从实践角度来分析图 7.24，可以合理地认为 $\bar{v}$ 只依赖于混凝土强度。作为平均值，可以采用以下线性关系(f'_c 的单位为 MPa)

$$\bar{v} = 0.8 - \frac{f'_c}{200} \tag{7.98}$$

一个合理的安全值是

$$\bar{v} = 0.7 - \frac{f'_c}{200} \tag{7.99}$$

两条直线如图 7.24 所示。Nielsen 等(1978b)的文章中提出了无剪切钢筋梁的 $\bar{v}$ 经验公式以及设计建议。

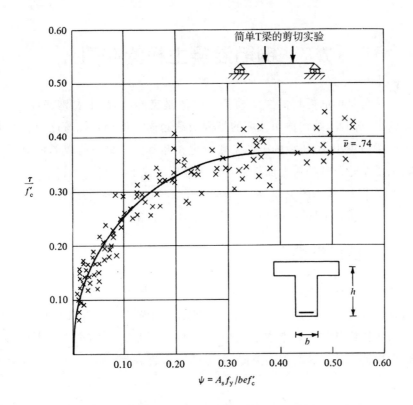

图 7.23　试验结果与式 (7.97) 的比较 (Nielsen 等, 1978b)

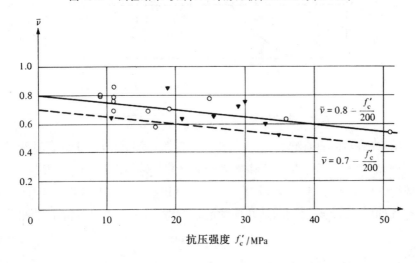

图 7.24　有效腹板强度系数 $\bar{\nu}$ 随混凝土强度的变化 (Nielsen 等, 1978b)

347

7.7　钢筋混凝土板的冲剪

　　板冲剪是梁的剪切的二维模拟。破坏是突然破裂,主要钢筋没有提供更多约束。因此,结构剪切破坏的极限荷载趋向于低于其抗弯能力。然而,冲剪比梁剪更小,冲压板的破坏主要发生在非常大的集中荷载的情况下,例如在承受车轮荷载的桥梁面板或者支承楼板的柱子。

　　在本节中,使用图 7.25 中根据试验建议的破坏机构,将介绍一个轴对称情况上限分析,Nielsen 等(1978b)给出了计算细节。

7.7.1　破坏机构

　　考虑一个环形支承并由圆形冲头加载的混凝土板。板中钢筋的配置足以防止弯曲破坏。这意味着在主筋屈服之前首先形成一个冲压破坏机构。冲压破坏机构(图 7.25)包括在板中心冲出一个圆形实体,垂直向下位移 v,其他板保持刚性。这些与梁类似,不考虑主筋的销栓作用。

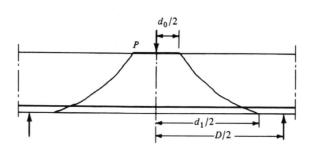

图 7.25　由冲压实心锥和剩余刚性板组成的破坏机构

　　轴对称破坏面由函数 $r=r(x)$ 描述,如图 7.26 所示。冲头直径和板厚分别用 d_0 和 h 表示。相对位移 v 指向下方并与破坏面 $r(x)$ 成一角度 α。由于圆周方向上的应变为零,所以母线 $r(x)$ 可以被认为是平面应变屈服线。正交条件要求 $\alpha > \phi$。由此,从几何学的角度考虑,分析仅对此范围有效

$$D \geqslant d_0 + 2h\tan\phi \tag{7.100}$$

其中,D 是环形支承的直径。

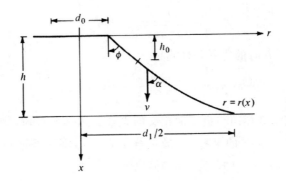

图 7.26　轴对称破坏面的母线

7.7.2　上限解

假设的破坏机构的功能方程为

$$Pv = \int_0^h D_A \frac{2\pi r \mathrm{d}x}{\cos\alpha} \tag{7.101}$$

其中，P 是极限冲压荷载；D_A 由式(7.22)给出。引入关系 $\tan\alpha = \mathrm{d}r/\mathrm{d}x = r'$，得到上限表达式

$$P = \pi f'_t \int_0^h \left[\sqrt{1+(r')^2} + r'\right] r \mathrm{d}x \tag{7.102}$$

最小上限的解可以通过变分和微积分来确定。求解问题可以叙述如下。找出一个函数 $r = r(x)$，在满足约束条件 $\alpha \geqslant \phi$ 时，使函数(式(7.102))最小，即

$$r' \geqslant \tan\phi \tag{7.103}$$

如 Braestrup 等(1976)的计算结果所示，函数 $r(x)$ 的解为

$$r = \begin{cases} \dfrac{d_0}{2} + x\tan\phi & , 0 \leqslant x \leqslant h_0 \\[2mm] a\cosh \dfrac{x-h_0}{\sqrt{a^2-b^2}} + b\sinh \dfrac{x-h_0}{\sqrt{a^2-b^2}} & , h_0 \leqslant x \leqslant h \end{cases} \tag{7.104}$$

母线(图 7.26)由悬链线和直线组成，三个常数 a, b, h_0 由当 $x = h_0$ 时的两个连续性条件

$$a = \frac{d_0}{2} + h_0 \tan\phi \tag{7.105}$$

$$\frac{b}{\sqrt{a^2 - b^2}} = \tan\phi \tag{7.106}$$

以及当 $x = h$ 时的边界条件确定。

$$\frac{d_1}{2} = a\cosh\frac{h - h_0}{\sqrt{a^2 - b^2}} + b\sinh\frac{h - h_0}{\sqrt{a^2 - b^2}} \tag{7.107}$$

$d_1 < D$ 表示破坏面与板底面相交的直径。选择该直径以便给出最小上限。对于 d_0, d_1 和 h 的某些值,最优解是 $h_0 = 0$,即破坏面没有锥形部分。在这种情况下,表达式(式(7.106))简化为

$$\frac{b}{\sqrt{a^2 - b^2}} \geqslant \tan\phi \tag{7.108}$$

常数 a 和 b 由式(7.105)和式(7.107)确定。使用这些值,Braestrup 等(1976)得到如下极限荷载的最小上限解

$$P = \frac{1}{2}\pi f_c' \left\{ \begin{array}{l} h_0(d_0 + h_0\tan\phi)\dfrac{1 - \sin\phi}{\cos\phi}\dfrac{f_c'}{f_t'} + \sqrt{a^2 - b^2}(h - h_0) \\[2mm] + \dfrac{d_1}{2}\left[\left(\dfrac{d_1}{2}\right)^2 - a^2 + b^2\right]^{1/2} - ab + \left(\dfrac{d_1}{2}\right)^2 - a^2 \end{array} \right\} \tag{7.109}$$

7.7.3 数值结果

最佳上限解(式(7.109))对摩擦角的变化不是非常敏感,并且在整个计算中采用了对应于 $\phi = 37°$ 的 $\tan\phi = 0.75$。然而,该解对强度比 f_t'/f_c' 非常敏感。对于 $f_t' = 0$,最小上限随着 d_1 的增加而减小,这意味着最佳破坏面将一直延续到支座。如果引入一些拉伸强度,则上限解将取对应于 d_1 的有限值的最小值。

为了得到无量纲极限荷载参数,定义了直径为 $d_0 + 2h$ 的控制圆柱表面上的平均剪应力 τ,即

$$\tau = \frac{P}{\pi(d_0 + 2h)h} \tag{7.110}$$

为简单起见,我们不区分有效高度和总高度。荷载参数 τ/f_c' 是相对支座直径 D/h 和相对冲头直径 d_0/h 的函数。图 7.27 显示了当抗拉强度为零时,τ/f_c',D/h,以及 d_0/h 的相互作用。当支承直径朝向无穷大增加时,极限

荷载渐近地趋向零。

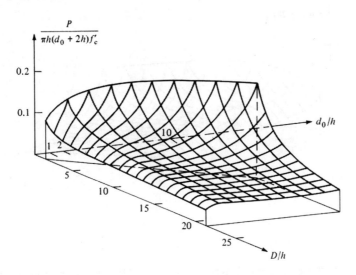

图 7.27　荷载参数作为相对支座直径和相对冲头直径的函数，混凝土
抗拉强度 $f_t' = 0$（Braestrup 等,1976）

图 7.28 显示了非零抗拉强度，当 $f_t'/f_c' = \dfrac{1}{100}$ 时的相互作用面。当支座直径 D 与冲头直径相比足够大时，破坏发生在支座上（$d_1 < D$），然后极限荷载与支座直径无关。注意到当支座直径不太接近最小值 $D = d_0 + 2h\tan\phi$ 时，荷载参数几乎是常数。由此，由式(7.110)定义的剪切应力 τ 是一个合理选择的设计变量。

7.7.4　试验验证

在将极限分析理论应用于混凝土时，为了考虑混凝土受拉时有限的延性，我们往往忽略抗拉强度。这意味着理论破坏面总是延伸到支座上。由于理论破坏面对混凝土拉伸强度非常敏感，因此实际观察到的破坏面与理论预测的破坏面进行比较时需要引入一些抗拉强度。Braestrup 等(1976)发现拉伸强度 $f_t' = f_c'/400$ 将提供一个良好的比较合理的结果。

为了将试验荷载与理论预测进行比较，将有效混凝土强度 $\overline{v}f_c'$ 引入求解。对于一个特定的试验，有效系数 $\overline{v}$ 被发现为实验荷载与预期理论值的比

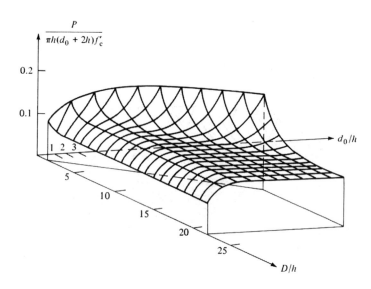

图 7.28　荷载参数作为相对支座直径和相对冲头直径的函数（Braestrup 等,1976）

混凝土抗拉强度 $f'_t = f'_c/100$

值。假设抗拉强度为 $f'_t = f'_c/400$,得出以下一系列试验的平均有效系数 $\bar{v}$

$$\bar{v} = \begin{cases} 0.64,29\%, & \text{Elstner 和 Hognestad(1956)} \\ 0.50,16\%, & \text{Kinnunen 和 Nylander(1960)} \\ 0.81,10\%, & \text{Dragosavic 和 van den Beukel(1974)} \\ 0.89,16\%, & \text{Taylor 和 Hayes(1965)} \end{cases}$$

上面也给出了各自的变异系数,显然试验荷载非常分散。第一系列的试验采用了各种混凝土强度,从而导致了巨大变异。同时,由于有效系数与混凝土延性有关,我们预期它取决于强度水平。

7.7.5　拔出试验

关于本理论一个有趣的应用是混凝土拔出试验。当 $D = d_0 + 2h\tan\phi$ 选择为支座直径时,则破坏表面减小到一个截锥,并且理论预测冲剪压力与抗拉强度 f'_t 无关。这表明,通过适当的试验设备,拔出试验可确定混凝土的抗压强度。Braestrup 等(1976),Jensen 和 Braestrup(1976)对该问题进行了进一步讨论。

7.8　混凝土路面的承载能力

本节将研究混凝土板在弹性地基上的承载能力。其弯矩和剪力承载的方式与钢筋混凝土梁基本相同,但是在二维空间而非一维空间。因此在分析中使用弯矩-曲率关系而不是应力-应变关系。这里,与前面的情况一样,实际的弯矩-曲率曲线理想化为两条直线,类似于单轴试验的理想弹塑性应力-应变曲线。然后,板弯矩的屈服准则与应力的完全相同,用每单位长度的极限弯矩 M_0 代替 f'_c。

极限定理和应力场,即弯矩场一起使用。同样,像应力一样,较好的上限值比较好的下限值更容易获得。在破裂线法或屈服线理论的专题下可以找到关于破坏荷载上限的大量文献。这个概念最初出自 Johansen 于 1932 年独立提出的极限分析定理。Johansen(1943)等许多其他论文对该方法进行了综合介绍。

在下文中,我们考虑中央均布荷载下素混凝土路面的承载能力,如图 7.29所示。假设路面板无限大并且铺置在线弹性(Winkler)路基上,并且弯矩-曲率关系为理想弹塑性性能,首先发展了混凝土路面板的破坏荷载极限分析。随后证明,由于轴向推力的存在和横截面的逐渐开裂,受约束板内的一个素混凝土单元,路面板侧面的端部受周围不可移动混凝土的约束而不能横向移动,受约束板内的素混凝土单元可以在不丧失其抗弯强度的情况下呈显著变形。因此,如实验所察,大型素混凝土板中的弯矩重分配成为可能。

7.8.1　上限解

一个均布荷载 P 在半径为 a 的小圆上缓慢施加到路面上,荷载通过路面板逐渐传递到路基,直至实现完全达到径向塑性弯矩,并在板中形成塑性机构,如图 7.29 所示。破坏机构由无数个径向屈服线和半径为 c 的圆形屈服线组成。随着荷载的进一步增加,板变形为锥形表面,但没有观察到突然的破坏,即尽管外力继续增加,但由于路基反力也相应增加,因此保持平衡。

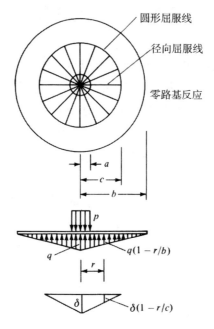

圆形屈服线

径向屈服线

零路基反应

图 7.29　破坏机构和压力分布

但是,在外载作用下,沉降速率在破坏机构的形成中迅速增长,直到最后,荷载和破坏的混凝土沉入地下。极限分析的目的在于确定板中发生塑料破坏机构时的荷载。在计算中,路基反力 q 为半径 b 的圆锥分布。

荷载所做的功 W_p 和向上的路基反力做的功 W_q,以及径向屈服线 W_r 和圆形屈服线 W_c 的内能耗散有如下形式(图 7.29)。

$$W_p = \int_0^{2\pi}\int_0^a \frac{P_0}{\pi a^2} r\mathrm{d}\theta\mathrm{d}r\delta\left(1 - \frac{r}{c}\right) = P_0\delta\left(1 - \frac{2a}{3c}\right) \tag{7.111}$$

$$W_q = -\int_0^{2\pi}\int_0^c q\left(1 - \frac{r}{b}\right)r\,\mathrm{d}\theta\mathrm{d}r\delta\left(1 - \frac{r}{c}\right) = -q\delta\frac{\pi c^2}{3}\left(1 - \frac{c}{2b}\right)$$
$$= -P_0\delta\left(\frac{c}{b}\right)^2\left(1 - \frac{c}{2b}\right) \tag{7.112}$$

$$W_r = 2\pi M_0\delta \tag{7.113}$$

$$W_c = 2\pi M_0\delta \tag{7.114}$$

从这个机构的功能方程

354

$$W_p + W_q = W_r + W_c \tag{7.115}$$

我们获得

$$P_0 = \frac{4\pi M_0}{1 - \dfrac{2}{3}\dfrac{a}{b}\dfrac{b}{b} - \left(\dfrac{c}{b}\right)^2 + \dfrac{1}{2}\left(\dfrac{c}{b}\right)^3} \tag{7.116}$$

圆形屈服线的位置可以由下式确定

$$\frac{\mathrm{d}P_0}{\mathrm{d}c} = 0 \quad 或 \quad 4\frac{a}{b} - 12\left(\frac{c}{b}\right)^3 + 9\left(\frac{c}{b}\right)^4 = 0 \tag{7.117}$$

给定比率 a/b，圆形屈服线 c/b 的相对半径可以从式(7.117)中找到。把得到的 c/b 值代入式(7.116)，即获得一个上限破坏荷载 P_0。

7.8.2　下限解

一个圆板在轴对称荷载下，垂直力和弯矩平衡有两个微分方程。在极坐标内，它们与主弯矩 M_r 和 M_θ，剪力 S 和分布荷载 $w(r)$ 相关联。

$$\frac{\mathrm{d}}{\mathrm{d}r}(rS) + rw = 0, \quad \frac{\mathrm{d}}{\mathrm{d}r}(rM_r) - M_\theta - rS = 0 \tag{7.118}$$

由于 w 仅依赖于 r，第一个公式可以被积分并代入第二个以消除 S。

$$\frac{\mathrm{d}}{\mathrm{d}r}(rM_r) - M_\theta = -\int_0^r rw(r)\mathrm{d}r \tag{7.119}$$

对于任何给定的塑性破坏机构，可以对式(7.119)进行积分。对于图 7.29所示的机构，有

$$M_\theta = M_0, \quad M_r = \frac{1}{r}\int\left[M_0 - \int_0^r rw(r)\mathrm{d}r\right]\mathrm{d}r \tag{7.120}$$

使用横向荷载分布

$$w(r) = \begin{cases} p - q\left(1 - \dfrac{r}{b}\right) & ,0 \leqslant r \leqslant a \\[2mm] -q\left(1 - \dfrac{r}{b}\right) & ,a \leqslant r \leqslant b \end{cases} \tag{7.121}$$

总竖向平衡条件

$$\frac{1}{3}\pi b^2 q = p\pi a^2 = P_0 \tag{7.122}$$

当 $r=0,r=c$ 时的边界条件，$M_r=M_0,r=a$ 时 M_r 的连续性条件，沿半

径的径向力矩 M_r 可以从式(7.120)计算得到

$$M_r = \begin{cases} M_0 + \dfrac{P_0 r^2}{2\pi b^2}\left(1 - \dfrac{r}{2b}\right) - \dfrac{P_0 r^2}{6\pi a^2} & \text{,对于 } 0 < r \leqslant a \quad (7.123) \\[3mm] M_0 + \dfrac{P_0 r^2}{2\pi b^2}\left(1 - \dfrac{r}{2b}\right) - \dfrac{P_0}{2\pi}\left(1 - \dfrac{2a}{3r}\right) & \text{,对于 } a \leqslant r \leqslant b \quad (7.124) \end{cases}$$

$a/b = 0.3$ 的径向弯矩,式(7.116),如图 7.30 中的实曲线所示。由于板中的径向弯矩小于或等于屈服弯矩,因此在任何地方都满足屈服准则。由此,由式(7.116)得出的荷载 P_0,也是极限荷载的一个下限。因此,根据两个极限定理,P_0 是真正的破坏荷载。

7.8.3　Meyerhof 解

Meyerhof(1962a,b)得到一集中荷载作用在与基座完全接触的大板上的小圆形区域上的破坏荷载

$$P_0 = \frac{8\pi M_0}{1 - 4a/3b} \tag{7.125}$$

在推导该表达式时,使用了类似于图 7.29 的破坏机构。但是,假设圆形屈服线与零路基向上反力的圆一致。因此,Meyerhof 的解是一个上限解。这可以通过将上限解式(7.125)代入式(7.123),并把 $a/b = 0.3$ 的结果在图 7.30 中作为虚线绘制来进行证明。可以看出,除了板中心部分和圆形屈服线之外,其他地方的弯矩小于或等于板的屈服弯矩。

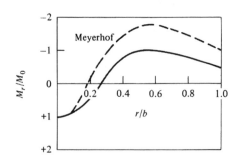

图 7.30　$a/b = 0.3$ 的弯矩分布

0.3 < r/b < 1.0 区域内的弯矩均超过屈服力矩 M_0，并且不满足屈服准则。因此，Meyerhof 机构的屈服线系统不能形成正确的破坏机构。圆形屈服线的正确位置必须位于零路基反力圆内的某处，如图 7.29 所示。

精确解（式（7.116））和 Meyerhof 解（式（7.125））分别绘制为实线和虚线曲线，如图 7.31 所示。对应于 Meyerhof 机构的 P_0 值大于现有机构的值（图 7.29）。

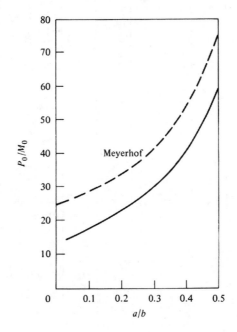

图 7.31　破坏荷载曲线-精确解的和 Meyerhof 解

对于双圆、三圆和四圆形荷载和条带荷载，可以导出类似的表达式，并将它们列于表 7.1 中。

破坏荷载如图 7.32 和图 7.33 所示。图 7.32 显示了多个荷载的情况。它们表示为各个单独圆形破坏荷载之和一个函数；图 7.33 显示了条带荷载情况。随着间距的增加，多个破坏荷载将接近由各个荷载的破坏荷载之和给出的上限。

表 7.1 不同加载情况（Jiang, 1979）

加载情况	P_0/M_0
	$$\dfrac{4\left[(\pi c/b)+s/b\right]}{2\dfrac{c}{b}-\left(\dfrac{2}{3}+\dfrac{4}{3\pi}\right)\dfrac{a}{b}-\dfrac{\frac{2\pi}{3}\left(\frac{c}{b}\right)^3\left(1-\frac{1}{2}\frac{c}{b}\right)+2\frac{s}{b}\left(\frac{c}{b}\right)^2\left(1-\frac{1}{3}\frac{c}{b}\right)}{(\pi/3)+s/b}}$$
	$$\dfrac{4\left[(\pi c/b)+1.5s/b\right]}{3\dfrac{c}{b}-\left(\dfrac{2}{3}+\dfrac{2}{\pi}\right)\dfrac{a}{b}-\dfrac{\pi\left(\frac{c}{b}\right)^3\left(1-\frac{1}{2}\frac{c}{b}\right)+4.5\frac{s}{b}\left(\frac{c}{b}\right)^2\left(1-\frac{1}{3}\frac{c}{b}\right)+\frac{3\sqrt{3}}{4}\left(\frac{s}{b}\right)^2\frac{c}{b}}{(\pi/3)+(1.5s/b)+(\sqrt{3}/4)(s/b)^2}}$$
	$$\dfrac{4\left[(\pi c/b)+2s/b\right]}{4\dfrac{c}{b}-\left(\dfrac{2}{3}+\dfrac{8}{3\pi}\right)\dfrac{a}{b}-\dfrac{\frac{4\pi}{3}\left(\frac{c}{b}\right)^3\left(1-\frac{1}{2}\frac{c}{b}\right)+8\frac{s}{b}\left(\frac{c}{b}\right)^2\left(1-\frac{1}{3}\frac{c}{b}\right)+4\left(\frac{s}{b}\right)^2\frac{c}{b}}{(\pi/3)+(2s/b)+(s/b)^2}}$$
	$$\dfrac{4\left[(\pi c/b)+s/b\right]}{\dfrac{c}{b}-\dfrac{\frac{\pi}{3}\frac{a}{b}+\frac{1}{2}\frac{s}{b}}{(\pi/2)+s/b}-\dfrac{\frac{\pi}{3}\left(\frac{c}{b}\right)^3\left(1-\frac{1}{2}\frac{c}{b}\right)+\frac{s}{b}\left(\frac{c}{b}\right)^2\left(1-\frac{1}{3}\frac{c}{b}\right)}{(\pi/3)+s/b}}$$

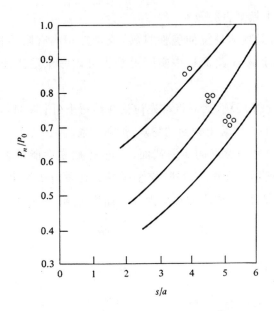

图 7.32　双圆、三圆和四圆形荷载情况（表 7.1）

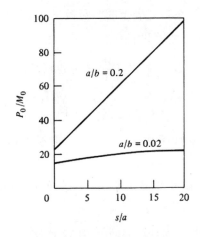

图 7.33　条形荷载情况（表 7.1）

7.8.4　素混凝土截面的弯矩-曲率关系

在估算混凝土路面的破坏荷载时，假定板是理想弹塑性材料。这个假设对于素混凝土板是否有效?

众所周知,混凝土是拉伸脆性材料,或延性相当有限的材料。因此,令人怀疑的是,在混凝土路面板中实际上是否可以完全重新分配弯矩以形成破坏机构?

为了回答上述问题,我们将首先讨论在纯弯下(图 7.34),然后在弯压组合下(图 7.35)的素混凝土截面的弯矩-曲率关系。

对于纯弯中单位宽度的矩形截面,其弯矩-曲率性能可以分三个阶段描述,如图 7.34 所示。在第 1 阶段,它呈弹性。在阶段 1 结束时,最外端受拉纤维达到极限应力 f'_t,相应的弯矩为 M_1,曲率为 ϕ_1(图 7.34(a))

$$M_1 = f'_t \frac{h^2}{6} = 0.167 f'_t h^2 \qquad (7.126)$$

$$\phi_1 = \frac{\varepsilon_1}{h/2} = 2\frac{f'_t}{Eh} \qquad (7.127)$$

在第 2 阶段,在受拉区域中产生一些延性,其中应力图变得稍微弯曲。为了简化说明,在阶段 2 结束时,拉应力图仍显示为三角形(图 7.34(b))。最外端纤维的拉应力现在是混凝土的断裂模量 f'_r,等于 $1.75 f'_t$,最外端纤维的拉应变可以取为 $2\varepsilon_t$。然后我们有

$$M_0 = 1.75 f'_t \frac{h^2}{6} = 0.292 f'_t h^2 \qquad (7.128)$$

$$\phi_0 = \frac{2\varepsilon_t}{h/2} = 4\frac{f'_t}{Eh} \qquad (7.129)$$

这两个阶段的 M-ϕ 曲线由图 7.36 中的曲线 OAB 表示。注意,线 AB 略微弯曲。

在第 2 阶段之后,截面开裂且可以进一步变形,第 3 阶段的弯矩和曲率如下(图 7.34(c))

$$M = 0.292 f'_t (\alpha h)^2 = 0.292 \alpha^2 f'_t h^2 \qquad (7.130)$$

$$\phi = \frac{2\varepsilon_t}{\alpha h/2} = \frac{4}{\alpha}\frac{f'_t}{Eh} \qquad (7.131)$$

其中,α 是开裂截面的相对高度。

对于不同的 α 值,阶段 3 中的 M-ϕ 的关系由图 7.36 中的曲线 BC 表示。很明显,曲线 $OABC$ 不能理想化为理想弹塑性材料。

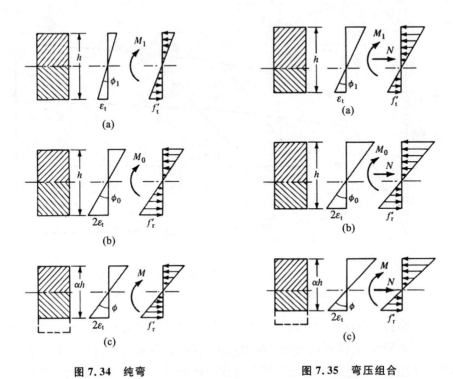

图 7.34　纯弯

(a)阶段 1;(b)阶段 2;(c)阶段 3

图 7.35　弯压组合

(a)阶段 1;(b)阶段 2;(c)阶段 3

据 Jiang(1979)报道,板和足尺混凝土路面的试验表明,在板底部出现径向裂纹后,在板中观察到水平推力。正如条带效应提供梁的承载能力一样,梁的端部保持不向内移动,围绕加载区域的路面板产生拱形作用。

由于存在轴向推力,混凝土截面现在受到弯压组合作用。在第 2 阶段结束时,应力图可以如图 7.35(b)所示

$$M_0 = 0.292 f_t' h^2 + 0.167 Nh \tag{7.132}$$

$$\phi_0 = 2\left(\frac{N}{f_t' h} + 2\right)\frac{f_t'}{Eh} \tag{7.133}$$

在第 3 阶段,开裂截面的弯矩和曲率将是(图 7.35(c))

$$M = 0.292 \alpha^2 f_t' h^2 + 0.167(3 - 2\alpha)Nh \tag{7.134}$$

$$\phi = \frac{2}{\alpha^2}\left(\frac{N}{f_t' h} + 2\right)\frac{f_t'}{Eh} \tag{7.135}$$

从上述表达式获得的 M-ϕ 关系如图 7.36 所示。值得注意的是如曲线

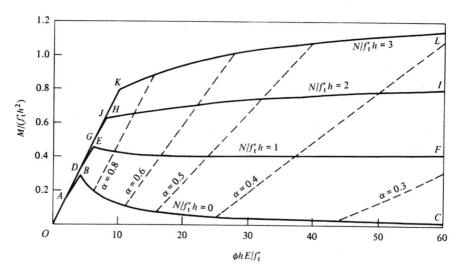

图7.36　具有不同轴向压力的弯矩-曲率曲线

$OADEF$,M-ϕ 曲线是用于所有实际目的的理想弹塑性类型。N 和 α 的值需要进一步研究,但是可以得出这样的结论:仅在存在轴向推力和逐渐开裂的截面才能应用理想塑性极限分析。目前的极限分析解释了在大型素混凝土路面中的弯矩重新分布的合理性,正如在许多实验中所观察到的那样。

7.9　总　　结

尽管混凝土是一种变形能力非常有限的材料,但最近对混凝土塑性的研究表明,在塑性分析和设计的极限定理的基础上,可以计算出一些素混凝土、钢筋混凝土和预应力混凝土结构的承载能力。本章从结构混凝土的真实性能及其理想化角度讨论了极限定理的重要性。

Johansen 于1932年提出关于钢筋混凝土板弯曲分析的屈服线理论,是理想塑性上限方法应用于结构的最早和最成功的范例之一。此外,对于钢筋混凝土梁和框架的弯曲分析,极限分析已成为标准(Baker,1956)。然而,考虑到剪切问题,在20世纪70年代之前很少有理论上的进展(Nielsen 等,1978a,b)。通过应用极限理论的合理分析,可以在钢筋混凝土的剪切问题中实现显著的改进和节约,已证明其在弯曲情况下的有效性。本章简要概述了剪切塑性分析在混凝土和其他应用中的最新进展。这些结果应该证明了使用经典塑性理论分析混凝土所固有的巨大可能性。

结构混凝土中的大多数剪切情况的特征在于,每个问题的特定形式都对剪切破坏提出了限制。原因在于,结构的几何形状和所考虑的荷载情况在一开始就定义了变形的方向或破坏的位置。例如,对于一个隔板,给出了破坏的位置,唯一的变量是变形方向(图 7.11)。在其他情况下,它是受约束的方向。这是板在轴对称冲压的情况(图 7.25),由于对称,变形必须垂直于板平面,而这里破坏的位置是未知的。

对于梁的剪切,有两种情况要考虑。①浅梁的剪切破坏通常以主筋不屈服为特征。由此,忽略弹性应变,变形被限制为垂直于梁轴(图 7.20)。②对于深梁,破坏的位置可能受到荷载和支座位置的限制。这种梁的剪切破坏可能涉及主筋的屈服,此时,破坏面穿过荷载和支承点,但变形方向是可变的。

这些限制的存在对剪切破坏的性质具有决定性的影响。当剪切受限制时混凝土滑移失效的事实意味着混凝土的抗压强度被调动。正如 Braestrup 等(1978)所指出的那样,这正是大多数建筑规范出错的地方。混凝土的剪切破坏只是克服抗拉强度的假设仅适用于完全无限制的剪切。对于受限制的混凝土,强度和延性性能可以通过简单的理想塑性模型和关联流动规则来适当描述。

因此,可以用理想塑性极限理论来分析极限剪切荷载。在本章中,假设修正的 Mohr-Coulomb 破坏准则作为混凝土的屈服条件,应用关联流动法则(正交条件),并建立了极限分析所依据的两个极限定理(7.2 节)。运动不连续性(屈服线)的引入得到对任何问题的一个简单上限分析(7.3 节)。对于平面应变构件,获得了混凝土圆柱体劈裂试验的较接近的上限或下限解(7.4 节)。进一步,对于平面构件,推导了正确解,采用合理假设,分析了施工缝(7.5 节),垂直箍筋梁(7.6 节)和钢筋混凝土板(7.7 节)冲剪的剪切强度。此外,对于混凝土路面的承载能力,确定了重合的上限和下限解(7.8 节)。这里证明了,由于大板中提供侧向约束的拱形作用,轴向推力的存在和截面的逐渐开裂意味着素混凝土构件的弯矩-曲率行为可以充分地被模拟为理想塑性材料与关联流量法则(图 7.36)。这就解释了塑性极限分析可以应用于素混凝土路面问题的原因。

在应用极限分析时,有必要考虑到混凝土实际上不是一个理想塑性材料这一事实。延性限于压缩,且应力-应变曲线在破坏时下降。描述这种情况的一个简单方法是用有效强度 $\overline{v}f_c'$ 代替抗压强度,$\overline{v}$ 为有效强度系数。$\overline{v}$ 的值必须通过试验由经验公式确定。在受拉时,混凝土的延性甚至更低,但并不是说不存在。由此,我们必须对拉伸强度使用一个较小的有效系数。在许多情况下,有效系数假设为零,即拉伸强度被忽略。完全无法承受拉应力确实属于极限理论的范围,正如早期极限理论应用于土力学(Drucker 和 Prager,1952)、楔形拱(Kooharian,1952)、哥特式大教堂、飞拱和中殿拱顶(Heyman,1966)。

在极限理论应用于钢筋混凝土时,往往忽略了钢筋的销栓作用。这个假设意味着我们忽略了复合材料的显著的弹性变形。由此,为了计算初期破坏时的强度条件,我们基本上采用了一种更简单的模型,即混凝土和钢筋的理想刚塑性模型。此外,为了便于分析,我们假设钢筋间距足够小以允许作用连续分布。

参考文献

Baker,A. L. L. (1956):"The Ultimate-Load Theory Applied to the Design of Reinforced and Prestressed Concrete Frames," Concrete Publications,Ltd.,London.

Baker, J. F., and J. Heyman (1969):"Plastic Design of Frames: Fundamentals,"Cambridge University Press,London.

—,M. R. Horne, and J. Heyman (1956):"The Steel Skeleton," vol. 2, Cambridge University Press,London.

Braestrup,M. W. (1974):Plastic Analysis of Shear in Reinforced Concrete, *Mag. Concr. Res.*, vol. 26,no. 89,December,pp. 221-228.

—,M. P. Nielsen,and F. Bach(1978):Plastic Analysis of Shear in Concrete, *Sonderdr. Sonderh. Gamm-Tagung Lyngby* 1977,Band 58, pp. T3-T14.

—,—,B. C. Jensen, and F. Bach(1976): Axisymmetric Punching of Plain and Reinforced Concrete, *Tech. Univ. Denmark Struct. Res. Lab. Rep.* R75, Copenhagen.

Chen, W. F. (1970): Extensibility of Concrete and Theorems of Limit Analysis, *J. Eng. Mech. Div. ASCE.* vol. 96, no. EM3, Proc. pap. 7369, June, pp. 341-352.

—(1975): "Limit Analysis and Soil Plasticity," Elsevier, Amsterdam.

—and D. C. Drucker(1969): Bearing Capacity of Concrete Blocks or Rock, *J. Eng. Mech. Div. ASCE.* vol. 95, no. EM4, Proc. pap. 6742, August, pp. 955-978.

Davies, J. D. , and D. K. Bose(1968): Stress Distribution in Splitting Tests, *J. Am. Concr. Inst.* , vol. 65, no. 8, pp. 662-669.

Dragosavic, M. , and A. van den Beukel (1974): Punching Shear, *Heron* (Delft), vol. 20, no. 2, p. 48.

Drucker, D. C. (1958): Plastic Design Methods: Advantages and Limitations, *Trans. Soc. Nav. Archit. Marine Eng.* , vol. 65, pp. 172-196.

—(1961): On Structural Concrete and the Theorems of Limit Analysis, *Int. Assoc. Bridge Struct. Eng. Pub.* , vol. 21.

Drucker, D. C. , and W. F. Chen(1968): On the Use of Simple Discontinuous Fields to Bound Limit Loads, pp. 129-145 in J. Heyman and F. A. Leckie (eds.) "Engineering Plasticity," Cambridge University Press, London.

—and W. Prager (1952): Soil Mechanics and Plastic Analysis or Limit Design, *Q Appl. Math.* , vol. 10, no. 2, July, pp. 157-165.

—,—, and H. J. Greenberg(1952): Extended Limit Design Theorems for Continuous Media, *Q Appl. Math.* , vol. 9, January, pp. 381-389.

Elstner, R. C. , and E. Hognestad (1956): Shearing Strength of Reinforced Concrete Slabs, *J. Am. Concr. Inst.* , vol. 53, July, pp. 29-58.

Grob, J. , and B. Thürlimann (1976): Ultimate Strength and Design of

Reinforced Concrete Beams under Bending and Shear, *Proc. Int. Assoc. Bridge Struct. Eng.* , vol. 36-II, pp. 105-120.

Gvozdev, A. A. (1938): The Determination of the Value of the Collapse Loads for Statically Indeterminate Systems Undergoing Plastic Deformation, *Int. J. Mech. Sci.* , vol. 1, no. 4, 1960, pp. 322-335 (trans. of paper in *Proc. Conf. Plastic Deformation*, *Moscow*, *Leningrad*, 1936, *Akad. Nauk SSSR*, 1938).

Hansen, K. , M. Kavyrchine, G. Melhorn, S. Ø. Olesen, D. Pume, and H. Schwing(1974): Design of Vertical Keyed Shear Joints in Large Panel Buildings, *Build. Res. Pract.* , July-August.

Hermansen, B. R. , and H. J. Cowan(1974): Modified Shear-Friction Theory for Bracket Design, *Proc. J. Am. Coner. Inst.* , vol. 71, no. 2, February, pp. 55-60.

Heyman, J. (1966): The Stone Skeleton, *Int. J. Solids Struct.* , vol. 2, pp. 249-279.

—(1971): "Plastic Design of Frames-Applications," Cambridge University Press, London.

Hofbeck, J. A. , I. O. Ibrahim, and A. M. Mattock(1969): Shear Transfer in Reinforced Concrete, *Proc. Am. Concr. Inst.* , vol. 66, no. 2, February, pp. 119-128.

Ingerslev, A. (1921): Om en elementaer beregningsmade af Krydsarmerede Plader, *Ingenioren*, vol. 30, no. 69, pp. 507-516.

—(1923): The Strength of Rectangular Slabs, *J. Inst. Struct. Eng.* , vol. 1, no. 1, January, pp. 3-19.

Jensen, B. C. (1975a): Lines of Discontinuity for Displacements in the Theory of Plasticity of Plain and Reinforced Concrete, *Mag. Concr. Res.* , vol. 27, no. 92, September, pp. 143-150.

—(1975b): On the Ultimate Load of Vertical, Keyed Shear Joints in Large Panel Buildings, Ⅱ , *Int. Symp. Bearing Walls*, *Warsaw*. 1975, *Tech. Univ. Denmark*, *Inst. Build. Des. Rep.* 108, Copenhagen, p. 8.

—and M. W. Braestrup（1976）：Lok-Tests Determine the Compressive Strength of Concrete,*Nord. Betong.* no. 2,March,pp. 9-11.

Jiang, D. H. （1979）: On the Load-Carrying Capacity of Concrete Pavements,*Tong Ji Univ. Rep.* ,Shanghai.

Johansen,K. W. (1930)：Styrekeforholden i Stobeskel i Beton(The Strength of Joints in Concrete),*Bygningsstat. Medd.* ,vol. 2,pp. 67-68. .

—(1932)：Moments of Rupture in Cross-Reinforced Slabs,*Prelim. Publ. 1st Congr. Int. Assoc. Bridge Struct. Eng.* ,Paris,1932. pp. 277-296.

—(1943）: "Brudlinieteorier," Copenhagen, 1943（Engl. ed. " Yield-Line Theory,"Cement and Concrete Association,London,1962).

—(1958)：Brudetingelser for Sten og Beton(Failure Criteria of Concrete and Rock),*Bygningsstat. Medd.* ,vol. 29,no. 2,pp. 25-44.

Kinnunen,S. ,and H. Nylander(1960)：Punching of Concrete Slabs without Shear Reinforcement, *R. Inst. Technol. Stockholm. Trans.* no. 158, p. 112.

Kooharian,A. (1952)：Limit Analysis of Voussoir(Segmental)and Concrete Arches,*J. Am. Concr. Inst.* ,vol. 24,pp. 317-328.

Kriz, L. B. , and C. H. Raths（1965）: Connections in Precast Concrete Structures：Strength of Corbels, *J. Prestressed Concr. Inst.* , vol. 10, no. l,February,pp. 16-61.

Meyerhof,G. G. (1962a)：Bearing Capacity of Floating Ice Sheets,*J. Eng. Mech. Div. ASCE*,vol. 86,no. EM5,October,pp. 113-145.

—(1962b)：Load-Carrying Capacity of Concrete Pavements,*J. Soil Mech. Found. Div. ASCE*,vol. 88,no. SM3,June,pp 89-116.

Nielsen,M. P. (1964)：Limit Analysis of Reinforced Concrete Slabs,*Acta Polytech. Scand. Civ. Eng. Build. Constr. Ser.* ,no. 26.

—(1967)：Om Forskydningsarmering af Jernbetonbjaelker(Shear Reinforcement of Reinforced Concrete Beams), *Bygningsstat. Medd.* , vol. 38, no. 2, November,pp. 33-58.

—(1971)：On the Strength of Reinforced Concrete Discs,*Acta Polytech.*

Scand. Civ. Eng. Build. Constr. Ser., no. 70.

—and M. W. Braestrup (1975): Plastic Shear Strength of Reinforced Concrete Beams, *Bygningsstat. Medd.*, vol. 46, no. 3, pp. 61-99.

—and—(1978): Shear Strength of Prestressed Concrete Beams without Web Reinforcement, *Mag. Concr. Res.*, vol. 30, no. 104, September.

—,—and F. Bach (1978a): Rational Analysis of Shear in Reinforced Concrete Beams *Int. Assoc. Bridge Struct. Eng. Proc.* P-15/78, May.

—,—B. C. Jensen, and F. Bach (1978b): Concrete Plasticity-Beam Shear-Shear in Joints-Punching Shear, Technical University of Denmark, Lyngby, Structural Research Laboratory, Copenhagen, October.

Richart, F. E., A. Brandtzaeg, and R. L. Brown (1928): A Study of the Failure of Concrete under Combined Compressive Stresses, *Univ. Ill. Eng. Exp. St. Bull.* 185.

Scordelis, A. C. (1972): Finite Element Analysis of Reinforced Concrete Structures, *Proc. Spec. Conf. Finite Element Methods Civ. Eng.*, Montreal, pp. 71-113.

Taylor, R., and B. Hayes (1965): Some Tests on the Effect of Edge Restraint on Punching Shear in Reinforced Concrete Slabs, *Mag. Concr. Res.*, vol. 17, no. 50, March, pp. 39-44.

第8章 弹性-强化-塑性-断裂模型

8.1 引　言

　　鉴于混凝土材料的受压性质与具有加工强化的理想弹塑性材料之间有很多明显的相似点，利用弹性-加工强化-塑性模型来描述混凝土材料的受压应力-应变关系是可行的，这可以从图 6.1 中素混凝土简单压缩下的单轴应力-应变曲线代表的应力-应变关系看出来。因为卸载后只有 ε^e 部分能从总变形 $\varepsilon=\varepsilon^e+\varepsilon^p$ 恢复，而从 A 点到 D 点的非线性变形基本上是非弹性的。显然，后者可准确地对应于加工强化或者应变强化弹塑性固体的性能。

　　在建立塑性材料合本构方程过程中，使用了两个基本的方法。第一个方法被称作总应变或者总变形。加工强化材料的塑性变形理论假设：只要塑性变形继续增加，应力状态唯一地确定了塑性变形过程中的应变状态。这与第 4 章中的无卸载发生时的非线弹性应力-应变关系相同。例如，假设各向同性，最一般化的变形理论可以写成

$$\varepsilon^p_{ij} = P(I_1,J_2,J_3)\delta_{ij} + Q(I_1,J_2,J_3)s_{ij} + R(I_1,J_2,J_3)t_{ij} \qquad (8.1)$$

其中，$\varepsilon^p_{ij} = \varepsilon_{ij} - \varepsilon^e_{ij}$ 是塑性应变分量；弹性分量由 Hooke 定律给出。与之前一样，I_1 是应力第一不变量，J_2 和 J_3 分别为第二、第三应力偏量不变量，s_{ij} 为应力偏量，并且

$$t_{ij} = s_{ik}s_{kj} - \frac{2}{3}J_2\delta_{ij} \qquad (8.2)$$

其中，t_{ij} 是应力偏量的平方差。只要明确表明函数 $f(I_1,J_2,J_3)$ 为加载或者塑性变形准则，上述公式即可用来作为一般的应力历史。当其值增加时，永久应变 ε^p_{ij} 随着塑性应力-应变关系变化；当其值减小时，则会根据其他应力-应变关系发生卸载。式(8.1)表述的应力-应变关系隐含材料的单轴应力-应变图从一开始就不是线性的这一假设。对于如图 6.1 所示的具有直到 A 点

的线性段的混凝土材料,函数 f 需要修正。如果认为在 f 达到某个确定值之前不会发生塑性变形,需要将一般屈服点包含在屈服函数中。类似地,卸载之后的加载在 f 到达或者超过 f 曾经到达的最高值之前,并不会产生塑性流动。

总之,已经明确证明:除了某些特殊的加载情况,如所有应力分量比例增加,变形理论不会获得有意义的结果,并且有时会引起矛盾。例如,应力中性变载时加载和卸载表达式并不重合,当 $f(I_1,J_2,J_3)$ 当中的应力变化保持不变时,此时既不是加载也不是卸载。这即是连续性条件。基本困难在于即使在某些最有限情况下,变形理论和 $f(I_1,J_2,J_3)$ 的存在也是不相容的。

第二个理论与加载准则 $f(I_1,J_2,J_3)$ 的假设一致,因此避免了变形理论中的困难。将塑性应变增量 $d\varepsilon_{ij}^p$ 与应力状态 σ_{ij} 以及应力增量 $d\sigma_{ij}$ 联系起来的理论被称为增量或流动理论。至今讨论过的最简单的流动理论就是第 6 章中的理想塑性理论。之前关于理想塑性理论的大量讨论几乎不作修改即可适用于加工强化塑性。本质区别在于此时屈服面在应力空间不再固定,并且 σ_{ij} 允许移动到屈服面外部。本章关注的就是基于加工强化塑性增量理论,建立混凝土材料的增量应力-应变关系。

塑性增量理论基于三个基本假设:初始屈服面的形状,后继加载面(强化准则)的演化,合理的流动法则表达式。另外,总应变增量 $d\varepsilon_{ij}$ 被分解为弹性分量 $d\varepsilon_{ij}^e$ 和塑性分量 $d\varepsilon_{ij}^p$ 之和

$$d\varepsilon_{ij} = d\varepsilon_{ij}^e + d\varepsilon_{ij}^p \tag{8.3}$$

弹性反应受广义 Hooke 定律控制,广义 Hooke 定律可为各向异性

$$d\sigma_{ij} = D_{ijkl}^e d\varepsilon_{kl}^e \tag{8.4}$$

利用式(8.3)中的分解关系,应力-应变增量可通过如下公式确定

$$d\sigma_{ij} = D_{ijkl}^e (d\varepsilon_{kl} - d\varepsilon_{kl}^p) \tag{8.5}$$

8.2 节~8.4 节回顾塑性理论的基本概念。8.5 节讲述建立塑性应力-应变关系中的一般技巧。8.6 节推导具有各向同性强化帽盖模型的 Drucker-Prager 材料塑性应变增量的显式表达式,8.7 建立混合强化行为的 von Mises 材料的塑性应变增量的显式表达式。在这两节中,塑性增量理论的许多基本特点都利用两个最基本的形式 $f=J_2$ 和 $f=\alpha I_1+\sqrt{J_2}$ 来说

明。8.8 节建立混凝土三参数模型的加载面和本构关系,8.9 节建立混凝土三参数模型来预测混凝土的双轴应力-应变反应。该模型体现了混凝土的应变强化和应变软化性能,并且允许压缩状态下当前屈服值和拉伸状态下当前屈服值在两个主方向上单独变化。基于上述模型,建立了对应的应力-应变增量关系的显式表达式。本章和下一章将把某些模型用于一些典型素混凝土和钢筋混凝土结构的分析中来说明利用这些技术进行分析问题的范围。另外,在可能的情况下,将比较这些分析和试验结果。

8.2　加载函数与有效应力和有效应变的概念

加载函数　塑性增量理论的第一个基本假设就是存在一个依赖于应力-应变状态和加载历史的加载函数。换言之,在塑性变形或者卸载的每个阶段,存在应力函数 $f(\sigma_{ij})$,当 f 小于某个值 k 时,不会产生额外的塑性变形。当 f 超过 k 时,加工强化材料就会发生塑性流动。变形材料的加载函数就是屈服函数。在塑性变形的任何阶段,加载函数也可以像理想塑性的屈服函数一样用几何方式表示为应力空间的一个面。这个面被称为后继屈服面或者加载面。它伴随塑性流动根据内变量或隐变量改变其形状,内变量或隐变量通过塑性应变 ε_{ij}^{p} 和强化参数 k 表示为

$$f = f(\sigma_{ij}, \varepsilon_{ij}^{p}, k) \tag{8.6}$$

$f=0$ 表示屈服状态,$f<0$ 表示弹性行为发生状态。

塑性理论的一个主要问题就是确定这些后继屈服面的特性。初始屈服后的反应因塑性理论的不同而不同。屈服后的反应被称为强化法则,强化法则通过规定后继屈服面或者加载面演化的规则来表述。实际分析中提出了几种强化法则。具体准则的选择取决于它应用于被考虑的材料的强化性能的容易程度和适用性。后面将简要评述应用于混凝土材料的三种强化法则。

有效应力　为了将加工强化塑性应用到实际工程中,必须把式(8.6)中的强化参数与单轴试验应力-应变曲线联系起来。为此,我们在寻求某个应力变量(即有效应力,它是应力的某个函数)和应变变量(即有效应变,它是塑性应变的某个函数),以便能够将它们的关系绘制出来,并且将不同加载

步骤得到的结果联系起来。对于单轴应力试验,单个有效应力-有效应变曲线能完美地简化为单轴应力-应变曲线。

根据定义,因为加载函数决定是否会发生额外的塑性流动且为正增函数,它可以用作一个确实重要的应力变量来定义有效应力。因为有效应力需要简化到单轴试验中的应力,加载函数 $f(\sigma_{ij})$ 必须是常数 C 乘以有效应力 σ_e 的幂函数

$$f(\sigma_{ij}) = C\sigma_e^n \tag{8.7}$$

例如,假设在 von Mises 材料中 $f = J_2$,则

$$J_2 = C\sigma_e^n \tag{8.8}$$

或者

$$\sigma_e = \left(\frac{J_2}{C}\right)^{1/n} = \left\{\frac{1}{6C}\left[(\sigma_1 - \sigma_2)^2 + (\sigma_2 - \sigma_3)^2 + (\sigma_3 - \sigma_1)^2\right]\right\}^{1/n} \tag{8.9}$$

对于单轴试验,$\sigma_e = \sigma_1$,因此

$$n = 2, \quad C = \frac{1}{3}, \quad \sigma_e = \sqrt{3J_2} \tag{8.10}$$

类似地,对于 Drucker-Prager 材料,有 $f = \alpha I_1 + \sqrt{J_2}$,有

$$n = 1, \quad C = \alpha + \frac{1}{\sqrt{3}}, \quad \sigma_e = \frac{\sqrt{3}\alpha I_1 + \sqrt{3J_2}}{1 + \sqrt{3}\alpha} \tag{8.11}$$

有效塑性应变 有效塑性应变 ε_p 的定义并不简单。通常有两种方法,一是通过单位体积上塑性功定义有效塑性应变增量,即

$$dW^p = \sigma_e d\varepsilon_p \tag{8.12}$$

这就需要能够用来确定 dW^p 的材料塑性应力-应变关系的知识,参见 8.4 节。第二种方法直观地定义有效塑性应变增量为塑性应变增量分量的某种正递增简单组合。具有正确量纲的最简单组合为

$$d\varepsilon_p = C\sqrt{d\varepsilon_{ij}^p d\varepsilon_{ij}^p} \tag{8.13}$$

例如,假设一种压力无关的材料 $f(J_2, J_3)$ 满足塑性不可压缩性条件

$$d\varepsilon_1^p + d\varepsilon_2^p + d\varepsilon_3^p = 0 \tag{8.14}$$

然后将式(8.13)的定义与单轴应力试验对比,可以得到

$$d\varepsilon_1^p = d\varepsilon_p = C\sqrt{\left[(d\varepsilon_1^p)^2 + \left(\frac{1}{2}d\varepsilon_1^p\right)^2 + \left(\frac{1}{2}d\varepsilon_1^p\right)^2\right]} \tag{8.15}$$

$$= C\sqrt{\frac{3}{2}}d\varepsilon_1^p$$

因此
$$C = \sqrt{\frac{2}{3}}, \quad \mathrm{d}\varepsilon_{\mathrm{p}} = \sqrt{\frac{2}{3}\mathrm{d}\varepsilon_{ij}^{\mathrm{p}}\,\mathrm{d}\varepsilon_{ij}^{\mathrm{p}}} \tag{8.16}$$

由于混凝土相关材料并不满足式(8.14)中的不可压缩性条件,必须知道塑性应变增量之间的比例方可确定合理的 C 值。塑性应变增量分量之间的比例决定了塑性应变矢量的方向,即流动法则,它规定了塑性材料的塑性应变增量矢量的方向,8.4 节会详细讲述。

受简单单轴试验控制的有效应力-有效应变关系具有以下一般形式
$$\sigma_{\mathrm{e}} = \sigma_{\mathrm{e}}(\varepsilon_{\mathrm{p}}) \tag{8.17}$$

以微分给出了增量关系
$$\mathrm{d}\sigma_{\mathrm{e}} = H(\sigma_{\mathrm{e}})\mathrm{d}\varepsilon_{\mathrm{p}} \tag{8.18}$$

其中,$H(\sigma_{\mathrm{e}})$ 是塑性模量与屈服面或加载面的扩展速率相关
$$H(\sigma_{\mathrm{e}}) = \frac{\mathrm{d}\sigma_{\mathrm{e}}}{\mathrm{d}\varepsilon_{\mathrm{p}}} \tag{8.19}$$

$H(\sigma_{\mathrm{e}})$ 是当前 σ_{e} 下单轴应力-塑性应变曲线的斜率。

材料的应变历史由有效塑性应变路径的长度记录必须仅是有效应力的函数。
$$\varepsilon_{\mathrm{p}} = \int \mathrm{d}\varepsilon_{\mathrm{p}} = \int \frac{\mathrm{d}\sigma_{\mathrm{e}}}{H(\sigma_{\mathrm{e}})} \tag{8.20}$$

加工强化材料存在唯一逆,由此 σ_{e} 或 f 是 $\varepsilon_{\mathrm{p}} = \int \mathrm{d}\varepsilon_{\mathrm{p}}$ 的函数。

加载函数 f 和有效应力 σ_{e} 仅仅与应变增量的积分函数相关,与应变本身无关。如果,例如,一个杆件被拉伸到超过初始屈服点然后反向压缩到原来的长度,因此最终应变为零,f 和 σ_{e} 在拉伸和压缩过程中都增加了。

8.3　强化准则

加工强化材料的塑性流动的概念延伸了理想塑性固体屈服面或者破坏面在应力空间是固定的概念。强化法则定义了塑性加载过程中后继屈服面的运动。一系列强化法则被用以描述做加工强化材料的后继屈服面的增长。在本节,我们简单概述三种简单模型:各向同性强化模型、随动强化模型和混合强化模型。各向同性强化模型主要适用于单调比例加载;随动强

化模型更合适于具有明显 Bauschinger 效应的材料循环和往复加载。各向同性强化和随动强化的结合被称为混合强化，混合强化更适合混凝土材料。

Bauschinger 效应指的是一种特殊的由塑性变形引起的方向性各向异性，即一个方向的初始塑性应变降低了材料抵抗在相反方向上的后继塑性变形的能力。因此，一个杆件的塑性拉伸导致这个杆件在后继压缩屈服值的显著下降，如图 8.1 所示。当流动应力反向时，屈服值的上升和下降不等，意味着加载函数必须取决于应变和应力，$f(\sigma_{ij}, \varepsilon_{ij})$。因为弹性应变通常由式 (8.4) 所示的广义 Hooke 定律给出，为了明确起见，f 的一般形式应该写成

$$f(\sigma_{ij}, \varepsilon_{ij}^{p}, k) = F(\sigma_{ij}, \varepsilon_{ij}^{p}) - k^2(\varepsilon_p) = 0 \tag{8.21}$$

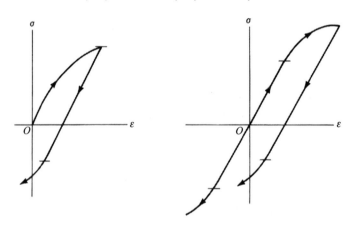

图 8.1　Bauschinger 效应

即当屈服应力反转时屈服值增加和减小不相等

换言之，在塑性变形或者卸载的每个阶段均存在加载面 $F(\sigma_{ij}, \varepsilon_{ij}^{p})$，当 F 小于 k^2 时，不会产生额外的塑性变形，加载函数取决于加载历史或者塑性应变路径。

因为加工强化会引起初始各向同性材料的各向异性，它不足以代表主应力空间的屈服面。在后面，屈服面将会在九维应力空间 σ_{ij} 进行描述。图形会在二维空间绘制，但是基本的几何概念很容易扩展到更高维空间。

各向同性强化　对于理想塑性材料，固定屈服面的方程具有形式 $F(\sigma_{ij}) = k^2$，其中 k 是常数。最简单的加工强化法则就是假设塑性流动发生时，屈服面均匀膨胀无畸变，如图 8.2 中的示意图。屈服面的尺寸受 k^2 控制，k^2 取

决于塑性应变历史。后继屈服面或加载面的方程可以写成如下形式

$$F(\sigma_{ij}) = k^2(\varepsilon_p) \tag{8.22}$$

其中，标量 $k^2 > 0$ 是各向同性强化的某种度量，有效塑性应变 ε_p 是塑性应变的一种积分递增函数而不是塑性应变分量本身。

例如，如果使用 von Mises 函数 $F = J_2$，式(8.22)变成

$$J_2 = \frac{1}{2} s_{ij} s_{ij} = k^2(\varepsilon_p) \tag{8.23}$$

当有效应力 $\sigma_e = \sqrt{3J_2}$ 引入式(8.23)，各向同性强化 von Mises 采用如下形式

$$f(\sigma_{ij}, k) = \frac{3}{2} s_{ij} s_{ij} - \sigma_e^2(\varepsilon_p) = 0 \tag{8.24}$$

其中，强化参数 $\sigma_e(\varepsilon_p)$ 通过等效标量函数 ε_p 将单轴应力应变曲线与多轴应力状态联系起来，ε_p 通过塑性变形功 dW^p(式(8.12))或累积塑性应变(式(8.13))定义。

因为加载面均匀(等向)膨胀并且随着增长的塑性变形保持自相似，如图 8.2 所示，它并不能考虑大多数建筑材料表现出的 Bauschinger 效应。实际上，与观察到的相反，这个强化法则意味着由于加工强化，材料将会表现出压缩屈服应力的增长等于拉伸屈服应力的增长的特性。如图 8.2 所示，加载路径 OAB 上的屈服极限与反向加载路径 OCD 上的屈服极限数值大小相等。因为塑性变形是一个各向同性过程，所以我们不能期望一个预测在塑性阶段各向同性强化的理论能够在考虑到应力空间的应力矢量方向的复杂加载路径下给出合理的结果。

随动强化　随动强化法则假设在塑性变形过程中加载曲面在应力空间做刚体移动，保持初始屈服面的尺寸、形状和方向不变。这个强化法则，归功于 Prager(1955,1956)提供了考虑 Bauschinger 效应的一种方法。

这种模型如图 8.3 所示。应力点沿着加载路径从 A 点移动到 B 点，初始屈服面沿着屈服面接触点或者屈服点法向方向做刚体移动(无转动)。因此，当应力点到达 B 点时，后继屈服面将会在图 8.3 中所示位置停止。屈服面的新位置代表了大多数当前屈服函数，它们的中心用 α_{ij} 表示。注意到如果应力从 B 点沿着初始加载路径卸载，例如 B 点沿着路径 BAO，从 B 点到

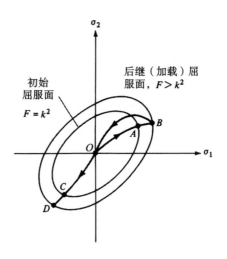

图 8.2　各向同性强化材料后继屈服面示意图

C 点材料表现为弹性,但从 C 点到应力完全卸除以前,将再次发生流动。实际上后继屈服面可能会或可能不会包含应力空间的原点。由于假设加载面的刚体移动,随动强化预测了一个完全反向加载条件下的理想 Bauschinger 效应。

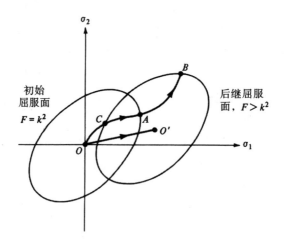

图 8.3　随动强化材料后继屈服面示意图

对于随动强化,加载曲面方程具有如下形式

$$f(\sigma_{ij}, \varepsilon_{ij}^{\mathrm{p}}) = F(\sigma_{ij} - \alpha_{ij}) - k^2 = 0 \tag{8.25}$$

其中,k 是常数,α_{ij} 是加载曲面中心坐标(或者图 8.3 中的矢量 $\boldsymbol{OO'}$),α_{ij} 随着塑性变形变化。确定强化参数 α_{ij} 最简单的方法就是假设 $\mathrm{d}\alpha_{ij}$ 线性依赖于 $\mathrm{d}\varepsilon_{ij}^{\mathrm{p}}$,即 Prager 强化法则,它具有如下形式

$$\mathrm{d}\alpha_{ij} = c\mathrm{d}\varepsilon_{ij}^{\mathrm{p}} \quad 或 \quad \alpha_{ij} = c\varepsilon_{ij}^{\mathrm{p}} \tag{8.26}$$

其中,c 是加工强化常数,是给定材料的性质。式(8.26)可视为线性加工强化的定义。

当 Prager 强化法则应用于应力子空间时可能会引起不协调。例如,如果式(8.25)中的某些应力分量等于零,假设 $\sigma_{ij}''=0$ 并且 $\sigma_{ij}'\neq0$,式(8.25)可以写成

$$F(\sigma_{ij}'-\alpha_{ij}', -\alpha_{ij}'') - k^2 = 0 \tag{8.27}$$

因为 $\mathrm{d}\alpha_{ij}'' = c\mathrm{d}\varepsilon_{ij}^{\mathrm{p}}$ 不一定等于零,式(8.27)不再必然表示应力空间平动的屈服面;由于 α_{ij}'' 值的变化,它有可能会变形。

为了获得也适合子空间的随动强化模型,Ziegler(1959)修改了 Prager 强化法则并且假设在折减应力矢量 $\bar{\sigma}_{ij}=\sigma_{ij}-\alpha_{ij}$ 方向上的移动速率具有如下形式

$$\mathrm{d}\alpha_{ij} = \mathrm{d}\mu\bar{\sigma}_{ij} = \mathrm{d}\mu(\sigma_{ij} - \alpha_{ij}) \tag{8.28}$$

其中,$\mathrm{d}\mu$ 是一个取决于变形历史的正值比例系数。为了简化,假设系数有如下形式

$$\mathrm{d}\mu = a\mathrm{d}\varepsilon_{\mathrm{p}} \tag{8.29}$$

其中,a 是一个正常数,是给定材料的性质。

混合强化　前述两种情况的结合就是更加一般化的混合强化法则(Hodge,1975)

$$f(\sigma_{ij}, \varepsilon_{ij}^{\mathrm{p}}, k) = F(\sigma_{ij} - \alpha_{ij}) - k^2(\varepsilon_{\mathrm{p}}) = 0 \tag{8.30}$$

这种情况下,加载面经历平动和所有方向的均匀膨胀,即保持原来的形状。利用混合强化模型,现在能够模拟不同程度的 Bauschinger 效应。这个模型包含两个强化参数。在本章的后续部分会利用混合强化的概念来推导 von Mises 材料的弹塑性本构方程(8.7 节)。

为方便说明,考虑固定初始各向同性材料的 x,y,z 轴,并且在加载过程中的所有时刻,主应力和主应变都位于 x,y,z 方向。这个条件是必须的,以便一般屈服面能够简化到三维情况,使得屈服面的几何表示成为可能。一

个能够表示 Bauschinger 效应的 f 可能形式是

$$f = \left(\sigma_x - \frac{1}{3}\sigma_{kk} - c\varepsilon_x^p\right)^2 + \left(\sigma_y - \frac{1}{3}\sigma_{kk} - c\varepsilon_y^p\right)^2$$
$$+ \left(\sigma_z - \frac{1}{3}\sigma_{kk} - c\varepsilon_z^p\right)^2 - k^2(\varepsilon_p) = 0 \tag{8.31}$$

其中，c 是常数。当塑性应变为零时，式(8.31)表示 von Mises 屈服面。在应力空间中，屈服面移动但不像图 8.2 那样简单向外膨胀，或如图 8.3 那样移动，除非 k^2 保持常数。后继屈服面并不形成一个单参数集合，而是与之前的屈服面相交，如图 8.4 中的虚线所示。正是应力空间的这些屈服面决定了是否有额外的塑性变形发生。

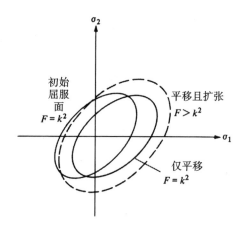

图 8.4　混合强化材料加载曲面截面

8.4　流动法则和 Drucker 稳定性假说

流动法则　目前为止，只考虑了加载面，在给定加载程序的任意点，其加载面形状可以通过选择特定的强化法则来确定。还没有提及塑性应力-应变关系。加载函数 f 和强化材料的应力-应变关系之间的必要联系通过流动法则来确定。第 6 章利用流动法则的概念来描述理想弹塑性材料的性能。后面将讨论加工强化材料的流动法则概念。

当到达当前屈服面 f 时，在后续加载中材料处于塑性流动状态。模拟理想流体流动问题引入塑性势能函数 $g(\sigma_{ij},\varepsilon_{ij}^{p},k)$，我们定义流动法则为

$$\mathrm{d}\varepsilon_{ij}^{p} = \mathrm{d}\lambda\,\frac{\partial g}{\partial \sigma_{ij}} \tag{8.32}$$

其中，$\mathrm{d}\lambda \geqslant 0$ 是一个标量强化参数，它可随着应变过程变化。势能面的梯度 $\partial g/\partial \sigma_{ij}$ 定义了塑性应变增量矢量 $\mathrm{d}\varepsilon_{ij}^{p}$ 的方向，长度则由强化或加载参数 $\mathrm{d}\lambda$ 确定。如第 6 章的理想塑性材料，如果塑性势能面和当前屈服或加载面具有相同的形状，那么流动法则就被称为关联的。

$$g(\sigma_{ij},\varepsilon_{ij}^{p},k) = f(\sigma_{ij},\varepsilon_{ij}^{p},k)$$

并且式(8.32)具有如下形式

$$\mathrm{d}\varepsilon_{ij}^{p} = \mathrm{d}\lambda\,\frac{\partial f}{\partial \sigma_{ij}} \tag{8.33}$$

即塑性流动沿着加载面的法向方向。除了简洁，正交条件基于式(8.33)的任意应力-应变关系可求得给定边值问题的唯一解。因为式(8.33)与加载面有关而被称为关联流动法则。关联流动法则使得建立更复杂形式的屈服面本构方程的一般化成为可能。

因为几乎没有后继屈服面的试验证据，特别是对混凝土材料，关联流动的应用主要基于实用原因。关于定义稳定加工强化材料的 Drucker 基本稳定性假说及其他条件演变为正交性条件(式(8.33))。加载面的形状和应力-应变关系的形式与加工强化的基本意义相关，定义如下。

Drucker 稳定性假说　Drucker(1951)根据下面的准则定义了加工强化的意义。如果对已经处于加载状态的加工强化物体缓慢施加一个外力，然后移去，则：①附加应力施加过程中外力做的功为正；②外力施加和卸去的循环过程中所做的净功为正或零。此处，与上一章中的理想塑性材料一样，外力所做功为正要求以下两个条件

$$\mathrm{d}\sigma_{ij}\,\mathrm{d}\varepsilon_{ij}^{p} \geqslant 0 \tag{8.34}$$

$$(\sigma_{ij} - \sigma_{ij}^{*})\,\mathrm{d}\varepsilon_{ij}^{p} \geqslant 0 \tag{8.35}$$

其中，σ_{ij}^{*} 处于加载面上或者内部的任意应力状态；σ_{ij} 位于加载面上(图 6.4)。如果把塑性应变坐标与应力坐标叠加，如图 6.4 所示，表达式可以解释为应力增量和应变增量的标量积。正标量积要求矢量间的夹角为锐角。显而易见，加工强化材料的稳定性假设有以下三个直接结果(Drucker,1960)。

①初始屈服面和后继屈服面都必须外凸。

②在光滑点,塑性应变增量矢量必须垂直于屈服面或者加载面 $f(\sigma_{ij},\varepsilon_{ij}^{\mathrm{p}},k)=0$ 或 $F(\sigma_{ij},\varepsilon_{ij}^{\mathrm{p}})=k^2$

$$d\varepsilon_{ij}^{\mathrm{p}} = d\lambda\frac{\partial f}{\partial\sigma_{ij}} \qquad (8.36)$$

在角点位置,塑性应变增量矢量位于相邻法向中间。塑性应变增量分量之间的比例与屈服面上任意光滑点的应力增量分量之间的比例无关。

③应变增量与应力增量呈线性关系。式(8.36)中光滑加载面的塑性应变关系可重新写成如下形式

$$d\varepsilon_{ij}^{\mathrm{p}} = (G\partial f)\frac{\partial f}{\partial\sigma_{ij}} = G\frac{\partial f}{\partial\sigma_{ij}}\frac{\partial f}{\partial\sigma_{mn}}d\sigma_{mn} \qquad (8.37)$$

其中,加载函数 f 和标量函数 G 取决于应力、应变和加载历史,但是 G 与 $d\sigma_{ij}$ 无关。注意到式(8.37)增量 ∂f 的计算只与常塑性应变下的应力分量增量相关。

例 8.1 von Mises 模型 最简单和最经常使用的各向同性强化 von Mises 模型是 $F=J_2=\frac{1}{2}s_{ij}s_{ij}$, $G=G(J_2)$, 并且 $\partial f/\partial\sigma_{ij}=\partial F/\partial\sigma_{ij}=s_{ij}$

$$d\varepsilon_{ij}^{\mathrm{p}} = G(J_2)s_{ij}dJ_2 \qquad (8.38)$$

将式(8.38)中的各项平方,有

$$d\varepsilon_{ij}^{\mathrm{p}}d\varepsilon_{ij}^{\mathrm{p}} = G^2(J_2)s_{ij}s_{ij}(dJ_2)^2 = G^2(J_2)2J_2(dJ_2)^2 \qquad (8.39)$$

取式两边的平方根并积分可知 $\int\sqrt{d\varepsilon_{ij}^{\mathrm{p}}d\varepsilon_{ij}^{\mathrm{p}}}$ 必为 J_2 的函数。加工强化材料存在唯一逆,因此 $J_2=\frac{1}{3}\sigma_e^2$ 是 $\int\sqrt{d\varepsilon_{ij}^{\mathrm{p}}d\varepsilon_{ij}^{\mathrm{p}}}=\sqrt{\frac{3}{2}}\int d\varepsilon_{\mathrm{p}}$ 的函数,有效应力 σ_e 与有效应变 ε_{p} 的关系见 8.2 节。

当 F 是最一般化的各向同性形式 $F(I_1,J_2,J_3)$,式(8.37)变为

$$d\varepsilon_{ij}^{\mathrm{p}} = G\left(\frac{\partial F}{\partial I_1}\frac{\partial I_1}{\partial\sigma_{ij}}+\frac{\partial F}{\partial J_2}\frac{\partial J_2}{\partial\sigma_{ij}}+\frac{\partial F}{\partial J_3}\frac{\partial J_3}{\partial\sigma_{ij}}\right)\partial f \qquad (8.40)$$

上式可以写成一般化形式

$$d\varepsilon_{ij}^{\mathrm{p}} = [P(I_1,J_2,J_3)\delta_{ij}+Q(I_1,J_2,J_3)s_{ij}+R(I_1,J_2,J_3)t_{ij}]\partial f(I_1,J_2,J_3) \qquad (8.41)$$

其中,式(8.2)定义的 t_{ij} 是偏应力 s_{ij} 的平方差。变形理论(式(8.1))与增量

理论(式(8.41))之间存在明显的相似性,但是它们之间的差别也是尤其重要的。当应力变化位于当前加载曲面上或中性变载时,$\partial f = 0$,塑性应变分量无任何变化。

实际上,上述理论是各向同性的,因为主应力方向或许与材料内部主轴呈任意方向。但是,它是各向异性的,因为在增量改变加载应力过程中塑性应变增量的主方向与当前应力状态的主方向相同,而不是与应力增量的主方向相同。这种各向异性是由应力状态引起的,并不是材料固有的。卸去所有应力将会使材料回到通常意义上的各向同性。类似地,应力状态相对于材料的转动会引起各向异性的转动。当应力-应变关系式(8.41)以分量形式直接写出时,其类似高度各向异性增量的广义 Hooke 定律

$$\mathrm{d}\varepsilon_x = G_1 \mathrm{d}\sigma_x + G_2 \mathrm{d}\sigma_y + G_3 \mathrm{d}\sigma_z + G_4 \mathrm{d}\tau_{xy} + G_5 \mathrm{d}\tau_{yz} + G_6 \mathrm{d}\tau_{zx} \quad (8.42)$$

其中,G 是应力状态的函数,同时包含弹性和塑性性能。剪应力的增加可能产生伸长或收缩,类似地正应力增量也可能产生剪应变。然而,如之前所述,各向异性是当前应力状态引起的,不是固有的。

值得注意的是塑性功增量为

$$\mathrm{d}W^{\mathrm{p}} = \sigma_{ij} \mathrm{d}\varepsilon_{ij}^{\mathrm{p}} = \mathrm{d}\lambda\sigma_{ij} \frac{\partial f}{\partial \sigma_{ij}} = \mathrm{d}\lambda\sigma_{ij} \frac{\partial F}{\partial \sigma_{ij}} = \mathrm{d}\lambda nF \quad (8.43)$$

其中,F 是应力的 n 次齐次函数,正如塑性理论中的大多数情况。标量函数 $\mathrm{d}\lambda$ 可以通过将式(8.33)中的各项平方

$$\mathrm{d}\varepsilon_{ij}^{\mathrm{p}} \mathrm{d}\varepsilon_{ij}^{\mathrm{p}} = (\mathrm{d}\lambda)^2 \frac{\partial F}{\partial \sigma_{ij}} \frac{\partial F}{\partial \sigma_{ij}} \quad (8.44)$$

取两边的平方根,将 $\mathrm{d}\lambda$ 代入式(8.43)显示 $\mathrm{d}W^{\mathrm{p}}$ 必为 F 和 $\int \sqrt{\mathrm{d}\varepsilon_{ij}^{\mathrm{p}} \mathrm{d}\varepsilon_{ij}^{\mathrm{p}}}$ 的函数

$$\mathrm{d}W^{\mathrm{p}} = \frac{\sqrt{\mathrm{d}\varepsilon_{ij}^{\mathrm{p}} \mathrm{d}\varepsilon_{ij}^{\mathrm{p}}} nF}{\sqrt{(\partial F / \partial \sigma_{mn})(\partial F / \partial \sigma_{mn})}} = \sigma_{\mathrm{e}} \mathrm{d}\varepsilon_{\mathrm{p}} \quad (8.45)$$

其中,利用到了有效塑性应变 ε_{p} 的塑性公式(式(8.12))。

例 8.2　Drucker-Prager 模型　例如,如果使用 Drucker-Prager 势能函数 $F = \alpha I_1 + \sqrt{J_2}$,式(8.45)中的塑性功变为

$$\frac{\sqrt{\mathrm{d}\varepsilon_{ij}^{\mathrm{p}} \mathrm{d}\varepsilon_{ij}^{\mathrm{p}}}(1)(\alpha I_1 + \sqrt{J_2})}{\sqrt{3\alpha^2 + \frac{1}{2}}} = \frac{\sqrt{3}(\alpha I_1 + \sqrt{J_2})}{1 + \sqrt{3}\alpha} \mathrm{d}\varepsilon_p \quad (8.46)$$

其中，$(\partial F/\partial\sigma_{ij})(\partial F/\partial\sigma_{ij})=3\alpha^2+\dfrac{1}{2}$，$n=1$，并利用了式(8.11)中的 σ_e。从式(8.46)可以很容易得出

$$d\varepsilon_p = \frac{\alpha+1/\sqrt{3}}{\sqrt{3\alpha^2+\dfrac{1}{2}}}\sqrt{d\varepsilon_{ij}^p d\varepsilon_{ij}^p} \tag{8.47}$$

对于 von Mises 材料，有 $\alpha=0$，式(8.47)简化为式(8.16)，有效应变通过另外一种直观的方法进行了定义。总之，由塑性功（式（8.12））和（式(8.13)）累积塑性应变(式(8.13))定义的两种有效塑性应变 ε_p 将根据加载函数产生不同的标量函数。只有当 $F=J_2$ 时标量函数才是相同的。然而，对于 $F=J_2$ 这种材料，通过式(8.16)定义的有效塑性应变 ε_p 对于几乎所有的压力无关型 $F(J_2,J_3)$ 材料都是基本正确的。

8.5　增量应力-应变关系

本节基于流动法则(式(8.32))将给出加工强化塑性材料应力-应变关系的一般推导过程。

在塑性加载阶段，初始屈服和后继应力状态必须满足屈服条件

$$\left.\begin{array}{l} f(\sigma_{ij},\varepsilon_{ij}^p,k)=0 \\ f=0\ \text{且}\ f+df=0 \end{array}\right\} \tag{8.48}$$

因此，塑性流动受一致性条件控制，意味着

$$df=\frac{\partial f}{\partial\sigma_{ij}}d\sigma_{ij}+\frac{\partial f}{\partial\varepsilon_{ij}^p}d\varepsilon_{ij}^p+\frac{\partial f}{\partial k}dk=0 \tag{8.49}$$

其中，强化参数 k 是塑性应变的函数。利用式(8.5)中的应力增量 $d\sigma_{ij}$ 和式(8.32)中的流动法则，一致性条件可以写成

$$\frac{\partial f}{\partial\sigma_{ij}}D_{ijkl}^e\left(d\varepsilon_{kl}-d\lambda\frac{\partial g}{\partial\sigma_{kl}}\right)+\frac{\partial f}{\partial\varepsilon_{ij}^p}d\lambda\frac{\partial g}{\partial\sigma_{ij}}+\frac{\partial f}{\partial k}\frac{\partial k}{\partial\varepsilon_{ij}^p}d\lambda\frac{\partial g}{\partial\sigma_{ij}}=0 \tag{8.50}$$

利用上式可解得流动法则中的标量函数 $d\lambda$

$$d\lambda=\frac{(\partial f/\partial\sigma_{ij})D_{ijkl}^e d\varepsilon_{kl}}{h+(\partial f/\partial\sigma_{mn})D_{mnpq}^e\partial g/\partial\sigma_{pq}} \tag{8.51}$$

其中，h 代表受下式控制的强化参数

$$h = -\frac{\partial f}{\partial \varepsilon_{ij}^{\mathrm{p}}}\frac{\partial g}{\partial \sigma_{ij}} - \frac{\partial f}{\partial k}\frac{\partial k}{\partial \varepsilon_{ij}^{\mathrm{p}}}\frac{\partial g}{\partial \sigma_{ij}} \tag{8.52}$$

塑性应变增量 $\mathrm{d}\varepsilon_{ij}^{\mathrm{p}}$ 是总应变增量 $\mathrm{d}\varepsilon_{ij}$ 以及初始屈服面和后继加载面梯度的函数

$$\mathrm{d}\varepsilon_{ij}^{\mathrm{p}} = \mathrm{d}\lambda\,\frac{\partial g}{\partial \sigma_{ij}} = \frac{(\partial f/\partial \sigma_{rs})D_{rskl}^{\mathrm{e}}\,\mathrm{d}\varepsilon_{kl}}{h + (\partial f/\partial \sigma_{mn})D_{mnpq}^{\mathrm{e}}\partial g/\partial \sigma_{pq}}\,\frac{\partial g}{\partial \sigma_{ij}} \tag{8.53}$$

将 $\mathrm{d}\varepsilon_{ij}^{\mathrm{p}}$ 代入应力增量表达式(8.5)可得弹性、加工强化、塑性实体的应力-应变关系

$$\mathrm{d}\sigma_{ij} = D_{ijkl}^{\mathrm{ep}}\,\mathrm{d}\varepsilon_{kl} = (D_{ijkl}^{\mathrm{e}} + D_{ijkl}^{\mathrm{p}})\,\mathrm{d}\varepsilon_{kl} \tag{8.54}$$

其中,塑性刚度张量有如下形式

$$D_{ijkl}^{\mathrm{p}} = -\frac{D_{ijtu}^{\mathrm{e}}(\partial f/\partial \sigma_{rs})(\partial f/\partial \sigma_{tu})D_{rskl}^{\mathrm{e}}}{h + (\partial f/\partial \sigma_{rs})D_{mnpq}^{\mathrm{e}}\partial g/\partial \sigma_{pq}} \tag{8.55}$$

式(8.54)中的第二项代表了由于塑性流动引起的材料结构的劣化。

如果使用非关联流动法则,塑性刚度矩阵是不对称的。

$$f \neq g, \quad D_{ijkl}^{\mathrm{p}} \neq D_{klij}^{\mathrm{p}} \tag{8.56}$$

对于一种满足 Drucker 稳定性假说的稳定加工强化材料,其屈服面和加载面必须外凸,并且塑性应变增量方向由正交条件或关联流动法则(式(8.33))确定。在这种情况下,加载参数必须非负,即 $\mathrm{d}\lambda > 0$,确保 Drucker 假说循环加载下做非负功。Drucker 关于循环加载中耗散功为正的假说并不适用于因为材料局部失稳或者非关联流动而具有软化阶段的材料。在此情况下,弹塑性切向刚度 D_{ijkl}^{ep} 失去了其正定性。

在下一节,将建立 Drucker-Prager 材料的增量应力-应变关系,利用体积相关的盖帽屈服面来控制塑性流动过程中的体积变化。

8.6　具有各向同性强化和软化帽盖的 Drucker-Prager 材料

因为尚没有开展混凝土材料的后继加载面的试验,基于实用目的,主要使用关联流动法则。然而,若使用正交法则,Drucker-Prager 和其他模型的关联流动会引起较大的剪胀作用,混凝土材料的剪胀性仅可在破坏附近通

过试验观测到。为此,静水压压缩下非弹性体积反应可由一个体积相关的帽盖面控制。可以利用这个帽盖来构建一个与屈服面无关,控制剪胀性或压实性的塑性势能函数。

Drucker(1975)在 Drucker-Prager 模型中引入球形帽盖来控制土体的塑性体应变或者膨胀。自此,剑桥大学研究者(Schofield 和 Wroth,1968)提出了基于临界状态概念的几种应变强化或应变软化塑性模型,Roscoe 等(1963)基于正常固结或轻微超固结黏土提出了剑桥黏土模型(也可参考Chen 1975)。最近几年,DiMaggio,Sandler,Baladi 等(1971—1979)对该帽盖模型进行了修正。后来,Green 和 Swanson(1973)在混凝土上使用了类似的模型。下面介绍一个简单的平面帽盖和一个椭圆形帽盖模型。

简单平面帽盖模型 这种模型的加载函数除了包含正常的 Drucker-Prager 型屈服函数外还包含拉断极限和静水压强化函数,如图 8.5 所示。该模型的优点包括静水压荷载下强化函数的改进,有限抗拉强度以及有限膨胀性。

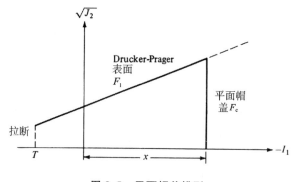

图 8.5 平面帽盖模型

该模型的加载函数包含三个面。

(1) 加载和破坏时 Drucker-Prager 型屈服面

$$F_1 = \alpha I_1 + \sqrt{J_2} - k(\varepsilon_p) = 0 \tag{8.57}$$

其中,ε_p 是有效塑性应变。

(2) 压缩平面帽盖面

$$F_c = I_1 - x(\varepsilon_{kk}^p) = 0 \tag{8.58}$$

其中,x 是依赖于塑性体变化 $d\varepsilon_{kk}^p$ 的强化函数,帽盖的位置 x 通过下式与塑

性体应变 ε_{kk}^{p} 关联

$$\varepsilon_{kk}^{p} = W(\mathrm{e}^{Dx} - 1) \qquad (8.59)$$

其中,D 和 W 都是材料常数。

（3）拉断极限面

$$F_{\mathrm{t}} = I_1 - T = 0 \qquad (8.60)$$

其中,T 是拉断极限。

高压力 I_1 范围下,因为在 $(I_1, \sqrt{J_2})$ 应力空间破坏面依然是 Drucker-Prager 型直线,剪切过程中预测的塑性体应变值并不会减小。该模型不能准确预测材料在剪切荷载条件下的性能。

椭圆形帽盖模型 这种模型如图 8.6 所示。加载函数包含以下三个部分。

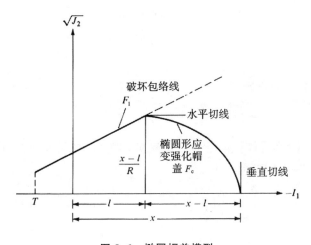

图 8.6 椭圆帽盖模型

（1）假设屈服函数与 Drucker-Prager 函数（式(8.57)）相同。下述函数由 Sandler 和 Melvin(1976),Baladi 和 Rohani(1979)假定下述函数为破坏包络线

$$F_1 = \sqrt{J_2} - (A - C\mathrm{e}^{BI_1}) \qquad (8.61)$$

式中,A, B, C 为材料常数。

（2）应变强化帽盖函数形状是四分之一椭圆形状。

$$F_{\mathrm{c}} = (I_1 - l)^2 + R^2 J_2 - (x - l)^2 = 0 \qquad (8.62)$$

其中，x 为取决于塑性体应变的强化函数；l 为椭圆形帽盖中心的 I_1 值；R 为椭圆形帽盖的长短轴之比，它可能是 l 的函数。

（3）用平面帽盖模型的同样方式引入拉断极限面。

$$F_t = I_1 - T = 0 \tag{8.63}$$

该模型能够防止在高静水压力 I_1 条件下屈服面上发生过多的剪胀。虽然该模型能够预测土体的应变软化和强化，但是它不能精确预测剪切荷载下的滞回环，因为该模型中的强化函数被假定仅受塑性体应变控制。在某些情况下，该假设与试验数据冲突。

目前提出的帽盖模型包含：①破坏包络线，材料单元的破坏由于依赖于 I_1 的平均剪应力 $\sqrt{J_2}$ 所致；②强化函数，塑性体应变速率受 I_1 值控制。

总之，破坏包络线函数或强化函数能够通过如下形式表达

$$f = f[\sigma_{ij}, x(\varepsilon_{ij}^p), k(\varepsilon_p)] \tag{8.64}$$

其中，$x(\varepsilon_{ij}^p)$ 是强化参数，它是塑性应变张量 ε_{ij}^p 的函数；$k(\varepsilon_p)$ 是材料常数，是有效应变 ε_p 的函数。

各向同性材料的弹性张量具有如下形式

$$C_{ijkl}^e = \left(K - \frac{2}{3}G\right)(\delta_{ij}\delta_{kl}) + G(\delta_{ik}\delta_{jl} + \delta_{il}\delta_{jk}) \tag{8.65}$$

其中，K 和 G 分别是体积模量和剪切模量。塑性功（式（8.12））被用来定义式（8.47）中的有效塑性应变 ε_p

$$\varepsilon_p = \int d\varepsilon_p = \frac{\alpha + 1/\sqrt{3}}{\sqrt{3\alpha^2 + \frac{1}{2}}} \int \sqrt{d\varepsilon_{ij}^p d\varepsilon_{ij}^p} \tag{8.66}$$

式（8.54）为非关联流动法则下的弹塑性本构方程。关联流动法则下，式（8.54）中的势能函数 g 等于破坏或者强化函数 $f = F$。

帽盖模型刚度矩阵　通常 $\partial f / \partial \sigma_{ij}$ 或 $\partial g / \partial \sigma_{ij}$ 可以写成

$$\left.\begin{aligned}\frac{\partial f}{\partial \sigma_{ij}} &= \frac{\partial f}{\partial I_1}\delta_{ij} + \frac{\partial f}{\partial J_2}s_{ij} + \frac{\partial f}{\partial J_3}t_{ij} \\ \frac{\partial g}{\partial \sigma_{ij}} &= \frac{\partial g}{\partial I_1}\delta_{ij} + \frac{\partial g}{\partial J_2}s_{ij} + \frac{\partial g}{\partial J_3}t_{ij}\end{aligned}\right\} \tag{8.67}$$

其中　　　　　$$t_{ij} = \frac{\partial J_3}{\partial \sigma_{ij}} = s_{ik}s_{kj} - \frac{2}{3}J_2\delta_{ij}$$

将式(8.59)和式(8.67)代入式(8.54),经过简化可得帽盖模型的本构方程

$$\mathrm{d}\sigma_{ij} = \left[\left(D_{ijkl}^{\mathrm{e}} - \frac{H_{ij}^{*} H_{kl}}{H_1} \right) \right] \mathrm{d}\varepsilon_{kl} = D_{ijkl}^{\mathrm{ep}} \,\mathrm{d}\varepsilon_{kl} \tag{8.68}$$

使用下述符号

$$C_1 = \frac{\partial f}{\partial I_1}, \quad C_2 = \frac{\partial f}{\partial J_2}, \quad C_3 = \frac{\partial f}{\partial J_3} \tag{8.69}$$

$$D_1 = \frac{\partial g}{\partial I_1}, \quad D_2 = \frac{\partial g}{\partial J_2}, \quad D_3 = \frac{\partial g}{\partial J_3} \tag{8.70}$$

$$\lambda = K - \frac{2}{3}G, \quad \mathrm{d}\varepsilon_{\mathrm{p}} = C\sqrt{\mathrm{d}\varepsilon_{ij}^{\mathrm{p}}\,\mathrm{d}\varepsilon_{ij}^{\mathrm{p}}} \tag{8.71}$$

式(8.68)中的函数 H_1 和 H_{ij} 通过下面的式子定义

$$\left.\begin{aligned}
H_1 &= 3C_1 D_1(3\lambda + 2G) + 2C_2 G(2D_2 J_2 + 3D_3 J_3) \\
&\quad + 2C_3 G\Big(3D_2 J_3 + D_3 s_{ik}s_{kj}s_{il}s_{lj} - \frac{4}{3}D_3 J_2^2\Big) - \frac{\partial f}{\partial x}\frac{3D_1}{D(\varepsilon_{kk}^{\mathrm{p}} + W)} \\
&\quad - C\frac{\partial f}{\partial k}\frac{\partial k}{\partial \varepsilon_{\mathrm{p}}}\Big[3D_1^2 + 2D_2^2 J_2 + 6D_2 D_3 J_3 + D_3^2\Big(s_{ik}s_{kj}s_{il}s_{lj} - \frac{4}{3}J_2^2\Big)\Big]^{1/2} \\
H_{ii} &= C_1(3\lambda + 2G) + 2GC_2 s_{ii} + 2GC_3 t_{ii}, 不求和 \\
H_{ii}^{*} &= D_1(3\lambda + 2G) + 2GD_2 s_{ii} + 2GD_3 t_{ii}, 不求和 \\
H_{ij} &= 2GC_2 s_{ij} + 2GC_3 t_{ij}, \quad H_{ij}^{*} = 2GD_2 s_{ij} + 2GD_3 t_{ij}, \quad i \neq j
\end{aligned}\right\} \tag{8.72}$$

对于平面应变条件的特殊情况,帽盖模型的弹塑性矩阵具有如下形式

$$\begin{bmatrix} \mathrm{d}\sigma_x \\ \mathrm{d}\sigma_y \\ \mathrm{d}\tau_{xy} \\ \mathrm{d}\sigma_z \end{bmatrix} = \begin{bmatrix} \lambda + 2G - \dfrac{H_{xx}^{*}H_{xx}}{H_1} & \lambda - \dfrac{H_{xx}^{*}H_{yy}}{H_1} & -\dfrac{H_{xx}^{*}H_{xy}}{H_1} \\[2mm] -\dfrac{H_{xy}^{*}H_{xx}}{H_1} & \lambda + 2G - \dfrac{H_{yy}^{*}H_{yy}}{H_1} & -\dfrac{H_{yy}^{*}H_{xy}}{H_1} \\[2mm] \lambda - \dfrac{H_{zz}^{*}H_{xx}}{H_1} & -\dfrac{H_{xy}^{*}H_{yy}}{H_1} & G - \dfrac{H_{xy}^{*}H_{xy}}{H_1} \\[2mm] \lambda - \dfrac{H_{yy}^{*}H_{xx}}{H_1} & \lambda - \dfrac{H_{zz}^{*}H_{yy}}{H_1} & -\dfrac{H_{zz}^{*}H_{xy}}{H_1} \end{bmatrix} \begin{bmatrix} \mathrm{d}\varepsilon_x \\ \mathrm{d}\varepsilon_y \\ \mathrm{d}\gamma_{xy} \end{bmatrix} \tag{8.73}$$

从式(8.68)和式(8.73)可以看出非关联流动法则材料的刚度矩阵是非

对称的,当为关联流动法则材料时则为对称的。下面将推导关联和非关联流动法则下 Drucker-Prager 模型、平面帽盖模型和椭圆形帽盖模型中 C 和 D 的表达式。

关联流动法则$(f=g)$

情形 1:Drucker-Prager 函数(式(8.57))。从函数 $f=F_1=\alpha I_1+\sqrt{J_2}-k(\varepsilon_{\mathrm{p}})=0$ 可得

$$
\left.
\begin{aligned}
C_1 &= D_1 = \frac{\partial F_1}{\partial I_1} = \alpha \\
C_2 &= D_2 = \frac{\partial F_1}{\partial J_2} = \frac{1}{2\sqrt{J_2}} \\
C_3 &= D_3 = \frac{\partial F_1}{\partial J_3} = 0
\end{aligned}
\right\}
\tag{8.74}
$$

情形 2:平面帽盖强化函数(式(8.58))。从函数 $f=F_{\mathrm{c}}=I_1-x(\varepsilon_{kk}^{\mathrm{p}})=0$ 可得

$$
\left.
\begin{aligned}
C_1 &= D_1 = 1 \\
C_2 &= D_2 = 0 \\
C_3 &= D_3 = 0 \\
\frac{\partial F_{\mathrm{c}}}{\partial x} &= -1, \quad \frac{\partial F_{\mathrm{c}}}{\partial k} = 0
\end{aligned}
\right\}
\tag{8.75}
$$

情形 3:椭圆形帽盖函数(式 8.62))。从函数 $f=F_{\mathrm{c}}=(I_1-l)^2+R^2 J_2-(x-l)^2=0$ 可得

$$
\left.
\begin{aligned}
C_1 &= D_1 = 2(I_1-l) \\
C_2 &= D_2 = R^2 \\
C_3 &= D_3 = 0 \\
\frac{\partial F_{\mathrm{c}}}{\partial x} &= -2(x-l), \quad \frac{\partial F_{\mathrm{c}}}{\partial k} = 0
\end{aligned}
\right\}
\tag{8.76}
$$

非关联流动法则$(f\neq g)$ 在非关联流动法则情形下,破坏和帽盖函数 F 与势能函数 g 不相同。例如,分析 Mohr-Coulomb 材料时,可以选用 Drucker-Prager 函数作为势能函数 g。结合 6.8 节中的 Mohr-Coulomb 材料的方程和式(8.74)~式(8.76),使用者可以推导出利用 Drucker-Prager

面作为势能函数的 Mohr-Coulomb 材料对应的刚度矩阵。

数值实例(Mizuno 和 Chen,1981)　应用有限元模型研究具有体积相关帽盖的 Drucker-Prager 材料在单轴应变条件下的性能。6.7 节研究了相同条件下无体积相关帽盖模型的情形。

以下分析采用的是 Drucker-Prager 模型、具有简单平面帽盖强化的 Drucker-Prager 模型和具有椭圆形帽盖强化的 Drucker-Prager 模型。使用关联流动法则。

材料常数与 Baladi 和 Rohani(1979)使用的相同:ϕ 是内摩擦角,取值 49.093°;c 是黏聚力,取值 0;v 是泊松比,取值 0.2736;E 是弹性模量,取值 841396 lb/ft^2;R 是椭圆形帽盖的几何参数(式(8.62)),取值 4.33;W 取值 0.0075;$D=6.781\times10^{-5}$ ft^2/lb(式(8.59))。

各种模型的荷载位移曲线如图 8.7 和图 8.8 所示。荷载压力首先以静态加载到 24 kips/ft^2,然后卸载到零。图 8.7 和图 8.8 中的实线表示由无帽盖的 Drucker-Prager 函数预测得到的相同荷载位移曲线。在这种情形下,加载和卸载路径下的荷载位移关系是线性的。由图 8.7(b)可见,在此情形下,$(I_1,\sqrt{J_2})$ 应力空间的应力路径为一条位于破坏包络线内的直线。

图 8.7 中由空心圆连接的曲线表示加载条件下由简单平面帽盖 Drucker-Prager 模型预测的性能。从一开始荷载-位移关系是非线性的,其根源在于简单平面帽盖造成的塑性体应变压实影响了低荷载(I_1)下材料的性能。随着施加应力的增大,材料内部的压实状态达到最大。因此,高荷载下的荷载-位移曲线的斜率渐渐变得与无帽盖 Drucker-Prager 函数预测的性能相同。

这种情形下的应力状态如 $(I_1,\sqrt{J_2})$ 应力空间从加载开始的破坏包络线和平面帽盖相交形成的角点所示。随着荷载增加,平面帽盖膨胀,表示图 8.7(c)中的角点性能。卸载时,应力路径不在弹性范围内,而是沿着破坏包络线回到原点。在卸载过程中,破坏包络线上的应力路径产生体积膨胀或剪胀。因此,平面帽盖向着原点方向逐渐收缩,如图 8.7(d)所示。图 8.7(a)中用虚线表示的荷载-位移曲线可以看出,卸载性能类似于弹性性能。最终,加卸载循环中在表面产生了 0.14 in 的残余压缩。

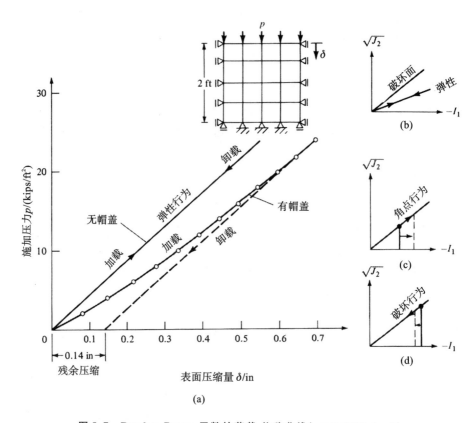

(a)

图 8.7　Drucker-Prager 函数的荷载-位移曲线($\alpha = 0.2309, k = 0$)

(a)有平面帽盖和无平面帽盖；(b)无帽盖加载和卸载；(c)帽盖加载；(d)帽盖卸载

　　与平面帽盖模型相似，椭圆形帽盖模型加载和卸载条件下的荷载-位移曲线如图 8.8 所示。这个模型预测的位移比简单平面帽盖模型预测的要大。在较大荷载水平下，荷载-位移曲线特征类似于曲线加载性能和线弹性卸载性能。加载过程中在($I_1, \sqrt{J_2}$)应力空间的应力路径位于椭圆形帽盖上且在破坏包络线内部移动。帽盖随着静水压力 I_1 增长而膨胀。另一方面，卸载过程中的应力路径位于当前弹性范围内，而椭圆形帽盖在应力空间保持固定。因此，在应力路径达到另外一个方向上的破坏包络线之前，荷载-位移曲线表现出线弹性（图 8.8(a)中的虚线）。应力路径一旦到达破坏包络线，会产生体积膨胀或剪胀。因此，帽盖向着原点收缩。在加载和卸载循环结束时,椭圆形帽盖模型预测将会在表面产生 0.15 in 的残余压缩量,这与平面帽盖模型预测值 0.14 in 非常接近。

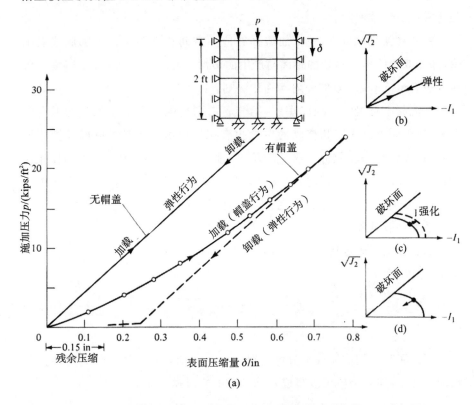

图 8.8　Drucker-Prager 函数的荷载-位移曲线(材料常数与图 8.7 中相同)

(a)有椭圆帽盖和无椭圆帽盖;(b)无帽盖加载和卸载;(c)帽盖加载;

(d)帽盖卸载

8.7　混合强化 von Mises 材料

在前一节,一定程度上利用了各向同性强化的概念。封闭加载面的主要优点是能够模拟体积的非弹性。在各向同性强化模型中,加载面在应力空间以原点为中心均匀膨胀,并保持形状、中心和方向与初始屈服面相同,如图 8.2 所示。各向同性强化模型不考虑 Bauschinger 效应。因此,在处理

391

循环加载问题时,各向同性强化的概念或引起较大的错误。在循环加载中,大多数结构材料的 Bauschinger 效应一般非常明显,因此在这种情形下随动强化模型更符合实际。

在随动强化模型中,整个屈服面在应力空间移动而不发生膨胀或者畸变,如图 8.3 所示。移动的距离与产生的塑性应变成比例。8.3 节建立了针对理想 Bauschinger 效应的随动强化法则。

在混凝土材料的工程应用中,结合各向同性强化和随动强化的混合强化,即屈服面可以膨胀和移动的概念很有用。利用这个概念可以模拟不同程度的 Bauschinger 效应。这就涉及两个强化参数。Hsieh 等(1980)使用混合强化的概念推导了四参数混凝土模型的本构方程。在本节,使用简单的 von Mises 函数 $F=J_2$ 来说明在建立具有混合强化的弹塑性材料的应力-应变关系的一般过程。

混合强化 假定所考虑的材料的初始屈服是初始各向同性,使用 von Mises 屈服函数

$$f(\sigma_{ij}) = \frac{3}{2}s_{ij}s_{ij} - \sigma_0^2 \tag{8.77}$$

其中,σ_0 表示简单拉伸中的屈服应力。

后继屈服函数或加载函数将是塑性应变 ε_{ij}^p 的函数。结合各向同性强化和随动强化,加载函数可以写成式(8.30)中的形式

$$f(\sigma_{ij},\varepsilon_{ij}^p,k) = F(\sigma_{ij}-\alpha_{ij}) - k^2(\varepsilon_p) = 0 \tag{8.78}$$

其中,α_{ij} 代表屈服面中心的移动距离;k^2 是有效塑性应变 ε_p 的函数,控制屈服面的等向膨胀。

如果原材料是 von Mises 型,对应于混合强化的加载函数可以写成

$$f = F - k^2 = \frac{3}{2}\bar{s}_{ij}\bar{s}_{ij} - \bar{\sigma}_e^2(\bar{\varepsilon}_p) = 0 \tag{8.79}$$

其中,$\bar{s}_{ij}$ 表示折减应力偏量张量

$$\bar{s}_{ij} = \bar{\sigma}_{ij} - \frac{\bar{\sigma}_{kk}}{3}\delta_{ij} \tag{8.80}$$

其中,$\bar{\sigma}_{ij}$ 是折减应力张量

$$\bar{\sigma}_{ij} = \sigma_{ij} - \alpha_{ij} \tag{8.81}$$

折减应力张量是移动的屈服面中心到原点距离的度量。此外，J_2 型材料的折减有效塑性应变 $\bar{\varepsilon}_p$ 可以定义为

$$\bar{\varepsilon}_p = \int d\bar{\varepsilon}_p = \int \left(\frac{2}{3} d\varepsilon_{ij}^p d\varepsilon_{ij}^p \right)^{1/2} \qquad (8.82)$$

它控制各向同性强化的过程。

下面将会定义折减有效塑性应变增量 $d\bar{\varepsilon}_{ij}^p$。折减有效应力 $\bar{\sigma}_e$ 是简单拉伸中当前折减屈服应力，即是平移或者膨胀屈服面的半径的度量。

$$\bar{\sigma}_e = \left(\frac{3}{2} \bar{s}_{ij} \bar{s}_{ij} \right)^{1/2} \qquad (8.83)$$

屈服面膨胀的速率受折减有效应力-应变关系控制，并且与单轴应力-应变关系相关。

$$\bar{\sigma}_e = \bar{\sigma}_e(\bar{\varepsilon}_p) \qquad (8.84)$$

塑性应变增量现在被简单分为两个共线分量

$$d\varepsilon_{ij}^p = d\varepsilon_{ij}^{p(i)} + d\varepsilon_{ij}^{p(k)} \qquad (8.85)$$

其中，$d\varepsilon_{ij}^{p(i)}$ 与屈服面膨胀相关；$d\varepsilon_{ij}^{p(k)}$ 与屈服面平移有关。这两个应变分量可写成

$$d\varepsilon_{ij}^{p(i)} = M d\varepsilon_{ij}^p \qquad (8.86)$$

$$d\varepsilon_{ij}^{p(k)} = (1-M) d\varepsilon_{ij}^p \qquad (8.87)$$

其中，M 是材料参数，且

$$-1 < M \leqslant 1 \qquad (8.88)$$

M 定义了总强化量中各向同性强化所占的比例。M 被称为混合强化参数。因为参数 M 也可以取负值，各向同性软化也可以被考虑，例如屈服面平移（随动强化）过程中，屈服面可以膨胀（各向同性强化）或者收缩（各向同性软化）。屈服面平移过程中的收缩现象有时可以在试验研究中观测到。根据式（8.88），各向同性软化不允许和随动强化同时发生，因此，材料满足 Drucker 意义上的稳定。

与屈服面膨胀相关的塑性应变增量部分 $d\varepsilon_{ij}^{p(i)}$ 现在被用来定义折减塑性应变增量 $d\bar{\varepsilon}_{ij}^p$

$$d\bar{\varepsilon}_{ij}^p = d\varepsilon_{ij}^{p(i)} = M d\varepsilon_{ij}^p \qquad (8.89)$$

从式（8.82）可知与各向同性强化相关的折减有效塑性应变通过下面的

简单关系与有效塑性应变关联

$$\bar{\varepsilon}_p = M \int \left(\frac{2}{3} d\varepsilon_{ij}^p d\varepsilon_{ij}^p \right)^{1/2} = M\varepsilon_p \qquad (8.90)$$

对式(8.84)进行微分得出屈服面膨胀(或收缩)的速率

$$d\bar{\sigma}_e = \bar{H} d\bar{\varepsilon}_p = M\bar{H} d\bar{\varepsilon}_p \qquad (8.91)$$

其中,$\bar{H}$ 为屈服面膨胀相关的塑性模量。

Prager 提出的屈服面移动速度(式(8.12))沿着屈服面上应力点的法线方向,或使用式(8.87)

$$d\alpha_{ij} = c d\varepsilon_{ij}^{p(k)} = c(1-M) d\varepsilon_{ij}^p \qquad (8.92)$$

为了得到子空间合理的强化法则,Ziegler 假设屈服面沿着折减应力方向移动,移动速率为

$$d\alpha_{ij} = d\mu \bar{\sigma} O_{ij} = d\mu (\sigma_{ij} - \alpha_{ij}) \qquad (8.93)$$

下面将详细推导 Prager 强化法则的本构方程,同时也给出了 Ziegler 强化法则(式(8.93))的结果。上述推导过程来源于 Axelsson 和 Samuelsson (1979)。

本构方程 式(8.5)给出的弹性应力增量为

$$d\sigma_{ij} = D_{ijkl}^e \left(d\varepsilon_{kl} - d\lambda \frac{\partial F}{\partial \sigma_{kl}} \right) \qquad (8.94)$$

当塑性流动发生时,必须满足一致性条件

$$df = 0 \qquad (8.95)$$

在混合强化模型中,加载函数式(8.78)是相关。这个函数的全微分形式为

$$df = \frac{\partial F}{\partial \sigma_{ij}} d\sigma_{ij} + \frac{\partial F}{\partial \alpha_{ij}} d\alpha_{ij} - \frac{\partial k^2}{\partial \varepsilon_p} d\varepsilon_p \qquad (8.96)$$

当关联流动法则式(8.33),强化准则式(8.92),以及有效塑性应变定义式(8.90),一致性条件(8.96)变成

$$df = \frac{\partial F}{\partial \sigma_{ij}} d\sigma_{ij} - c(1-M) \frac{\partial F}{\partial \sigma_{ij}} d\lambda \frac{\partial F}{\partial \sigma_{ij}} - \frac{dk^2}{d\varepsilon_p} d\lambda \left(\frac{2}{3} \frac{\partial F}{\partial \sigma_{ij}} \frac{\partial F}{\partial \sigma_{ij}} \right)^{1/2} = 0 \qquad (8.97)$$

通过上式可解得流动法则中的标量函数 $d\lambda$ 为

$$d\lambda = \frac{1}{h} B_{kl} d\varepsilon_{kl} \qquad (8.98)$$

其中
$$B_{kl} = \frac{\partial F}{\partial \sigma_{ij}} D^{\mathrm{e}}_{ijkl} \tag{8.99}$$

和
$$h = \frac{\partial F}{\partial \sigma_{pq}} D^{\mathrm{e}}_{pqrs} \frac{\partial F}{\partial \sigma_{rs}} + c(1-M)\frac{\partial F}{\partial \sigma_{mn}}\frac{\partial F}{\partial \sigma_{mn}} + \frac{\mathrm{d}k^2}{\mathrm{d}\epsilon_{\mathrm{p}}}\left(\frac{2}{3}\frac{\partial F}{\partial \sigma_{rs}}\frac{\partial F}{\partial \sigma_{rs}}\right)^{1/2} \tag{8.100}$$

将式(8.98)代入式(8.94)可得混合强化弹塑性材料的一般本构方程
$$\mathrm{d}\sigma_{ij} = D^{\mathrm{ep}}_{ijkl}\,\mathrm{d}\epsilon_{kl} = (D^{\mathrm{e}}_{ijkl} + D^{\mathrm{p}}_{ijkl})\mathrm{d}\epsilon_{kl} \tag{8.101}$$
其中,塑性刚度张量有如下形式
$$D^{\mathrm{p}}_{ijkl} = -\frac{1}{h}B_{ij}B_{kl} \tag{8.102}$$

对于各向同性线弹性材料
$$D^{\mathrm{e}}_{ijkl} = 2G\left(\delta_{ik}\delta_{jl} + \frac{\nu}{1-2\nu}\delta_{ij}\delta_{kl}\right) \tag{8.103}$$
其中,G 是剪切模量,ν 是泊松比,函数(式(8.99))可以简化为
$$B_{kl} = 2G\frac{\partial F}{\partial \sigma_{kl}} \tag{8.104}$$

另外,对于 von Mises 材料,函数 F 和 k^2 由式(8.79)给出。利用式(8.79)和式(8.91),函数 h 式(8.100)可以写成
$$h = 18G\bar{s}_{mn}\bar{s}_{mn} + 9c(1-M)\bar{s}_{mn}\bar{s}_{mn} + 2M\bar{\sigma}_{\mathrm{e}}\overline{H}(6\bar{s}_{mn}\bar{s}_{mn})^{1/2} \tag{8.105}$$
根据式(8.79)
$$h = [12G + 6c(1-M) + 4M\overline{H}]\bar{\sigma}_{\mathrm{e}}^2 \tag{8.106}$$

本构方程式(8.101)必须与单轴应力应变关系关联。在单轴状态下,折减应力 $\bar{\sigma}_{ij}$ 张量可以写成
$$\begin{bmatrix} \bar{\sigma}_1 \\ \bar{\sigma}_2 \\ \bar{\sigma}_3 \end{bmatrix} = \begin{bmatrix} \sigma_1 \\ 0 \\ 0 \end{bmatrix} - \begin{bmatrix} \alpha_1 \\ \alpha_2 \\ \alpha_3 \end{bmatrix} = \begin{bmatrix} \sigma_1 - \alpha_1 \\ \dfrac{\alpha_1}{2} \\ \dfrac{\alpha_1}{2} \end{bmatrix} \tag{8.107}$$

其中,$\alpha_2 = \alpha_3 = -\alpha_1/2$ 由式(8.92)和 J_2 材料的塑性不可压缩性条件 $\mathrm{d}\epsilon^{\mathrm{p}}_{kk} = 0$ 直接得出。所以式(8.80)定义的折减应力偏量张量 $\bar{s}_{ij}$ 有如下值

$$\begin{bmatrix} \bar{s}_1 \\ \bar{s}_2 \\ \bar{s}_3 \end{bmatrix} = \begin{bmatrix} \dfrac{2}{3}\sigma_1 - \alpha_1 \\ \dfrac{\alpha_1}{2} - \dfrac{1}{3}\sigma_1 \\ \dfrac{\alpha_1}{2} - \dfrac{1}{3}\sigma_1 \end{bmatrix} \tag{8.108}$$

式(8.83)中的折减有效应力 $\bar{\sigma}_e$ 变成

$$\bar{\sigma}_e^2 = \frac{3}{2}(\bar{s}_1^2 + \bar{s}_2^2 + \bar{s}_3^2) = \left(\sigma_1 - \frac{3}{2}\alpha_1\right)^2 \tag{8.109}$$

取两边的平方根,并微分,对 $\mathrm{d}\alpha_1$ 使用式(8.92),可得

$$\mathrm{d}\bar{\sigma}_e = \mathrm{d}\sigma_1 - \frac{3}{2}c(1-M)\mathrm{d}\varepsilon_1^p \tag{8.110}$$

根据单轴状态下对应的式(8.19)和式(8.91),以下关系必须满足

$$\mathrm{d}\sigma_1 = H\mathrm{d}\varepsilon_1^p, \quad \mathrm{d}\bar{\sigma}_e = M\overline{H}\mathrm{d}\varepsilon_1^p \tag{8.111}$$

其中,H 为单轴应力-塑性应变曲线在 σ_1 值时的斜率。使用式(8.111),式(8.110)变成

$$H - \frac{3}{2}c = M\left(\overline{H} - \frac{3}{2}c\right) \tag{8.112}$$

因为 M 是任意材料常数,式(8.112)要求

$$\overline{H} = H, \quad c = \frac{2}{3}H \tag{8.113}$$

最后,将式(8.113)代入式(8.106)得到函数 h 的简单形式

$$h = 4(3G + H)\bar{\sigma}_e^2 \tag{8.114}$$

另外,塑性刚度张量变成

$$D_{ijkl}^p = -\frac{36G^2}{h}\bar{s}_{ij}\bar{s}_{kl} \tag{8.115}$$

值得注意的是 $\bar{\sigma}_e$ 和 $\bar{s}_{ij}$ 是折减应力值,即它们所在的应力空间的原点位于平移屈服面的中心。

对于 Ziegler 平移,式(8.93)中的函数 $\mathrm{d}\mu$ 可写成如下形式

$$\mathrm{d}\mu = C\mathrm{d}\varepsilon_p^{(k)} = C\left(\frac{2}{3}\mathrm{d}\varepsilon_{ij}^{p(k)}\mathrm{d}\varepsilon_{ij}^{p(k)}\right)^{1/2} \tag{8.116}$$

其中,$\mathrm{d}\varepsilon_p^{(k)}$ 如式(8.116)定义。

当使用式(8.87),式(8.116)中的函数 $\mathrm{d}\mu$ 变成

$$d\mu = C(1-M)\left(\frac{2}{3}d\varepsilon_{ij}^{p}d\varepsilon_{ij}^{p}\right)^{1/2} = C(1-M)\varepsilon_{p} \qquad (8.117)$$

用式(8.93)取代式(8.92),代入式(8.96)得出函数 h 类似于式
(8.100),但是第二项变成如下形式

$$C(1-M)\left(\frac{2}{3}\frac{\partial F}{\partial \sigma_{rs}}\frac{\partial F}{\partial \sigma_{rs}}\right)^{1/2}\bar{\sigma}_{mm}\frac{\partial F}{\partial \sigma_{mn}} \qquad (8.118)$$

对比单轴关系,式(8.116)中的函数 C 必须等于

$$C = \frac{H}{\bar{\sigma}_{e}} \qquad (8.119)$$

对于 J_2 材料,Ziegler 强化法则给出了与 Prager 强化法则相同的函数 h
(式(8.118))。

例 8.3　厚壁铝环　Axelsson 和 Samuelsson 利用八节点等参单元有限
元程序分析了图 8.9(a)中所示的厚壁铝环。用 von Mises 混合强化模型模
拟了弹塑性材料性能。图 8.9(b)给出了铝合金单轴拉伸下的材料数据。如
图 8.9(a)所示,两个点荷载沿着圆环径向加载。图 8.10 为分析中采用的有
限元网格。

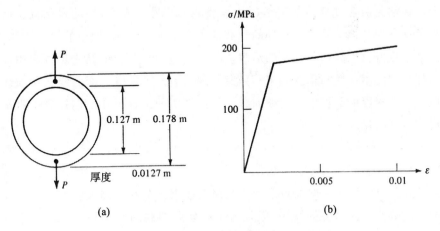

图 8.9　厚壁铝环
(a)尺寸;(b)$E=87.6$ GPa,$\nu=0.3237$,$\sigma_0=192.5$ MPa,$H=3220$ MPa

图 8.11 显示了一次循环加载下的荷载-位移曲线以及 Owen 等(1974)
报道的实验数据,分别显示了各向同性强化、随动强化,以及强化参数 $M=$

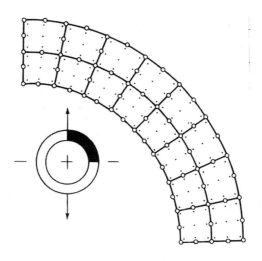

图 8.10　有限元网格

0.2 的混合强化下的分析结果。

　　三种强化法则在循环加载的前半圈与试验数据十分吻合,但是循环加载后半圈(反向加载)表现出较大的差异。在反向加载过程中,正如所料各向同性强化概念过分高估了圆环的承载能力。另一方面,随动强化概念低估了反向加载第一阶段中圆环的承载能力。然而,在反向加载的第二阶段,随动强化概念也高估了圆环的承载能力。这些随动强化的结果可以利用反向加载中使用线性强化法则进行解释。另外,把在应力-应变曲线初始加载段得到的塑性模量也用于后继加载。可见真实的铝合金在反向加载中表现出非线性强化。

　　图 8.11 给出了基于混合强化概念的两种计算结果。在两种计算结果中,混合强化参数 M 都取为 0.2。在第一个计算中,把具有初始塑性模量的线性强化也应用于反向加载。利用此模型取得了与在反向加载的第一阶段的实验数据十分吻合的结果,但是为了在反向加载的整个阶段都获得十分吻合的结果,需要引入非线性强化。这在第二个计算中采用了混合强化得以实现。在这种情形下,初始塑性模量在反向残余应变达到 0.005 后减半。利用这种方法在整个加载循环中取得了与试验十分吻合的结果。

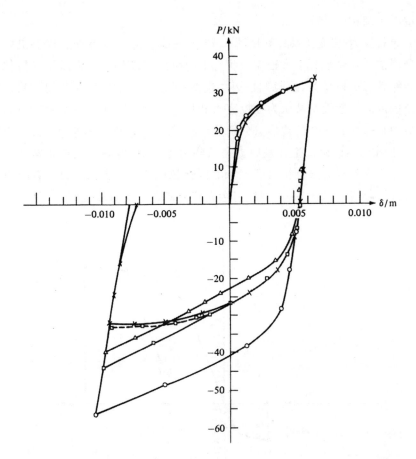

图 8.11　三种不同强化法则下的荷载-位移曲线(Axelsson 和 Samuelsson,1979)

十字形——Owen 等(1974)实验数据;圆圈实线——各向同性强化;三角形实线——随动强化;
方块实线——混合线性强化,$M=0.20$;方块虚线——混合非线性强化,$M=0.20$

8.8　混凝土三参数各向同性强化模型

本节将利用各向同性强化塑性流动理论建立三参数模型来表征混凝土材料的弹塑性断裂性能。8.5 节建立的塑性应变增量的直接表达式此处被用来建立矩阵形式的增量应力-应变关系。因此,利用初始荷载技巧或切向刚度法,这个模型可以方便地应用于极限荷载分析。第 9 章将介绍这个模型在混凝土结构中的应用。

单轴应力-应变关系 利用图 8.12 中的单轴应力-应变曲线能够最好地解释当前公式中混凝土多轴应力状态下的应力-应变特征。混凝土在拉伸或者压缩状态下被认为是线弹性-塑性应变(或加工)强化-脆性断裂材料。弹性范围内的弹性模量被认为在拉应力和压应力状态下相等。压缩应力和拉伸应力从弹性到塑性的转换点分别是 $-f_c$ 和 f_t。在应力水平 f_c'，直至压缩应变达到 $-\varepsilon_u$，破碎发生并且应力突然降为零之前，混凝土呈理想塑性。混凝土被认为具有有限抗拉强度 f_t' 和有限抗拉应变 ε_t。当拉应力或者拉应变超过其极限值 f_t' 或 ε_t，一个裂纹将会在应力或者应变的法向平面产生。

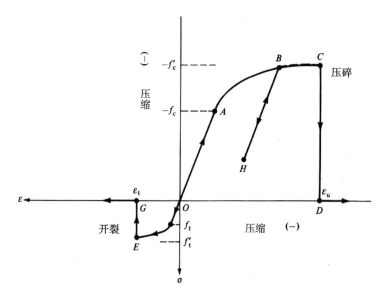

图 8.12 混凝土理想单轴应力-应变曲线

塑性阶段的卸载和再加载(图 8.12 中 BH 线)具有初始弹性模量 E。压缩状态下从应变强化塑性到理想塑性流动并最终导致混凝土破坏的转换应力为 $-f_c'$；拉伸状态下引起脆性断裂最终导致开裂的转换应力为 f_t'。这些极限应力被称为混凝土断裂(或破坏)应力。

初始屈服和破坏面 在双轴试验数据的基础上，Chen 和 Chen(1975)提出了两个不同但又相似的函数用作破坏面。

在压-压范围

$$f_{\mathrm{u}}(\sigma_{ij}) = J_2 + \frac{1}{3}A_{\mathrm{u}}I_1 - \tau_{\mathrm{u}}^2 = 0 \tag{8.120}$$

在拉-拉或拉-压范围

$$f_{\mathrm{u}}(\sigma_{ij}) = J_2 - \frac{1}{6}I_1^2 + \frac{1}{3}A_{\mathrm{u}}I_1 - \tau_{\mathrm{u}}^2 = 0 \tag{8.121}$$

Buyukozturk(1977)使用与式(8.121)相似,但是第二项为正的函数来描述混凝土在压-压范围和拉-压范围内的破坏面。

假定初始屈服面采用与破坏面相同的形式。在压-压范围

$$f_0(\sigma_{ij}) = J_2 + \frac{1}{3}A_0I_1 - \tau_0^2 = 0 \tag{8.122}$$

在拉-拉和拉-压范围

$$f_0(\sigma_{ij}) = J_2 - \frac{1}{6}I_1^2 + \frac{1}{3}A_0I_1 - \tau_0^2 = 0 \tag{8.123}$$

其中,A_0,τ_0,A_{u},τ_{u} 为可以通过简单试验获得的材料常数。需要注意的是,在压-压范围和拉-压(或拉-拉)范围,A_0,τ_0,A_{u},τ_{u} 的值是不同的。如图 8.13 所示,规定两个面在偏平面的交线通过一个对应于单轴压缩的公共点,f_{c}'(或 f_0),f_{u}(或 f_0)的参数个数减少为三个。

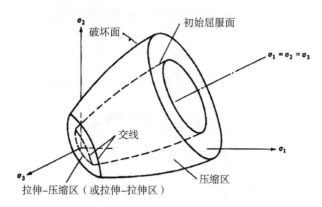

图 8.13　主应力空间的破坏面和初始屈服面

破坏面和初始屈服面的材料常数 A_0,τ_0,A_{u} 和 τ_{u} 可作为单轴压缩的极限应力 f_{c}',单轴拉伸极限应力 f_{t}',双等轴压缩极限应力 f_{bc}',以及类似条件下初始屈服应力 f_{c},f_{t},f_{bc} 的函数来确定。

对于压-压范围

$$\frac{A_0}{f'_c} = \frac{\overline{f}^2_{bc} - \overline{f}^2_c}{2\overline{f}_{bc} - \overline{f}_c}, \quad \frac{A_u}{f'_c} = \frac{\overline{f}'^2_{bc} - 1}{2\overline{f}'_{bc} - 1} \tag{8.124}$$

$$\left(\frac{\tau_0}{f'_c}\right)^2 = \frac{\overline{f}_c \overline{f}_{bc}(2\overline{f}_c - \overline{f}_{bc})}{3(2\overline{f}_{bc} - \overline{f}_c)}, \quad \left(\frac{\tau_u}{f'_c}\right)^2 = \frac{\overline{f}'_{bc}(2 - \overline{f}'_{bc})}{3(2\overline{f}'_{bc} - 1)} \tag{8.125}$$

对于拉-压或拉-拉范围

$$\frac{A_0}{f'_c} = \frac{\overline{f}_c - \overline{f}_t}{2}, \quad \frac{A_u}{f'_c} = \frac{1 - \overline{f}'_t}{2} \tag{8.126}$$

$$\left(\frac{\tau_0}{f'_c}\right)^2 = \frac{\overline{f}_c \overline{f}_t}{6}, \quad \left(\frac{\tau_u}{f'_c}\right)^2 = \frac{\overline{f}'_t}{6} \tag{8.127}$$

其中,字母上的横线代表对应于 f'_c 的项的无量纲值。

应力状态分区 因为在压-压范围和拉-压(或拉-拉)范围内的初始屈服面和破坏面是不同的,因此在应力分析中确定正确的应力状态区间十分重要。下面给出了定义三个分区(压-压,拉-压,拉-拉)的应力状态的准则。

图 8.14 中的外部和内部曲线分别代表双轴主应力空间的破坏函数和初始屈服函数(式(8.120)~式(8.123)),而这些函数也表示在图 8.15 的(I_1, $\sqrt{J_2}$)应力空间。在图 8.14 中,对应于双轴应力状态的应力状态分区明显。将此推广到三轴应力状态的最简单方法就是由简单线性函数区分应力状态(见图 8.15)。

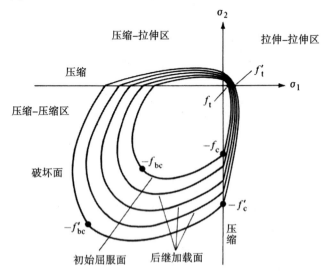

图 8.14 混凝土在双轴应力平面的加载面

402

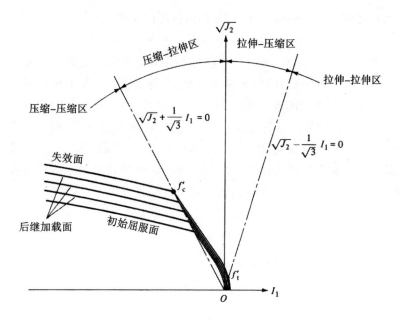

图 8.15　混凝土在 $(I_1, \sqrt{J_2})$ 应力空间的加载面

$$\sqrt{J_2} + \frac{1}{\sqrt{3}} I_1 = 0 \tag{8.128}$$

$$\sqrt{J_2} - \frac{1}{\sqrt{3}} I_1 = 0 \tag{8.129}$$

式(8.128)和式(8.129)分别通过单轴压缩状态和单轴拉伸状态。因此,如果满足下列条件,则建立了压-压范围

$$I_1 < 0 \quad 和 \quad \sqrt{J_2} + \frac{I_1}{\sqrt{3}} < 0 \tag{8.130}$$

压-拉范围满足

$$I_1 < 0 \quad 和 \quad \sqrt{J_2} + \frac{I_1}{\sqrt{3}} > 0 \tag{8.131}$$

拉-压范围满足

$$I_1 > 0 \quad 和 \quad \sqrt{J_2} - \frac{I_1}{\sqrt{3}} > 0 \tag{8.132}$$

拉-拉应力状态满足

$$I_1 > 0 \quad 和 \quad \sqrt{J_2} - \frac{I_1}{\sqrt{3}} < 0 \tag{8.133}$$

加载函数 各向同性强化中,加载函数可以写成

$$f(\sigma_{ij}, \varepsilon_{ij}^{p}) = F(\sigma_{ij}) - \tau^2(\varepsilon_p) = 0 \tag{8.134}$$

其中,τ 代表等效(或有效)应力,用它来将简单单轴压缩试验结果推广到多维情况。式(8.134)中的函数 F 需要满足:当等效应力 τ 等于初始屈服应力 τ_0 时,式(8.134)中的函数 f 简化为式(8.122)和式(8.123)中的初始屈服函数 f_0,发生初始屈服。加载继续进行时,发生后继屈服,产生塑性应变。每一个等效(或有效)应变 ε_p 值对应一个等效应力 τ。等效应力-应变关系可以直接从单轴压缩曲线减去弹性应变部分得到。当等效应力 τ 达到极限应力或破坏应力 τ_u,式(8.134)中的函数 f 将会定义式(8.120)和式(8.121)中的破坏函数 f_u。

考虑这些原则,Chen 和 Chen(1975)提出了如下的混凝土加载函数。

对压-压范围($I_1 < 0$ 和 $\sqrt{J_2} + I_1/\sqrt{3} < 0$)

$$F(\sigma_{ij}) = \frac{J_2 + (\beta/3)I_1}{1 - (\alpha/3)I_1} = \tau^2 \tag{8.135}$$

对拉-压或拉-拉范围($I_1 > 0$ 和 $\sqrt{J_2} + I_1/\sqrt{3} > 0$)

$$F(\sigma_{ij}) = \frac{J_2 - \dfrac{1}{6}I_1^2 + (\beta/3)I_1}{1 - (\alpha/3)I_1} = \tau^2 \tag{8.136}$$

其中,α 和 β 是常数,当 $\tau = \tau_0$ 和 $\tau = \tau_u$ 时,加载函数分别简化为初始屈服函数 f_0 和破坏函数 f_u,当 $\tau_0 < \tau < \tau_u$ 时,它代表后继屈服函数或加载函数。通过这些条件,常数 α 和 β 可以表示为

$$\alpha = \frac{A_u - A_0}{\tau_u^2 - \tau_0^2}, \quad \beta = \frac{A_0\tau_u^2 - A_u\tau_0^2}{\tau_u^2 - \tau_0^2} \tag{8.137}$$

一般的三轴应力状态下加载函数(式(8.135)和式(8.136))可以表示为图 8.14 中的双轴主应力空间和图 8.15 中代表一般三轴应力状态的(I_1, $\sqrt{J_2}$)应力空间的屈服面。当 $\tau = \tau_u$ 时,加载面和最大强度的极限或破坏面重合,当 $\tau = \tau_0$ 时,屈服面和初始屈服面重合。破坏面 f_u 通过三个简单试验 f_c',f_t' 和 f_{bc}' 确定;初始屈服面 f_0 只需将破坏面缩小到某尺寸,此时初始的屈服值 f_c,f_t 和 f_{bc} 可以确定,如图 8.14 所示。在两种极端值之间 $\tau_0 < \tau < \tau_u$,τ 是由单轴压缩应力应变关系表达的等效塑性应变 ε_p 的函数。因此

$$\tau = \tau(\varepsilon_p) \tag{8.138}$$

其中,塑性应变分量被积分成一个等效或有效塑性应变 ε_p,其定义如下

$$\varepsilon_p = \int d\varepsilon_p = \int \sqrt{d\varepsilon_{ij}^p \, d\varepsilon_{ij}^p} \qquad (8.139)$$

超过极限应力 τ_u 时,总等效或有效塑性应变增加,此时要么加载面在应力空间保持固定,发生理想塑性流动;或者加载面缩减,混凝土或许发生卸载(或软化)。这种应力状态持续到等效塑性应变到达等效极限塑性应变值。在这种状态下,混凝土被认为完全破坏并且不再能承受任何荷载。

增量应力-应变关系 一旦定义加载函数,就可以应用正交条件由加载面推导出增量应力-应变关系。将加载函数(式(8.135)和式(8.136))引入式(8.55),即可通过满足关联流动条件 $f = g$ 的 f 完全确定弹塑性增量应力-应变关系(式(8.54))。在三维情形下,增量关系为

$$
\begin{bmatrix} d\sigma_x \\ d\sigma_y \\ d\sigma_z \\ d\tau_{xy} \\ d\tau_{yz} \\ d\tau_{zx} \end{bmatrix}
= \frac{E}{(1+\nu)(1-2\nu)}
\begin{bmatrix}
\Phi_{11} & \Phi_{12} & \Phi_{13} & \Phi_{14} & \Phi_{15} & \Phi_{16} \\
 & \Phi_{22} & \Phi_{23} & \Phi_{24} & \Phi_{25} & \Phi_{26} \\
 & & \Phi_{33} & \Phi_{34} & \Phi_{35} & \Phi_{36} \\
 & & & \Phi_{44} & \Phi_{45} & \Phi_{46} \\
 & \text{对称} & & & \Phi_{55} & \Phi_{56} \\
 & & & & & \Phi_{66}
\end{bmatrix}
\begin{bmatrix} d\varepsilon_x \\ d\varepsilon_y \\ d\varepsilon_z \\ d\gamma_{xy} \\ d\gamma_{yz} \\ d\gamma_{zx} \end{bmatrix}
$$

$$(8.140)$$

其中

$$\Phi_{11} = 1 - \nu - \omega[(1-2\nu)(s_x + \rho) + 3\nu\rho]^2$$

$$\Phi_{12} = \nu - \omega[(1-2\nu)(s_x + \rho) + 3\nu\rho][(1-2\nu)(s_y + \rho) + 3\nu\rho]$$

$$\Phi_{13} = \nu - \omega[(1-2\nu)(s_x + \rho) + 3\nu\rho][(1-2\nu)(s_z + \rho) + 3\nu\rho]$$

$$\Phi_{14} = -\omega[(1-2\nu)(s_x + \rho) + 3\nu\rho][(1-2\nu)\tau_{xy}]$$

$$\Phi_{15} = -\omega[(1-2\nu)(s_x + \rho) + 3\nu\rho][(1-2\nu)\tau_{yz}]$$

$$\Phi_{16} = -\omega[(1-2\nu)(s_x + \rho) + 3\nu\rho][(1-2\nu)\tau_{zx}]$$

$$\Phi_{22} = 1 - \nu - \omega[(1-2\nu)(s_y + \rho) + 3\nu\rho]^2$$

$$\Phi_{23} = \nu - \omega[(1-2\nu)(s_y + \rho) + 3\nu\rho][(1-2\nu)(s_z + \rho) + 3\nu\rho]$$

$$\Phi_{24} = -\omega[(1-2\nu)(s_y + \rho) + 3\nu\rho][(1-2\nu)\tau_{xy}]$$

$$\Phi_{25} = -\omega[(1-2\nu)(s_y + \rho) + 3\nu\rho][(1-2\nu)\tau_{yz}]$$

$$\Phi_{26} = -\omega[(1-2\nu)(s_y + \rho) + 3\nu\rho][(1-2\nu)\tau_{zx}]$$

$$\Phi_{33} = 1 - \nu - \omega[(1-2\nu)(s_z + \rho) + 3\nu\rho]^2$$

$$\Phi_{34} = -\omega\big[(1-2\nu)(s_z+\rho)+3\nu\rho\big]\big[(1-2\nu)\tau_{xy}\big]$$

$$\Phi_{35} = -\omega\big[(1-2\nu)(s_z+\rho)+3\nu\rho\big]\big[(1-2\nu)\tau_{yz}\big]$$

$$\Phi_{36} = -\omega\big[(1-2\nu)(s_z+\rho)+3\nu\rho\big]\big[(1-2\nu)\tau_{zx}\big]$$

$$\Phi_{44} = \frac{1-2\nu}{2}-\omega\big[(1-2\nu)\tau_{xy}\big]^2$$

$$\Phi_{45} = -\omega\big[(1-2\nu)\tau_{xy}\big]\big[(1-2\nu)\tau_{yz}\big]$$

$$\Phi_{46} = -\omega\big[(1-2\nu)\tau_{xy}\big]\big[(1-2\nu)\tau_{zx}\big]$$

$$\Phi_{55} = \frac{1-2\nu}{2}-\omega\big[(1-2\nu)\tau_{yz}\big]^2$$

$$\Phi_{56} = -\omega\big[(1-2\nu)\tau_{yz}\big]\big[(1-2\nu)\tau_{zx}\big]$$

$$\Phi_{66} = \frac{1-2\nu}{2}-\omega\big[(1-2\nu)\tau_{zx}\big]^2$$

(8.141)

$$\frac{1}{w} = \big[(1-2\nu)(2J_2+3\rho^2)+9\nu\rho^2\big]$$
$$+\frac{2\tau H(1+\nu)(1-2\nu)}{E}\sqrt{(2J_2+3\rho^2)}\Big(1-\frac{\alpha}{3}I_1\Big)$$

(8.142)

$$\rho = nI_1+\frac{\beta+\alpha\tau^2}{3}$$

(8.143)

其中，$H=\dfrac{\mathrm{d}\tau}{\mathrm{d}\varepsilon_p}$ 为单轴压缩试验的斜率；当应力状态位于压缩范围时 n 等于 0，当应力状态位于拉伸-压缩范围时 n 等于 $-\dfrac{1}{3}$。

金属可以被认为是混凝土 $\alpha=\beta=n=0$，$\rho=0$ 的一种特殊情形。当把这些值代入增量应力-应变关系（式(8.140)），得到的弹塑性刚度矩阵等同于 Yamada 等(1968)提出的各向同性强化 von Mises 材料。

断裂准则 当应力状态到达某个临界值时，混凝土将会由于断裂而破坏。混凝土可能以两种不同形式发生断裂：①当应力状态位于拉-拉或拉-压范围，并且应力超过极限值时，发生开裂型断裂；②当应力状态位于压-压范围，并且应力超过极限值时，发生破碎型断裂。当混凝土开裂时，材料仅丧失其裂纹法向面上的抗拉强度，且仍保持着平行于裂纹方向上的强度。另一方面，当混凝土破碎时，其强度完全丧失。

为了确定混凝土在多轴应力或应变情况下混凝土断裂，需要一个规定极限值的断裂准则。大多数现有脆性材料的断裂（或破坏）准则都以应力形式表达,它并能合理以预测混凝土材料的破坏特征。此处提出了以应力和应变表达的双重破坏准则。它具有如下形式。

应力形式

$$f(\sigma_{ij}) = \tau_u^2 \tag{8.144}$$

应变形式

$$f'(\varepsilon_{ij}) = J_2' + \frac{A_u}{3}\frac{\varepsilon_u}{f_c'}I_1' = \tau_u^2\left(\frac{\varepsilon_u}{f_c'}\right)^2 \tag{8.145}$$

或　　　　　　　　　最大主应变 $= \varepsilon_t$　　　　　　　(8.146)

其中

$$I_1' = \varepsilon_{ii} \tag{8.147}$$

$$J_2' = \frac{1}{2}\varepsilon_{ij}\varepsilon_{ij} - \frac{1}{6}\varepsilon_{ii}^2 \tag{8.148}$$

其中,ε_u 和 ε_t 分别是混凝土单轴压缩和单轴拉伸荷载条件下的最大延性。式(8.144)中定义的双轴主应力空间破裂面如图 8.14 所示,式(8.145)和式(8.146)中定义的双轴主应变空间破裂面如图 8.16 所示。

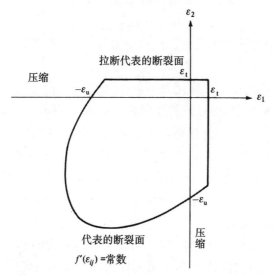

图 8.16　双轴应变空间中应变分量定义的断裂面

当混凝土的应力状态满足的应力准则式(8.144)或应变状态满足应变准则式(8.145)和式(8.146)时,假定混凝土会发生断裂。

8.9　混凝土三参数独立拉压强化模型

在压-压、拉-拉和拉-压范围内的有效应力-塑性应变(σ_e-ε_p)关系是不同的。在 Chen 和 Chen(1975)提出的模型中,假定非线性曲线形式上相同并由单轴压缩获得。为了用拉伸和压缩累积塑性应变表达当前屈服面形状和位置的变化,本节将引入和介绍参与强化的有效塑性应变分解的概念。

下面将用 Murray 等(1979)提出的混凝土双轴应力-应变三参数弹塑性应变强化(软化)模型来说明此概念。该强化法则允许在两个主方向上的当前压缩屈服值和当前拉伸屈服值单独变化。强化函数通过单轴拉伸和单轴压缩试验确定。该模型适合用来分析轴对称薄壳结构,该结构很适合采用以双轴主应力和主应变表述的材料特征。

屈服函数　假定屈服函数可以通过双轴应力空间的屈服面导出。屈服函数意味着满足下述条件时流动将会开始

$$f(\sigma_1, \sigma_2, \sigma_c, \sigma_{t_1}, \sigma_{t_2}) = 0 \tag{8.149}$$

其中,σ_1,σ_2 分别为屈服曲线上一点的应力分量;σ_c 为当前压缩屈服值;σ_{t_1},σ_{t_2} 分别为当前正交主方向上 1 和 2 拉伸屈服值。

式(8.149)中的函数 f 满足如下条件:当压缩强度参数 σ_c 具有值 f_c'(单轴压缩时的破坏强度),并且拉伸强度参数 σ_{t_1} 和 σ_{t_2} 具有值 f_t'(单轴拉伸时的破坏强度),式(8.149)表述的破坏曲线近似估计了任何应力比下通过实验观测得到的破坏曲线。图 8.17 中的外部曲线代表了这样一条曲线,而图8.18描述了一条单轴应力-应变曲线,通过该曲线可以得到 f_c' 和 f_t' 的值。由此,函数 f 有助于将两个极限单轴强度 f_c' 和 f_t' 推广到双轴应力空间任意应力比状态下的破坏条件。

如果破坏函数可以用来推导屈服函数,可以通过用初始屈服值 f_c 和 f_t(图 8.18)取代破坏强度值 f_c' 和 f_t' 来确定式(8.149)中的强度参数来获得初始屈服曲线。得到的初始屈服曲线如图 8.17 中的内部曲线所示。显然,如果压应力上升到某中间值 σ_c,如图 8.18 中所示,式(8.149)可以用来确定对应于 σ_c 的当前屈服曲线,对于任意 σ_{t_1} 和 σ_{t_2} 也可类似确定当前屈服曲线,如图 8.17 中的虚线所示。

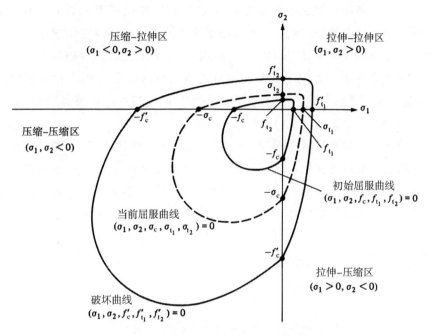

图 8.17   破坏、初始屈服和后继屈服曲线

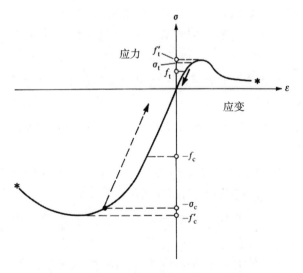

图 8.18   理想单轴反应

由于拉伸和压缩屈服强度之间的区别明显,因此屈服函数中必须至少包括两个强度参数(σ_c 和 σ_t)。当前模型演化的初始阶段建立了这样一个双参数理论(Epstein 等,1977,1978)。然而,一个方向上的拉伸破坏发生时并没有严重影响正交方向上的拉伸强度的事实意味着需要两个拉伸强度参数,基于这个观察产生了当前的三参数模型,该模型中的屈服参数 σ_c,σ_{t_1} 和 σ_{t_2} 之间相互独立。

为了表达双轴应力空间当前屈服曲线位置和形状的变化,需要定义一个把强度参数值的变化与式(8.139)定义的累计塑性应变 ε_p 联系起来的强化法则。假设由于单轴压缩产生的塑性应变对抗拉强度的影响以及由于单轴拉伸产生的塑性应变对正交方向上的抗拉强度与抗压强度的影响均可忽略不计。假定总塑性应变增量 ε_p 被分解为如下定义的压缩塑性应变参数 $\varepsilon_p^{(c)}$,以及拉伸塑性应变参数 $\varepsilon_{p_1}^{(t)}$ 和 $\varepsilon_{p_2}^{(t)}$

$$d\varepsilon_p^{(c)} = \alpha d\varepsilon_p, \quad d\varepsilon_{p_1}^{(t)} = \beta_1 d\varepsilon_p, \quad d\varepsilon_{p_2}^{(t)} = \beta_2 d\varepsilon_p \quad (8.150)$$

并且
$$\alpha + \beta_1 + \beta_2 = 1 \quad (8.151)$$

其中,α,β_1 和 β_2 为分解参数,它们将总等效塑性应变速率分解为等效拉伸塑性应变速率和等效压缩塑性应变速率。式(8.151)保证单独的塑性应变参数增量之和等于式(8.139)定义的等效塑性应变增量。

为了使分解的等效塑性应变合理地参与强化法则中,必须满足以下条件。

(1) 在压-压范围产生的塑性应变只会影响压缩塑性应变参数,而拉伸参数保持不变。

(2) 在伸-拉范围产生的所有塑性应变只会影响拉伸塑性应变参数,而压缩参数保持不变。

(3) 在拉-压或压-拉范围发生的塑性应变同时影响拉伸和压缩参数。

鉴于以上条件和式(8.151),需要满足以下公式

$$
\begin{aligned}
&\text{对于 } \sigma_1 < 0, \sigma_2 < 0, \alpha = 1, \quad \beta_1 = \beta_2 = 0 \\
&\text{对于 } \sigma_1 > 0, \sigma_2 > 0, \alpha = 0, \quad \beta_1 + \beta_2 = 1 \\
&\text{对于 } \sigma_1 < 0, \sigma_2 > 0, \alpha + \beta_1 = 1, \quad \beta_2 = 0 \\
&\text{对于 } \sigma_1 < 0, \sigma_2 > 0, \alpha + \beta_2 = 1, \quad \beta_1 = 0
\end{aligned}
\quad (8.152)
$$

另外,在应力点沿屈服面移动时要求分解参数为连续函数。

将分解等效塑性应变定义为式(8.150)和式(8.151)中的各个增量的积分,有

$$\varepsilon_{p}^{(c)} = \int d\varepsilon_{p}^{(c)} \quad \varepsilon_{p_1}^{(t)} = \int d\varepsilon_{p_1}^{(t)} \quad \varepsilon_{p_2}^{(t)} = \int d\varepsilon_{p_2}^{(t)} \tag{8.153}$$

强化法则现在可以表述为

$$\sigma_c = f_c + g(\varepsilon_p^{(c)}), \quad \sigma_{t_1} = f_{t_1} + h(\varepsilon_{p_1}^{(t)}), \quad \sigma_{t_2} = f_{t_2} + h(\varepsilon_{p_2}^{(t)})$$
$$\tag{8.154}$$

其中,g 和 h 为由图 8.18 中单轴应力-应变曲线直接得到的等效塑性应变参数的强化函数。

增量方程推导　一旦选定加载函数 f 的精确形式和定义强化法则式(8.154),就可以使用张量记法由 8.5 节中一般方程直接推导增量应力-应变关系。为了教学目的,我们将用适合有限元求解的矩阵记法来推导增量塑性理论的方程。在推导阶段不需要关注式(8.149)中函数 f 的具体形式,根据试验得到的双轴破坏曲线,Murray 等(1979)提出了函数 f 的许多特殊形式。

为了方便表示,定义矢量 $\{B\}$ 为

$$\{B\} = \left\{\frac{\partial f}{\partial \sigma}\right\} \tag{8.155}$$

其中,式 $\{\partial f/\partial \sigma\}$ 垂直于屈服面的矢量。塑性应变增量矢量 $\{d\varepsilon^p\}$ 通过流动法则给出

$$\{d\varepsilon^p\} = d\lambda\left\{\frac{\partial f}{\partial \sigma}\right\} = d\lambda\{B\} \tag{8.156}$$

将式(8.156)代入等效塑性应变 ε_p 得到

$$\varepsilon_p = \int \sqrt{\{d\varepsilon^p\}^T\{d\varepsilon^p\}} \tag{8.157}$$

其中,$\{\ \}^T$ 表示行矢量,$\{\ \}$ 表示列矢量,$d\varepsilon_p$ 可以写成

$$d\varepsilon_p = d\lambda B \tag{8.158}$$

其中,标量 B 定义为

$$B = \sqrt{\{B\}^T\{B\}} \tag{8.159}$$

将解的 $d\lambda$ 代入式(8.156)可以得到

$$\{d\varepsilon^p\} = d\varepsilon_p \frac{\{B\}}{B} \tag{8.160}$$

应力增量方程可以写为

$$\{d\boldsymbol{\sigma}\} = \boldsymbol{D}^e(\{d\boldsymbol{\varepsilon}\} - \{d\boldsymbol{\varepsilon}^p\}) \qquad (8.161)$$

其中，$\{d\boldsymbol{\varepsilon}\}$ 和 $\{d\boldsymbol{\varepsilon}^p\}$ 为仅由主应变分量组成的应变矢量，$\boldsymbol{D}^e$ 为线弹性本构矩阵。$\{d\boldsymbol{\varepsilon}^p\}$ 可以表示为

$$\{d\boldsymbol{\varepsilon}^p\} = \boldsymbol{C}\{d\boldsymbol{\varepsilon}\} \qquad (8.162)$$

其中，$\boldsymbol{C}$ 为将总应变增量转换成塑性应变增量的矩阵。将式(8.162)代入式(8.161)，得

$$\{d\boldsymbol{\sigma}\} = \boldsymbol{D}^{ep}\{d\boldsymbol{\varepsilon}\} \qquad (8.163)$$

其中，弹塑性刚度矩阵 $\boldsymbol{D}^{ep}$ 定义为

$$\boldsymbol{D}^{ep} = \boldsymbol{D}^e + \boldsymbol{D}^p = \boldsymbol{D}^e - \boldsymbol{D}^e\boldsymbol{C} \qquad (8.164)$$

因此，一旦 $\boldsymbol{C}$ 矩阵已知，并且塑性刚度矩阵可以通过下式计算，则通过应变增量得到应力增量

$$\boldsymbol{D}^p = -\boldsymbol{D}^e\boldsymbol{C} \qquad (8.165)$$

为了计算 $\boldsymbol{C}$，利用加载函数(式(8.14))考虑一致性条件(式(8.49))

$$df = \left\{\frac{\partial f}{\partial \boldsymbol{\sigma}}\right\}^T\{d\boldsymbol{\sigma}\} + \frac{\partial f}{\partial \sigma_c}d\sigma_c + \frac{\partial f}{\partial \sigma_{t_1}}d\sigma_{t_1} + \frac{\partial f}{\partial \sigma_{t_2}}d\sigma_{t_2} = 0 \qquad (8.166)$$

其中，$\{d\boldsymbol{\sigma}\}$ 通过式(8.161)计算，$\{d\boldsymbol{\varepsilon}^p\}$ 通过式(8.160)计算，$d\sigma_c, d\sigma_{t_1}, d\sigma_{t_2}$ 通过式(8.154)的微分计算，$d\varepsilon_p^{(c)}, d\varepsilon_{p_1}^{(t)}$ 和 $d\varepsilon_{p_2}^{(t)}$ 通过式(8.150)计算，通过式(8.166)解得 $d\varepsilon_p$

$$d\varepsilon_p = \{B\}^T\boldsymbol{D}^e\frac{\{d\boldsymbol{\varepsilon}\}}{A/B} \qquad (8.167)$$

其中

$$A = \{B\}^T\boldsymbol{D}^e\{B\} - B\left[\alpha g'(\varepsilon_p^{(c)})\frac{\partial f}{\partial \sigma_c} + \beta_1 h'(\varepsilon_{p_1}^{(t)})\frac{\partial f}{\partial \sigma_{t_1}} + \beta_2 h'(\varepsilon_{p_2}^{(t)})\frac{\partial f}{\partial \sigma_{t_2}}\right]$$
$$(8.168)$$

$(')$ 表示对单变量的全导数。注意到式(8.167)中的标量 $d\varepsilon_p/B$ 等于式(8.51)推导的标量函数 $d\lambda$。

将式(8.167)代入式(8.160)得到式(8.162)中的矩阵 $\boldsymbol{C}$

$$\boldsymbol{C} = \frac{\{B\}\{B\}^T\boldsymbol{D}^e}{A} \qquad (8.169)$$

由此，塑性刚度矩阵(式(8.165))成为

$$D^{p} = \frac{-D^{e}\{B\}\{B\}^{T}D^{e}}{A} \tag{8.170}$$

该刚度矩阵与 8.5 节中张量记法推导得到的式(8.55)完全相同。

8.10　总　　结

鉴于混凝土和理想塑性材料性质上具有很多相似点,可利用弹塑性模型来描述混凝土材料的应力-应变关系。塑性材料的应变被认为是可恢复的弹性应变和永久不可恢复塑性应变之和。根据恒定应力下是否允许永久应变发生变化将弹塑性模型称为理想塑性或加工强化(或软化)。第 6 章讨论了基于理想塑性理论的模型,第 7 章讨论了一般理想塑性极限分析理论的建立和应用。本章关注于讨论和建立具有加工强化(或软化)的弹塑性材料在各种应力-应变关系模型中用到的基本概念和通用技巧。第 9 章将介绍利用本章建立的本构模型进行弹塑性应力分析的数值实例。

在建立加工强化材料弹塑性模型过程中,通常采用三个基本假设。

(1) 初始屈服面和后继屈服面的存在。

(2) 描述后继加载面演化的合理强化法则公式。

(3) 规定应力-应变关系一般形式的流动法则。

第一个假设指出存在一个确定材料弹性极限的应力函数,在塑性变形发生前它被称为初始屈服函数,在超过初始屈服后被称为加载函数。屈服函数可能取决于材料的应力状态和塑性应变以及加载历史,因此它可以写成以下一般形式

$$f = f(\sigma_{ij}, \varepsilon_{ij}^{p}, k) \tag{8.171}$$

$f=0$ 表示屈服状态,而 $f<0$ 表示弹性状态。

在最简单形式下,多轴初始屈服准则是应力的函数,并且它代表把单轴屈服应力扩展到在九维应力空间将弹性和塑性区间分离的屈服面。用规定一个后继屈服面(称为加载面)来描述被称为强化法则的后继屈服反应,它是宏观观察现象的一种方便的数学理想化。一致性条件要求任意点的应力状态都保持在加载面上。

$$\mathrm{d}f = \frac{\partial f}{\partial \sigma_{ij}}\mathrm{d}\sigma_{ij} + \frac{\partial f}{\partial \varepsilon_{ij}^{p}}\mathrm{d}\varepsilon_{ij}^{p} + \frac{\partial f}{\partial k}\mathrm{d}k = 0 \tag{8.172}$$

第二个假设关注于强化法则。在塑性分析中提出了几种强化法则。选择某一特定法则取决于它是否容易使用和它代表被考虑材料的强化性能的能力。讨论了三种强化法则。

（1）各向同性强化（Hill，1950）。

（2）随动强化（Prager，1955；Ziegler，1959）。

（3）混合强化（Hodge，1957）。

各向同性强化法则假设初始屈服面均匀膨胀，后继屈服面可以表示为

$$f(\sigma_{ij}, k) = F(\sigma_{ij}) - \sigma_e(\varepsilon_p) = 0 \tag{8.173}$$

其中，ε_p 被称为有效塑性应变，取决于塑性应变历史；σ_e 被称为有效应力，是单轴屈服应力。有效应力和有效应变的概念使得通过单轴拉伸或压缩试验推广到多维条件下成为可能。有效应力通常定义为与控制屈服的应力函数相同，即加载函数 $F(\sigma_{ij}) = \sigma_e(\varepsilon_p)$，它将多轴应力状态映射到由塑性功 W^p 或累积塑性应变假设定义的等效标量函数 ε_p

$$dW^p = \sigma_e d\varepsilon_p \quad \text{或} \quad d\varepsilon_p = \sqrt{d\varepsilon_{ij}^p d\varepsilon_{ij}^p} \tag{8.174}$$

关于 ε_p 的这两个定义只有对于 von Mises 实体才会产生相同的结果。各向同性强化并不能模拟 Bauschinger 效应，并且在循环往复加载分析中会产生较大的误差。

随动强化法则考虑了 Bauschinger 效应和由于塑性变形引起的各向异性的发展。Prager 强化法则假设，在增量意义上，屈服面的平动与塑性应变增量成正比，而 Ziegler 假设屈服面的平动取决于到达的总应力水平。屈服面平动的速率采用如下形式

$$d\alpha_{ij} = c d\varepsilon_{ij}^p \quad \text{或} \quad d\alpha_{ij} = d\mu(\sigma_{ij} - \alpha_{ij}) \tag{8.175}$$

并且加载函数有如下一般形式

$$f(\sigma_{ij}, \varepsilon_{ij}^p) = F(\sigma_{ij} - \alpha_{ij}) - \sigma_0 = 0 \tag{8.176}$$

随动强化法则对应于理想 Bauschinger 效应不能预测的情形，例如，单轴加载反向屈服时应力-应变曲线的真实形式。Hodge 将随动强化法则和各向同性强化法则结合起来允许屈服面膨胀的同时还能平动，这即是混合强化。在此情形下，加载函数具有如下一般形式

$$f = F(\sigma_{ij} - \alpha_{ij}) - \sigma_e(\varepsilon_p) = 0 \tag{8.177}$$

第三个假设指出对于理想塑性材料可以定义塑性势能函数如下

$$\mathrm{d}\varepsilon_{ij}^{\mathrm{p}} = \mathrm{d}\lambda \frac{\partial g}{\partial \sigma_{ij}} \tag{8.178}$$

势能面的梯度定义了塑性应变增量的方向,其长度则由加载函数 $\mathrm{d}\lambda$ 决定。

如果塑性势能函数和屈服条件具有相同的形状 $g(\sigma_{ij},\varepsilon_{ij}^{\mathrm{p}},k) = f(\sigma_{ij},\varepsilon_{ij}^{\mathrm{p}},k)$,则流动法则被称为是关联的。

$$\mathrm{d}\varepsilon_{ij}^{\mathrm{p}} = \mathrm{d}\lambda \frac{\partial f}{\partial \sigma_{ij}} \tag{8.179}$$

对于满足 Drucker 稳定性假说并保证循环加载下做非负功的稳定加工强化材料,可以证明该材料的关联流动法则或正交条件(式(8.179))得以保证并因实际原因广泛应用。

为了推导本构方程,将 Hooke 定律

$$\mathrm{d}\sigma_{ij} = D_{ijkl}^{\mathrm{e}}(\mathrm{d}\varepsilon_{kl} - \mathrm{d}\varepsilon_{kl}^{\mathrm{p}}) \tag{8.180}$$

代入一致性条件(8.172)并使用流动法则(式(8.179)),求解标量函数 $\mathrm{d}\lambda$。将得到的 $\mathrm{d}\lambda$ 代入式(8.180)得到弹塑性材料的本构方程

$$\mathrm{d}\sigma_{ij} = D_{ijkl}^{\mathrm{ep}}\mathrm{d}\varepsilon_{kl} = (D_{ijkl}^{\mathrm{e}} + D_{ijkl}^{\mathrm{p}})\mathrm{d}\varepsilon_{kl} \tag{8.181}$$

它将应力增量与应变增量一一对应。对于关联流动法则材料,弹塑性刚度张量 D_{ijkl}^{ep} 是对称的。另外,如果在一个加载循环中正功耗散的 Drucker 假说适用于所考虑的材料,那么材料的切向刚度张量 D_{ijkl}^{ep} 具有正定性。

在本章的第二部分,建立了以下增量应力-应变关系。

(1) Drucker-Prager 各向同性强化和软化帽盖模型。

(2) von Mises 混合强化模型。

(3) 混凝土三参数各向同性强化模型。

(4) 混凝土三参数拉压独立强化模型。

利用这些模型,在数值分析迭代中施加有限应变 $\Delta\varepsilon_{ij}$,我们就可以唯一确定该应变产生的应力,即第 9 章的内容。

参考文献

Axelsson, K., and A. Samuelsson (1979): Finite Element Analysis of Elastic-Plastic Materials Displaying Mixed Hardening, *Int. J. Numer.*

Methods Eng.，vol. 14，pp. 211-225.

Baladi，G. Y.，and B Rohani(1979)：An Elastic-Plastic Constitutive Model for Saturated Sand Subjected to Monotonic and/or Cyclic Loadings. 3*d Int. Conf. Numer. Methods Geomech*，Aathen，1979，pp. 389-404.

Buyukozturk，O.（1977）：Nonlinear Analysis of Reinforced Concrete Structures. *Comput Struct.*，vol. 7，pp 149-156.

Chen. A. C. T.，and W. F. Chen(1975)：Constitutive Relations for Concrete，*J. Eng. Mech. Div. ASCE*，vol. 101，no. EM4，August，pp. 465-481.

Chen，W. F.（1975）："Limit Analysis and Soil Plasticity，" Elsevier，Amsterdam，1975.

DiMaggio，F. L.，and I S Sandler（1971）：Material Models for Granular Soils. *J. Eng. Mech. Div. ASCE*，vol. 97，no. EM3，June，pp. 936-950.

Drucker，D. C. (1951)：A More Fundamental Approach to Plastic Stress-Strain Relations，*Proc. 1st Natl. Congr. Appl. Mech. ASME*，*Chicago*，1951，pp 487-491.

—(1960)：Plasticity，*Proc. 2nd Symp. Nav. Struct. Mech.*，*Providence*，R. I.，1959，Pergamon，New York，pp. 170-184.

—R. E. Gibson，and D. J. Henkel（1975）：Soil Mechanics and Work-Hardening Theories of Plasticity. *Trans. ASCE*，vol. 122，pp. 338-346.

Epstein，M.，and D. W Murray（1978）：A Biaxial Law for Concrete Incorporated in BOSOR5 Code，*Comput. Struct.*，vol. 9，no. 1，July，pp. 57-63.

—，K. Y. Rijub-Agha，and D. W. Murray(1977)：A Two Parameter Concrete Constitutive Law for Axisymmetric Shell Analysis. *Proc. Symp. Appl. Comput. Methods Eng. Los Angeles*，1977，pp. 1301-1309.

Green. S. J.，and S. R. Swanson（1973）：Static Constitutive Relations for Concrete. *Air Force Weapons Lab. Tech. Rep.* AFWL-TR-72-2，Kirtland Air Force Base，Albuquerque，N. M.

Hill，R.（1950）："The Mathematical Theory of Plasticity." Oxford University Press，London，1950.

Hodge,P. G. ,Jr. (1957):Discussion[of Prager(1956)],*J. Appl. Mech.* ,
vol. 23,pp. 482-484.

Hsieh. S. S. ,E. C. Ting,and W. F. Chen(1980):A Plastic-Fracture Model
for Concrete. *Proc ASCE. Natl. Conv. Hollywood. Fla.* ,1980,pp.
50-64.

Mizuno, E. , and W. F. Chen (1981):Analysis of Soil Response with
Different Plasticity Models,*ASCE. Spec. Symp. Vol. ASCE Natl.
Conv. Hollywood*,Fla. ,1980,in press.

Murray,D. W. ,L. Chitnuyanondh,K. Y. Rijub-Agha,and C. Wong,(1979):
A Concrete Plasticity Theory for Biaxial Stress Analysis,*J. Eng.
Mech. Div. ASCE*,vol. 105,no. EM6,December,pp. 989-1106.

Owen,D. R. J. , A. Parkash, and O. C. Zienkiewicz(1974):Finite Element
Analysis of Non-linear Composite Materials by Use of Overlay
Systems,*Comput. Struct.* ,vol. 4,pp. 1251-1267.

Prager, W. (1955):the Theory of Plasticity:A Survey of Recent
Achievements(James Clayton Lecture),*Proc. Inst. Mech. Eng.* ,vol.
169,no. 41,pp. 3-19.

—(1956):A New Method of Analyzing Stress and Strains in Work-
Hardening Solids,*J. Appl. Mech. ASME*,vol. 23,pp. 493-496.

Roscoe,K. H. , A. N. Schofield, and A. Thurairajah (1963):Yielding of
Clays in State Wetter than Critical, *Geotechique*, vol. 13, no. 3. pp.
211-240.

Sandler,I. S. ,and J. L. B. Melvin(1976):Material Models of Geological
Materials in Ground Shock, *Numer. Methods Geomech*. vol. 1, pp.
219-231.

—,F. L. DiMaggio, and G. Y. Baladi(1976):Generalized Cap Model for
Geological Materials,*J. Geotechn. Div. ASCE*,vol. 102,no. GT 7,July
pp. 683-699.

Schofield, A. N. , and P. Wroth(1968):"Critical State Soil Mechanics,"
McGraw-Hill,New York,1968.

417

Yamada, Y. , N. Yoshimura, and T. Sakurai (1968): Plastic Stress-Strain Matrix and Its Application for the Solution or Elastic-Plastic Problem by the Finite Element Method. *Int. J. Mech. Sci.* , vol. 10, pp. 343-354.

Ziegler, H. (1959): A Modification of Prager's Hardening Rule, *Q. Appl. Math.* vol. l7, no. 55, pp. 55-65.

第9章 弹塑性断裂模型的数值方法

9.1 引 言

人们已发展了各种在计算机程序中采用前几章建立的本构模型的方法。本章介绍的方法适合将这些模型编成有限元程序,也适合求解静态和动态问题。

近年来,有限元法已经成为结构分析最有效的通用方法,有限元也为工程师提供了一个应用广泛的工具。确实,有限元法现在为钢筋混凝土构件和结构提供了一个有效且通用的分析工具。以前被忽略或者近似处理的因素(如混凝土开裂,拉伸软化,非线性多轴材料性质,复杂接触面特性以及其他影响等),现在都可以合理考虑。有限元法不仅为普通钢筋混凝土结构(例如梁、柱、框架、板、剪力墙)的性能和设计提供了新的视角,也成为直接用于海洋钻井平台、双曲冷却塔、核电站安全壳等复杂结构的分析和设计的一个必备工具,原则上可以得到工程结构系统的数值解(特别是对钢筋混凝土结构)。

本章的讨论主要集中在将这些弹塑性断裂模型应用于钢筋混凝土和预应力混凝土结构的非线性变形和极限荷载性能的有限元分析数值方法。本章分为三部分。第一部分将阐述有限元分析的基本步骤和非线性分析的一般求解技巧(9.2节)。第二部分介绍在一个典型有限元计算过程中塑性和断裂模型的数值方法。9.3节建议弹塑性模型的数值方法策略,9.4节以实例说明。9.5节讨论与应力突然降低相关的从弹塑性或弹性向脆性断裂性能突然转换的数值方法。9.6节通过两个数值实例分别检验纯荷载和纯位移控制加载条件下的两个混凝土结构的非线性脆性性能。

在第三部分中,9.7节介绍壳体结构数值实例,9.8节展示混凝土核反应堆容器轴对称构件的数值实例。它们都源自之前发表过的成果,读者可以参考原文得到详细信息。附加文献含有很多本章未讨论的数值实例,列出了许多关于钢筋混凝土结构的有限元分析技术进展的综述论文以及各种钢筋混凝土结构的数值分析结果。

9.2 位移分析中的有限元过程

有限元法可以视作结构分析的一个通用方法,该方法将求解连续介质力学问题近似为分析一个在有限节点相互连接的有限单元集合体的结构。因有限元过程中包括数值积分的基本步骤已经完全建立(Zienkiewicz,1971),此处不再累述。本节将简要总结求解钢筋混凝土结构弹塑性断裂有限元问题的通用技术。下面介绍有限元分析的三个基本方面:①复合结构的有限元建模;②有限元刚度的推导;③非线性分析通用求解技术。

9.2.1 复合结构的有限元建模

钢筋混凝土的有限元模型一般基于将复合连续介质替换为代表混凝土和钢筋的有限单元集合。通常混凝土和钢筋都被当作离散单元。在这类离散单元方法中,钢筋单元和混凝土单元通过节点连接,如图 9.1 所示。复合作用通过节点的协调性进行加强。黏结连接单元可以用来模拟黏结滑移性能。

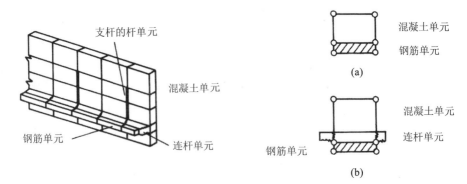

图 9.1 混凝土单元模型

(a)非黏结滑移;(b)连杆单元

另外一种复合单元法就是通过混凝土和钢筋的单独性质建立该单元的复合模量。在这种方法中,单元通常沿着高度方向划分为数层,如图 9.2 中板单元所示。每一层被认为处于平面应力状态,根据材料状态不同每一层或许有不同的材料性能。对于密布

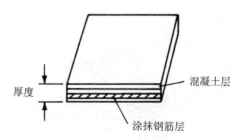

图 9.2　复合单元模型

钢筋的钢筋混凝土单元,钢筋现在可以用具有涂抹材料性质的各向异性实体层来模拟。钢筋和混凝土之间一般被认为完全黏结。这种方法被广泛应用于钢筋混凝土板壳结构的非线性分析。

模拟钢筋混凝土结构中的裂纹扩展有两种完全不同的方法。在有限元模型中,开裂可以视为混凝土单元之间离散的单独裂纹或单元内部的分布裂纹。第一种方法主要用于早期的研究,后一种方法因其易于实施而迅速取代第一种方法。

图 9.3 显示了 Scordelis(1972)提出的利用第一种方法将梁模拟为平面应力系统。混凝土和纵向主筋用四边形或三角形单元表示,利用一维杆单元模拟竖向箍筋,如图 9.3(c)所示。用图 9.3(b)中具有 h 和 v 两个自由度的连接单元,由假设合适的弹簧刚度 k_h 和 k_v 来模拟黏结应力滑动(图 9.3(a))、骨料嵌锁以及裂纹的张合(图 9.3(d))。在转移裂纹处销栓剪力(图 9.3(e))时,纵向主筋与混凝土在一段有效销栓长度上分离,它表示在这一段距离上假定黏结完全破坏。用来预测裂尖应力集中及扩展的断裂力学概念在这之前的研究中都被忽略。不同于图 9.3 中使用预先定义的离散裂纹,Nilson(1967,1968)在后面的研究中利用逐渐劈裂节点在后续分析中重新定义新的形态来追踪每个单独离散的裂纹。

由于利用离散裂纹建模的复杂性,目前大多数分析采用的概念假定渐进式开裂分布于整个单元或层,或者单元或层内的积分点。该做法的优点是在整个非线性求解中能够应用相同的结构节点网状。一般来说,钢筋也被认为分布于整个混凝土单元形成复合刚度。通常钢筋和混凝土之间被认为完全黏结。在某些情形下拉伸加劲的概念被用来考虑单元内分布裂纹间

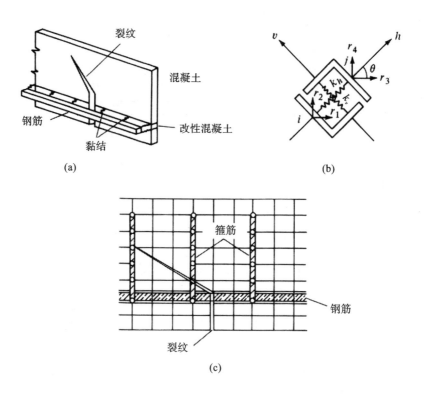

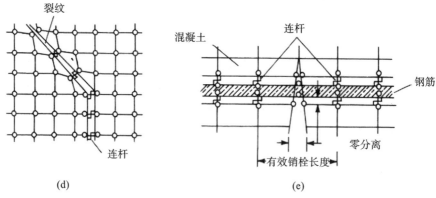

图 9.3　分析模型与连杆单元(Scordelis,1972)

(a)分析模型;(b)连杆单元;(c)钢筋单元;(d)裂纹和骨料嵌锁;(e)有效销栓长度

承担荷载的那部分混凝土。

　　对于层状单元,沿着单元厚度逐层跟踪裂纹的扩展。这种建模技术已由 Scordelis 和 Schnobrich(1978)提出并广泛应用于不同类型钢筋混凝土结构(梁、框架、肋板、板、墙和壳)。

最近几年 Argyris 等(1974)建立了一系列轴对称和三维系统的单元模型,如图 9.4 所示。它们最早被用于预应力混凝土反应堆容器的分析。但是,只要其他复合结构由钢筋、缆和膜等构成,显然就可以将这些单元应用于这些结构。这些单元已经被编入通用计算程序用来分析反应堆容器。

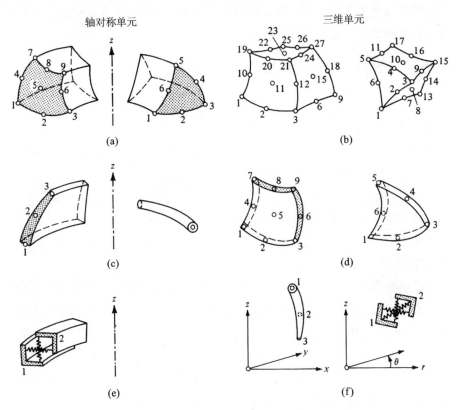

图 9.4 预应力反应堆容器分析中的有限单元(Argyris 等,1974)

(a)、(b)固体单元;(c)膜单元与索单元;(d)膜单元;(e)黏结单元;(f)索单元和黏结单元

图 9.4(a)、(c)和(e)总结了轴对称分析中的线、面和实体单元。曲面三角形或四边形实体单元用来代表素混凝土和钢筋混凝土构件的理想化(图 9.4(a),实体单元)。壳体膜单元为反应堆衬里和混凝土或预应力层(图 9.4 (c),膜单元)提供了有用的模型。环向线缆能够用环单元(图 9.4(c),索单

元)施加预应力,而连杆单元(图 9.4(e),胶结单元)则可模拟由于不同运动或部分黏结引起的滑移。

图 9.4(b)、(d)和(f)描述了直角坐标系或圆柱坐标系下三维分析中的等效线、面和实体单元。弯曲六面体和五面体单元为素混凝土和钢筋混凝土构件的理想化(图 9.4(b),实体单元)。三角形和四边形弯曲膜壳单元为衬里或单独钢筋或预应力层提供了有用的模型(图 9.4(d),膜单元)。单独的线缆可以用弯曲棒单元表示,而连杆单元(图 9.4(f),索单元和黏结单元)则可模拟由于不同运动或部分黏结引起的滑移。

9.2.2 有限元刚度推导

有限元分析的基本步骤就是推导单元刚度矩阵 $\boldsymbol{k}$,单元刚度矩阵将节点位移矢量增量$\{d\delta\}$和结点力矢量增量$\{dF\}$联系起来,即为每个单元的广义应力-广义应变增量关系。为了推导这一完整关系,我们必须满足三个条件。

(1)几何条件或应变和位移协调性(随动条件)。

(2)平衡方程(平衡条件)。

(3)应力-应变关系(本构关系)。

不论涉及何种类型或形状的单元,在推导这个基本关系时,下述的基本步骤都是相同的。

随动条件

步骤 1 以节点位移矢量增量$\{d\delta\}$表示单元内部任意点的内部位移矢量增量$\{du\}$,利用假设的形函数 $\boldsymbol{N}$,可以近似连续介质单元的真实位移特征

$$\{du\} = \boldsymbol{N}\{d\delta\} \tag{9.1}$$

步骤 2 已知单元内所有点位移,可以对式(9.1)求导得到任意点的应变增量矢量$\{d\varepsilon\}$。这就建立了位移-应变增量关系

$$\{d\varepsilon\} = \boldsymbol{B}\{d\delta\} \tag{9.2}$$

矩阵 $\boldsymbol{B}$ 一般由形函数的导数组成。

平衡条件

步骤 3 节点力增量矢量与任意点的内部应力矢量$\{d\sigma\}$之间的增量平衡方程可以直接应用虚功原理建立。因为作用于单元的所有力为$\{F\}$,在目前讨论中这些力都假定集中于节点,单元内任意点的内部应力为$\{\sigma\}$,为了满

足平衡条件,要求虚功方程满足任何施加的一组协调虚位移$\{d\bar{\delta}\}$和$\{d\bar{\varepsilon}\}$

$$\{d\bar{\delta}\}^{\mathrm{T}}\{dF\} = \int_v \{d\bar{\varepsilon}\}^{\mathrm{T}}\{d\sigma\}dv \qquad (9.3)$$

使用随动条件(式(9.2)),式(9.3)变成

$$\{d\bar{\delta}\}^{\mathrm{T}}\{dF\} = \{d\bar{\delta}\}^{\mathrm{T}}\int_v \boldsymbol{B}^{\mathrm{T}}\{d\sigma\}dv \qquad (9.4)$$

因为这个关系对任何虚位移$\{d\bar{\delta}\}$都必须满足,则有

$$\{dF\} = \int_v \boldsymbol{B}^{\mathrm{T}}\{d\sigma\}dv \qquad (9.5)$$

本构关系

步骤 4 在继续求解之前,需要建立式(9.5)中$\{d\sigma\}$和式(9.2)中$\{d\varepsilon\}$之间的本构关系。对于基于塑性流动理论的边值问题,材料非线性以增量形式的应力-应变关系来考虑

$$\{d\sigma\} = \boldsymbol{D}^{\mathrm{ep}}\{d\varepsilon\} \qquad (9.6)$$

其中,$\boldsymbol{D}^{\mathrm{ep}}$为第 8 章推导得到的当前应力水平下弹塑性切向刚度矩阵。将式(9.6)代入式(9.5),并利用式(9.2),得到每个单元的节点力-位移增量关系

$$\{dF\} = \left(\int_v \boldsymbol{B}^{\mathrm{T}}\boldsymbol{D}^{\mathrm{ep}}\boldsymbol{B}dv\right)\{d\delta\} \qquad (9.7)$$

或

$$\{dF\} = \boldsymbol{k}\{d\delta\} \qquad (9.8)$$

其中

$$\boldsymbol{k} = \int_v \boldsymbol{B}^{\mathrm{T}}\boldsymbol{D}^{\mathrm{ep}}\boldsymbol{B}dv \qquad (9.9)$$

$\boldsymbol{k}$ 为所求单元刚度矩阵。一般来说,除了特殊情况,式(9.9)中的积分式需要由计算机数值完成。

　　荷载-位移增量关系 一旦计算得到单元刚度矩阵并从局部坐标转换到整体坐标,将荷载增量$\{dR\}$和整个结构的节点位移增量$\{d\delta\}$联系起来的结构刚度矩阵 $\boldsymbol{K}$ 可以通过单元刚度的系统集合而成

$$\{dR\} = \boldsymbol{K}\{d\delta\} \qquad (9.10)$$

　　列矢量$\{dR\}$为外部节点荷载增量矢量,未知节点位移矢量$\{d\delta\}$通过求解式(9.10)得到。根据得到的节点位移增量矢量,每个单元内部的单元应力可以利用式(9.2)从式(9.6)中得到

$$\{d\sigma\} = \boldsymbol{D}^{\mathrm{ep}}\boldsymbol{B}\{d\delta\} \qquad (9.11)$$

9.2.3　非线性分析的一般解技术

人们对一阶微分方程（式（9.10））的积分提出了大量数值解法，它们都是基于在有限步长内非线性方程的分段线性化。

针对非线性弹塑性问题分析提出了不同的方法。两类主要方法分别为纯迭代或者纯增量。结构工程中的不同方法基于增量法和迭代法的不同组合。这些方法都涉及数值解的合理误差控制。例如，在增量刚度（逐步）法中结构以小增量加载，每一加载过程中，新的结构刚度矩阵通过上一步更新的材料矩阵 $\boldsymbol{D}^{\text{ep}}$ 计算。但是，因为塑性流动理论基于微分步，荷载必须以有限步施加，结构的刚度容易被高估且违反平衡条件。

对于加工强化弹塑性材料，最合适的方法似乎是使用增量法结合迭代过程以满足平衡条件。增量法和迭代法的最优组合也会带来最优的计算成本。因此，根据此组合程序，结构上的总荷载 $\{R\}$ 以增量形式施加，对于这样的每一个荷载步，如下式的真实的切向刚度矩阵 $\boldsymbol{K}_{\text{t}}$

$$\{\Delta R\} = \boldsymbol{K}_{\text{t}}\{\Delta\delta\} \tag{9.12}$$

通过材料刚度矩阵 $\boldsymbol{D}^{\text{ep}}$ 利用式（9.9）以通常方式计算。另外，对于每一个荷载步残余力 $\{\psi(\delta)\}$ 通过下式计算

$$\{\psi(\delta)\} = \int_{v} \boldsymbol{B}^{\text{T}}\{\sigma\}\mathrm{d}V - \{R\} \tag{9.13}$$

其中，积分在整个结构上利用通常的逐单元程序和标准集合法则实施。$\{R\}$ 表示总的外部荷载水平，$\{\sigma\}$ 表示到达的真实应力水平。式（9.13）中残余矢量 $\{\psi\}$ 表示为位移的函数，意味着本构关系允许应力通过位移唯一确定。对于任一不正确的应力分布和位移场，式（9.13）将会造成 $\{\psi\}\neq0$。残余矢量可以视为使假定的位移形式满足节点平衡而额外需要的节点力。对于每一个荷载增量，必须进行平衡迭代直到该点的残余力可以忽略不计。在迭代过程中，刚度矩阵可以保持不变也可以以合适的频率更新。例如，可以采用 Newton-Rapson 迭代法。荷载增量和迭代程序的最优选择不仅取决于研究的问题，也取决于该方法需要的成本。在实际应用中，Newton-Rapson 迭代方法被认为是最合适的。

9.3　弹塑性模型的数值实现

本节我们将介绍计算机程序中考虑弹塑性本构模型的一般数值步骤。讨论中,输入量为应力分量$\{\sigma\}_n$,强化参数ε_p^n和第n个荷载增量步结束时得到的k^n以及新的应变增量分量$\{\Delta\varepsilon\}_{n+1}$,该应变增量分量通过求解结构上的第$(n+1)$步荷载增量$\{\Delta R\}_{n+1}$得到

$$\{\Delta\delta\}_{n+1} = \{\boldsymbol{K}_t\}_n^{-1}\{\Delta R\}_{n+1} \tag{9.14}$$

其中,已知第n个荷载增量步结束时的节点位移值$\{\delta\}_n$和切向刚度$\{\boldsymbol{K}_t\}_n^{-1}$。输出量为新的应力分量值

$$\{\sigma\}_{n+1} = \{\sigma\}_n + \{\Delta\sigma\}_{n+1} \tag{9.15}$$

下面概述满足式(9.15)的计算全过程。

第 8 章给出屈服面的一般形式

$$f(\{\sigma\},\varepsilon_p,k) = 0 \tag{9.16}$$

允许考虑各向同性强化、随动强化和混合强化。借助一般形式的弹塑性本构方程

$$\{\Delta\sigma\} = (\boldsymbol{D}^e - \boldsymbol{D}^p)\{\Delta\varepsilon\} = \boldsymbol{D}^{ep}\{\Delta\varepsilon\} \tag{9.17}$$

可以唯一确定在任何迭代过程中由已知施加的应变有限变化$\{\Delta\varepsilon\}$引起的有限应力变化$\{\Delta\sigma\}$。

弹性应力增量　在数值算法的第一步,一组弹性试算应力通过下式计算

$$\{\sigma^e\} = \{\sigma\}_n + \boldsymbol{D}^e\{\Delta\varepsilon\}_{n+1} \tag{9.18}$$

然后将这些试算应力代入加载面(式(9.16))进行测试。如果这些试算应力不违反平衡条件,那么材料的性能就是纯弹性,强化参数ε_p^n和k^n保持不变,并且在第$(n+1)$荷载增量步结束时的最终应力为

$$\{\sigma\}_{n+1} = \{\sigma^e\} \tag{9.19}$$

需要注意的是在第n个增量步结束时的弹性模量将会在第$(n+1)$个荷载增量步中保持不变。如果给定的应变增量$\{\Delta\varepsilon\}_{n+1}$足够小时,这种假设对于计算精度的影响可以忽略不计。另一方面,对于相对较大的应变增量,精度将会受到非线性弹性材料的影响。这个问题可以通过将给定应变增量划

分为相等的增量然后进行数值计算 m 次,每次都使用弹性模量的更新值来解决。

比例系数 如果弹性试算应力超过了加载面,那么单元将经历塑性加载,如图 9.5 所示。开始时,假定应力路径到达 A 点,该应力状态 $\{\sigma^a\}$ 满足

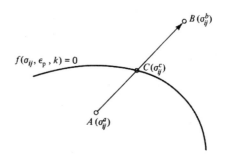

图 9.5 从弹性状态向塑性状态转换

$$f(\{\sigma^a\},\varepsilon_p^n,k^n) = f_0 < 0 \tag{9.20}$$

上式表示弹性状态。由于有限荷载增量,对于比例加载,一个完整全弹性应力路径将会在屈服面上从 C 点穿过到达 B 点相应的应力状态 $\{\sigma^b\}$。此时

$$f(\{\sigma^b\},\varepsilon_p^n,k^n) = f_1 > 0 \tag{9.21}$$

上述应力状态违反式(9.16)的屈服条件,意味着在$(n+1)$荷载增量步发生了从弹性到塑性状态的转换。在这种情况下,荷载增量被分成两部分,即路径 AC 对应的弹性部分和到达屈服面上 C 点后控制其性能的塑性部分。

这就需要确定穿过 C 点,该问题是一个线和面相交的几何问题。采用如下表示

$$\{\sigma^c\} = \{\sigma^a\} + r\{\Delta\sigma^e\} \tag{9.22}$$

其中,$r\{\sigma^e\}$是塑性状态首次到达时的部分应力增量,当

$$f(\{\sigma^c\},\varepsilon_p^n,k^n) = f(\{\sigma^a\}+r\{\Delta\sigma^e\},\varepsilon_p^n,k^n) = 0 \tag{9.23}$$

在理论上比例系数 r 可以通过式(9.23)确定。在实际应用中,只有在简单加载函数时才可以获得 r 的显示表达。最简单的估值 $r=r_1$ 可以通过式(9.23)中 f 的线性插值得到(Zienkiewicz 等,1969),即

$$r_1 = -\frac{f_0}{f_1 - f_0} \tag{9.24}$$

然而由于函数 f 的非线性

$$f(\{\sigma^a\} + r_1\{\Delta\sigma^e\}, \varepsilon_p^n, k^n) = f_2 \neq 0 \tag{9.25}$$

一个较准确的估算可以由屈服面的瞬时位置，即常数 ε_p^n 和 k^n 得到，可以写成

$$\mathrm{d}f = \left\{\frac{\partial f}{\partial \sigma}\right\}^T \{\mathrm{d}\sigma\} \tag{9.26}$$

现在令

$$\{\mathrm{d}\sigma\} = \Delta r_1\{\Delta\sigma^e\} \tag{9.27}$$

对于小的变化

$$\mathrm{d}f = -f_2 \tag{9.28}$$

将式(9.27)和式(9.28)代入式(9.26)可得

$$f_2 = -\left\{\frac{\partial f}{\partial \sigma}\right\}^T \{\Delta\sigma^e\}\Delta r_1 \tag{9.29}$$

得出改进的 r 值(Nayak 和 Zienkiewicz,1972)为

$$r = r_1 + \Delta r_1 = r_1 - \frac{f_2}{\{\partial f/\partial \sigma\}^T \{\Delta\sigma^e\}} \tag{9.30}$$

塑性应力增量　一旦确定了应变增量的弹性部分 $r\{\Delta\varepsilon\}$ 和应变增量的塑性部分 $(1-r)\{\Delta\varepsilon\}$，则初始应力增量和塑性应力增量可通过下式计算

$$\{\Delta\sigma^p\} = \int_{r\Delta\varepsilon}^{\Delta\varepsilon} \boldsymbol{D}^p\{\mathrm{d}\varepsilon\} \tag{9.31}$$

这个塑性应力增量是用来将弹性应力增量

$$\{\Delta\sigma^e\} = \int_0^{\Delta\varepsilon} \boldsymbol{D}^e\{\mathrm{d}\varepsilon\} = \boldsymbol{D}^e\{\Delta\varepsilon\} \tag{9.32}$$

恢复到式(9.17)本构方程中正确的弹塑性值

$$\{\Delta\sigma\} = \int_0^{\Delta\varepsilon}(\boldsymbol{D}^e - \boldsymbol{D}^p)\{\mathrm{d}\varepsilon\} = \int_0^{r\Delta\varepsilon}\boldsymbol{D}^e\{\mathrm{d}\varepsilon\} + \int_{r\Delta\varepsilon}^{\Delta\varepsilon}(\boldsymbol{D}^e - \boldsymbol{D}^p)\{\mathrm{d}\varepsilon\}$$

$$= \int_0^{\Delta\varepsilon}\boldsymbol{D}^e\{\mathrm{d}\varepsilon\} - \int_{r\Delta\varepsilon}^{\Delta\varepsilon}\boldsymbol{D}^p\{\mathrm{d}\varepsilon\} = \{\Delta\sigma^e\} - \{\Delta\sigma^p\}$$

$$\tag{9.33}$$

因为材料塑性刚度矩阵 $\boldsymbol{D}^p$ 随着当前应力状态变化，计算式(9.31)中应力路径需要数值积分。式(9.31)最简单的近似是使用如下线性关系

$$\{\Delta\sigma^p\} = (1-r)\boldsymbol{D}^p\{\Delta\varepsilon\} \tag{9.34}$$

对于小荷载(应变)增量该过程是允许的。但是对于较大的增量,就需要更精确的程序。该过程可以通过将应变增量$(1-r)\{\Delta\varepsilon\}$分成$m$份较小增量并对每一份较小的增量应用式(9.34)来实现。$\boldsymbol{D}^p$ 因此实时更新。

应力按比例缩回到屈服面　因为式(9.34)是式(9.23)更准确的近似,其中r值为式(9.23)中真实值的近似。在第$(n+1)$荷载增量步结束时最终应力可估算为

$$\{\sigma\}_{n+1} = \{\sigma\}_n + \{\Delta\sigma^e\} - \{\Delta\sigma^p\} \qquad (9.35)$$

因此我们一般期望下式成立

$$f(\{\sigma\}_{n+1}, \varepsilon_p^n, k^n) = f_3 \neq 0 \qquad (9.36)$$

且其值与屈服面有一个较小的偏离。这样的偏离会逐渐累积,因为在分析中重要的是至少保持屈服条件,因此必须做出修正以将应力恢复到正确的屈服面。

上述对应力的修正可采用与前面对r值的类似修正方式。假设应力变化或者修正沿着屈服面的法向。

$$\{\delta\sigma\} = a\left\{\frac{\partial f}{\partial\sigma}\right\} \qquad (9.37)$$

其中,a为标量,$\{\delta\sigma\}$为修正应力矢量。将式(9.36)和式(9.37)代入式(9.26),可得

$$\mathrm{d}f = -f_3 = \left\{\frac{\partial f}{\partial\sigma}\right\}^T\{\delta\sigma\} = \left\{\frac{\partial f}{\partial\sigma}\right\}^T\left\{\frac{\partial f}{\partial\sigma}\right\}a \qquad (9.38)$$

从上式中我们求得标量a并将得到的a值代入式(9.37),我们可以得到

$$\{\delta\sigma\} = -\frac{\{\partial f/\partial\sigma\}f_3}{\{\partial f/\partial\sigma\}^T\{\partial f/\partial\sigma\}} \qquad (9.39)$$

在程序中对于所有的应力变化,屈服条件都必须重新评估。

程序流程　总之,计算$\{\Delta\sigma^p\}$需采用以下步骤。

(1) 由位移增量$\{\Delta\delta\}_{n+1}$计算应变增量$\{\Delta\varepsilon\}_{n+1}$。

(2) 计算弹性应力增量$\{\Delta\sigma^e\} = \boldsymbol{D}^e\{\Delta\varepsilon\}_{n+1}$并得到$\{\sigma^e\} = \{\sigma\}_n + \{\Delta\sigma^e\}$。

(3) 计算$\{\sigma^e\}$对应的不变量I_1, J_2, J_3和θ。

(4) 利用累积ε_p^n和k^n计算对应于瞬时屈服面的$f(\{\sigma^e\}) = f_1$。

(5) 如果f_1为负值,则$\{\Delta\sigma^p\} = 0$并略去下面的步骤。

(6) 如果$f_1 > 0$,则设$f_0 < 0$,转到第8步。

（7）如果 $f_0=0$，则设 $r=0$ 并且 $r_1=1-r=1$，转入第 9 步。

（8）通过式（9.24）和式（9.30）计算 r。

（9）计算 $\{\sigma\}_i=\{\sigma\}_n+r\{\Delta\sigma^e\}$ 并确定 m，则增量的大小为 $\{d\varepsilon\}_i=[(1-r)/m]\{\Delta\varepsilon\}$，因此 $\{d\sigma^e\}_i=[(1-r)/m]\{\Delta\varepsilon^e\}$。重复第 10～16 步 m 次。

（10）计算 $\{\sigma\}_i$ 对应的不变量。

（11）利用 ε_p^n 从单轴应力-应变曲线计算强化参数 $H=d\sigma_e/d\varepsilon_p$。

（12）计算 $\{\partial f/\partial\sigma\}_i$ 和 $\boldsymbol{D}^e\{\partial f/\partial\sigma\}_i$。

（13）计算 $d\lambda$ 和 $\boldsymbol{D}^p$。如果 $d\lambda<0$，则设 $d\lambda=0$。

（14）计算 $\{d\sigma\}_i=\{d\sigma^e\}_i-\boldsymbol{D}^p\{d\varepsilon\}_i$，并更新应力 $\{\sigma\}_{i+1}=\{\sigma\}_i+\{d\sigma\}_i$。

（15）计算单位体积的塑性功、塑性应变增量或有效塑性应变增量。

（16）采用式（9.39）修正应力并计算第 10 步中的应力。

（17）从 $\{\sigma\}_{m+1}$ 和 $\{\sigma\}_n$ 计算 $\{\Delta\sigma^p\}=\{\Delta\sigma\}-\{\Delta\sigma^e\}$。

9.4　弹塑性分析实例

在此小节中，一些弹塑性本构模型被用来获得混凝土圆柱劈裂试验（也称为巴西试验）的变形反应。在本节试验中，混凝土圆柱在试验机的加载板之间水平放置，然后两个相对加载机加压直到试件沿着垂向的直径平面劈裂，如图 7.6(a)、(b)所示。

9.4.1　线弹性断裂模型

如果假定施加的荷载沿着宽度 $2a$（比如说 $\frac{1}{2}$ in）均匀分布，如果 $2a<d/10$，则沿着垂向直径上的弹性应力（Chen，1975）可以近似为

垂向应力 $\qquad \sigma_r=-\dfrac{2Q}{\pi ld}\left[\dfrac{d}{4a}(\theta+\sin\theta)+\dfrac{d}{d-r}-1\right]$ （9.40）

水平应力 $\qquad \sigma_\theta=\dfrac{2Q}{\pi ld}\left[1-\dfrac{d}{4a}(\theta-\sin\theta)\right]$ （9.41）

其中，θ 是被考虑点加载区域形成的夹角（图 7.7(b)），拉应力设为正。在 $2a=d/12$ 时沿着垂向直径的应力分布如图 7.7(a)所示，拉应力在直径四分

之三范围内几乎均匀分布。位于荷载施加位置正下方的区域在平面应力条件下处于双轴压缩状态,在平面应变条件下处于三轴压缩状态。圆柱中心的最大水平拉应力可以通过下面的简单公式近似表达

$$f'_t = \sigma_{\theta=0} = \frac{2Q}{\pi l d} \tag{9.42}$$

其中,d 为直径;l 是圆柱的直径。这个以最大拉应力作为破坏准则的线弹性理论推导得到的公式已被作为计算劈裂圆柱抗拉强度的基础。

9.4.2　理想弹塑性模型

如果假设混凝土是理想弹塑性材料,在压缩时以修正的 Mohr-Coulomb 破坏面作为屈服面,并且具有很小但是非零拉断,根据理想塑性极限分析的上下限定理表明从直接劈裂拉伸测试的抗拉强度位于式(9.42)给定值的 14% 以内。劈裂圆柱试验的极限分析的详细过程参见 7.4 节。

9.4.3　弹性-强化塑性-断裂模型

在两节混凝土被理想化为几乎没有延性的线弹性断裂材料(9.4.1 节)或具有很大延性的理想弹塑性材料(9.4.2 节)。弹性解和极限分析解都是解析解。但是,由于混凝土材料有限延性造成的在加载早期形成的混凝土破裂局部化引起体内应力重分配,因此在之前的章节中给出的弹性或理想塑性应力分配或许有问题。另外,在评估圆柱体内更真实的应力分配时,需要考虑混凝土开裂或压碎前的非线性应力-应变特性。

于此,假定混凝土为线弹塑性各向同性-强化-脆性断裂材料。在分析平面应变条件下的圆柱劈裂试验中,考虑压缩混凝土的塑性或拉伸混凝土开裂引起的非线性影响。考虑混凝土材料三种应力-应变模型:von Mises 模型,Drucker-Prager 模型(或扩展的 von Mises 模型),Chen 和 Chen(8.8 节)混凝土三参数塑性模型。针对每一种应力-应变模型假设混凝土的初始屈服面、加载面、极限或者破坏面。初始屈服面是弹性性能的极限面。弹性极限在此被定义为与破坏面形状相似但位于其内一段距离的初始屈服面。当应力状态位于初始屈服面内时,材料被认为是线弹性的,可以应用线弹性本构方程。超过弹性极限后,正交条件或被称作关联流动法则可用来控制混凝

土屈服后的应力-应变关系。第 8 章推导了基于后继加载面概念和关联流动法则的三种应力-应变模型的矩阵本构方程。

为了确定多轴应力或应变状态下混凝土断裂,提出了一个以应力和应变表示的断裂准则的双重表达。以应力表达的断裂面与破坏面相同,以应变表达的断裂面模拟破坏面但以应变表达。当材料的应力状态满足应力断裂准则时或应变状态满足应变断裂准则时,混凝土会发生断裂。

在目前使用三个各向同性向强化模型的有限元分析中,通过将破坏单元的刚度值设为零来调整系统和破坏单元内的应力,然后确定每个单元内新的应力状态。继续这个过程直至达到断裂荷载或者试件发生完全破坏。该方法也就意味着发生断裂后,在后续加载中断裂应力保持不变情形下断裂单元发生流动。在 9.6 节,断裂单元内的应力通过重新分配到相邻单元而从系统内完全移除。该方法意味着发生断裂后,断裂单元不仅丧失刚度,也失去应力。总之,两种方法都意味着裂纹扩展可以通过一系列瞬时刚度从一个单元到另外一个单元的转移而实现。

对于发生断裂后真实的混凝土破裂单元的刚度和应力介于这两种极端理想化情形之间。例如,对于开裂混凝土,垂直于破裂面的拉伸应力突然降低至零,在后续变形中垂直于这个裂纹面上的抗力减小为零。但是,根据平行于裂纹单轴或双轴情况,平行于裂纹的材料至少能承载一部分应力。

在此我们简单总结在当前有限元分析中使用的三种各向同性强化模型。

von Mises 各向同性强化模型　von Mises 屈服准则为

$$F(\sigma_{ij}) = J_2 = k^2 \tag{9.43}$$

其中,J_2 是应力偏张量的第二不变量;k 是材料常数。对于各向同性强化材料,常数 k 通过有效应力与塑性功关联

$$k = \frac{1}{\sqrt{3}}\sigma_e(W_p), \quad W_p = \int \sigma_{ij}\, d\varepsilon_{ij}^p \tag{9.44}$$

加工强化函数 $\sigma_e(W_p)$ 由 Kupfer 等(1969)报道的单轴压缩应力-应变曲线确定。8.7 节推导了具有混合强化的 von Mises 材料的增量应力-应变关系。对应于一个各向同性强化模型的弹塑性刚度矩阵 $\boldsymbol{D}^{ep}$,可以通过将式(8.101)中的混合强化参数取 $M=1$ 得到。

Drucker-Prager 各向同性强化模型　Drucker-Prager 屈服准则可写成

$$F(\sigma_{ij}) = \alpha I_1 + \sqrt{J_2} = k \qquad (9.45)$$

其中，I_1 为应力张量的静水压力分量；α 和 k 为材料常数，它们可以通过几种不同的方式与 Mohr-Coulomb 准则中的摩擦角 ϕ 和黏聚力 c 关联。假设 Drucker-Prager 圆锥外接于 Mohr-Coulomb 六边形锥体，材料常数可以通过式(8.86)获得

$$\alpha = \frac{2\sin\phi}{\sqrt{3}(3-\sin\phi)}, \quad k = \frac{6c\cos\phi}{\sqrt{3}(3-\sin\phi)} \qquad (9.46)$$

其中，c 和 ϕ 可以通过混凝土的单轴抗拉强度 f_t' 和单轴抗压强度 f_c' 表达

$$\sin\phi = \frac{f_c' - f_t'}{f_c' + f_t'}, \quad c = \frac{f_c' f_t'}{f_c' - f_t'}\tan\phi \qquad (9.47)$$

对于 Kupfer 等(1969)报道的特定混凝土

$$f_t' = 0.09 f_c', \quad f_c' = 4450 \text{ lb/in}^2 \qquad (9.48)$$

通过式(9.47)确定对应值为

$$\phi = 56.6°, \quad c = 667.5 \text{ lb/in}^2 \qquad (9.49)$$

8.6 节推导了具有各向同性强化软化帽盖 Drucker-Prager 材料增量应力-应变方程。式(8.73)给出了平面应变的特殊情形下 $\boldsymbol{D}^{\text{ep}}$ 矩阵的表达式。

混凝土塑性模型　在 8.8 节中混凝土在一般的三维应力状态下的加载面(Chen 和 Chen,1975a)假定采用如下形式。

在压-压范围（$\sqrt{J_2} + (1/\sqrt{3})I_1 \leqslant 0$　且　$I_1 \leqslant 0$）

$$F(\sigma_{ij}) = \frac{J_2 + (\beta/3)I_1}{1-(\alpha/3)I_1} = \tau^2 \qquad (9.50)$$

在拉-压范围或拉-拉范围（$\sqrt{J_2} + (1/\sqrt{3})I_1 > 0$　或　$I_1 > 0$）

$$F(\sigma_{ij}) = \frac{J_2 - \frac{1}{6}I_1^2 + (\beta/3)I_1}{1-(\alpha/3)I_1} = \tau^2 \qquad (9.51)$$

在式(9.50)和式(9.51)中，α 和 β 为材料常数，$F(\sigma_{ij})$ 为当前加载函数，其值由 τ 确定。图 8.14 显示了在二维主应力空间后继加载曲面的轨迹。在两种极端情形下，当 τ^2 的值接近 τ_0^2 和 τ_u^2，加载面(式(9.50)和式(9.51))分别接近初始屈服面和破坏面。

一旦加载面确定，基于正交条件的增量塑性应力-应变关系可适用于这

样的材料模型,也可推导相应的本构方程。式(8.140)给出了一般三维情形下本构矩阵的显示形式。适用于有限元分析的平面应力、平面应变和轴对称特殊条件下的矩阵显示形式可参见 Chen(1975)和 Chen(1975b)。

在本例中,使用的材料常数分别为:弹性模量＝3791 kips/in^2,泊松比＝0.188。

在压缩范围,$\tau_0^2 = 1.754$ (kips/in^2)^2,$\tau_u^2 = 4.873$ (kips/in^2)^2,$\alpha = 0.149$ (kips/in^2)$^{-1}$,$\beta = 0.437$ kips/in^2。

在拉-压范围,$\tau_0^2 = 0.107$ (kips/in^2)^2,$\tau_u^2 = 0.297$ (kips/in^2)^2,$\alpha = 4.260$ (kips/in^2)$^{-1}$,$\beta = 0.759$ kips/in^2。

非线性解法和计算机程序　数值分析通过使用有限元和逐步增量迭代求解法来实现。特别是,该分析利用 NONSAP 程序(1974 年加州大学伯克利分校 Bathe 等(1974)编写的非线性有限元结构分析通用程序)。该程序可以选用几种不同的单元类型以及材料模型,包括 von Mises 以及 Drucker-Prager 模型。最近 NONSAP 程序也包括几种新的混凝土塑性模型。有关 NONSAP 程序的扩展细节可参见 Chang 和 Chen(1976)。

在当前研究中,利用上面提到的三种塑性模型来对圆柱劈裂试验进行弹塑性断裂分析。

数值结果　有限元分析得到的结果总结如下(Chen 和 Chang,1978)。

图 9.6 描述了对应于前面三种加工强化塑性模型在平面应变条件下圆柱劈裂试验的荷载-挠度曲线。曲线的非线性特征形成在荷载的较早期。屈服从加载板角下方开始,在加载角形成裂纹前,塑性区的扩展仅限于加载板附近区域。在产生第一条裂纹后,几何中心区域迅速变成塑性,塑性区持续扩展,当荷载达到其最大值时,混凝土裂纹沿着直径所在平面迅速扩展。最后,当位于加载板下方直径平面内的拉伸裂纹从圆柱中心向加载板扩展足够远时,此时平衡方程变得奇异而无法求解。因此此处的最大荷载被定义为圆柱结构性破坏时的最大强度。

对于混凝土塑性模型,初始屈服荷载为 1.67 kips。当荷载增加到 6.10 kips时,位于加载板下方直径平面内的第四个单元内的有效应力 σ_e 到达了极限或抗拉断裂强度(断裂应力准则)。在这个荷载(6.10 kips)对应的弹塑性断裂区域如图 9.7 所示。深色阴影区域表示断裂单元,浅色阴影区域

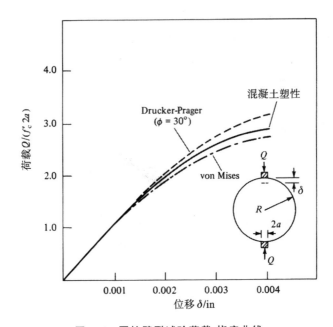

图 9.6　圆柱劈裂试验荷载-挠度曲线

表示塑性单元。如果以有效应变准则作为混凝土断裂的基础,当加载板下方第四个单元到达有效应变极限时,对应的极限荷载为 6.53 kips。对应此荷载的弹塑性断裂区域如图 9.8 所示。对于不同的荷载 Q,垂直接触压应力沿加载板方向的分布,以及垂直和水平应力分量沿垂直直径平面的分布分别如图 9.9 和图 9.10 所示。

　　圆柱劈裂试验中垂向直径平面内水平应力和垂直应力分布与图 7.7 中的线弹性解实际上无差别。除了在塑性解中,最大拉伸应力发生在距离加载点 $\frac{1}{3}R$ 处,并且在中点略微降低。图 9.10 中圆柱中心 2/3 附近的拉伸应力几乎均匀分布。对于受应力断裂准则控制的混凝土破坏,破坏荷载 $Q=$ 6.10 kips在圆柱中心部分附近形成近似均匀的拉伸应力 0.623 kip/in²。拉伸应力约为式(9.42)计算得到的弹性解 f_t' 的 0.96 倍。表 9.1 总结了受应力断裂准则控制的混凝土破坏在 von Mises 模型和 Drucker-Prager 模型下得到的类似分析结果。表 9.1 也比较了这些模型得到的结果。由表 9.1 可见,不同塑性模型得到的柱体中心几乎均匀的拉伸应力分布与基于线弹性

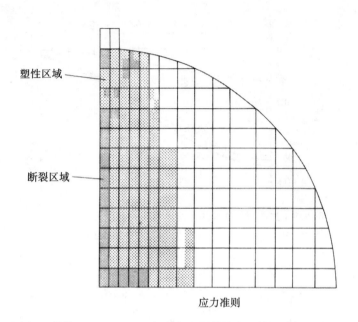

塑性区域

断裂区域

应力准则

图 9.7　荷载 $P=6.10$ **kips** 时,混凝土圆柱体内塑性和破坏区的扩散

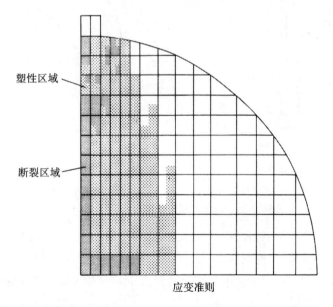

塑性区域

断裂区域

应变准则

图 9.8　荷载 $P=6.53$ **kips** 时,混凝土圆柱体内塑性和破坏区的扩散

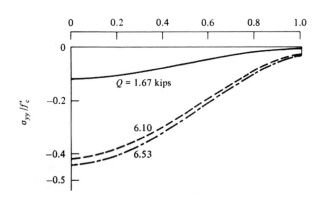

图 9.9　加载板与圆柱体之间界面处的垂直接触应力分布

Q＝1.67 kips（初始屈服）；Q＝6.10 kips（基于应力极限的破坏荷载）；Q＝6.53 kips（基于应变极限的破坏荷载）

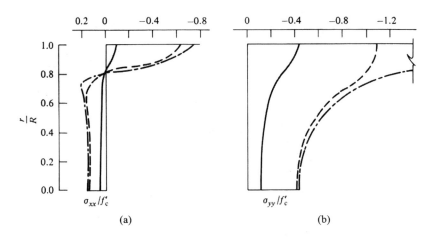

图 9.10　沿着荷载所在的直径线上的应力分布

（a）水平；（b）垂向。实线 Q＝1.67 kips（初始屈服）；虚线 Q＝6.10 kips（基于应力极限的破坏荷载）；点画线 Q＝6.53 kips（基于应变极限的破坏荷载）

推导得到的式（9.42）吻合较好。

　　受应变断裂准则控制的混凝土破坏对应于混凝土塑性模型的破坏荷载为 6.53 kips。拉伸应力也几乎均匀地分布于柱体中心 2/3 处，最大拉伸应力发生在距离荷载点 $\frac{1}{3}R$ 处，并且在中点略微降低为 0.671 kips/in²（图

9.10),该值与弹性解(0.693 kips/in²)十分吻合。对于 von Mises 模型,破坏荷载为 6.14kips,中心的拉伸应力为 0.650 kips/in²,与弹性解(0.651 kips/in²)相当吻合。表 9.2 给出了受应变断裂准则控制的混凝土在三种不同模型下的分析结果。如表 9.2 所示,当摩擦角从 20°增加到 56.6°时,Drucker-Prager 模型的断裂荷载从 4.72 kips 上升到 9.84 kips。中心的均匀拉伸应力可从式(9.42)计算得到的弹性应力解的 0.87 倍到 1.75 倍变化。表 9.1 显示如果受应力破坏准则控制时则不会发生这种情况。受应变控制的破坏荷载比受应力控制的破坏荷载要高。这也许是因为后者允许材料有较大的延性因而引起更加均匀的水平应力分布(图 9.10)。

表 9.1 应力准则下的断裂荷载[①]

(1) 材料模型	(2) 最大荷载 Q (kips)	(3) 中心附近均匀拉伸应力 (kips/in²)	(4) $\frac{2Q}{\pi ld}$ (kips/in²)	(5) $\frac{(3)}{(4)}$
混凝土塑性	6.10	0.623	0.647	0.96
von Mises	6.60	0.730	0.700	1.04
Drucker-Prager $\phi=$				
56.6°	7.50	0.729	0.796	0.92
40°	5.00	0.508	0.531	0.96
35°	4.25	0.432	0.451	0.96
30°	3.75	0.381	0.398	0.96
20°	3.20	0.335	0.340	0.99

①该荷载为沿着直径平面加载点下方第四个单元的最大有效应力达到拉伸断裂时的荷载;$l=$ 1 in,$d=6$ in。

439

表 9.2　应变准则下的断裂荷载[①]

(1) 材料模型	(2) 最大荷载 Q （kips）	(3) 中心附近均 匀拉伸应力 （kips/in²）	(4) $\frac{2Q}{\pi ld}$ （kips/in²）	(5) $\frac{(3)}{(4)}$
混凝土塑性	6.53	0.671	0.693	0.97
von Mises	6.14	0.650	0.651	1.00
Drucker-Prager $\phi=$				
56.6°	9.84	0.911	1.044	0.87
40°				
35°	8.20	0.790	0.870	0.91
30°	6.80	0.770	0.722	1.07
20°	4.72	0.876	0.501	1.75

①该荷载为沿着直径平面加载点下方第四个单元的最大有效应变达到断裂应变时的荷载；$l=$ 1 in，$d=6$ in。

结构破坏荷载是加载板下方的大多数单元破裂或屈服时的荷载。混凝土破坏受应力准则控制。在破坏初期，此时联立平衡方程变得奇异而无解。在此破坏状态下对应于三种塑性模型的最大承载能力以及水平拉伸应力如表 9.3 所示。圆柱中心附近水平拉伸应力的塑性解与式（9.42）中的弹性解相当吻合。

表 9.3　结构破坏的断裂荷载[①]

(1) 材料模型	(2) 最大荷载 Q （kips）	(3) 中心附近均 匀拉伸应力 （kips/in²）	(4) $\frac{2Q}{\pi ld}$ （kips/in²）	(5) $\frac{(3)}{(4)}$
混凝土塑性	6.85	0.708	0.727	0.97

续表

（1） 材料模型	（2） 最大荷载 Q （kips）	（3） 中心附近均 匀拉伸应力 （kips/in²）	（4） $\dfrac{2Q}{\pi ld}$ （kips/in²）	（5） $\dfrac{（3）}{（4）}$
von Mises	6.60	0.730	0.700	1.04
Drucker-Prager （$\phi = 30°$）	7.50	0.760	0.796	0.96

①该荷载为圆柱体无法继续承受任何额外荷载时的荷载；$l=1$ in，$d=6$ in。

Drucker-Prager 模型中摩擦角 ϕ 的增加造成圆柱体材料刚性变形并达到柱体最大承载能力（图 9.11）。

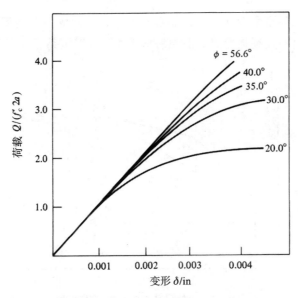

图 9.11　使用多种内摩擦角 ϕ 的 Drucker-Prager 材料模型的混凝土圆柱体的荷载-挠度性能

441

9.5　断裂混凝土有限元分析

混凝土的拉伸破坏特征为一条主裂纹的突然产生,而压缩破坏时会产生许多主裂纹。这些主裂纹的形成是一个脆性过程,这些裂纹面上的应力在裂纹形成后突然变为零。在有限元分析中,在这些开裂或破碎单元中的相关应力必须从断裂单元中彻底移除,并重新分配到相邻单元。下面将讨论在混凝土结构有限元分析中释放和重新分配这些应力的数值方法。

9.5.1　断裂混凝土增量应力-应变关系

图 9.12 所示的应力-应变模型在第 3 章中被用来推导断裂混凝土的增量应力-应变关系。线 0—1 和 2—3 的斜率分别表示断裂发生前后材料的刚度。释放的总应力用应力矢量 $\{\sigma_0\}$ 表示(如图 9.12 中的线 1—2)。释放的应力重新分配到整个结构上的相邻材料上。释放的应力在断裂发生的瞬时从零到给定值不连续地形成。断裂后增量应力应变关系可以写为

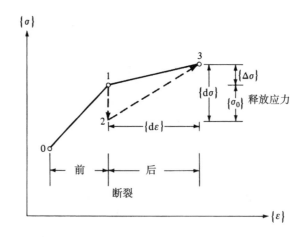

图 9.12　断裂混凝土的应力-应变模型

$$\{d\sigma\} = \boldsymbol{D}^c\{d\varepsilon\} \tag{9.52}$$

断裂材料在此过程中总应力变化可正式写成

$$\{\Delta\sigma\} = \{d\sigma\} - \{\sigma_0\} = \boldsymbol{D}^c\{d\varepsilon\} - \{\sigma_0\} \tag{9.53}$$

其中，$\boldsymbol{D}^c$ 为断裂（开裂或破碎类型）后的材料刚度矩阵；$\{\sigma_0\}$ 为断裂过程中释放的应力矢量。

在下面的讨论中，假设在压缩荷载下破碎的瞬时，破碎前一点的所有应力彻底释放，从此混凝土被认为丧失抵抗任何继续变形的能力。这意味着图 9.12 中点 2 的应力降为零，并且线 2—3 的斜率为零，即式（9.53）中 $\boldsymbol{D}^c = 0$，并且 $\{\sigma_0\}$ 为破碎前一点的应力矢量。进一步，假定一个裂纹在垂直于最大主拉应力方向（或者最大主拉应变方向，如果使用应力和应变双重断裂准则）的平面（或者轴对称问题的面）形成。另外再假定，在裂纹形成的瞬间，只有垂直于裂纹面的正应力和平行于裂纹面方向的剪应力得以释放，其他应力假定保持不变（图 9.13）。假设两个相邻破碎面之间的片状材料的性能为线弹性，则可以推导出开裂材料的增量应力-应变关系。例如，对于平面应力问题，开裂混凝土的材料刚度矩阵为

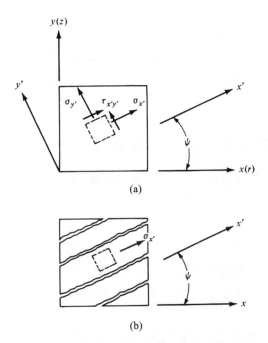

(a)

(b)

图 9.13　一个混凝土断裂后的裂纹模型的应力重分布

(a)裂纹刚形成前；(b)裂纹刚形成后

$$\boldsymbol{D}^{c} = E \begin{bmatrix} \cos^4\psi & \cos^2\psi\sin^2\psi & \cos^3\psi\sin\psi \\ \cos^2\psi\sin^2\psi & \sin^4\psi & \cos\psi\sin^3\psi \\ \cos^3\psi\sin\psi & \cos\psi\sin^3\psi & \cos^2\psi\sin^2\psi \end{bmatrix} \qquad (9.54)$$

其中,角度 ψ 表示裂纹方向,如图 9.13 所示。对于平面应变问题,刚度矩阵类似于式(9.54),仅将弹性模量 E 换成 $E/(1-\nu^2)$,其中,ν 为混凝土的泊松比。第 3 章详细推导了各种开裂混凝土刚度矩阵。

对于释放应力矢量 $\{\sigma_0\}$,式 9.13(a)显示了利用合适的应力转换方式释放的应力分量 $\sigma_{y'}$ 和 $\tau_{x'y'}$ 从 $x'y'$ 坐标系到 xy 坐标系的转换

$$\{\sigma_0\} = (\boldsymbol{I} - \boldsymbol{T})\{\sigma\} \qquad (9.55)$$

其中,$\boldsymbol{I}$ 为 3×3 单位矩阵。

$$\{\sigma\} = \begin{bmatrix} \sigma_x \\ \sigma_y \\ \tau_{xy} \end{bmatrix} \qquad (9.56)$$

应力转换矩阵为

$$\boldsymbol{T} = \begin{bmatrix} \cos^4\psi & \cos^2\psi\sin^2\psi & 2\cos^3\psi\sin\psi \\ \cos^2\psi\sin^2\psi & \sin^4\psi & 2\cos\psi\sin^3\psi \\ \cos^3\psi\sin\psi & \cos\psi\sin^3\psi & 2\cos^2\psi\sin^2\psi \end{bmatrix} \qquad (9.57)$$

9.5.2　断裂混凝土有限元公式

在混凝土有限元方法中,开裂混凝土仍被假定为连续介质,即裂纹被模糊处理成连续型。因此,在之前的讨论中,在出现第一条裂纹后开裂混凝土被视作正交各向异性材料。这方法允许拉伸方向强度的逐渐降低。同时,保持沿着裂纹方向上的正剪切模量可以考虑由骨料嵌锁提供的剪切强度。开裂混凝土连续性的概念将会被应用到当前的有限元公式中。

用 $\boldsymbol{B}$ 表示应变位移转换矩阵

$$\{\mathrm{d}\varepsilon\} = \boldsymbol{B}\{\mathrm{d}\delta\} \qquad (9.58)$$

对应力-应变关系式(9.53)应用虚功原理,得到节点力增量矢量 $\{\mathrm{d}F\}$ 为

$$\{\mathrm{d}F\} = \boldsymbol{k}^c\{\mathrm{d}\delta\} - \{f_0\} \qquad (9.59)$$

其中

$$\boldsymbol{k}^c = \int_v \boldsymbol{B}^\mathrm{T}\boldsymbol{D}^c\boldsymbol{B}\mathrm{d}v \qquad (9.60)$$

是断裂单元所要求的单元刚度矩阵,节点释放力矢量为

$$\{f_0\} = \int_v \boldsymbol{B}^{\mathrm{T}} \{\sigma_0\} \mathrm{d}v \tag{9.61}$$

式(9.60)和式(9.61)的积分必须在整个单元内进行。一般来说,积分必须由电脑数值分析完成。一旦断裂和未断裂单元刚度矩阵完成计算,并从局部坐标转换到整体坐标,结构刚度矩阵 $\boldsymbol{K}$ 由单元刚度按下式系统集合

$$\{\Delta R\} = \boldsymbol{K}\{\Delta \delta\} - \{F_0\} \tag{9.62}$$

其中,列矢量 $\{\Delta R\}$ 为已知节点荷载;$\{F_0\}$ 为已知释放的节点力;未知节点位移 $\{\Delta \delta\}$ 通过求解式(9.62)得到。

如果在指定加载路径中,整个结构中无单元断裂,$\{F_0\}$ 项消失,式(9.62)简化成 9.2 节中熟悉的非线性材料有限元公式。一旦材料中任一单元发生断裂,那么单元体内的部分或全部应力必须突然释放,节点力矢量 $\{F_0\}$ 根据式(9.62)引入。在后面这种情况下,可将式(9.62)中的力 $\{F_0\}$ 移到左边

$$\{\Delta R\} + \{F_0\} = \boldsymbol{K}\{\Delta \delta\} \tag{9.63}$$

除了真实荷载增量 $\{\Delta R\}$ 外,还考虑释放力 $\{F_0\}$ 为已知节点荷载。通过将结构刚度矩阵 $\boldsymbol{K}$ 求逆可以由式(9.63)求解 $\{\Delta \delta\}$。在物理意义上,该过程对应于释放的应力从断裂单元到整个结构相邻单元的重分布过程。

9.5.3　释放应力的重分布

一个荷载增量过程可以通过图 9.14 中的荷载-位移图说明。求解的第一步是假设一个初始刚度(图 9.14 中的 A 点)。然后再检查所有单元是否满足断裂准则。如果单元超过了断裂强度,则材料刚度以及对应的单元刚度矩阵发生变化。作用在这些单元上的释放节点力必须相应地重新分配以保持平衡。在所有材料准则得以满足之前可能需要几个位移解(在点 B 和 C 之间)。在一个荷载增量步,任意数目的单元可以认为同时发生开裂和塑性。

下面的步骤适用于在一个断裂单元释放应力重分配的过程中,逐个单元追踪裂纹的扩展。

(1) 从总荷载水平 $\{R\} = \{R\}_n$ 下,已知 $\{\delta\}_n$,$\{\sigma\}_n$ 和 $\{\varepsilon\}_n$ 开始。假设在

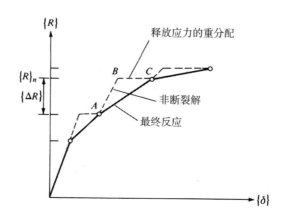

图 9.14 断裂单元释放应力的重分配增量分析荷载-位移图

第 n 个荷载步,一个单元超过了断裂强度,由此,作用在这个单元的节点力必须根据下式重新分配

$$\boldsymbol{K}_n \{\Delta\delta\}_n = \{F_0\}_n \tag{9.64}$$

刚度 $\boldsymbol{K}_n$ 已经更新以反映刚刚断裂的单元。

(2) 利用式(9.64)计算 $\{\Delta\delta\}_n$。

(3) 计算对应的 $\{d\varepsilon\}_n$ 和 $\{d\sigma\}_n$。

(4) 确定每个未破坏单元的比例系数 r 使得总应力 $\{\sigma\}_n + r\{d\sigma\}_n$ 满足断裂准则。

(5) 找到所有 r 值的最小值 r_m。

(6) 如果 $r_m > 1$,表示释放节点力 $\{F_0\}_n$ 完全重新分配,$\{\delta\}_n + \{\Delta\delta\}_n$,$\{\sigma\}_n + \{d\sigma\}_n$ 等为最终状态,式(9.52)给出了断裂单元后续应力-应变关系。

(7) 如果 $r_m < 1$,表示在释放节点力 $\{F_0\}_n$ 完全重新分配之前,另外单元中的应力超过了断裂准则,因此,节点力 $\{F_0\}_n$ 必须分为两个部分,第一部分 $r_m\{F_0\}_n$ 根据式(9.64)已经重新分配,其对应的值为 $r_m\{\Delta\delta\}_n$,$r_m\{d\sigma\}_n$ 等。

(8) 节点力的剩余部分 $(1-r_m)\{F_0\}_n$ 以及新释放节点力 $\{F_0\}_{n+1}$ 必须在整个结构系统重新分配

$$\boldsymbol{K}_{n+1} \{\Delta\delta\}_{n+1} = (1-r_m)\{F_0\}_n + \{F_0\}_{n+1} \tag{9.65}$$

其中,$\boldsymbol{K}_{n+1}$ 为更新后的刚度矩阵,它包含新断裂单元变化后的刚度。

(9) 该过程一直持续到所有断裂单元中完成释放应力完全重分配,即直到比例因大于等于 1。

9.6　弹塑性断裂分析实例

有限元程序 EPFFEP 包含了 8.8 节中提到的三参数混凝土塑性模型和前述的断裂混凝土的数值算法用来求解混凝土结构的弹塑性断裂问题（Suzuki 和 Chen,1976a）。该程序采用了增量-迭代混合法,为特殊目的而设计,尽管它的分析能力仅限于常应变三角单元平面或轴对称问题,但它专门用来模拟混凝土材料的精细反应,包括塑性、双重断裂准则和引起后续应力重分配的应力瞬时释放。

利用 EPFFEP 程序求解了两个无筋混凝土结构问题:①利用位移增量法分析混凝土圆柱的劈裂试验;②利用荷载增量法分析混凝土圆柱壳体在外部压力下的内爆。Suzuki 和 Chen(1976b)详细描述了这两个求解过程。

9.6.1　圆柱劈裂试验分析

9.4 节给出了该问题的三个解,但未考虑混凝土材料断裂过程中瞬时应力释放这一重要特征。此处寻求基于 9.5 节提到的断裂混凝土程序的进一步解。这个解可以视作之前弹塑性阶段向断裂后阶段的延续和推广。该分析模拟刚性试验机下进行的真实圆柱劈裂试验,因此是一个位移控制分析。

图 9.15 显示了圆柱形试件的右上角（即 1/4 部分）,假设为平面应变条件。试件的尺寸和材料常数和 9.4 节(Chen,1976)使用的相同。使用的极限断裂应变为 $\varepsilon_t = 0.08\%$ 和 $\varepsilon_u = 0.35\%$。在本次分析中采用了图 9.16 中线 A 表示的单轴压缩应力-应变曲线。这个解的简要总结可参见 Chen 和 Suzuki(1980)。下面评述此解的重要性。

得到的荷载-变形曲线如图 9.17 所示。对应的应力分布以及弹性区、塑性区、断裂区分别如图 9.18、图 9.19 所示。图 9.17 荷载-变形曲线中标记为 I 的点表示试件的初始屈服。在点 1,断裂开始在加载板的角上产生。一旦断裂开始产生,部分或者所有的应力在瞬时释放,在此分析中加载点的位移保持不变。加上应力重分配,这就造成了总荷载从点 1 降到了点 2,在点 2 完成了应力重分配。尽管总荷载有所下降,应力重分配进一步造成邻近第

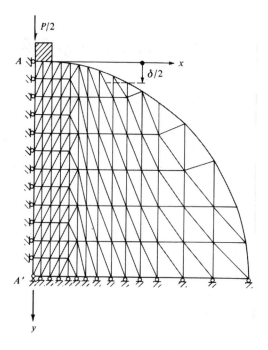

图 9.15　混凝土圆柱劈裂试验有限元模型

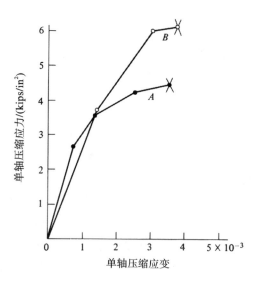

图 9.16　混凝土单轴压缩应力-应变关系

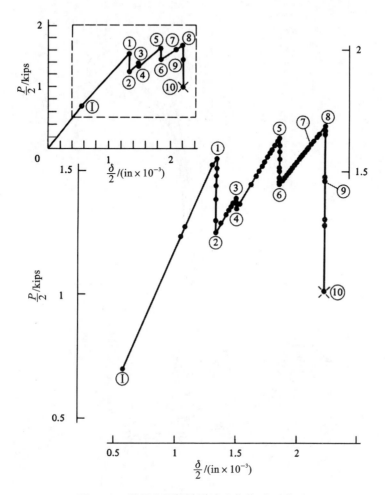

图 9.17　混凝土圆柱劈裂试验荷载-变形关系

一个断裂位置附近屈服和断裂,如图 9.19 所示。这种情形可以从图 9.18 中荷载步 1 到荷载步 2 中应力分布的变化看出,即第一个断裂位置附近的单元由于应力重分配进一步加载,而远离该断裂单元的单元则处于卸载。后继加载沿着曲线 2 到 3,直到在点 3 位置发生新的断裂。这种情形一直持续到点 10,在该点整个结构的刚度矩阵变得奇异。这也意味着整个结构此时形成了一种倒塌机构。圆柱试件因此被认为完全倒塌。结构的刚度值可解释为图 9.17 中荷载-位移曲线上升段的斜率,它随着越来越多单元断裂而稳步减小。

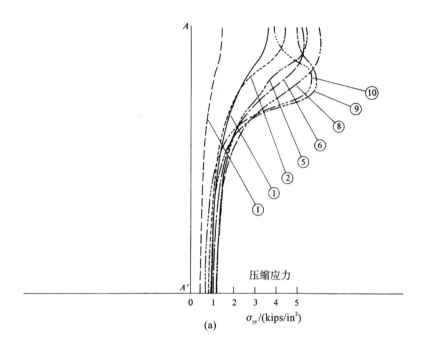

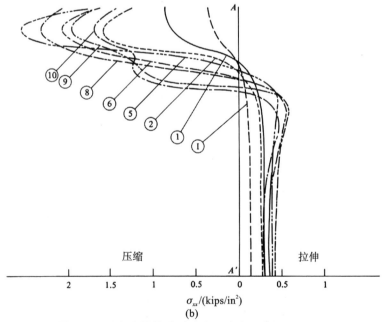

图 9.18   混凝土圆柱劈裂试验沿着线 AA' 的应力分布

(a)σ_{yy}分布；(b)σ_{xx}分布

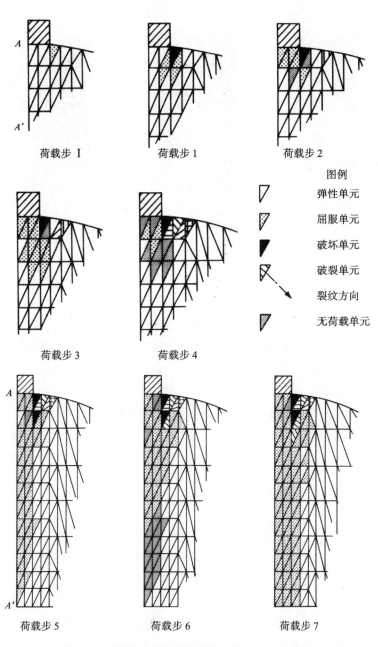

荷载步 I　　　　　荷载步 1　　　　　荷载步 2

图例

弹性单元

屈服单元

破坏单元

破裂单元

裂纹方向

无荷载单元

荷载步 3　　　　　荷载步 4

荷载步 5　　　　　荷载步 6　　　　　荷载步 7

图 9.19　混凝土圆柱劈裂试验中单元屈服与断裂

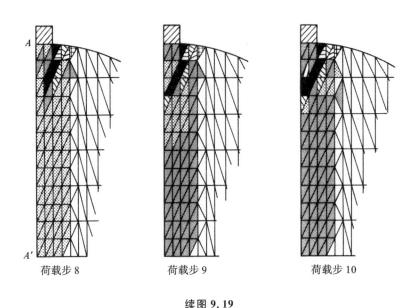

荷载步 8   荷载步 9   荷载步 10

续图 9.19

由图 9.19 可见,单元断裂从加载板的角点位置开始,然后向着中心线 AA' 斜向往下扩展。断裂单元的斜角带将混凝土圆柱分成上部楔形区和其他部分。如果该分析能够在第 10 步以后继续分析,则在加载板下方的楔形区域将会沿着中心线 AA' 将圆柱剩下的部分劈裂成两个单独的块体。因为水平应力 σ_{xx} 在第 8 荷载步后沿着中心线 AA' 分布相当均匀,并且其值非常接近于混凝土的单轴抗拉强度(图 9.18(b))。上述观察是典型的圆柱体劈裂试验,同时也表明当前的分析相对于以前的分析更好地模拟了真实情况。

9.6.2　混凝土圆柱容器内爆分析

在此我们考虑一个受外部压力作用的两端为半球形封闭的混凝土圆柱容器。圆柱体墙体厚度和长度分别为 2 in(50.8 mm)和 64 in(1630 mm)。分析中采用如图 9.16 中曲线 B 所示的单轴压缩应力-应变关系,$f'_c =$ 6.13 kips/in^2(42.3 N/mm^2)。ε_u 和 ε_t 与之前圆柱劈裂试验中采用的参数相同。轴对称有限元模型的左上角 1/4 如图 9.20 所示。外部压力以静态方式作用于试件并逐步增加。该过程为一个荷载控制分析。

施加的应力 p 和容器中 A 点的径向位移的关系如图 9.21 所示。图

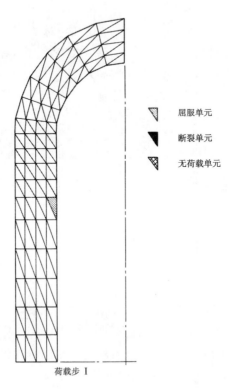

屈服单元

断裂单元

无荷载单元

荷载步 Ⅰ

图 9.20　外压下混凝土圆柱容器轴对称有限元分析模型

9.21中的荷载步Ⅰ表示结构的初期屈服状态,该荷载步对应于上图 9.20(荷载步Ⅰ)中圆柱内表面附近单元开始初始屈服。随着压力增加,更多的单元屈服。在单元断裂的瞬时,施加的荷载保持恒定而单元内部的应力释放并重新分配到相邻的未断裂单元。这就引起内墙壁面更加广泛的屈服和断裂单元的进一步发展,如图 9.22 所示。随着荷载按照图 9.21 由 2,3,…,8 增加,图 9.22 中混凝土断裂沿着墙体厚度方向由内向外逐渐扩展。圆柱容器典型截面 BB′ 在不同荷载状态下的应力分布如图 9.23 所示。从图中可见,环向和轴向应力的广泛重分配主要归因于混凝土的逐渐断裂。当荷载到达第 9 步,该荷载与图 9.21 中的荷载步 1 中的初始断裂荷载完全相同,结构切向刚度矩阵变得奇异,圆柱容器被认为在此荷载下倒塌。因此,第 9 荷载步在此被定义为内爆状态。

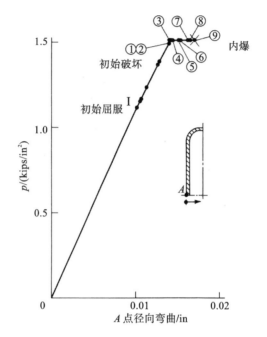

图 9.21　外压下混凝土容器的压力-径向位移关系

$t=2.0$ in, $f'_c=6.13$ kips/in^2

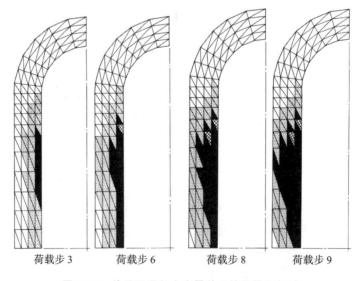

图 9.22　外压下混凝土容器单元的屈服和断裂

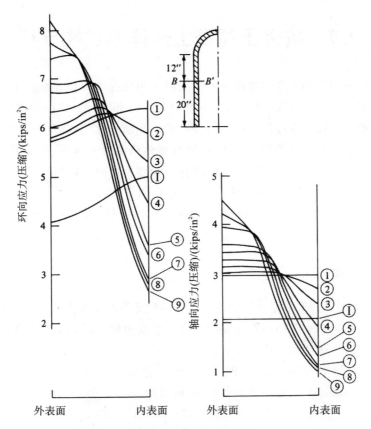

图 9.23　外压下混凝土容器 *BB′* 截面的应力分布

带圈的 I 和数字代表的荷载步与图 9.21 中对应

值得注意的是图 9.21 荷载步从 1 到 9 的变化只引起了断裂混凝土单元应力的释放和重分配。因此,在初始断裂荷载以后,容器内爆而承载能力并没有增长。

因为圆柱壳体的径向压应力与环向和轴向应力相比较小,拉伸产生在径向。当径向应变到达极限拉伸应变 ε_t,垂直于最大拉伸应变的方向上将产生一条裂纹。随着荷载增加到倒塌状态,这将导致容器内部墙体逐层脱落。

9.7 抗外压混凝土壳体非线性分析

本例试图说明之前的建模技术在混凝土圆柱壳体短期外部静水压力下极限荷载分析中的应用。特别是,通过与 Runge 和 Haynes(1978)的试验结果比较验证在破坏和破坏后区域(拉断、脆性和延性性能、双重断裂准则)使用不同材料模型的合理性。为此,在没有试验结果的情况下,进行了内爆强度(圆柱墙体向内倒塌)和结构反应的解析预测。同时也给出了试件几何尺寸包括非圆度、边界条件和材料性质等补充信息。力求利用计算机尽可能真实地模拟试件然后确定预测的精度。我们比较了一般分析解和试验结果。

9.7.1 试验描述

该试验包含 15 个受外部静水压力作用的无筋混凝土圆柱试件。本试验的目的是确定一个典型的海洋混凝土结构以模拟深海荷载情况下薄壁混凝土圆柱的内爆强度和结构反应。

试件尺寸外径 D_o 为 54 in(1372 mm),总长 L 为 127 in(3225 mm)或 134 in(3400 mm),墙体厚度 t 为 1.31 in(33 mm),1.97 in(50 mm)或 3.39 in(86 mm)。因此 t/D_o 分别为 0.024,0.037 和 0.063。使用了简支和自由支承两种不同的端部支撑方式来研究长度-直径比对圆柱壳体性能的影响。简支圆柱的 L/D_o 为 2.35,自由支承圆柱无限长。实际上,简单支承由加劲钢环用膨胀水泥砂浆现场灌浆而成,因此它们并非完全刚性而是在径向上略有柔度。自由支承在混凝土墙体和端部钢帽之间放置氯丁橡胶垫圈形成,这种方式产生一个可接受的自由边界条件。

同时进行了短期和长期试验,但目前的分析仅关注于短期预测。12 个试件被应用于短期静水压加载,3 个被应用于长期加载。表 9.4 给出了 9 个试件的短期内爆试验结果。3 个试件因明显的失误和缺陷影响了试验结果,被剔除未列入表中。

试件装上仪器用来测量径向位移。沿着圆柱体长度方向在不同高程处的中心轴的臂上安装有线性电位器,利用中心轴沿着整个圆周方向旋转获得位移数据。该数据允许画出变形横截面的形状,对数据进行处理能够将膜位移从总体位移分离出来(Haynes 和 Hihberg,1976)。

表 9.4 试验结果[①]

试件组	t/in	$\dfrac{t}{D_o}$	端部支承	$\dfrac{L}{D_o}$	试件数量	f'_c /(lb/in²)	$(p_{im})_{ex}$ /(lb/in²)	$\dfrac{(p_{im})_{ex}}{f'_c}$	变异系数 /(%)
A	1.31	0.024	简支	2.35	2	7980	310	0.040	1.8
B	1.97	0.037	自由	∞	3	7220	390	0.054	13.2
C	1.97	0.037	简支	2.35	3	6960	550	0.079	5.8
D	3.39	0.063	自由	∞	1	7990	1080	0.135	

① $D_o=54$ in(1372 mm)。

在每个试验开始前,旋转中心轴旋转测量墙体内壁的非圆度和半径。记录圆柱的外部形状,和圆柱的复合非圆度。图 9.24 中显示了 2 号和 3 号叶片圆柱壳体变形横截面的理想非圆度。表 9.5 列出了所研究的 8 个试件的横截面几何形状。

表 9.5 圆柱横截面几何尺寸[①]

情形	$(R_{av})_o$ (in)	ΔR (in)	t_0 (in)	t_{60} (in)	t_{90} (in)	片数 n
1	26.345	0	1.31	···	···	0
2	26.345	0.04	1.31	1.23	···	3
3	26.015	0	1.97	···	···	0
4	26.015	0.04	1.97	1.89	···	3
5	26.015	0	1.97	···	···	0
6	26.015	0.06	1.97	···	1.89	2
7	25.305	0	3.39	···	···	0
8	25.305	0.06	3.39	···	3.31	2

① 对于 $n=2$: $R_{av}=(R_{av})_o+\Delta R\cos2\theta$。

$$t=\begin{cases} t_0 & ,0°\leqslant\theta\leqslant45° \\ t_0+\dfrac{t_{90}-t_0}{45°}(\theta-45°) & ,45°\leqslant\theta\leqslant90° \end{cases}$$

对于 $n=3$: $R_{av}=(R_{av})_o+\Delta R\cos3\theta$

$$t=\begin{cases} t_0 & ,0°\leqslant\theta\leqslant30° \\ t_0+\dfrac{t_{90}-t_0}{30°}(\theta-30°) & ,30°\leqslant\theta\leqslant60° \end{cases}$$

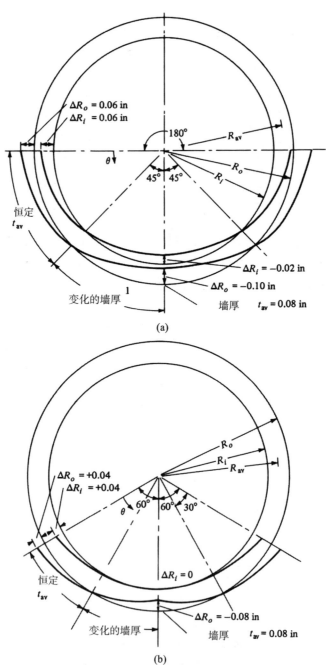

图 9.24 圆柱理想化的初始非圆度

(a)$n=2$;(b)$n=3$

混凝土的性能通过测量 6 in×12 in(150 mm×300 mm)控制圆柱试件获得。28 天设计强度为 6000 lb/in²(42 MPa)。试验时压缩强度增加到 7000～8000 lb/in²(48～55 MPa)。图 9.25 显示了平均试验应力-应变关系和计算输入模型曲线。

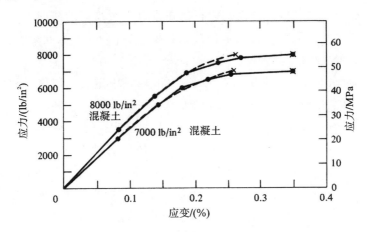

图 9.25　混凝土单轴压缩应力-应变关系

虚线为试验曲线;实线为计算输入模型

9.7.2　分析描述

本构模型　建立一般应力状态下的混凝土应力-应变关系分为三部分:弹性、塑性和断裂(图 8.12)。

弹性混凝土　对于弹性混凝土,假设初始混凝土为各向同性线弹性材料,其应力-应变关系完全由泊松比 ν 和弹性模量 E 描述。在当前分析中,$\nu=0.19$,从图 9.25 确定弹性模量 $E=3.66\times10^6$ lb/in²(25.2 GPa)和 $E=4.19\times10^6$ lb/in²(28.9 GPa)。

在一般应力空间的弹性极限包络线通过将断裂包络线按比例缩减到单轴屈服点约为 43% 单轴强度。

塑性混凝土　对于塑性混凝土,利用三参数应变强化塑性模型(8.8 节)来描述混凝土材料的非线性不可逆应力-应变反应。式(8.140)给出了基于塑性理论正交流动法则的增量应力-应变关系。

断裂混凝土　当应力状态到达某临界状态,混凝土由于断裂而破坏。

定义两种不同的断裂模型如下。

(1) 开裂型。主应力处于拉-拉状态或者拉-压状态,并且其值超过了极限值。

(2) 破碎型。主应力处于压-压缩态,其值超过了极限值。

当混凝土开裂时,材料被认为在仅在垂直于裂纹面的法向上失去抗拉强度,而在平行于裂纹面方向上保持其强度。另一方面,当混凝土破碎时,材料单元则完全丧失其强度。

在当前分析中,采用式(8.144)~式(8.146)中定义的以应力和应变表述的双重断裂准则。输入的极限应变值为 ε_u 和 ε_t,其中 ε_u 和 ε_t 分别规定了混凝土在单轴压缩和单轴拉伸荷载条件下的最大延性。圆柱压缩强度为 7000 lb/in^2(48 MPa)和 8000 lb/in^2(55 MPa),最大压缩应变为 0.35% (0.0035 in/in)。最大抗拉强度 f'_t 假设为 $0.09f'_c$,最大拉伸应变 ε_t 为 0.08%。当混凝土内的应力状态满足应力准则(式(8.144))或者应变准则(式(8.145)和式(8.146))时假定混凝土会发生断裂。当断裂应力状态位于拉-压区间或者拉-拉区间,假定在主拉应力或者主拉应变的法向平面内产生裂纹。

有限元程序   表 9.6 中所有的分析都在一台 IBM 370-158 电脑上采用 NFAP 程序(Chang 和 Pinchaktan,1976)。NFAP 是 NONSAP-A 程序 (Chang 和 Chen,1976)的改进和扩展版,同时 NONSAP-A 程序也是 Bathe 等(1974)编制的 NONSAP 程序的改进版本。当前的混凝土本构模型已作为一个子程序被嵌入 NFAP 程序。每个二维问题(平面应变或轴对称)分析的平均计算时长为 5 分钟。三维分析的平均计算时长为 62 分钟。

9.7.3   二维分析的数值结果

本部分给出了六个二维情形(1,3,5,6,7,8)下的结果。它们是轴对称问题或者平面应变问题。

荷载-位移曲线   图 9.26 显示了情形 3,5,6 的荷载-位移曲线。对应于应力断裂准则和应变断裂准则的内爆应力都标示在曲线上。对于以上六种情形,位移控制分析的内爆压力都大于应变控制分析的内爆压力。

引入 $n=2(\Delta R\cos2\theta)$ 的缺陷引起应力和应变的增加,并引起内爆压力显著下降。对于壁厚 1.97 in 的自由支承圆柱($D_o/t=27$),内爆压力减小高达 38%(图 9.26 中情形 5 和 6)。对于厚一点的圆柱($D_o/t=16$),减小比例为 9%。注意到结构刚度也由于缺陷显著减小。对于强度和刚度,相对于较厚的壳体,较薄的壳体似乎更容易受到缺陷的影响。

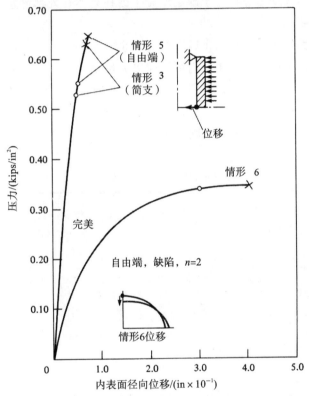

图 9.26   情形 3、5、6($t/D_o=0.037$)的荷载-位移关系

内爆状态:圆圈-应变控制分析;交叉-应力控制分析

二维分析也表明对于壁厚 1.97 in 的圆柱体,真实的端部条件(自由或者简支)似乎对壳体的内爆压力和刚度几乎没有影响(图 9.26,情形 3 和 5)。相对于简支端部条件,自由端部条件强度略微更高(3%),但是情形 3 和 5 的荷载-位移曲线之间的区别很小。

引入缺陷造成内爆应力时位移的显著增长。对于理想壳体,所有墙体厚度的圆柱在应变控制情况下内爆压力时的位移都基本相同。理想壳体的位移为 0.05 in(1.3 mm),但是对于由缺陷的壳体,壁厚 1.97 in 圆柱的位移

461

为 0.3 in(7.6 mm),壁厚 3.39 in 圆柱体的位移为 0.1 in(2.5 mm)。对于缺陷圆柱体,墙体厚度增加 1.72 倍引起位移下降至 $\frac{1}{3}$。缺陷壳体在内爆压力时的位移为对应无缺陷壳体位移的 2~6 倍。因此对于具有缺陷的较薄壳体($t/D_o<0.1$),大变形分析对于确定混凝土圆柱壳体在外部静水压荷载下的抗力十分重要。

内爆压力 表 9.6 总结了以应变破坏准则$(p_{im})_\varepsilon$ 和应力破坏准则$(p_{im})_\sigma$ 控制的内爆压力的分析结果。内爆强度以无量纲比 p_{im}/f_c' 给出。对于 t/D_o 为 0.063 和 0.037 的圆柱,表 9.6 表明缺陷($n=2$)情形的大变形分析与无缺陷情形的小变形分析比较,其强度降低约 9% 和 38%(Chang 等,1977)。对于厚壁圆柱($t/D_o>0.1$),理想圆柱小变形分析足以预测混凝土圆柱壳体的内爆压力。

表 9.6　等参壳体单元解析解[①]

情形	$\dfrac{t}{D_o}$	圆度	f_c' (kips /in²)	$(p_{im})_\varepsilon$[②] /(lb /in²)	$(p_{im})_\sigma$ /(lb /in²)	$\dfrac{(p_{im})_\varepsilon}{f_c'}$	$\dfrac{(p_{im})_\sigma}{f_c'}$	破坏模式[③]	$\dfrac{(p_{im})_\varepsilon/f_c}{(p_{im})_{ex}/f_c}$	$\dfrac{(p_{im})_\sigma/f_c}{(p_{im})_{ex}/f_c}$
					简支					
1	0.024	理想	8	398	478	0.050	0.060	M		
2	0.024	缺陷	8	275	275	0.034	0.034	I	0.85	0.85
3	0.037	理想	7	531	632	0.076	0.090	M		
4	0.037	缺陷	7	355	…	0.051	…	M		
4a	0.037	缺陷	7	508	530	0.073	0.076	M	0.92	0.96
					自由支撑					
5	0.037	理想	7	548	644	0.078	0.092	M		
6	0.037	缺陷	7	341	346	0.049	0.049	M	0.91	0.91
7	0.063	理想	8	1056	1320	0.132	0.165	M		
8	0.063	缺陷	8	960	1088	0.120	0.135	M	0.89	1.00

　　①情形 1 和 3 为轴对称问题;情形 5 和 7 为平面应变轴对称问题;情形 6 和 8 类似于 5 和 7,除了情形 6 和 8 包含非圆度 $n=2$(表 9.5);情形 2 和 4、4a 包含非圆度 $n=3$(表 9.5)大应变三维问题。

　　②在所有情形下定义 +0.08% 径向拉伸应变为破坏,而非过大的压应变。

　　③I 表示失稳,M 表示材料破坏。

　　变形形状　对于简支理想圆柱,图 9.27 显示了三种压力水平:即 33%
内爆压力,72%内爆压力和接近内爆压力时,圆柱内墙沿着长轴方向上的变
形形状。这种理想简支条件在端部产生曲率急剧变化,由此圆柱端部可能
发生轴向拉伸应变破坏。

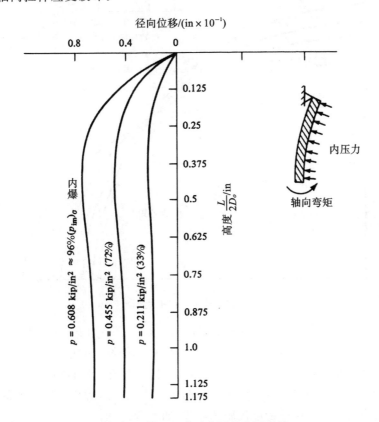

图 9.27　情形 3 内壁表面的变形形状

　　对于无限长度的缺陷圆柱,图 9.28 显示了情形 6 圆柱横截面内墙的变
形形状。初始非圆轮廓($n=2$)和圆柱中点位置在四种应力水平(58%内爆
压力,75%内爆压力,93%内爆压力,接近内爆压力)下的变形形状绘制到一
起。径向位移沿着两个垂直的轴单调增加或减小。由于这些位移,初始非
圆形状被外部静水压力显著放大。横截面的畸变可能造成两个垂直轴附近
环向拉伸应变破坏。

　　对于无限长度的理想圆柱,混凝土墙体内的主要应力为双轴压应力 σ_θ

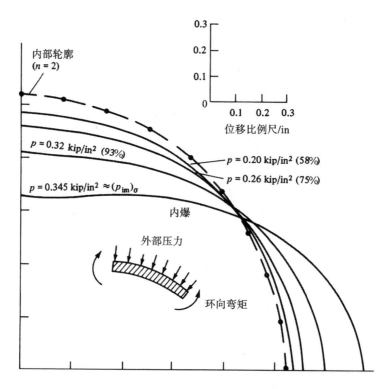

图 9.28　情形 6 横截面形状

和 σ_z，σ_θ 和 σ_z 分别为环向和轴向的正应力。径向正应力 σ_r 是次要的。对于具有初始缺陷的圆柱，由环向弯矩(图 9.28 中的插图)引起的环向弯曲应力必须叠加到平均环向压应力 σ_θ。另外，如果圆柱简支，轴向弯矩(图 9.27)引起的轴向弯曲应力必须叠加到平均轴向压应力 σ_z。这种应力和应变的结合状态将会决定给定圆柱的准确破坏模式，如下所述。

　　断裂模式　在圆柱问题的常用表示中，正应变分别表示为 ε_θ，ε_z，ε_r。对于所有分析的六种二维情形，当内壁表面处径向应变 ε_r 达到拉伸应变极限 $\varepsilon_t = 0.08\%$ 时，接近内爆，混凝土发生断裂。

　　对于无限长度的理想圆柱(情形 5 和情形 7)，双轴压应力 σ_θ 和 σ_z 在圆柱内壁造成径向拉伸应变破坏 $\varepsilon_r = \varepsilon_t$。径向上过大的拉伸应变造成混凝土逐层脱落，从混凝土内部开始脱离，一直持续到破坏。如果 z 方向上的约束被释放，这种类型的断裂或许不会发生。

　　对于无限长度的缺陷圆柱(情形 6 和情形 8)，环向弯曲作用可能造成环

向拉伸应变破坏 $\varepsilon_\theta = \varepsilon_t$，但是在已经分析的墙厚范围没有发现此类现象。对于壁厚 1.97 in(情形 6)，膜和弯曲组合作用造成在两个垂直轴位置的内外表面的环向应变 ε_θ 为零，如图 9.29 所示。在环向应变 ε_θ 在这两个位置变成拉伸应变之前，内表面处的径向应变 ε_r 达到拉伸应变极限 ε_t。对于厚墙体(情形 8)，发现在这两个关键位置处有大而均匀的环向压应变 ε_θ。

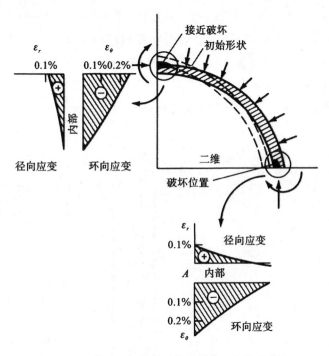

图 9.29　情形 6 下内爆时的关键单元和临界应变

A 点应变：$\varepsilon_r = 795 \times 10^{-6}$，$\varepsilon_\theta = -2750 \times 10^{-6}$，$\varepsilon_z = 0$，$\gamma_{r\theta} = 267 \times 10^{-6}$

对于简支类型圆柱(情形 1 和情形 3)，轴向压缩和轴向弯曲作用造成的内表面的合应变 ε_z 变得比径向应变 ε_r 更重要。对于这两种情形，发现在柱体端部内表面没有产生了明显的轴向拉伸应变 ε_z，但由于双轴压缩应力产生的径向拉伸应变 ε_r 再次控制内爆。不同端部条件在内爆压力的作用另做详细讨论(Chen 等，1980b)。

9.7.4　三维分析的数值结果

本节将利用 NFAP 程序对简支缺陷圆柱进行三个大变形分析。通过变化端部轴向约束从自由支承(情形 4)到固定(情形 4a)而完全约束端部的径向位移来研究轴向端部约束对圆柱壳体的内爆强度和结构反应的影响。通过对比情形 4 和情形 2(表 9.6)研究壁厚 $t_{av}=1.97$ in(50 mm)和 1.31 in(33 mm)对断裂模式和内爆压力的影响。下面总结这些分析结果以及它们的有限元理想化。分析结果见表 9.6。

情形 4:$n=3, t_{av}=1.97$ in(50 mm), $f'_c=7$ lb/in^2(48 N/mm^2)。现在分析图 9.30 所示的圆柱的上部 1/3 部分。在圆柱的中部和 $\theta=0°$ 和 $\theta=60°$ 使用对称条件。端部简支条件假设在圆柱内壁 x 和 y 方向上的位移固定,而在 z 方向上自由。在情形 4a,与之前二维分析一样,所有内部边都被认为在三个方向上都固定。三维有限元理想化如图 9.31 所示。

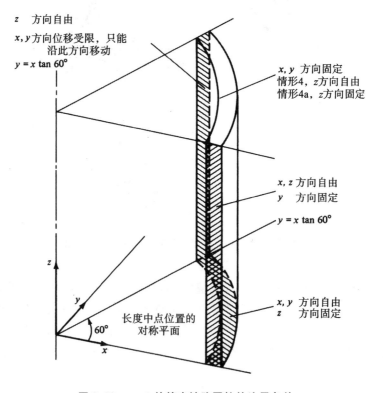

图 9.30 $n=3$ 的简支缺陷圆柱的边界条件

以 $\Delta R\cos 3\theta$ 的形式在当前分析中引入几何缺陷 $n=3$(图 9.24(b)和表 9.5)。

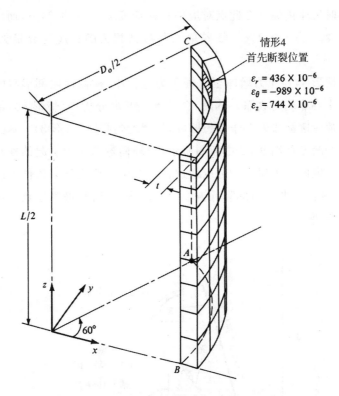

图 9.31　$n=3$ 简支缺陷圆柱的三维有限元模型

　　图 9.31 中 A 点的压力-径向位移关系以及与之前二维分析结果的比较 (情形 3 和情形 6)可以参见图 9.32。当前三维分析的刚度或曲线斜率介于理想圆柱二维小变形(情形 3)和缺陷圆柱二维大变形分析(情形 6)之间。内爆压力的预测值与情形 6 接近。缺陷的引入造成圆柱的内爆压力和刚度显著下降(情形 3 和情形 4)。

　　分析同时表明,相对于自由端部条件,端部对于位移的简支约束条件使圆柱刚度显著增加(情形 3 和情形 4)。但是,当前三维分析中内爆时的破坏模式和情形 6 明显不同。情形 4 中同时包含简支条件和横截面缺陷造成较大的轴向和环向弯矩以及引起的弯曲应力。这些应力必须叠加到膜压应力 σ_θ。由于这些组合作用的结果,除了通常由于环向压缩应力 σ_θ 产生的径向拉伸应变 ε_r 外,在简支边附近沿着轴向方向产生相当大的拉伸应变 ε_z。在当前三维情形中当图 9.31 中的 C 点附近的轴向拉伸应变 ε_z 到达延性极限 ε_z

=0.08%时发生内爆。在此点对应的径向应变 ε_r 等于 0.04%，而对应的环向压缩应变 ε_θ 为 -0.1%。临界单元及与其相关的正应变分量如图 9.31 所示。

对于情形 4，在压力增加至内爆压力过程中，横截面内部形状畸变都朝向横截面中心非均匀收缩。然而，在二维大变形分析中（情形 6），部分轮廓收缩而其他轮廓膨胀。对于理想圆柱，轮廓均匀收缩（情形 3）。这三种情形下横截面的畸变如图 9.32 中插图所示，由环向弯曲应力引起的横截面的畸变可造成强度的严重损失。可以通过在端部引入简支约束条件来减轻横截面的畸变，环向弯曲应力的降低被轴向弯曲应力抵消，最终导致情形 4 发生拉伸应变破坏。

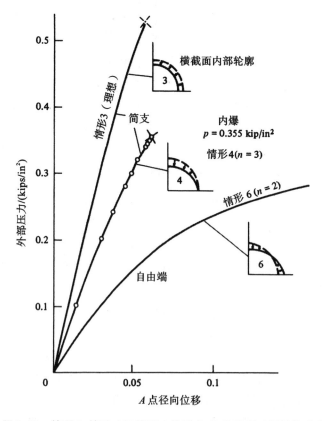

图 9.32　情形 3、情形 4 和情形 6 的压力-位移关系以及形状畸变

Chen 等(1980a)报道了与情形 4 相同的研究,不同之处在于将初始轮廓形状缺陷用 $n=2$ 取代了 $n=3$。与当前情形 4 相比,可得到结论:在已研究的混凝土圆柱墙厚比范围内,初始几何缺陷的模式($n=2$ 和 $n=3$)对于混凝土圆柱性能和强度无实际影响。在此,刚度、内爆压力、横截面畸变方式、纵向墙体弯曲形状、墙体内环向应力和环向应变与 Chen 等(1980a)的报道基本一致。

情形 4a: $n=3, t_{av}=1.97$ in(50 mm), $f'_c=7$ kips/in^2(48 N/mm^2)该情形与情形 4 相同,除了圆柱端部的轴向运动被完全约束。当前情形中的内爆压力为 508 lb/in^2,比情形 4(355 kips/in^2)高出 43%。如果使用应力断裂准则取代 $\varepsilon_t=0.08\%$ 的应变断裂准则,当前情形下的内爆压力会具有一个更高的值(530 lb/in^2)。值得注意的是图 9.33 中当前情形的荷载-位移曲线在 355 lb/in^2 之前几乎呈线性,超过此值后曲线变得高度非线性。这与情形 4 形成强烈对比,情形 4 中直到挤爆压力(508 lb/in^2)荷载-位移曲线一直都是线性。圆柱端部引入轴向运动约束能够显著增加缺陷圆柱的破坏荷载。表 9.6 列出了破坏荷载或内爆压力和最新试验进的比较(Runge 和 Haynes,1978)。

情形 2: $n=3, t_{av}=1.31$ in(33 mm), $f'_c=8$ kips/in^2(55 N/mm^2)。

当前情形的分析条件和情形 4 相同,除了平均墙体厚度 t_{av} 和混凝土强度 f'_c 不同。边界条件和有限元理想化和图 9.30 和图 9.31 中相同。

对于当前具有较薄墙体厚度的情形,缺陷对于圆柱性能和强度的影响和之前的两种三维情形相比更为清晰。此时的内爆压力低于对应理想圆柱情形(情形 1)约 30%。在压力增长至内爆压力过程中,横截面部分轮廓径向收缩,其余部分迅速径向膨胀。这造成圆柱刚度和内爆抗力的重大损失。图 9.34 中非线性压力-位移曲线也清楚地反映了结构刚度的软化,这与对应的情形 4 厚壁墙体形成明显对比。情形 2 和 4 对比表明对于给定缺陷 $n=3$,混凝土墙体厚度减少 34% 造成在内爆时径向位移增加了 3 倍。

薄壁圆柱的大变形性能造成沿着圆柱长度方向曲率分布更加均匀。因此,拉伸应变的最临界位置由端部截面附近转移到中间截面。发现图 9.31 中的点 A 和 B 为两个最临界位置,在外表面 A 点处有 $\varepsilon_r=689\times10^{-6}$, $\varepsilon_\theta=$

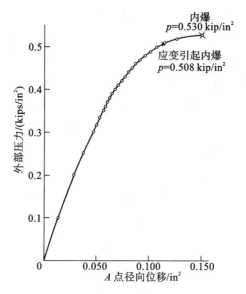

图 9.33　情形 4a 压力-位移关系

三维分析,简支条件,$n=3, t=1.97$ in

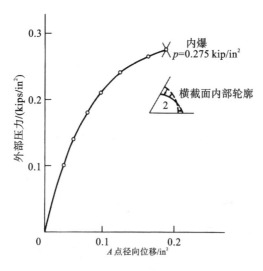

图 9.34　情形 2 的压力-位移关系

三维分析,简支条件,$n=3, t=1.31$ in

-2260×10^{-6},$\varepsilon_z=173\times10^{-6}$,在外表面点 B 处有 $\varepsilon_r=253\times10^{-6}$,$\varepsilon_\theta=$ -838×10^{-6},$\varepsilon_z=657\times10^{-6}$。然而,圆柱由于结构失稳发生破坏,而不是与之前情形一样是由于达到材料 $\varepsilon_t=0.08\%$ 发生拉伸应变破坏。超过峰值应力或应变后,环向应力或应变的卸载性能是结构失稳的典型现象。

9.7.5 预测结果与试验结果对比

Haynes 等给出了预测结果与试验结果的详细比较(1979),下面是简单的总结。

内爆结果:表 9.6 最后两列比较了分析内爆和试验强度。因为试验构件为非圆圆柱,只对情形 2,情形 4a,情形 6 和情形 8 非圆圆柱进行了真正的对比。应变控制内爆强度与试验内爆强度之比的平均值为 0.89,应力控制内爆强度与试验内爆强度之比的平均值为 0.93。

应力破坏准则预测的内爆强度的准确性优于应变准则。让我们再仔细看看每种情形。情形 2 为一个失稳破坏模式,分析预测的内爆强度比试验结果低 15%。情形 4a,情形 6 和情形 8 为材料破坏模式,分析预测的内爆强度比试验结果低 4%。

除了情形 2 外,控制所有情形的应变准则为 0.08% 拉伸应变极限,而不是压缩应变极限。对于自由支承的试件,极限拉伸应变发生在试件中部墙体的径向方向,对于简支试件,拉伸极限应变发生在距离简支端 $L/D_o=0.4$ 处墙体的径向方向。因为墙体厚度将会分层并形成墙体的压剪破坏,拉伸应变对破坏有影响。墙体的分层现象已在厚壁球体在静水压荷载下的碎片观察到(Haynes 和 Kahn,1973),但在这些圆柱试件中没有发现。

表 9.7 显示了非圆度在降低理想圆柱内爆强度方面的影响。圆柱 t/D_o 值显著影响非圆度。相对于情形 3 和情形 4,情形 1 和情形 2 为较厚试件,并且都具有简支条件;较薄试件由于非圆度造成内爆强度下降 44%,而较厚试件内爆强度下降 16%。情形 5 和情形 6 也观察到类似现象,相对情形 7 和情形 8,其壁厚较薄,并且都具有自由端部条件。

表 9.7 非圆度对内爆强度的降低

破坏准则	不同情形编号[1]之间内爆强度的降低（%）				
	1 和 2	3 和 4	5 和 6	7 和 8	平均
应变控制	31	4	38	9	20
应力控制	44	16	46	18	31

①奇数编号表示理想圆柱；偶数编号表示非圆圆柱。

端部条件对非圆度的影响可以从情形 3 到情形 6 观察到，它们的 t/D_o 均为 0.037。情形 3 和情形 4 为简支条件，内爆强度下降 16%，情形 5 和情形 6 为自由条件，内爆强度下降 46%。

圆柱长度的影响可以从情形 3 到情形 6 观察，它们具有相同的 t/D_o 为 0.037，但是有效长度不同。情形 3 和情形 4 的 L/D_o 为 2.35，情形 5 和情形 6 的 L/D_o 为无限。对于非圆圆柱（情形 4 和情形 6），较短的圆柱预测内爆强度比无限长度圆柱高 53%。从试验结果来看，这个增加的比例为 41%。

位移性能 具有简支和自由端部条件的圆柱的初始和变形横截面形状如图 9.35(a) 和 (b) 所示。简支圆柱（图 9.35(a)）变形模式 $n=3$。情形 4a 预测的变形形状与试验形状一致。自由支承圆柱（图 9.35(b)）变形模式 $n=2$。情形 6 预测的形状与试验形状一致，但试验形状的压力水平在内爆压力 400 lb/in² (2.8 MPa) 附近，而分析形状的挤爆压力为 346 lb/in² (2.4 MPa)。

墙体中部内壁的径向位移是压力荷载的函数，如图 9.36～图 9.38 所示。对于非圆圆柱，径向位移为平缓点的位移。试验数据给出了总的径向位移 w 和膜径向位移 w_m。因为 w_m 曲线只能扩展到压力等于 p_{im}，非圆试件曲线的终点并不意味试验理想圆柱的内爆。

试验和分析性能比较相当吻合。对于非圆圆柱，注意到利用应变或者应力准则预测的内爆压力几乎一致。

圆柱墙体的刚度由于条件不同而显著变化。对于简支试件（图 9.36 和图 9.37），两个试件都具有 $n=3$ 的变形形状，相对于厚壁圆柱，薄壁圆柱表现出相当大的柔性。对于具有相同 $t/D_o=0.037$ 不同端部支承条件（图 9.37 和图 9.38）的试件，相对于简支圆柱 $w=0.185$ in(5 mm)，自由支承圆柱具有最终位移为 $w=0.508$ in(13 mm)，增加了 2.7 倍。

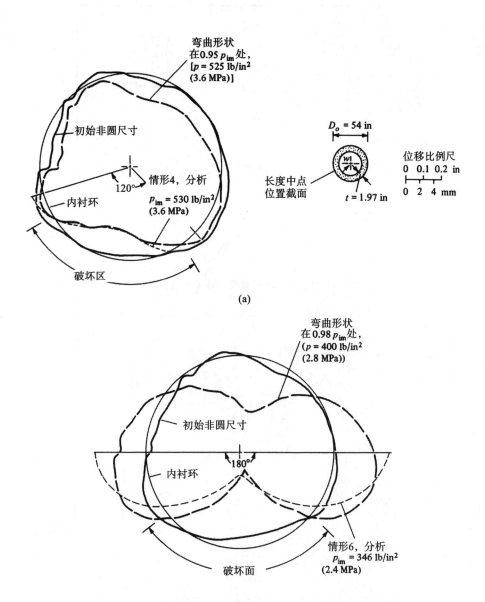

图 9.35　$t/D_o = 0.037$ 的典型圆柱中部初始和变形横截面形状

(a)简支条件且 $L/D_o = 2.35$；(b)自由支承且 $L/D_o = \infty$

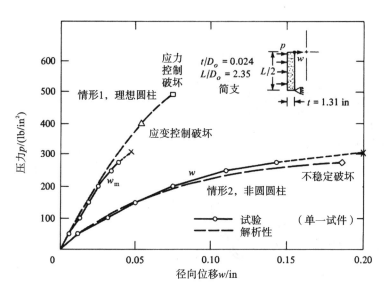

图 9.36 $t/D_o = 0.024$ 的简支圆柱中部径向位移性能

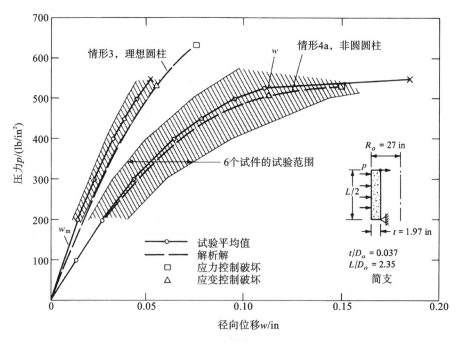

图 9.37 $t/D_o = 0.037$ 的简支圆柱中部径向位移性能

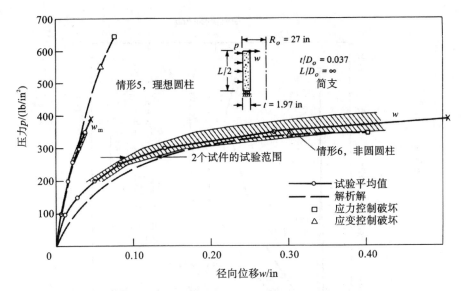

图 9.38 $t/D_o=0.037$ 的自由支承圆柱中部径向位移性能

也观察到了理想和非圆试件的极限径向位移差距显著。对于 $t/D_o=0.037$ 的圆柱,试验非圆圆柱显示 $w=0.508$ in(13 mm),而理想圆柱显示 $w=0.08$ in(2 mm),增加了 6.4 倍。

沿着圆柱长度方向的径向位移性能如图 9.39 和图 9.40 所示。简支条件的影响在图 9.39 和图 9.40(a)清晰显示。实验中实际加劲环影响可从图 9.40(a)观察,图中径向移动约为 0.02 in(0.5 mm)。

对于自由支承圆柱(图 9.40(b)),试验和分析结果之间的差别明显,但图 9.38 所示的这种差别较小。图 9.35 比较的结果较为接近,但是必须注意到变形形状对应的压力荷载是不同的。

试验中利用橡胶垫圈较好地模拟了自由端部支撑条件。端部不均匀承载引起一些问题,反映在内爆压力结果。相对于简支圆柱,自由支承圆柱内爆强度变异系数较大。

9.7.6　小结

本节进行了 15 个无筋混凝土圆柱壳体置于外部静水压力荷载试验。试件尺寸为外径 54 in(1372 mm),长度 127 in(3225 mm),壁厚为 1.31 in,1.97 in,3.39 in(33 mm,50 mm,86 mm)。试验确定了试件的内爆强度和结

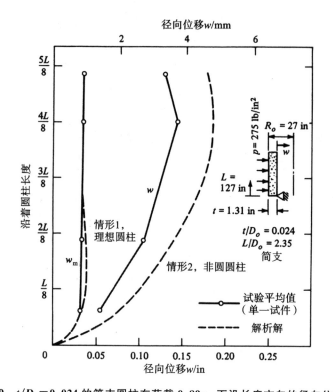

图 9.39 $t/D_o = 0.024$ 的简支圆柱在荷载 $0.89 p_{im}$ 下沿长度方向的径向位移性能

构反应。在没有试验结果的情况下,利用具有先进的混凝土本构关系子程序(NFAP)的 NONSAP-A 有限元程序进行了独立分析。

如上所述,采用破坏前和破坏后不同材料模型(拉断、脆性和延性性能、双重断裂准则)的有限元程序 NONSAP-A 很好地预测了试件试验结果。基于应力破坏准则的预测内爆压力比试验结果平均低 7%,基于 0.08% 拉伸应变的应变破坏准则的内爆压力比试验结果低 11%。取决于 t/D_o 和端部支撑条件,预测的非圆度的影响减少理想圆柱内爆强度的 16%～46%。试验研究了圆柱长度对 L/D_o 为 2.35 和无穷大的非圆形圆柱试件的影响,较短的试件的内爆强度增加了 41%,理论上预测的强度增加了 53%。

试验较好地预测了试件的径向位移性能。理想和非圆形圆柱试件墙体刚度之间的差异十分显著。例如,非圆自由支承圆柱 $t/D_o = 0.037$ 极限径向位移是同等条件理想圆柱位移的 6.4 倍。从本研究的结果看,为准确预测试验结果,非圆度的重要性和模拟非圆度的必要性尤为明显。

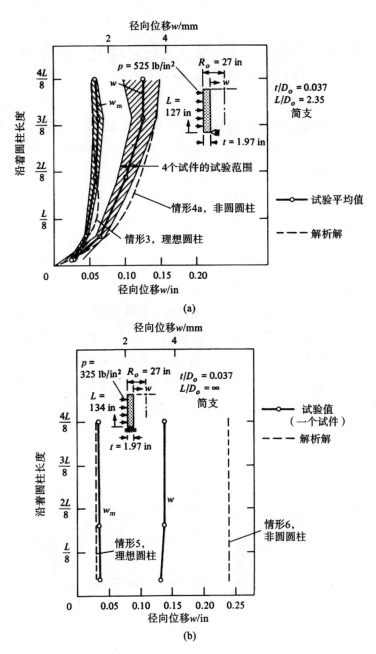

图 9.40 $t/D_o = 0.037$ 的圆柱沿长度方向的径向位移性能

(a)简支条件且荷载为 $0.95p_{im}$；(b)自由支承条件且荷载为 $0.78p_{im}$

9.8 预应力混凝土反应堆容器顶盖的非线性分析

　　研究钢筋混凝土结构分析强劲动力来源于预应力钢筋混凝土核反应堆和海洋混凝土石油平台的应用。所有的这些结构都投资巨大，因此必须按最严格的设计准则下进行设计。前面章节的二维和三维有限元已经论证了非线性分析在底部固定的混凝土平台经常使用的抗压混凝土圆柱结构中的应用(Graff 和 Chen,1981)。本节介绍了 Argyris 等(1974)预应力混凝土反应堆(PCRV)分析的综合论文中几个例子中的一个的结果。Zienkiewicz 等(1972)、Rashid 和 Rockenhauser(1968)以及其他人研究了预应力钢筋混凝土反应堆有限元分析的一般处理方法。

　　在下面的例子中，把几种材料模型组合起来对图 9.41 所示的轴对称PCRV 顶盖模型进行非线性分析。内部压力作用于复杂的结构上，压力逐渐增加到使结构倒塌。通过混凝土板、钢衬和法兰的组合作用荷载传递到倾斜支承上。试件的几何数据如图 9.4 所示。当前分析中使用的材料参数如表 9.8 所示。

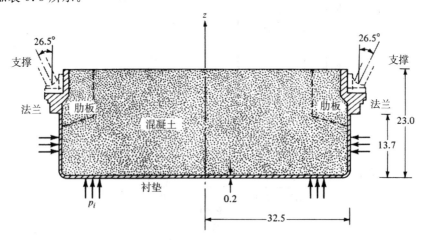

图 9.41　预应力混凝土反应堆容器顶盖(Argyris 等,1974)

图中尺寸为 cm(1：11 比例顶盖模型 LM-3)

表 9.8　试件材料参数

	混　凝　土	钢　筋
弹性模量(kgf/cm²)	$E_c=330000$	$E_s=2100000$
泊松比	$\nu_c=0.17$	$\nu_s=0.30$
单轴强度(kgf/cm²)	$f'_c=0.458$	$\sigma_0=2600$
拉伸破坏应变	$\varepsilon_t=0.14$	

　　选择较大的单轴拉伸破坏应变 $\varepsilon_t=0.14$ 是因为结构中有较大的梯度。用于与预测对比的试验数据由丹麦原子能管理局提供(Anderson 和 Ottosen,1973)。

　　假定在压缩条件下混凝土为是理想弹塑性实体,在拉伸条件下为是弹脆性材料。在压缩区间本构关系基于 Drucker-Prager 屈服准则,用拉断准则考虑拉伸区间的开裂。在这两种情形下都利用正交法则来确定延性和脆性破坏后非弹性变形增量的方向。第 6 章详细推导了基于正交条件的增量应力-应变关系。经典的 von Mises 方法被用来代表对应于单轴试验的以双线性应力-应变关系表示的应变强化的钢构件的弹塑性特征。另外,还假设混凝土和钢筋构件之间完全黏结,并且这种构造不因开裂而发生变化。

　　图 9.42(a)给出了与图 9.4(a)、(c)中的线、面和实体单元对应的混凝土、衬里、法兰构件轴对称有限元网格划分。使用图 9.4(a)中的曲面三角形和四边形实体单元分别用来模拟素混凝土和钢筋混凝土构件。图 9.4(c)中曲膜壳单元为衬里提供了有用的模型。

　　图 9.42 中底部部分给出了不同应力水平下是塑性区域。值得注意的是衬里在受压面中心和支承法兰处塑性出现得相当早。由于梁的弯曲作用,在极限荷载附近高压缩应力区域混凝土开始屈服。该区域向支承处扩展,最终引起结构的剪切破坏。

　　图 9.43 示意了开裂区域,即超过拉断准则的区域。图 9.43 的上部分显示了在不同内部压力水平下环向裂纹的分布,下部分显示了不同内部压力水平下径向裂纹的分布。由于梁的弯曲作用,裂纹从顶面中心开始出现,然后逐渐向外扩展。在早期阶段,另外一条环向裂纹在高剪应力区产生并向着斜撑迅速扩展,最终导致结构的破坏。

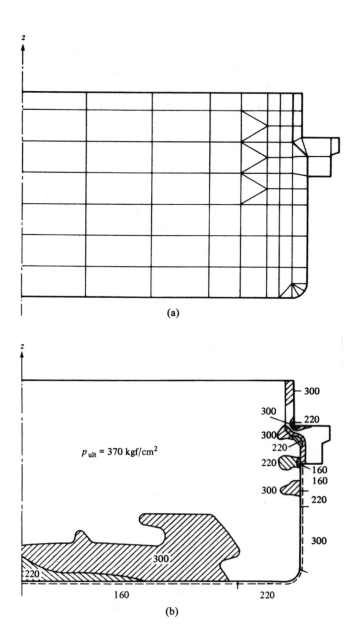

图 9.42 不同应力水平下理想化和塑性区 (Argyris 等, 1974)

(a) 轴对称网格划分；(b) 塑性区

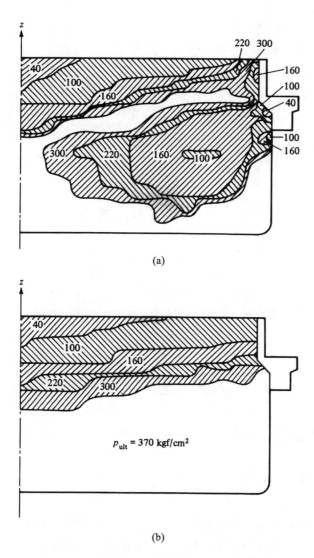

(a)

$p_{ult} = 370 \ \text{kgf/cm}^2$

(b)

图 9.43 不同应力水平下的裂纹区(Argyris 等 , 1974)

(a)环向裂纹区;(b)径向裂纹区; $p_{ult} = 370 \ \text{kgf/cm}^2$

图 9.44 描绘了顶盖的压力-位移曲线。关于非线性变形性能和极限承载能力,预测和试验结果相当吻合。

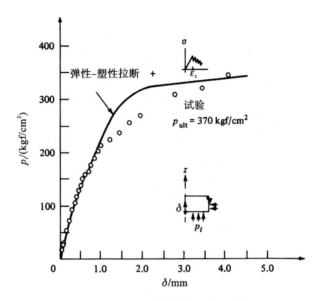

图 9.44 变形和极限荷载性能（Argyris 等，1974）

$$p_{ult} = 370 \text{ kgf/cm}^2$$

9.9 总　　结

任何固体力学问题在任意瞬时的解必须满足以下条件。

（1）平衡方程或运动方程（静态平衡或运动）。

（2）几何条件或应变和位移谐调性（随动谐调性）。

（3）应力-应变关系（本构模型）。

力和位移必须满足的初始条件和边界条件属于第 1 条和第 2 条。有限元位移法引出了小运动谐调性和大静态平衡或动平衡的定义。因此计算机有限元程序中考虑弹塑性断裂模的数值方法的主要任务是找到给定应变历史下满足增量本构模型的应力状态。

鉴于之前的弹塑性断裂公式具有微分形式，它们仅在无限小增量意义上是合理的。在有限增量主导的微分方程的数值积分中，所有的数值解法都基于将非线性方程在有限荷载长度分段线性化。这种近似在从弹性到塑性或弹性到脆性的突然转换中进一步放大。在后面这种情况，该过程的非连续性在达到断裂准则时由于应力的突然释放被进一步增大。显然,弹性、塑性和脆性断裂性能的增量法数值技术的成功主要取决于有限增量转化问题的合理处理。为此,本章提出了两种数值方法。

第一种方法适用于弹塑性材料。对于弹性到塑性状态的突然转换,荷载增量分为两部分:直到加载面的弹性部分和超过加载面的塑性部分。加载面和荷载增量线交点的估算被称为比例系数。9.3 节概述了使用比例系数概念对一个从给定应变增量迭代求取正确应力的整个计算过程。

第二种方法是第一种方法的扩展,它引入另外一种数值程序来考虑应力的突然释放和应力从断裂单元到相邻单元的重分配,9.5 节给出了该方法。然后,这两种方法通过求解劈裂混凝土圆柱试验和外压下混凝土反应堆容器进行了检验(9.4 节和 9.6 节),特别是关于荷载控制分析和位移控制分析对破坏前和破坏后结构反应的影响。

作为总结,应用这些数值技术对于海洋混凝土平台和预应力钢筋混凝土核反应堆容器相关的两个典型例子进行了分析。第一个例子是混凝土圆柱壳体试件在外部静水压力下的非线性变形分析(9.7 节)。后面一个例子为一个 1：11 预应力混凝土反应堆顶盖模型 LM-3 的极限荷载分析。在这些应用中,将相当复杂的等参单元应用于复杂复合结构的三维线、面和实体单元的空间离散化。

参考文献

Anderson, S. I., and N. S. Ottosen(1973): Ultimate Load Behavior of PCRV Top-Closures, Theoretical and Experimental Investigation, *2d Int. Conf. Struct. Mech. Reactor. Technol.* , *Berlin*, 1973, Prepr. vol. 3, pt. H, pap. H4/3; Commission of the European Committees, CID Publications, Luxembourg, 1973.

Argyris, J. H. , G. Gaust, J. Szimmat, E. P. Warnke, and K. J. Willam (1974): Recent Developments in the Finite Element Analysis of Prestressed Concrete Reactor Vessels(survey paper), *Nucl. Eng. Des.* , vol. 28, pp. 42-75.

Bathe, K. J. , E. L. Wilson, and R. H. Iding(1974): NONSAP: A Structural

Analysis Program for Static and Dynamic Response of Nonlinear Systems,*Univ. Calf. Berkeley. Dep. Civ. Eng. SESM Rep.* 73-3.

Chang,T. Y. , and W. F. Chen (1976): Extended NONSAP Program for OTEC Structural Systems,*Energy Res. Dev. Admin. Rep.* C00-2682-7, Washington.

—,—,and H. Suzuki(1977): Analysis of Concrete Cylindrical Hulls under Hydrostatic Pressure,*ASME Energy Technol. Conf. Exhibit Pressure Vessels Piping Div.* , Houston,1977,Prepr. 77-PVP-42.

—and S. Pinchaktan (1976): NFAP: A Nonlinear Finite Element Analysis Program,*Univ. Akron Dep. Civ. Eng.* Rep. SE 76-3,October.

Chen, A. C. T. , and W. F. Chen (1975a): Constitutive Relations for Concrete,*J. Eng. Mech. Div. ASCE*, vol. 101, no. EM4, Proc. pap. 11529,August,pp. 465-481.

—and—(1975b): Constitutive Equations and Punch-Indentation of Concrete,*J. Eng. Mech. Div. ASCE*, vol. 101, no. EM6, Proc. pap. 11809,December,pp. 889-906.

—and—(1976): Nonlinear Analysis of Concrete Splitting Tests,*Comput. Struct.* ,vol. 6,no. 6,pp. 451-457.

Chen,W. F. (1975):"Limit Analysis and Soil Plasticity,"chap. 11,Elsevier, Amsterdam.

—and T. Y. Chang(1978): Plasticity Solution for Concrete Splitting Tests, *J. Eng. Mech. Div. ASCE*, vol. 104, No. EM3, Proc. pap. 13852, June pp. 691-704.

—and H. Suzuki (1980): Constitutive Models for Concrete, *Comput. Struct.* ,vol. 12,pp. 23-32.

—,—,and T. Y. Chang (1980a): Nonlinear Analysis of Concrete Cylinder Structures under Hydrostatic Loading,*Comput. Struct.* vol. 12,pp. 559-570.

—,—,and—(1980b): End Effects of Pressure-Resistant Concrete Shells,*J. Struct. Div. ASCE*, vol. 106, no. ST4, Proc. pap. 15316, April, pp.

751-771.

Graff, W. J. , and W. F. Chen (1981): Bottom-Supported Concrete Platforms: Overview, *J. Struct. Div. ASCE*, vol. 107, no. ST6 Proc. pap. 16353, June, pp. 1059-1081.

Haynes, H. H. , W. F. Chen, T. Y. Chang, and H. Suzuki (1979): External Hydrostatic Pressure Loading of Concrete Cylinder Shells, *ASME Pressure Vessels Piping Congr.* , San Francisco, 1979, Prepr. 79-PVP-125.

—and R. S. Highberg (1976): Results of Concrete Cylinder Implosion Test Program, *Nav. Facilities Eng. Command Civ. Eng. Lab. Tech. Mem.* M-44-76-4, Port Hueneme, Calif. , April.

—and L. F. Kahn (1973): Undersea Concrete Spherical Structures, *Proc. Am. Concr. Inst.* , vol. 70, no. 5, May, pp. 337-340.

Kuper, H. , H. K. Hilsdorf, and H. Rusch (1969): Behavior of Concrete under Biaxial Stresses, *Proc. Am. Concr. Inst.* , vol. 66, no. 8, August, pp. 656-666.

Nayak, G. C. , and O. C. Zienkiewicz (1972): Elasto-Plastic Stress Analysis: A Generalization for Various Constitutive Relations Including Strain Softening, *Int. J. Numer. Methods Eng.* , vol. 5, pp. 113-135.

Nilson, A. H. (1967): Finite Element Analysis of Reinforced Concrete, Ph. D. dissertation, University of California, Berkeley, Division of Structural Engineering and Structural Mechanics, March.

—(1968): Nonlinear Analysis of Reinforced Concrete by the Finite Element Methods, *Am. Concr. Inst. J.* , vol. 65, no. 9, September, pp. 757-766.

Rashid, Y. R. (1968): Ultimate Strength Analysis of Prestressed Concrete Pressure Vessels, *Nucl. Eng. Des.* , vol. 7, pp. 334-344.

—and W. Rochenhauser (1968): Pressure Vessel Analysis by Finite Element Techniques (survey paper), *Conf. Prestressed Concr. Presure Vessels* , 1967, Institute of Civil Engineers, London, 1968.

Runge, K. H. , and H. H. Haynes (1978): Experimental Implosion Study of

Concrete Structures, *Proc. 8th Congr. Fed. Int. Preconstrainte*, *London*, 1978.

Scordelis, A. C. (1972): Finite Element Analysis of Reinforced Concrte Structures (survey paper), *Proc. Spec. Conf. Finite Element Method Civ. Eng.* , *Montreal*, 1972, pp. 71-113.

—and W. C. Schnobrich (1978): Finite Element Analysis of Reinforced Concrete Structures, *Proc. Spec. Sem. Anal. Reinforced Concr. Struct. Means Finite Element Method* , *Milan*, 1978, pp. 61-334.

Suzuki, H. , and W. F. Chen (1976a): EPFFEP Program for OTEC Structural Systems, *Energy Res. Dev. Admin. Rep.* C00-2682-8, Washington.

—and—(1976b):Extended Concrete Constitutive Relations for Analysis of OTEC Structures Systems, *Energy Res. Dev. Admin. Rep.* C00-2682-10, Washington.

—,—, and T. Y. Chang (1976): Analysis of Concrete Cylindrical Hulls under Hydrostatic Loading, *Energy Res. Dev. Admin. Rep.* C00-2682-9, Washington.

Zienkiewic, O. C. (1971): "The Finite Element Method in Engineering Science," McGraw-Hill, New York, 1971.

—,D. R. J. Owen, D. V. Phillips, and G. C. Nayak (1972): Finite Element Methods in the Analysis of Reactor Vessels (survey paper), *Nucl. Eng. Des.* , vol. 20, pp. 507-541.

—, S. Valliappan, and I. P. King (1969): Elasto-Plastic Solutions of Engineering Problems; Initial Stress Finite Element Approach, *Int. J. Numer. Methods Eng.* , vol. 1, pp. 75-100.

钢筋混凝土结构有限元分析的
补充参考文献

书籍

ASCE Committee on Concrete and Masonry Structures,Task Committee on Finite Element Analysis of Reinforced Concrete Structures:A State-of-the-Art Report on Finite-Element Analysis of Reinforced Concrete Structures,*ASCE Spec. Publ.* 1981.

Branson,D. E. :"Deformation of Concrete Structures,"McGraw-Hill,New York,1977.

*Proc. Spec. Sem. Anal. Reinforced Concr. Struct. Means Finite Element Method ,Milan,*1978.

Proc. IASS Symp. Nonlin. Behavior Reinforced Concr. Spatial Struct. Darmstadt. 1978,Werner,Dusseldorf,1978.

Proc. Int. Assoc. Bridge Struct. Eng. Colloq. Plasticity Reinforced Concr. , Lyngby, Copenhagen, 1979, vol. 28, Introductory Report and Final Report,Zurich,1979.

Proc. 1st(1971),*2nd*(1973),*3rd*(1975),*4th*(1977),*and* 5th(1979)*Int. Conf. Struct. Meek. Reactor Technol.*

综述

Bergan, P. G. , and I. Holand: Nonlinear Finite Element Analysis of Concrete Structures,*Comput. Methods Appl. Mech. Eng.* ,vol. 17/18, pp. 443-467(1979).

Schnobrich,W. C. :Behavior of Reinforced Concrete Structures Predicted by the Finite Element Method, *Comput. Struct.* , vol. 7, pp. 365-376 (1977).

Wegner,R. :Finite Element Models for Reinforced Concrete, *Proc. U. S. - Ger. Symp. Formul. Comput. Methods Finite Element Anal. , Cambridge,Mass.* pp. 393-439.

论文

Agrawal, A. B. , L. G. Jaeger, and A. A. Mufti: Crack Propagation and Plasticity of Reinforced Concrete Shear-Wall under Monotonic and Cyclic Loading, *Conf. Finite Element Methods Eng. , Adelaide, Australia*,1976.

Bäcklund, J. : Limit Analysis of Reinforced Concrete Slabs by Finite Element Method, *Proc. Conf. Finite Element Methods Civ. Eng. , Montreal*,1972,pp. 803-840.

Bashur, F. K. , and D. Darwin: Nonlinear Model for Reinforced Concrete Slabs,*J. Struct. Div. ASCE*, vol. 104, no. ST1, pp. 157-170 (January 1978).

Bathe,K. J. ,and S. Ramaswamy:On Three-Dimensional Nonlinear Analysis of Concrete Structures,*Nucl. Eng. Des.* ,vol. 52,pp. 385-409(1979).

Bell,J. C. ,and D. Elms:Partially Cracked Finite Elements,*J. Struct. Div. ASCE*,vol. 91,no. ST7,pp. 2041-2045(July,1971).

—and—:A Finite Element Post Elastic Analysis of Reinforced Concrete Shells,*Int. Assoc. Shell Spatial Struct. Bull.* 54,April 1974.

Berg,S. ,P. G. Bergan,and I. Holand:Nonlinear Finite Element Analysis of Reinforced Concrete Plates, *2d Int. Conf. Struct. Mech. Reactor Technol. Berlin*,1973,pap. M3/5.

Bresler, B. , and A. C. Scordelis: Shear Strength of Reinforced Concrete Beams. *Am. Concr. Inst. J.* ,vol. 60,no. 1,pp. 51-74(January 1963).

Buyukozturk,O. :Nonlinear Analysis of Reinforced Concrete Structures,*J. Comput. Struct.* ,vol. 7,pp. 149-156(February 1977).

Cedolin, L. , and S. Dei Poli: Finite Element Studies of Shear Critical Reinforced Concrete Beams, *J. Eng. Mech. Div. ASCE*, vol. 103, no. EM3, pp. 395-409(June 1977).

See also Argyris et al. (1974), Rashid and Rocken-hauser(1968), Scordelis (1972), and Zienkiewicz et al. (1972)in the References for Chap. 9.

Cedolin, L. , and A. Nilson: A Convergence Study of Iterative Methods Applied to Finite Element Analysis of Reinforced Concrete, *Int. J. Numer. Methods*, vol. 12, no. 3, pp. 437-452(1978).

Cervenka, V. , and K. H. Gerstle: Inelastic Analysis of Reinforced Concrete Panels, *Proc. Int. Assoc. Bridge Struct. Eng.* , vol. 31-II , pp. 31-45 (1971).

—and—: Inelastic Analysis of Reinforced Concrete Panels, *Proc. Int. Assoc. Bridge Struct. Eng.* , vol. 32-II , pp. 25-39(1972).

Colville, J. , and J. Abbasi: Plane Stress Reinforced Concrete Finite Elements, *J. Struct. Div. ASCE*, vol. 100, no. ST5, pp. 1067-1083(May 1974).

Connor, J. J. , and Y. Sarne: Nonlinear Analysis of Prestressed Concrete Reactor Pressure Vessels, *3d Int. Conf. Struct. Mech. Reactor Technol.* , London, 1975, pap. H2/2.

Darwin, D. , and D. A. Pecknold: Analysis of RC Shear Panels under Cyclic Loading, *J. Struct. Div. ASCE*, vol. 102, no. ST2, pp. 355-369(February 1976).

Dotreppe, J. C. , W. C. Schnobrich, and D. A. Pecknold: Layered Finite Element Procedure for Inelastic Analysis of Reinforced Concrete Slabs, *Int. Assoc. Bridge Struct. Eng. Publ.* 33-II , pp. 53-68(1973).

Goodpasture, D. W. , E. G. Burdette, and J. P. Callahan: Design and Analysis of Multicavity Prestressed Concrete Reactor Vessels, *Nucl. Eng. Des.* vol. 46, pp. 81-100(1978).

Hand, F. R. , D. A. Pecknold, and W. C. Schnobrich: Nonlinear Layered Analysis of RC Plates and Shells, *J. Struct. Div.* , *ASCE*, vol. 99, no.

ST7, pp. 1491-1505(July 1973).

Jofriet, J. C. , and G. M. McNiece: Finite Element Analysis of Reinforced Concrete Slabs, *J. Struct. Div. ASCE*, vol. 97, no. ST3, pp. 785-806 (March 1971).

Kang, Y. J. , and A. C. Scordelis: Nonlinear Analysis of Prestressed Concrete Frames, *J. Struct. Div. ASCE*, vol. 106, no. ST2 (February 1980).

Leonardt, F. , and R. Walther: Wandartige Träger, *Dtsch. Ausschuss Stahlbeton*, Heft 178, 1966.

Lin, C. S. , and A. C. Scordelis: Nonlinear Analysis of RC Shells of General Form, *J. Struct. Div. ASCE*, vol. 101, no. ST3, pp. 523-538 (March 1975).

—and—: Finite Element Study of a Reinforced Concrete Cylindrical Shell through Elastic Cracking and Ultimate Ranges, *Am. Concr. Inst. J.* , vol. 72, no. 11, pp. 628-633(November 1975).

Melhorn, G. : Analysis of Plane Structures with Forces in Their Middle Plane Composed of Precast Concrete Panels, *Int. Assoc. Shell Spatial Struct. Bull.* 58, August 1975.

Muller, G. , A. F. Kabir, and A. C. Scordelis: Nonlinear Analysis of Reinforced Concrete Hyperbolic Paraboloid Shells, *Proc. IASS Symp. Nonlin. Behavior Reinforced Concr. Spatial Struct. Darmstadt. Germany, July* 1978, vol. 1.

Nam, C. H. , and C. G. Salmon: Finite Element Analysis of Concrete Beams, *J. Struct. Div. ASCE*, vol. 100, no. ST12, pp. 2419-2432 (December 1974).

Ngo, D. , and A. C. Scordelis: Finite Element Analysis of Reinforced Concrete Beams, *Am. Concr. Inst. J.* , vol. 64, no, 3 pp. 152-163(March 1967).

Scanlon, A. , and D, W. Murray: An Analysis to Determine the Effect of Cracking in Reinforced Concrete Slabs, *Proc. Spec. Conf. Finite*

Element Methods Civ. Eng. ,Montreal,1972.

Schnobrich,W. C. :Finite Element Determination of Nonlinear Behavior of Reinforced Concrete Plates and Shells, *Proc. Symp. Nonlin, Tech. Behavior Struct. Anal.* ,Dep. Environ. *Transp. Road Res. Lab.* ,United Kingdom,1974.

Scordelis,A. C. , D. Ngo, and H. A. Franklin: Finite Element Study of Reinforced Concrete Beams with Diagonal Tension Cracks, *Proc. Symp. Shear Reinforced Concr.* ,*Am. Concr. Inst. Publ.* SP-42,pp. 79-102,1974.

Sorensen,S. I. , A. Arnesen, and P. G. Bergan: Nonlinear Finite Element Analysis of Reinforced Concrete Structures Using Endochronic Theory,pp. 167-190 in P. G. Bergan et al. (eds.),"Finite Elements in Nonlinear Mechanics,"Tapir,Trondheim,1978.

Suidan,M. T. ,and W. C. Schnobrich:Finite Element Analysis of Reinforced Concrete, *J. Struct. Div. ASCE*, vol. 99, no. ST10, pp. 2109-2120 (October 1973).

Taylor,R. ,D. R. H. Maher, and B. Hayes: Effect of the Arrangement of Reinforcement on the Behavior of Reinforced Concrete Slabs, *Mag. Concr. Res.* ,vol. 98,no. 55,pp. 85-94(June 1966).

Valliappan,S. , and T. F. Doolan: Nonlinear Stress Analysis of Reinforced Concrcte, *J. Struct. Div. ASCE*, vol. 98, no. ST4, pp. 885-898 (April 1972).

—and B. Nath: Tensile Crack Propagation in Reinforced Concrete Beams: Finite Element Technique, *Proc. Int. Conf. Shear, Torsion Bond Reinforced Prestressed Concr.* ,*Coimbatore*,*India*,1969.

Wanchoo,M. K. ,and G. W. May:Cracking Analysis of Reinforced Concrete Plates, *J. Struct. Div. ASCE*, vol. 101, no. ST1, pp. 201-215 (January 1975).

Yuzugullu, O. , and W. C. Schnobrich: A Numerical Procedure for the Determination of the Behavior of a Shear Wall Frame System, *Proc. Am. Concr. Inst.* vol. 70,pp. 474-479(July 1973).

索　引

作者索引

术语索引

译　后　语

　　20 世纪 80 年代初期,我在华中工学院(现华中科技大学)任教,从事固体力学方面的教学与研究工作。作为访问学者,1983—1985 年,我在巴黎居里夫妇大学(Université Paris Ⅵ)卡尚力学与技术研究所(LMT de Cachen)从事工程材料的损伤与断裂力学理论与应用研究工作。此后的 10 年间由于研究工作和培养研究生的教学工作的需要,我阅读和参考过陈惠发(Wai-Fah Chen)院士的多篇论文和著作,深受启发和教益。1996 年,在我访问美国乔治·华盛顿大学、密歇根大学期间,有机会在普渡大学拜访了陈惠发院士。由于我们年龄相近、研究方向契合,一见如故。此后 20 多年,我们的合作颇有成效,我们的友谊日益加深。

　　陈惠发,A. F. 萨里普编著的《Constitutive Equations for Engineering Materials》由我和王勋文博士翻译,刘再华、刘西拉和韩大建校核;其中译本《土木工程材料的本构方程》(第一卷 弹性与建模,第二卷 塑性与建模)于 2001 年 5 月由华中科技大学出版社出版。为适应中国高等教育培养土木类的研究生教育需要,由我主导将上述两卷著作改编为中、英文版四本土本工程类研究生用的双语教材:《弹性与塑性力学》《混凝土和土的本构方程》《Elasticity and Plasticity》《Constitutive Equations for Concrete and Soil》,于 2004 年由中国建筑工业出版社出版。上述图书均受到全国各高校师生和土木工程科技工作者的广泛关注和好评。

　　2007 年 3 月,陈惠发院士送给我一批学术专著,其中《Plasticity in Reinforced Concrete》一书和前面我翻译过的几本书一样,出版近十年来被译成多国文字出版并深受这些国家大学师生的欢迎,堪称世界通用研究生教材。在湖北工业大学土木建筑与环境学院的支持下,2017 年夏,我和团队着手翻译此书,我负责策划、指导并终审全书;土木建筑与环境学院青年教师丁祥博士翻译第 6 章、第 8 章、第 9 章并负责全书统稿;土木建筑与环境学院青年教师石峻峰博士翻译第 7 章并负责全书初审;16 级硕士研究生马卓翻译前言和第 2 章、第 5 章;杨坳兰翻译第 1 章、第 3 章、第 4 章。我们有幸请到陈惠发院士的学生——美国加州交通厅资深桥梁工程专家段炼博士审校全书;在此一并致以衷心的谢意!

耄耋之年,还能为我国高等教育和研究生培养尽一点微薄之力乃吾之幸事。首先感谢陈惠发院士提供原著,感谢湖北工业大学土木建筑与环境学院历届领导多年来给我们的关心和照顾并提供了良好的工作条件,并提供出版经费资助,感谢同事们的大力支持与帮助,尤其是院党委唐良辉书记、院长肖衡林教授、副院长吴巍教授。还要感谢铁道科学研究院王勋文博士、交通部谢峻博士、海军上校毛为民博士、上海大学教授程敏博士、沈阳工业大学教授金生吉博士、沈阳建筑大学教授孙雅珍博士、中铁大桥局陈开利博士和吴美艳教授以及湖北省荆门市规划勘测设计研究院熊睿主任工程师等众多人士的支持与配合,通过老带新和具体指导,一批年富力强的中青年教师和国家栋梁之材成长起来,亦乃吾终生之夙愿。

在高校从教 60 多年,我出版了 20 多部著作,受到了社会各界的支持与好评,谨向同窗好友杨叔子院士、北京大学殷有泉教授、清华大学余寿文教授和李庆斌教授、浙江大学徐世烺教授、上海交通大学刘西拉教授、同济大学吴科如教授、华中科技大学朱宏平教授、武汉大学卢亦焱教授和余启应教授、东北大学徐小荷教授、华南理工大学韩大建教授、河海大学钱济成教授、武汉理工大学刘沐宇教授、中铁大桥局前局长刘自明教授、党委书记文武松教授和桥科院院长钟继卫教授、湖北工业大学党委书记刘德富教授、校长彭育园教授、副书记蔡光兴教授、前校长熊健民教授和前院长肖本林教授等致以诚挚的谢意。

向华中科技大学出版社给予的协助表示深深的谢意。

余天庆

2022 年 1 月于武昌